DIE GRUNDLEHREN DER MATHEMATISCHEN WISSENSCHAFTEN

IN EINZELDARSTELLUNGEN MIT BESONDERER BERÜCKSICHTIGUNG DER ANWENDUNGSGEBIETE

HERAUSGEGEBEN VON

J. L. DOOB · E. HEINZ · F. HIRZEBRUCH
E. HOPF · H. HOPF · W. MAAK · S. MAC LANE
W. MAGNUS · F. K. SCHMIDT · K. STEIN

GESCHÄFTSFÜHRENDE HERAUSGEBER

B. ECKMANN UND B. L. VAN DER WAERDEN
ZÜRICH

BAND 126

Springer-Verlag Berlin Heidelberg GmbH
1965

QUASIKONFORME ABBILDUNGEN

VON

DR. O. LEHTO
PROFESSOR AN DER UNIVERSITÄT HELSINKI

UND

DR. K. I. VIRTANEN
DOZENT AN DER UNIVERSITÄT HELSINKI

MIT 15 ABBILDUNGEN

Springer-Verlag Berlin Heidelberg GmbH
1965

Ursprünglich erschienen bei Springer-Verlag Berlin Heidelberg New York 1965.

ISBN 978-3-662-42595-4 ISBN 978-3-662-42594-7 (eBook)
DOI 10.1007/978-3-662-42594-7

Library of Congress Catalog Card Number 65–13440

Titel-Nr. 5109

Vorwort

Das vorliegende Buch ist auf der Grundlage von Vorlesungen entstanden, die in einem von den Verfassern geleiteten Seminar in den Jahren 1958—1960 an der Universität Helsinki gehalten wurden. Nach Möglichkeit sind auch die wichtigsten während der letzten Jahre erzielten Fortschritte berücksichtigt worden.

Ohne die Anregung unseres Lehrers Rolf Nevanlinna wäre dieses Buch wahrscheinlich nie geschrieben worden. Er hat auch das Fortschreiten unserer Arbeit mit stetem Interesse verfolgt.

Manche unserer Freunde und Kollegen haben uns während der Arbeit unterstützt. Ganz besonders danken wir F. W. Gehring, Kurt Strebel, Kalevi Suominen und Jussi Väisälä, deren zahlreiche Verbesserungsvorschläge von größter Bedeutung gewesen sind. Verschiedene nützliche Bemerkungen verdanken wir auch I. S. Louhivaara, Edgar Reich und Klaus Vala.

Frau Pirkko Paakkanen hat unser schwer leserliches Manuskript ins Reine geschrieben, und Frau Raija Salovaara hat bei der Zusammenstellung des Literaturverzeichnisses geholfen. Sie haben uns dadurch eine große Arbeit abgenommen.

Dankend erwähnen wir die Unterstützung, die uns von der Emil Aaltonen Stiftung und der Staatlichen Kommission für die Naturwissenschaften zuteil geworden ist. Überdies ist die Arbeit des einen Verfassers durch die Hilfsbereitschaft der Universitäten Aarhus, Minnesota und Stanford gefördert worden.

Unser Dank gebührt auch Herrn Professor Dr. F. K. Schmidt und dem Springer-Verlag für alle ihre Bemühungen und ihr großzügiges Eingehen auf unsere Wünsche.

Helsinki, im November 1964

Olli Lehto K. I. Virtanen

Inhaltsverzeichnis

Einige Bezeichnungen

$C^n, C^\infty, C_0^\infty$ 146

(C, α) orientierter Bogen 8

$D(z)$ Dilatationsquotient 18, 52

$E(p_1, p_2, \ldots)$ Cantorsche Menge 131

$F(z)$ maximale Dilatation im Punkt 50

$f \circ g$ zusammengesetzte Abbildung

$f * \theta$ 145

$\|f\|_p$ 141

$H(z)$ Kreisdilatation 110

$J(z)$ Funktionaldeterminante 10

$K(G)$ maximale Dilatation 16

$k(z_1, z_2)$ sphärische Entfernung 5

l Längenmaß 23, 115, 121

l_ϱ 23

$L^p(A)$ 141

m Flächenmaß 23, 115

m_ϱ 23, 139

$M(\mathscr{C})$ Modul einer Kurvenschar 139

$M(Q)$ Modul eines Vierecks 16

$N\{E_n\}$ Kern einer Mengenfolge 79

$O(z-z_0)$, $o(z-z_0)$ 52

$p(K)$ 225

$Q(z_1, z_2, z_3, z_4)$ Viereck 15

s_a Abstand der a-Seiten 23

Rd A Rand von A 9

$S\omega$ Hilbert-Transformierte 165

$T_D\omega$, $T\omega$ 163

w_z, $w_{\bar{z}}$ komplexe Ableitungen 51

$\partial_\alpha w$ Ableitung in die Richtung α 18

∂G positiv orientierter Rand 9

$\lambda(K)$ 84

μ, μ^* Maß, äußeres Maß 114, 115

μ_α α-dimensionales Maß 121

$\mu(r)$ Modul des Extremalgebietes von Grötzsch 56

μ_f 123

μ_f' 125

φ_K 66

Einleitung

Die Theorie der quasikonformen Abbildungen steht in enger Verbindung mit der komplexen Funktionentheorie. Alle gebräuchlichen Definitionen der Quasikonformität beruhen auf direkten Verallgemeinerungen von gewissen charakteristischen Eigenschaften der konformen Abbildungen, und manche funktionentheoretische Fundamentalsätze gelten in unveränderter oder in etwas modifizierter Form auch für quasikonforme Abbildungen.

Andererseits besitzt nur ein Teil der heutigen Theorie der quasikonformen Abbildungen ein Analogon in der Funktionentheorie. Ein Unterschied zwischen diesen Theorien fällt sofort auf: während die Konformität sehr starke Regularitätseigenschaften mit sich bringt, braucht eine quasikonforme Abbildung nicht einmal differenzierbar zu sein. Ein beträchtlicher Teil der Theorie der quasikonformen Abbildungen besteht deshalb aus Problemen, die nicht durch Anwendung von Methoden der Funktionentheorie, sondern unter Benutzung von Hilfsmitteln der reellen Analysis behandelt werden müssen.

Um zu dem Begriff der quasikonformen Abbildung zu gelangen, muß ein Dilatationsmaß für einen Homöomorphismus definiert werden. Hierzu gibt es viele verschiedene Möglichkeiten. Falls die betreffende Abbildung w in einem Punkt z_0 genügend regulär ist, versteht man unter ihrem Dilatationsquotienten in z_0 das Verhältnis des oberen und unteren Grenzwertes des Ausdrucks $|w(z) - w(z_0)|/|z - z_0|$ für $z \to z_0$.

Ein regulärer, d. h. samt seiner Umkehrung stetig differenzierbarer Homöomorphismus wird quasikonform in einem Gebiet genannt, falls sein Dilatationsquotient daselbst beschränkt ist. Diese klassische Definition der Quasikonformität kann nicht als solche auf nichtreguläre Homöomorphismen übertragen werden. Unter den Möglichkeiten, eine allgemeinere Charakterisierung aufzustellen, zeichnen sich zwei aus, die die analytische und die geometrische Definition der Quasikonformität genannt werden. In der ersteren nimmt man eine Art absoluter Stetigkeit an, woraus u. a. folgt, daß die Abbildung in fast allen Punkten differenzierbar ist, und verlangt dann die Beschränktheit des Dilatationsquotienten fast überall. Die geometrische Definition, die in diesem Buch als Ausgangspunkt gewählt wird, beruht dagegen auf einem anderen Dilatationsbegriff, der mit Hilfe der konformen Moduln von Vierecken definiert wird.

Die obigen drei Definitionen haben zeitlich verschiedene Ursprünge. Grötzsch [2] führte die regulären quasikonformen Abbildungen im Jahre 1928 ein und gab dadurch den Impuls zu einer Forschung, die zunächst auf Probleme funktionentheoretischer Herkunft gerichtet war. Man untersuchte einerseits, welche Eigenschaften konformer Abbildungen als solche oder nach geeigneten Modifikationen auf quasikonforme Abbildungen übertragen werden können. Andererseits sah man bald ein, vor allem dank einer Reihe von Arbeiten von Teichmüller, daß die quasikonformen Abbildungen ein wichtiges Hilfsmittel darbieten bei vielen Untersuchungen betreffend analytische Funktionen und Riemannsche Flächen.

Die analytische Definition der Quasikonformität ist in einer im Jahre 1938 publizierten Arbeit von Morrey [1] enthalten. Er untersuchte homöomorphe Lösungen eines Beltramischen Differentialgleichungssystems, das eine Verallgemeinerung der Cauchy-Riemannschen Gleichung darstellt. Diese Lösungen waren nichts anders als quasikonforme Abbildungen gemäß der heutigen Sprechweise. Den Zusammenhang mit der damaligen Theorie der quasikonformen Abbildungen sah man aber erst fast zwanzig Jahre später ein.

Inzwischen wurde die geometrische Definition eingeführt. Dies geschah im Anfang der 50er Jahre in den Arbeiten von Pfluger [1] und Ahlfors [1]. Da die Definition von globalem Charakter ist und keine a priori Differenzierbarkeit voraussetzt, wurde das lokale Verhalten der eingeführten Abbildungsklasse sofort einer intensiven Forschung ausgesetzt. Die Untersuchungen von Mori, Yûjôbô, Bers und anderen führten bald zu dem Resultat, daß auch diese allgemeinen quasikonformen Abbildungen fast überall differenzierbar sind und daß die geometrische Definition mit der analytischen äquivalent ist. Die Theorie der quasikonformen Abbildungen war hiermit zu einem einheitlichen Ganzen entwickelt worden.

Der Inhalt des vorliegenden Buches gruppiert sich um die obenerwähnten Definitionen. Möglichst konsequent beim Hauptthema bleibend haben wir die von Lavrentieff [1] im Jahre 1935 eingeführte Klasse von quasikonformen Abbildungen nicht separat behandelt.[1] Auf die zahlreichen funktionentheoretischen Anwendungen wird auch nicht näher eingegangen. Zu diesen rechnen wir das viel untersuchte Teichmüllersche Modulproblem; von diesem immer noch beweglichen Stoff dürften überdies spezielle Berichte in Vorbereitung sein.

[1] Eine Zusammenfassung über die Theorie dieser Abbildungen bis ungefähr 1950 findet man in der Monographie von Volkovyskij [1].

Wie oben erwähnt wurde, haben wir die geometrische Definition der Quasikonformität als Ausgangspunkt unserer Darstellung gewählt. Dieser für die Gestaltung des Buches ausschlaggebende Beschluß rührt vor allem daher, daß ein beträchtlicher Teil der Theorie unserer Meinung nach sich am einfachsten von dieser Definition ausgehend begründen läßt. Diesbezügliches Material ist hauptsächlich in den zwei ersten Kapiteln I und II enthalten. Zur Vereinfachung der Darstellung haben wir dabei einige nicht notwendig benötigte funktionentheoretische Hilfsmittel angewandt; z. B. beruht der Beweis gewisser Sätze darauf, daß das entsprechende Resultat für konforme Abbildungen als bekannt angesehen wird.

Im Kapitel III werden die für den Rest des Buches nötigen Hilfssätze aus der reellen Analysis dargestellt. Sie werden im Kapitel IV dazu benutzt, die analytische Definition der Quasikonformität zu formulieren und deren Äquivalenz mit der geometrischen Definition zu beweisen. Die parallele Anwendung dieser Definitionen ergibt neue Methoden zur Weiterführung der Theorie in den Kapiteln IV und V.

In den Kapiteln I—V sind die betrachteten quasikonformen Abbildungen Homöomorphismen zwischen ebenen Gebieten. Im Kapitel VI wird der Begriff der Quasikonformität auf den Fall verallgemeinert, wo die Abbildung nur bis auf isolierte Punkte lokal homöomorph ist.

Jedes Kapitel beginnt mit einer seinen Inhalt beschreibenden Einleitung. Die Kapitel sind in Paragraphen eingeteilt, welche ihrerseits in numerierte Abschnitte zerfallen. Die Hinweise, wie etwa III.2.1, beziehen sich auf diese dreifache Einteilung. Bei Hinweisen innerhalb eines Kapitels wird jedoch die erste, das Kapitel betreffende Nummer weggelassen.

Im Text haben wir in erster Linie auf solche Arbeiten hingewiesen, die bei der Darstellung direkt benutzt werden. Ein umfassenderes Literaturverzeichnis findet man in der Monographie von Künzi [1].

Beim Leser dieses Buches wird eine Vertrautheit mit den Grundbegriffen der allgemeinen Topologie, der Funktionentheorie und der Maß- und Integrationstheorie vorausgesetzt, von denen die letzte zwar erst vom Kapitel III an zur Anwendung kommt. Von den darüber hinaus gehenden Hilfssätzen sind in den meisten Fällen nur solche unbewiesen gelassen, zu deren Begründung wir genaue Hinweise auf leicht zugängliche Literatur haben angeben können. Von dieser Regel kommen einige Abweichungen in solchen Fällen vor, wo es sich um ein spezielles Resultat, wie etwa ein Beispiel, handelt, dessen Verständnis für die Weiterführung der Theorie nicht wesentlich ist.

I Geometrische Definition einer quasikonformen Abbildung

Einleitung zum Kapitel I

Die in der vorliegenden Monographie untersuchten quasikonformen Abbildungen sind entweder Homöomorphismen zwischen ebenen Gebieten (Kap. I—V) oder bis auf isolierte Punkte lokal homöomorphe Abbildungen ebener Gebiete in die Ebene (Kap. VI). Es ist deshalb angebracht, die Darstellung der Theorie solcher Abbildungen mit gewissen allgemeinen Bemerkungen über die topologischen Eigenschaften ebener Mengen zu beginnen.

Dieses wird in § 1 des vorliegenden Kapitels ausgeführt. Beim Leser wird eine Vertrautheit mit den einfachsten Grundbegriffen der allgemeinen Topologie vorausgesetzt, während wir versucht haben, die Anwendung weitergehender topologischer Begriffe zu vermeiden. Solche wohlbekannten aber nicht-trivialen, für die Ebene charakteristischen Sätze wie der Satz über die Gebietsinvarianz, der Jordansche Kurvensatz und der Orientierungssatz sind ohne Begründung erwähnt. Detaillierte Beweise sind z. B. in dem Lehrbuch von Newman [1] über die Topologie ebener Punktmengen zu finden.

In § 2 werden einige Grundeigenschaften eineindeutiger konformer Abbildungen zusammengestellt. Durch Anwendung des Riemannschen Abbildungssatzes und des Satzes über die Ränderzuordnung wird der Begriff des konformen Moduls eines Vierecks eingeführt.

Die Definition eines quasikonformen Homöomorphismus mit Hilfe konformer Moduln von Vierecken wird in § 3 angegeben. Der historischen Entwicklung folgend haben wir schon hier einige Bemerkungen über sogenannte reguläre, d. h. samt ihrer inversen stetig differenzierbare quasikonforme Abbildungen gemacht.

Mit Berücksichtigung der Definition der Quasikonformität ist es einleuchtend, daß wir Methoden benötigen, den Modul eines durch geometrische Eigenschaften charakterisierten Vierecks abzuschätzen. Um verschiedene diesbezügliche Probleme in einheitlicher Weise zu behandeln, führen wir den Begriff der extremalen Länge ein. Dieser wird nicht nur als technisches Hilfsmittel dienen, sondern ermöglicht auch, den Modul eines Vierecks ohne Heranziehung konformer Abbildungen zu definieren.

In § 4 wird die Methode der extremalen Längen besprochen und einige für die weitere Darstellung fundamentale Eigenschaften des konformen Moduls hergeleitet. Sie werden sofort angewandt in § 5, dessen Inhalt als eine Motivierung der in § 3 angegebenen Definition der Quasikonformität angesehen werden kann.

In § 6 wird der konforme Modul eines Ringgebietes eingeführt, und in naher Analogie mit den Diskussionen von § 4 werden einige wichtige Eigenschaften desselben begründet. In § 7 wird dann gezeigt, daß die Quasikonformität sich auch mit Hilfe der Moduln von Ringgebieten definieren läßt.

Auch die zwei letzten Paragraphen schließen sich methodisch eng an das Vorhergehende an. Mit Hilfe der gewonnenen Modulabschätzungen werden in § 8 einige Erweiterungssätze für quasikonforme Abbildungen bewiesen. In § 9 wird schließlich gezeigt, wie die Quasikonformität auch lokal, mit Hilfe der Moduln von kleinen Vierecken, charakterisiert werden kann.

§ 1. Topologische Eigenschaften ebener Mengen

1.1. Die Ebene. Unter der *Ebene* wird im Folgenden die durch Hinzufügung des Unendlichkeitspunktes erweiterte komplexe Ebene (die Riemannsche Kugel) verstanden. Die gewöhnliche euklidische Ebene wird die *endliche Ebene* genannt.

Neben der euklidischen Maßbestimmung wird in der Ebene die sphärische Metrik gebraucht. Zwei Punkte z_1 und z_2 der endlichen Ebene haben die sphärische Entfernung

$$k(z_1, z_2) = \operatorname{arc\,tg} \left| \frac{z_1 - z_2}{1 + \bar{z}_1 z_2} \right|$$

mit $0 \leqq k(z_1, z_2) \leqq \pi/2$. Für $z_2 = \infty$ ist $k(z_1, \infty) = \operatorname{arc\,tg} |1/z_1|$.

Die sphärische Metrik bestimmt eine Topologie in jeder ebenen Menge A. Eine in bezug auf diese Topologie offene Menge heißt *offen in* A. Die Begriffe „offen" (d. h. offen in der Ebene) und „offen in A" fallen für Teilmengen von A nur dann zusammen, wenn A selbst offen ist. Dasselbe gilt, wenn das Wort „offen" überall durch „abgeschlossen" ersetzt wird. Dagegen ist die Eigenschaft einer Teilmenge von A, kompakt oder zusammenhängend zu sein, unabhängig davon, ob die Topologie der Ebene oder diejenige von A betrachtet wird.

Betrachtet man eine Abbildung $f: A \to A'$ einer ebenen Menge A in eine ebene Menge A', so werden A und A' im Allgemeinen als mit der obigen Topologie versehene Unterräume der Ebene aufgefaßt. Allerdings hängt die Stetigkeit von f nicht davon ab, ob f für eine Abbildung in die Ebene oder in den Raum A' gehalten wird (vgl. auch den Satz über die Invarianz offener Mengen in 1.2).

1.2. Homöomorphismen. Eine eineindeutige Abbildung f einer Menge A auf eine Menge A' heißt ein Homöomorphismus, falls f und seine inverse Abbildung $f^{-1} : A' \to A$ stetig sind. In gewissen Spezialfällen ist die Stetigkeit von f^{-1} eine Folge der Eineindeutigkeit und Stetigkeit von f. In allen Hausdorffschen Räumen ist dies der Fall, wenn A kompakt ist, da das Bild jeder abgeschlossenen Teilmenge von A dann abgeschlossen ist. Im Falle der Ebene folgt die Stetigkeit von f^{-1} aber auch, wenn A offen ist; wegen vieler späterer Hinweise sei das Resultat als Hilfssatz formuliert.

Hilfssatz 1.1. *Jede eineindeutige und stetige Abbildung einer offenen Menge der Ebene auf eine ebene Menge ist ein Homöomorphismus.*

Dieses Ergebnis läßt sich unmittelbar aus der folgenden Eigenschaft der Ebene schließen (Newman [1], S. 122):

Satz über die Invarianz offener Mengen. *Ist f eine eineindeutige und stetige Abbildung einer offenen Menge G der Ebene auf die ebene Menge G', so ist auch G' eine offene Menge.*

Weil das stetige Bild einer zusammenhängenden Menge zusammenhängend ist, gilt der obige Satz, wenn „offene Menge" durch „Gebiet" ersetzt wird (*Satz über die Gebietsinvarianz*).

1.3. Trennungssätze. Eine Gerade kommt in diesem Buch in drei verschiedenen Bedeutungen vor. Eine Gerade schlechthin ist kompakt und enthält einen Unendlichkeitspunkt, eine endliche Gerade besteht aus lauter endlichen Punkten und eine erweiterte Gerade entsteht aus einer endlichen Geraden durch Hinzufügung der Punkte $+\infty$ und $-\infty$. Im Gegensatz zu den anderen hier betrachteten Mengen wird die erweiterte Gerade nicht als Teilmenge der Ebene angesehen. Wo kein Mißverständnis möglich ist, wird das Wort Gerade in allen drei Bedeutungen gebraucht.

Eine Strecke (oder ein Intervall) ist eine zusammenhängende Teilmenge einer endlichen Geraden. Wenn nicht anders erwähnt, wird eine Strecke immer als beschränkt vorausgesetzt. Wie üblich wird eine Strecke abgeschlossen bzw. offen genannt, je nachdem sie ihre Endpunkte enthält oder nicht.

Eine *Jordankurve* ist eine zu der Kreislinie homöomorphe Menge und ein *Jordanbogen* das topologische Bild einer Strecke. Ein Jordanbogen C heißt offen oder abgeschlossen, je nachdem C zu einer offenen oder einer abgeschlossenen Strecke homöomorph ist. Unter einer Parameterdarstellung von C versteht man einen Homöomorphismus $z : I \to C$, wo I eine beschränkte oder nichtbeschränkte Strecke ist. Ein abgeschlossener Bogen hat immer zwei Endpunkte, ein offener Bogen C dagegen nur dann, wenn seine abgeschlossene Hülle $\overline{C}$ ein abgeschlossener Bogen ist.

Besteht ein Jordanbogen bzw. eine Jordankurve C aus einer endlichen Anzahl von Strecken, so heißt C ein Polygon bzw. ein geschlossenes Polygon.

Eine Menge A der Ebene trennt die ebenen Mengen A_1 und A_2, wenn A_1 und A_2 in verschiedenen Komponenten des Komplements $-A$ von A liegen. In entsprechender Weise definiert man im Falle $A_1, A_2 \subset E$, wann A die Mengen A_1 und A_2 in E trennt.

Ein Jordanbogen hat ein zusammenhängendes Komplement, während die Jordankurven die folgende fundamentale Trennungseigenschaft besitzen (Newman [1], S. 115).

Jordanscher Kurvensatz. *Das Komplement einer ebenen Jordankurve C besteht aus zwei zueinander punktfremden Gebieten, die beide durch C berandet sind.*

Derjenige Teil des Jordanschen Kurvensatzes, wonach das Komplement einer Jordankurve nicht zusammenhängend ist, ist als Spezialfall in dem folgenden allgemeineren Resultat enthalten (Newman [1], S. 117):

Hilfssatz 1.2. *F_1 und F_2 seien zwei Kontinua mit einem nicht zusammenhängenden Durchschnitt. Dann ist das Komplement von $F_1 \cup F_2$ nicht zusammenhängend.*[1]

Dieses Ergebnis läßt sich folgendermaßen verallgemeinern:

Hilfssatz 1.2'. *F_i, $i = 1, 2, \ldots, n$, seien Kontinua, von denen je drei keine gemeinsamen Punkte besitzen. Ist $F_1 \cap F_2$ nicht zusammenhängend, so ist das Komplement der Vereinigung der Mengen F_i nicht zusammenhängend.*

Beweis: Für $n = 2$ folgt das Resultat aus Hilfssatz 1.2. Wir nehmen an, daß die Behauptung für ein $n = m$ wahr ist, und zeigen, daß sie dann auch für $n = m + 1$ besteht. $F_1, F_2, \ldots, F_{m+1}$ seien also Mengen, die die Voraussetzungen des Hilfssatzes erfüllen. Das Komplement der Menge

$$F = \bigcup_{i=1}^{m} F_i$$

ist dann nicht zusammenhängend.

Falls $F \cap F_{m+1} = \emptyset$ ist, enthält $-(F \cup F_{m+1})$ Punkte aus jeder Komponente von $-F$. Dann kann $-(F \cup F_{m+1})$ nicht zusammenhängend sein.

Falls dagegen $F \cap F_{m+1} \neq \emptyset$ ist, gibt es ein k, $1 \leqq k \leqq m$, so daß $F'_k = F_k \cup F_{m+1}$ ein Kontinuum ist. Es genügt also zu zeigen,

[1] Man bemerke, daß die leere Menge $\emptyset$ zusammenhängend ist.

daß $F_1 \cap F_2$ nicht zusammenhängend ist, wenn F_k durch F'_k ersetzt wird. Für $k \neq 1, 2$ ist dies klar. Ist etwa $k = 1$, so ist $(F_1 \cap F_2) \cap (F_{m+1} \cap F_2) = \emptyset$, und daher $F'_1 \cap F_2 = (F_1 \cap F_2) \cup (F_{m+1} \cap F_2)$ nicht zusammenhängend.

Für Hilfssatz 1.2 gilt ein im gewissen Sinne umgekehrtes Resultat (Newman [1], S. 112).

Hilfssatz 1.3. *F_1 und F_2 seien abgeschlossene Mengen mit einem zusammenhängenden Durchschnitt. Zwei Punkte, die weder von F_1 noch von F_2 getrennt werden, werden auch von $F_1 \cup F_2$ nicht getrennt.*

Die folgende Möglichkeit, eine Trennung auszuführen, wird später ebenfalls zur Anwendung kommen (Newman [1], S. 142).

Hilfssatz 1.4. *G sei ein Gebiet mit einem zusammenhängenden Komplement und F eine abgeschlossene Menge in G. Dann können F und das Komplement von G durch ein geschlossenes Polygon getrennt werden.*

1.4. Orientierung. Für einen gegebenen Jordanbogen C betrachte man alle Homöomorphismen f von Strecken der x-Achse auf C. Zwei solche Homöomorphismen f_1 und f_2 heißen äquivalent, falls $f_2^{-1}(f_1(x))$ bei wachsendem x zunimmt. Durch diese Äquivalenzrelation zerfallen die betrachteten Homöomorphismen in zwei Klassen α und β, welche die *Orientierungen* von C genannt werden. Das Paar $C^+ = (C, \alpha)$ bzw. $C^- = (C, \beta)$ heißt ein *orientierter Bogen.*

Analog lassen sich die Orientierungen für eine Jordankurve C definieren. Dann betrachtet man alle Homöomorphismen einer Kreislinie K auf C, und sagt, daß die Homöomorphismen f_1 und f_2 zu derselben Orientierung von C gehören, falls $f_2^{-1} \circ f_1$ den Drehsinn des Kreises erhält. Das von einer Jordankurve und von einer ihrer zwei Orientierungen gebildete Paar heißt eine *orientierte Kurve.*

Die Orientierung der Jordankurve kann auch durch eine Reihenfolge von drei (oder mehr) Punkten auf C beschrieben werden: unter der Orientierung p_1, p_2, p_3 wird die Klasse derjenigen Homöomorphismen f verstanden, für welche $f^{-1}(p_1), f^{-1}(p_2), f^{-1}(p_3)$ auf dem Kreis im positiven Drehsinn folgen.

Es seien C eine Jordankurve und G_1 und G_2 die durch C berandeten zueinander punktfremden Gebiete. Wir wollen definieren, wann die Orientierung von C *positiv* (*bzw. negativ*) *in bezug auf G_1 ist.* Zu diesem Zweck wählen wir eine lineare konforme Abbildung t derart, daß $t(G_1)$ ein beschränktes Gebiet ist und den Nullpunkt enthält, und betrachten einen Vertreter $f: K \to C$ der Orientierung α. Bei einem positiven Umlauf des Kreises K vermehrt sich jeder stetige Zweig von arg $(t \circ f)$ um entweder 2π oder -2π. Im ersten Falle heißt die Orientierung α

positiv, im zweiten Falle negativ in bezug auf G_1. Es ist leicht einzusehen, daß diese Definition von der speziellen Wahl der Abbildungen t und f nicht abhängt und daß die in bezug auf G_1 positive Orientierung negativ in bezug auf G_2 ist.

Für ein *Jordangebiet* G, d. h. ein Gebiet, dessen Rand eine Jordankurve ist, bezeichnen wir mit ∂G die in bezug auf G positiv orientierte Randkurve. Für die Randpunktmenge einer Menge A wird dagegen die Bezeichnung Rd A gebraucht.

1.5. Orientierungserhaltende Homöomorphismen. Es sei $w:\overline{D} \to A$ ein Homöomorphismus der abgeschlossenen Hülle $\overline{D}$ eines Jordangebietes D auf die ebene Menge A. Aus der Gebietsinvarianz folgt, daß A die abgeschlossene Hülle eines Jordangebietes D' ist und daß die Einschränkung von w auf den Rand von D diese Kurve auf Rd D' topologisch abbildet.[1]

Ist $f : K \to \text{Rd}\, D$ ein Homöomorphismus, so ist es auch die zusammengesetzte Abbildung $w \circ f : K \to \text{Rd}\, D'$. Gehören f_1 und f_2 zu derselben Orientierung von Rd D, so gilt dasselbe auch für $w \circ f_1$ und $w \circ f_2$ relativ zu Rd D'. Der Homöomorphismus w induziert also eine Abbildung der Orientierungen von Rd D auf diejenigen von Rd D'. Werden die in bezug auf D bzw. D' positiven Orientierungen durch diese Abbildung aufeinander bezogen, so sagt man, daß w die Orientierung des Randes von D erhält. Ist die in bezug auf D positive Orientierung durch drei Punkte von Rd D in der Form p_1, p_2, p_3, gegeben, so folgt aus der Definition, daß w dann und nur dann die Orientierung des Randes von D erhält, wenn $w(p_1), w(p_2), w(p_3)$ positiv in bezug auf D' ist.

Wir betrachten nun allgemeiner einen Homöomorphismus $w : A \to A'$, wo A und A' beliebige Punktmengen der Ebene sind. Die Abbildung w heißt *orientierungserhaltend*, wenn w die Orientierung des Randes jedes Jordangebietes D, $\overline{D} \subset A$, erhält. In allen für uns wichtigen Fällen genügt es jedoch, ein einziges Jordangebiet D zu betrachten. Es gilt nämlich das folgende Resultat (vgl. Newman [1], S. 197):

Orientierungssatz. *Es sei G entweder ein ebenes Gebiet oder die abgeschlossene Hülle eines Jordangebietes und w ein Homöomorphismus von G auf eine ebene Menge G'. Gibt es ein Jordangebiet D, $\overline{D} \subset G$, derart, daß w die Orientierung des Randes von D erhält, so ist w orientierungserhaltend.*

---

[1] Eine Abbildung und ihre Einschränkung werden im Folgenden in derselben Weise bezeichnet, wenn kein Mißverständnis möglich ist.

Man bemerke, daß die Umkehrung eines orientierungserhaltenden Homöomorphismus orientierungserhaltend ist, sowie auch eine aus orientierungserhaltenden Homöomorphismen zusammengesetzte Abbildung.

1.6. Reguläre Punkte einer Abbildung. G sei wie oben entweder ein ebenes Gebiet oder die abgeschlossene Hülle eines Jordangebietes und $w : G \to G'$ ein Homöomorphismus. Wir nehmen an, daß w in einem inneren Punkt z von G differenzierbar ist, d. h. daß der reelle und der imaginäre Teil von w im Punkte z differenzierbar sind. Hierbei heißt w differenzierbar im Unendlichkeitspunkt, wenn die Abbildung $\tilde{w}$, $\tilde{w}(z) = w(1/z)$, es im Nullpunkt ist, und Differenzierbarkeit in einem Punkt, wo $w = \infty$ ist, bedeutet, daß $1/w$ dort differenzierbar ist. Von I.9 an bezieht sich das Wort „differenzierbar" jedoch nur auf endliche Punkte und endliche Funktionen.

Die Jacobische Funktionaldeterminante von w im Punkt z werde mit $J_w(z)$ oder mit $J(z)$ bezeichnet. Ist $z = \infty$ oder $w(z) = \infty$, so definiert man nur, ob $J_w(z)$ positiv, negativ oder gleich Null ist, und zwar so, daß $J_w(z)$ mit dem Vorzeichen der Jacobischen Funktionaldeterminante von $\tilde{w}$ im Nullpunkt bzw. mit demjenigen von $J_{1/w}(z)$ versehen wird.

Wir sagen, daß z ein *regulärer* Punkt von $w : G \to G'$ ist (oder, daß w im Punkt z regulär ist), wenn z im Inneren von G liegt, w in z differenzierbar ist und $J_w(z)$ nicht verschwindet.

Es sei z ein regulärer Punkt, wo $J_w(z) > 0$ ist. Eine einfache Rechnung zeigt, daß z ein Kreisgebiet D, $\overline{D} \subset G$, als Umgebung besitzt derart, daß w die Orientierung des Randes von D erhält. Aus dem Orientierungssatz folgt, daß w dann orientierungserhaltend ist.

Ist dagegen $J_w(z) < 0$, so findet man wie oben ein Kreisgebiet D, so daß w die Orientierung des Randes von D nicht erhält. In diesem Falle kann w also nicht orientierungserhaltend sein.

Als Zusammenfassung ergibt sich:

Besitzt der Homöomorphismus $w : G \to G'$ einen regulären Punkt z, wo $J_w(z) > 0$, so ist w orientierungserhaltend. Umgekehrt ist die Jacobische Funktionaldeterminante eines orientierungserhaltenden Homöomorphismus in jedem regulären Punkt positiv.

1.7. Zusammenhangszahl eines Gebietes. Ein ebenes Gebiet G ist *einfach zusammenhängend*, wenn das Komplement von G zusammenhängend ist. Besteht das Komplement von G aus n Komponenten $(1 < n < \infty)$, so heißt G *n-fach zusammenhängend.*

Die Zusammenhangszahl ist eine topologische Invariante; andererseits können zwei n-fach zusammenhängende Gebiete immer topologisch aufeinander abgebildet werden, falls $n > 1$ ist (Newman [1], S. 157). Dasselbe gilt auch für zwei einfach zusammenhängende Gebiete, von denen keines die ganze Ebene ist, die natürlich nur mit sich selbst homöomorph ist.

F sei eine Komponente des Komplements eines Gebietes G. Als Komponente einer abgeschlossenen Menge ist F selbst abgeschlossen. Sein Komplement $-F$ ist ein einfach zusammenhängendes Gebiet (Newman [1], S. 78).

Der Rand eines n-fach zusammenhängenden Gebietes G (das nicht die ganze Ebene ist) besteht aus n Komponenten. Zunächst ist nämlich klar, daß jede Komponente F des Komplements von G eine Komponente des Randes von G enthält. Die Anzahl der Randkomponenten ist also mindestens gleich n. Zum Beweis, daß sie genau n ist, gilt es zu zeigen, daß $\overline{G} \cap F = \overline{(-F)} \cap F$ zusammenhängend ist. Im entgegengesetzten Fall könnte man, da $\overline{(-F)}$ nach dem Obigen zusammenhängend ist, den in 1.3 zitierten Hilfssatz 1.2 auf die Kontinua F und $\overline{(-F)}$ anwenden. Man käme dann zu dem Widerspruch, daß das Komplement von $F \cup \overline{(-F)}$, d. h. die leere Menge, nicht zusammenhängend ist.

Ein einfach zusammenhängendes Gebiet G wird durch einen Jordanbogen $C \subset G$, dessen Endpunkte auf Rd G liegen, in zwei einfach zusammenhängende Gebiete zerlegt, die beide jeden Punkt von C als Randpunkt besitzen (Newman [1], S. 118 u. 145). Ist G insbesondere ein Jordangebiet, so trennt $\overline{C}$ die von den Endpunkten von C berandeten offenen Teilbogen von Rd G in $\overline{G}$ (Newman [1], S. 119).

1.8. Randverhalten topologischer Abbildungen. Es sei $w: G \to G'$ ein Homöomorphismus und $A \subset G$ eine Menge, deren sämtliche Häufungspunkte zum Rande von G gehören. Dann liegen die Häufungspunkte der Bildmenge $w(A)$ auf dem Rand von G'. Man betrachte insbesondere alle Mengen $A \subset G$, deren Häufungspunkte zu einer Randpunktmenge E von G gehören. Die Menge E' der Häufungspunkte sämtlicher Mengen $w(A)$ heißt die Häufungsmenge von E bei der Abbildung w. Wir sagen, daß E und E' bei der Abbildung w *einander entsprechen*, wenn jede der Mengen E und E' die Häufungsmenge der anderen ist.

Unter einem Homöomorphismus $w: G \to G'$ zwischen zwei n-fach zusammenhängenden Gebieten entsprechen die n Randkomponenten von G und G' einander paarweise. Zum Beweis fasse man eine Randkomponente E' von G' ins Auge. Nach 1.7 ist das Komplement derjenigen Komponente des Komplements von G', die E' enthält, ein einfach zusammenhängendes Gebiet. Gemäß Hilfssatz 1.4 gibt es in G' somit eine Jordankurve C', die E' von den übrigen Randkomponenten von G' trennt. Das in G gelegene Urbild C von C' zerlegt die Ebene in zwei Gebiete D_1 und D_2, von denen jedes nur ganze Randkomponenten von G enthält. Die Mengen $G \cap D_i$, $i = 1, 2$, und also auch ihre Bilder sind zusammenhängend. Dies folgt aus Hilfssatz 1.3, wenn man $F_1 = C$, $F_2 = -G$ setzt. Gibt es also für die Randkomponente $E \subset D_1$ von G eine gegen E konvergierende Punktfolge, deren Bildfolge gegen E' strebt, so liegt $w(G \cap D_1)$ in demselben von C' berandeten Gebiet wie E'. Hieraus folgt, daß die Bildfolge keiner gegen E konvergierenden Folge Häufungspunkte auf einer von E' verschiedenen Randkomponente von G' besitzt.

1.9. Freie Randbogen. Ein offener Jordanbogen (bzw. Jordankurve) C auf dem Rand des Gebietes G heißt ein *freier Randbogen* (bzw. *freie Randkurve*) von G, wenn die folgenden zwei Bedingungen erfüllt sind:

1° Die Menge $C \cap \overline{(\mathrm{Rd}\, G - C)}$ ist leer.

2° Bezeichnet E diejenige Randkomponente von G, die C enthält, so soll $E - C$ zusammenhängend sein.

Ein abgeschlossener Randbogen wird frei genannt, wenn er Teilbogen eines offenen freien Randbogens ist.

Bedingung 2°, die in der Literatur oft weggelassen wird, schließt die sogenannten mehrfach gezählten Randpunkte aus. Im Falle einer Jordankurve C braucht man die Bedingung 2° nicht anzunehmen, weil sie dann aus 1° folgt. Aus der Definition ergibt sich auch, daß ein Teilbogen eines freien Randbogens oder einer freien Randkurve von G auch ein freier Randbogen von G ist.

Jeder Punkt eines freien Randbogens C von G ist Häufungspunkt sowohl von G als von $-\overline{G}$. Dies sieht man folgendermaßen ein: Erstens kann man offensichtlich annehmen, daß C offen ist und zwei Endpunkte besitzt. E sei diejenige Randkomponente von G, die C enthält. Da die Menge $E - C$ zusammenhängend ist, sind alle Komponenten ihres Komplements einfach zusammenhängende Gebiete (Newman [1], S. 144). G ist in einem davon enthalten, das mit D bezeichnet wird. Weil C dann in D liegt und zwei Randpunkte von D verbindet, besteht $D - C$ nach 1.7 aus zwei Gebieten, die beide C als Randbogen besitzen. Hieraus folgt unsere Behauptung.

Das folgende Resultat gibt Auskunft über die Möglichkeit, Gebietspunkte in der Nähe eines freien Randbogens zu verbinden.

Hilfssatz 1.5. *Es sei a ein Punkt eines freien Randbogens des Gebietes G und U eine vorgegebene Umgebung von a. Dann gilt Folgendes:*

1° *Es gibt eine Kreisumgebung V von a, $\overline{V} \subset U$, so daß jedes Punktepaar von $G \cap V$ sich durch einen Jordanbogen in $G \cap U$ verbinden läßt.*

2° *Besitzt V die in 1° genannte Eigenschaft und ist U_1 eine innerhalb V gelegene Kreisumgebung von a, so gibt es eine Umgebung V_1 von a, $V_1 \subset U_1$, derart, daß jedes Punktepaar in $(V - \overline{U_1}) \cap G$ sich durch einen Jordanbogen in $(U - \overline{V_1}) \cap G$ verbinden läßt.*

Beweis: Weil U verkleinert werden kann, können wir ohne die Allgemeinheit einzuschränken annehmen, daß U ein Kreis ist und daß der Durchschnitt von $\overline{U}$ mit $\operatorname{Rd} G$ nur aus Punkten des freien Randbogens besteht. Es sei C ein offener in U liegender Randbogen von G, der den Punkt a enthält. $V \subset U$ sei darauf als eine solche Kreisumgebung von a gewählt, daß $\overline{V} \cap (\operatorname{Rd} G - C) = \emptyset$ ist.

E bezeichne diejenige Komponente von $\operatorname{Rd} G$, die den Punkt a enthält. Zur Begründung der Behauptung 1° wenden wir Hilfssatz 1.3 auf die abgeschlossenen Mengen $F_1 = E$, $F_2 = (E - C) \cup \operatorname{Rd} U$ an. Wegen $C \subset U$ ist dann $F_1 \cap F_2 = E - C$, und nach der Definition eines freien Randbogens ist diese Menge zusammenhängend. Weil weder E noch $(E - C) \cup \operatorname{Rd} U$ ein in $G \cap V$ liegendes Punktepaar trennt, gehören diese Punkte nach Hilfssatz 1.3 zu derselben Komponente des Komplements der Menge $F_1 \cup F_2 = E \cup \operatorname{Rd} U$. Hieraus folgt die Behauptung 1°, denn alle von E verschiedenen Randkomponenten von G liegen außerhalb U.

Zur Begründung von 2° betrachten wir einen in U_1 liegenden, den Punkt a enthaltenden abgeschlossenen Teilbogen C_1 des gegebenen freien Randbogens. $V_1 \subset U_1$ sei eine solche Kreisumgebung von a, wofür $\overline{V_1} \cap (\operatorname{Rd} G - C_1) = \emptyset$ ist. Setzt man $F_1 = E \cup \operatorname{Rd} U$, $F_2 = \operatorname{Rd} V_1 \cup C_1$, so folgt 2° wie oben 1° durch Anwendung des Hilfssatzes 1.3.

Auf Grund des Hilfssatzes 1.5 ist die Gültigkeit des folgenden Resultats über die Annäherung an einen Punkt auf einem freien Randbogen ersichtlich; für die Einzelheiten des Beweises verweisen wir auf Behnke-Sommer [1], S. 359.

Hilfssatz 1.6. *Es sei a ein Punkt eines freien Randbogens des Gebietes G und z_n eine gegen a konvergierende Punktfolge in G. Dann gibt es einen durch die Punkte z_n verlaufenden Jordanbogen C mit $C - \{a\} \subset G$ und mit Endpunkt in a.*

§ 2. Konforme Abbildung ebener Gebiete

2.1. Riemannscher Abbildungssatz. In § 3 werden die quasikonformen Abbildungen als direkte Verallgemeinerungen der konformen Abbildungen definiert. Es empfiehlt sich deshalb, als Vorbereitung einige fundamentale Resultate aus der Theorie der konformen Abbildungen zusammenzustellen. Wir bemerken, daß nach wie vor alle

Gebiete der erweiterten komplexen Ebene in Betracht kommen. Die Konformität von w im Punkt ∞ bzw. in einem Punkt z_0, wo $w(z_0) = \infty$ ist, bedeutet, daß $\tilde{w}$, $\tilde{w}(z) = w(1/z)$, im Nullpunkt bzw. $1/w$ im Punkt z_0 konform ist.

Es gibt bekanntlich keine in der endlichen Ebene beschränkte analytische Funktion, die nicht konstant ist. Die endliche Ebene ist deshalb mit keinem beschränkten Gebiet konform äquivalent. Daraus folgt, daß die einfach zusammenhängenden Gebiete in wenigstens drei konforme Äquivalenzklassen zerfallen, die als Vertreter die folgenden Normalgebiete haben: 1° die ganze Ebene, 2° die endliche Ebene, 3° der Einheitskreis $|z| < 1$.

Andererseits gehört jedes einfach zusammenhängende Gebiet zu einer der obigen Klassen, denn es gilt der folgende klassische Satz:

Riemannscher Abbildungssatz. *Jedes einfach zusammenhängende Gebiet der Ebene läßt sich konform auf eines der Normalgebiete* 1°–3° *abbilden. Eine konforme Abbildung auf die endliche Ebene existiert dann und nur dann, wenn das Komplement des abzubildenden Gebietes aus einem einzigen Punkt besteht.*

Ein Jordangebiet ist einfach zusammenhängend und hat unendlich viele Randpunkte; es kann also nach dem Riemannschen Abbildungssatz auf den Einheitskreis konform abgebildet werden. Hieraus folgt auch, daß alle Jordangebiete miteinander konform äquivalent sind.

2.2. Randverhalten konformer Abbildungen. Die Frage nach dem Randverhalten einer konformen Abbildung zwischen zwei n-fach zusammenhängenden von Jordankurven berandeten Gebieten wird durch den folgenden Satz gelöst (siehe z. B. Behnke-Sommer [1], S. 371).

Satz über die Ränderzuordnung. *G und G' seien n-fach zusammenhängende Gebiete, die beide n Jordankurven als Randkomponenten besitzen. Dann läßt sich jede konforme Abbildung $w : G \to G'$ zu einem Homöomorphismus von $\overline{G}$ auf $\overline{G}'$ erweitern.*

Tatsächlich gilt das folgende noch allgemeinere Resultat: G und G' seien Gebiete, die beide einen freien Randbogen oder eine freie Randkurve C bzw. C' besitzen, und $w : G \to G'$ sei eine konforme Abbildung, wobei C und C' einander entsprechen. Dann läßt sich w zu einem Homöomorphismus von $G \cup C$ auf $G' \cup C'$ erweitern. Bei unseren ersten Anwendungen genügt jedoch der obige einfachere Satz über die Ränderzuordnung, und in 8.2 wird das allgemeinere Resultat sogar für quasikonforme Abbildungen bewiesen.

Die auf $\overline{G}$ erweiterte in G konforme Abbildung w wird oft auch konform genannt und mit w bezeichnet. Spricht man jedoch von einer konformen Abbildung ohne Hinweis auf die abzubildende Menge, so handelt es sich stets um die Abbildung eines Gebietes.

Eine konforme Abbildung $w : G \to G'$ ist wegen $J_w(z) = |w'(z)|^2$ orientierungserhaltend, und im Falle von zwei Jordangebieten G und G' ist es auch die erweiterte Abbildung $w : \overline{G} \to \overline{G}'$ (vgl. 1.6). Liegen die Punkte p_1, p_2, p_3 auf der Randkurve von G und ist p_1, p_2, p_3 die in bezug auf G positive Orientierung des Randes, so muß also $w(p_1)$, $w(p_2)$, $w(p_3)$ die in bezug auf G' positive Orientierung der Randkurve von G' sein. Umgekehrt gilt mit den obigen Bezeichnungen Folgendes:

Sind G und G' Jordangebiete und sind die Orientierungen p_1, p_2, p_3 und q_1, q_2, q_3 beide positiv in bezug auf G bzw. G', so gibt es eine eindeutig bestimmte konforme Abbildung $w : G \to G'$, welche die Randpunkte p_i in die Randpunkte $w(p_i) = q_i$ überführt.

2.3. Viereck und seine Abbildung. Ein *Viereck* besteht aus einem Jordangebiet Q und aus einer Folge z_1, z_2, z_3, z_4 von vier Randpunkten des Gebietes Q. Die Punkte z_i heißen die *Ecken* des Vierecks. Zwei Vierecke werden identifiziert, wenn sie nicht nur als Mengen übereinstimmen, sondern auch hinsichtlich der Reihenfolge ihrer Ecken gleich sind. Im Folgenden werden nur solche Vierecke $Q(z_1, z_2, z_3, z_4)$ betrachtet, deren Eckenfolge mit der in bezug auf Q positiven Orientierung übereinstimmt.

Der Einfachheit halber empfiehlt es sich oft, ein Viereck als eine ebene Punktmenge aufzufassen; z. B. sprechen wir von inneren Punkten und von der abgeschlossenen Hülle eines Vierecks. Ist kein Mißverständnis möglich, so kann man ein Viereck auch in derselben Weise wie das entsprechende Jordangebiet bezeichnen.

Der Rand des Vierecks $Q(z_1, z_2, z_3, z_4)$ wird durch die Ecken in vier Jordanbogen, die *Seiten* des Vierecks, zerlegt. Die Bogen $\widehat{z_1 z_2}$ und $\widehat{z_3 z_4}$ heißen die *a-Seiten*, die zwei übrigen Bogen die *b-Seiten* von Q.

Unter einem *Homöomorphismus des Vierecks* $Q(z_1, z_2, z_3, z_4)$ auf das Viereck $Q'(w_1, w_2, w_3, w_4)$ wird eine solche topologische Abbildung $w : \overline{Q} \to \overline{Q}'$ verstanden, welche die Punkte z_i in die Punkte $w(z_i) = w_i$ überführt. Ist die Einschränkung von w auf Q dazu konform, so heißt w eine *konforme Abbildung des Vierecks* $Q(z_1, z_2, z_3, z_4)$ auf das Viereck $Q'(w_1, w_2, w_3, w_4)$. Zwei Vierecke können im Allgemeinen nicht aufeinander konform abgebildet werden, weil die Bilder von drei Randpunkten eine konforme Abbildung schon eindeutig bestimmen. Alle Vierecke teilen sich also in mehrere konforme Äquivalenzklassen auf.

2.4. Konformer Modul eines Vierecks. Aus dem Riemannschen Abbildungssatz folgt, daß jedes Viereck $Q(z_1, z_2, z_3, z_4)$ auf ein Viereck $Q'(-1/k, -1, 1, 1/k)$ abgebildet werden kann, wo $0 < k < 1$ und Q'

die obere Halbebene ist. Der Wert von k wird dabei durch $Q(z_1, z_2, z_3, z_4)$ eindeutig bestimmt. Aus der klassischen Theorie der elliptischen Integrale ergibt sich weiter, daß die Funktion w,

$$w(z) = \int_0^z \frac{d\zeta}{\sqrt{(1-\zeta^2)(1-k^2\zeta^2)}},$$

das Viereck $Q'(-1/k, -1, 1, 1/k)$ konform auf ein Viereck bezieht, das aus einem Rechteck und seinen Ecken besteht. Wo kein Mißverständnis zu befürchten ist, nennen wir ein solches Viereck kurz ein Rechteck.

Durch Zusammensetzung der obigen Abbildungen wird ein beliebiges Viereck auf ein Rechteck konform abgebildet. Eine solche Abbildung wird im Folgenden die *kanonische* Abbildung des Vierecks genannt, und das betreffende Rechteck heißt das kanonische Rechteck des Vierecks.

Jede konforme Äquivalenzklasse von Vierecken enthält also Rechtecke, und alle miteinander ähnlichen Rechtecke gehören offensichtlich zu derselben Klasse. Umgekehrt folgt aus dem Spiegelungsprinzip, daß jede konforme Abbildung zwischen zwei Rechtecken eine Ähnlichkeitstransformation ist.

Alle kanonischen Rechtecke eines festen Vierecks Q haben also dasselbe Seitenverhältnis $a/b = M(Q)$, wo a die Länge der a-Seiten, b die Länge der b-Seiten bezeichnet. Die Zahl $M(Q)$ heißt der (*konforme*) *Modul* von Q. Zwei Vierecke sind also dann und nur dann konform äquivalent, wenn sie denselben Modul besitzen.

Führt man eine Umordnung der Ecken von Q aus, so verhält sich der Modul wie folgt:

$$M(Q(z_1, z_2, z_3, z_4)) = M(Q(z_3, z_4, z_1, z_2)) = 1/M(Q(z_2, z_3, z_4, z_1)). \quad (2.1)$$

§ 3. Definition einer quasikonformen Abbildung

3.1. Dilatation eines Vierecks unter einem Homöomorphismus. Es sei G ein Gebiet und w ein orientierungserhaltender Homöomorphismus von G. Ein Viereck $Q = Q(z_1, z_2, z_3, z_4)$, dessen abgeschlossene Hülle in G enthalten ist, wird durch w auf ein Viereck Q' abgebildet. Das Verhältnis $M(Q')/M(Q)$ der Moduln von Q' und Q heißt die *Dilatation* des Vierecks Q unter der Abbildung w.

Die Zahl

$$K(G) = \sup_{\bar{Q} \subset G} \frac{M(Q')}{M(Q)}$$

wird die *maximale Dilatation* von w im Gebiet G genannt. Da die Dilatationen von $Q(z_1, z_2, z_3, z_4)$ und $Q(z_2, z_3, z_4, z_1)$ wegen (2.1) zueinander reziproke Zahlen sind, ist $K(G)$ wenigstens gleich 1.

Ist w konform, so haben die Vierecke Q und Q' definitionsgemäß denselben Modul. Die Dilatation von Q ist dann also stets gleich 1, und somit ist auch $K(G) = 1$. Andererseits werden wir in 5.1 zeigen, daß die maximale Dilatation eines nichtkonformen, orientierungserhaltenden Homöomorphismus stets größer als 1 ist. $K(G)$ kann deshalb als ein Maß dafür angesehen werden, wie viel die Abbildung in G von der Konformität abweicht.

3.2. Quasikonforme Abbildung. Die quasikonformen Abbildungen können jetzt wie folgt definiert werden:

Definition. *Ein orientierungserhaltender Homöomorphismus w des Gebietes G heißt quasikonform, wenn seine maximale Dilatation $K(G)$ endlich ist. Ist $K(G) \leqq K < \infty$, so wird w K-quasikonform genannt.*

Der im konformen Fall gebrauchten Sprechweise folgend nennen wir einen quasikonformen Homöomorphismus auch *quasikonforme Abbildung.*

Die Forderung, daß eine quasikonforme Abbildung orientierungserhaltend sein soll, bringt gewisse formale Vereinfachungen mit sich. Andererseits gelten die meisten im Folgenden vorkommenden Sätze auch für eine „antiquasikonforme" Abbildung, die sich aus einer quasikonformen Abbildung und aus einer Spiegelung zusammensetzen läßt.

Aus der Definition folgt, daß eine konforme Abbildung 1-quasikonform ist. Wie wir schon erwähnten, wird in 5.1 bewiesen, daß umgekehrt jede 1-quasikonforme Abbildung konform ist.

Wie in der nachfolgenden Darstellung gezeigt wird, gestatten die quasikonformen Abbildungen viele andere, mit der obigen Definition in nicht-trivialer Weise äquivalente Charakterisierungen, die wir als Sätze aussprechen. Die obige Definition, die von Pfluger [1] und Ahlfors [1] herrührt, wird nach dem Vorschlag des ersteren die *geometrische Definition* genannt.

Aus der Definition gehen die folgenden Eigenschaften einer quasikonformen Abbildung sofort hervor:

Die Umkehrung einer K-quasikonformen Abbildung ist K-quasikonform. Eine aus einer K_1-quasikonformen und einer K_2-quasikonformen Abbildung zusammengesetzte Abbildung ist $K_1 K_2$-quasikonform.

3.3. Reguläre quasikonforme Abbildungen. Wir betrachten als Beispiel eine von Grötzsch [2] im Jahre 1928 eingeführte Klasse von Abbildungen, von denen in 3.4 gezeigt wird, daß sie nach der obigen

Definition quasikonform sind, und die hier regulär quasikonform genannt werden. Unter der Benennung „quasikonform" hat man früher diese Abbildungen verstanden, wobei jedoch die Existenz von isolierten Singularitäten oft zugelassen wurde.

Zur Definition dieser Abbildungsklasse betrachten wir einen orientierungserhaltenden Homöomorphismus w des endlichen Gebietes G der $z = x + iy$-Ebene auf das endliche Gebiet G'. Wir nehmen an, daß w lauter reguläre Punkte in G hat und daß die partiellen Ableitungen w_x und w_y in G stetig sind. Die von der Richtung abhängige Ableitung

$$\partial_\alpha w(z) = \lim_{r\to 0} \frac{w(z + r e^{i\alpha}) - w(z)}{r e^{i\alpha}} = e^{-i\alpha} \left(w_x(z) \cos\alpha + w_y(z) \sin\alpha\right)$$

existiert dann in jedem Punkt $z \in G$, und der *Dilatationsquotient*

$$D(z) = \frac{\max_\alpha |\partial_\alpha w(z)|}{\min_\alpha |\partial_\alpha w(z)|} \tag{3.1}$$

ist in jeder kompakten Teilmenge von G beschränkt. Ist D beschränkt im ganzen Gebiet G, so sagen wir, daß w eine *reguläre quasikonforme Abbildung* von G ist. Ist

$$\sup_{z\in G} D(z) \leqq K\,,$$

so heißt w eine *reguläre K-quasikonforme Abbildung.*

Ist w konform, so hängt $\partial_\alpha w(z)$ nicht von der Richtung α ab. Dann ist w eine reguläre quasikonforme Abbildung mit dem Dilatationsquotienten $D(z) = 1$ in jedem Punkt $z \in G$, d. h. w ist eine reguläre 1-quasikonforme Abbildung.

Eine aus zwei regulären quasikonformen Abbildungen zusammengesetzte Abbildung $w_3 = w_1 \circ w_2$ ist regulär quasikonform, und es gilt $D_3(z) \leqq D_1(w_2(z))\, D_2(z)$, wo D_i den Dilatationsquotienten von w_i bezeichnet. Gleichheit gilt immer, wenn entweder w_1 oder w_2 konform ist; im ersten Fall ist also $D_3(z) = D_2(z)$, im zweiten $D_3(z) = D_1(w_2(z))$.

Wegen der konformen Invarianz von $D(z)$ kann man diese Größe sowohl im Unendlichkeitspunkt als in einem solchen Punkt z_0, wo $w(z_0) = \infty$ ist, mittels einer linearen Hilfsabbildung definieren. Die Definition der regulären quasikonformen Abbildung läßt sich also auf den allgemeinen Fall erweitern, wo G und G' beliebige Gebiete der Ebene sind. Was die Stetigkeit der partiellen Ableitungen betrifft, muß diese Bedingung durch die Forderung ersetzt werden, daß die aus w und aus der Hilfsabbildung zusammengesetzte Abbildung stetige partielle Ableitungen besitzt (vgl. 1.6).

3.4. Ungleichung von Grötzsch. Es sei $\alpha = \alpha_1$ eine Richtung, in welcher die Ableitung $|\partial_\alpha w(z)|$ einer regulären quasikonformen Abbildung im Punkt z ihren größten Wert annimmt. Das Bild eines infinitesimalen Quadrats mit einem Eckpunkt in z und mit den Seitenrichtungen α_1 und $\alpha_1 + \pi/2$ ist dann ein Rechteck, dessen Modul gleich $D(z)$ ist, was auf eine Verbindung zwischen dem Dilatationsquotienten und der Dilatation der Vierecke hinweist.

Als erstes diesbezügliches Resultat wollen wir jetzt beweisen, *daß eine reguläre K-quasikonforme Abbildung auch im Sinne der Definition 3.2 K-quasikonform ist.* Diese Behauptung ist gleichbedeutend mit der Gültigkeit der folgenden von Grötzsch [2] herrührenden Ungleichung.

Satz 3.1. *Zwischen der maximalen Dilatation und dem Dilatationsquotienten einer regulären quasikonformen Abbildung besteht die Ungleichung*

$$K(G) \leqq \sup_{z \in G} D(z) . \tag{3.2}$$

Beweis: Es gilt zu beweisen, daß die Dilatation eines beliebigen Vierecks Q, $\overline{Q} \subset G$, höchstens gleich $\sup_z D(z) = K$ ist. Zu diesem Zweck bilden wir das Viereck Q und sein Bildviereck Q' auf ihre kanonischen Rechtecke $R = R(0, M, M + i, i)$ bzw. $R' = R'(0, M', M' + i, i)$ konform ab. M und M' sind definitionsgemäß die Moduln der Vierecke Q bzw. Q', und es muß also bewiesen werden, daß

$$M' \leqq K M \tag{3.3}$$

ist.

Wir bezeichnen mit $w : R \to R'$ die Abbildung, die sich aus der ursprünglichen regulären quasikonformen Abbildung und aus den zwei konformen Abbildungen zusammensetzt. Weil der Dilatationsquotient gegenüber konformen Abbildungen invariant ist, besteht die Ungleichung $\max_\alpha |\partial_\alpha w(z)| \leqq K \min_\alpha |\partial_\alpha w(z)|$ in jedem inneren Punkt von R. Daraus folgt ($z = x + i y$)

$$\begin{aligned} J_w(z) &= \max_\alpha |\partial_\alpha w(z)| \min_\alpha |\partial_\alpha w(z)| \\ &\geqq \frac{1}{K} (\max_\alpha |\partial_\alpha w(z)|)^2 \geqq \frac{1}{K} |w_x(z)|^2 . \end{aligned}$$

Für den Flächeninhalt von R' gilt also[1]

$$M' = \iint_R J_w(z)\, dx\, dy \geqq \frac{1}{K} \int_0^1 dy \int_0^M |w_x(x + i y)|^2\, dx . \tag{3.4}$$

[1] Zur strengen Begründung von (3.4) braucht man entweder einen einfachen Grenzprozeß auszuführen oder den in III.1.5 zitierten Satz von Fubini anzuwenden.

Unter Anwendung der Schwarzschen Ungleichung erhält man weiter

$$\int_0^M |w_x(x + i\,y)|^2\,dx \geqq \frac{1}{M}\left(\int_0^M |w_x(x + i\,y)|\,dx\right)^2.$$

Hier ist das rechtsstehende Integral $\geqq M'$, weil es die Länge einer Kurve ergibt, welche die b-Seiten von R' miteinander verbindet. Setzt man diese Abschätzung in (3.4) ein, so ergibt sich $M' \geqq M'^2/(K\,M)$, was mit der zu beweisenden Beziehung (3.3) gleichbedeutend ist.

Als Ergänzung des Satzes 3.1 wird später gezeigt (Satz 9.3), daß umgekehrt jede K-quasikonforme Abbildung in einem regulären Punkt z die Ungleichung $D(z) \leqq K(G)$ befriedigt. Daraus folgt insbesondere, daß die Ungleichung (3.2) tatsächlich immer als Gleichheit besteht.

Es sei schon hier darauf hingewiesen, daß die in 3.2 definierten allgemeinen quasikonformen Abbildungen abgesehen von ihrer größeren Allgemeinheit den regulären Abbildungen gegenüber den folgenden Vorteil haben: Wie in I.5.2 gezeigt wird, folgt aus der gleichmäßigen Konvergenz einer Folge von K-quasikonformen Abbildungen gegen einen Homöomorphismus, daß auch die Grenzabbildung K-quasikonform ist. Die Grenzabbildung braucht aber nicht eine reguläre K-quasikonforme Abbildung zu sein, auch wenn die Abbildungen der Folge es sind.

Bemerkung. Für die affine Abbildung w, $w(z) = K\,x + i\,y$, $K \geqq 1$, gilt $D(z) = K$ für jedes z. Nach Satz 3.1 ist w somit K-quasikonform. Daraus folgt: *Für jedes Paar von Vierecken Q und Q' mit $M(Q') = K\,M(Q)$ gibt es einen Homöomorphismus von Q auf Q', der im Inneren von Q K-quasikonform ist.* Zum Beweis braucht man nur Q und Q' kanonisch auf die Rechtecke $R(0, M, M + i, i)$ bzw. $R'(0, K\,M, K\,M + i, i)$, $M = M(Q)$, zu beziehen und R durch w auf R' abzubilden.

§ 4. Konformer Modul und extremale Längen

4.1. Vorbereitende Bemerkungen zur neuen Charakterisierung des Moduls. Die in 3.2 gegebene Definition einer quasikonformen Abbildung gründet sich auf den Begriff des Moduls, der seinerseits mittels einer konformen (also 1-quasikonformen) Abbildung definiert worden ist. Es ist deshalb von prinzipieller Bedeutung, daß man den Modul eines Vierecks auch ohne Anwendung der konformen Abbildungen definieren kann, wie wir im Folgenden zeigen werden. Außerdem ist die neue Charakterisierung von größter praktischer Bedeutung für die Entwicklung der Theorie der quasikonformen Abbildungen, da sie uns zugleich Methoden zur Abschätzung des Moduls darbietet.

Zum besseren Verständnis dieser Charakterisierung seien zunächst einige einleitende Betrachtungen ausgeführt. Q sei ein Viereck und f seine kanonische (konforme) Abbildung auf das Rechteck $R = R(0, a, a + i\,b, i\,b)$ der $w = u + i\,v$-Ebene. Mit möglicher Ausnahme des Unendlichkeitspunktes gilt $J_f(z) = |f'(z)|^2$ überall im Inneren von Q. Für den Flächeninhalt von R erhält man also den Ausdruck

$$\iint_Q |f'(z)|^2\, d\sigma = a\, b\,, \tag{4.1}$$

wo $d\sigma = d\sigma_z = dx\, dy$ das Flächenelement der $z = x + i\,y$-Ebene bezeichnet.

Um zu dem Modul $M(Q) = a/b$ zu gelangen, wollen wir außer dem Flächeninhalt von R auch seine Höhe b in einer geeigneten Integralform schreiben. Zu diesem Zweck betrachten wir die in R liegenden vertikalen Strecken $C'_u = \{u + i\,v \mid 0 < v < b\}$ und ihre Urbilder $f^{-1}(C'_u) = C_u$.

Nach dem in 2.2 zitierten Satz über die Ränderzuordnung bei konformen Abbildungen hat jeder von den offenen analytischen Jordanbogen[1] C_u zwei Endpunkte, die auf je einer a-Seite von Q liegen. Die Länge der Bildstrecke C'_u von C_u ist b, und man erhält also durch Integration

$$\int_{C_u} |f'(z)|\, |dz| = \int_{C'_u} |dw| = b\,. \tag{4.2}$$

Wir betrachten jetzt eine allgemeinere Klasse $\mathscr{C}_a$ offener Jordanbogen C mit den folgenden Eigenschaften:

1. Jedes $C \in \mathscr{C}_a$ liegt im Inneren von Q und hat einen Endpunkt auf je einer a-Seite von Q.

2. $\mathscr{C}_a$ enthält sämtliche Bogen C_u.

3. $\mathscr{C}_a$ besteht aus so regulären Bogen, daß alle im Folgenden vorkommenden Integrationen ausgeführt werden können.

Die Unbestimmtheit der Bedingung 3 ist absichtlich: Bei den Anwendungen in den Kapiteln I und II können wir uns auf so reguläre Familien $\mathscr{C}_a$ beschränken, daß die Gültigkeit der Bedingung 3 unter Benutzung elementarer Differential- und Integralrechnung verifiziert werden kann. In III.4 werden die Betrachtungen unter allgemeinen Voraussetzungen streng durchgeführt; s. auch die Fußnote auf S. 22.

---

[1] Eine Kurve heißt analytisch, wenn sie Bild einer Kreislinie bei einer konformen Abbildung einer Umgebung dieser Kreislinie ist. Entsprechend wird ein abgeschlossener Bogen analytisch genannt, wenn er Bild einer abgeschlossenen Strecke I bei einer konformen Abbildung einer Umgebung von I ist. Ein offener Bogen heißt analytisch, wenn alle seine abgeschlossenen Teilbogen es sind.

Das Bild $f(C) = C'$ eines Bogens $C \in \mathscr{C}_a$ ist ein offener Jordanbogen, der die a-Seiten von R verbindet und dessen Länge also wenigstens gleich der Höhe b von R ist. Mittels derselben Integration wie in (4.2) erhält man folglich für $C \in \mathscr{C}_a$

$$\int\limits_C |f'(z)|\,|dz| \geqq b\,, \tag{4.3}$$

wo Gleichheit für alle Bogen C_u besteht.

Wegen $M(Q) = a\,b/b^2$ ergibt sich aus (4.1) und (4.3) das folgende vorläufige Resultat: *Der Modul eines Vierecks Q gestattet die Darstellung*

$$M(Q) = \frac{\iint\limits_Q |f'|^2\, d\sigma}{\left(\inf\limits_{C \in \mathscr{C}_a} \int\limits_C |f'|\,|dz|\right)^2}\,, \tag{4.4}$$

wo f' die Ableitung der kanonischen Abbildung von Q ist und die Familie $\mathscr{C}_a$ die oben aufgezählten Eigenschaften 1—3 besitzt.

4.2. Charakterisierung des Moduls ohne konforme Abbildung. Neben der Ableitung $|f'|$ betrachten wir jetzt allgemeinere im Inneren von Q definierte nichtnegative Funktionen ϱ; $\mathscr{P}$ bezeichne eine Familie solcher Funktionen. Wir nehmen an, daß $\mathscr{P}$ die Ableitung $|f'|$ enthält und daß die Funktionen $\varrho \in \mathscr{P}$ für die Ausführung der nachstehenden Integrationen nicht zu unstetig sind.[1]

Wir ordnen einer Funktion $\varrho \in \mathscr{P}$ die im kanonischen Rechteck definierte Funktion ϱ_1, $\varrho_1(f(z)) = \varrho(z)/|f'(z)|$, zu. Mittels einer (4.1) und (4.2) entsprechenden Integration erhält man zunächst

$$\iint\limits_Q \varrho^2\, d\sigma = \int\limits_0^a du \int\limits_0^b (\varrho_1\,(u + i\,v))^2\, dv\,,$$

und für die Kurvenintegrale

$$\inf_{C \in \mathscr{C}_a} \int\limits_C \varrho\,|dz| \leqq \int\limits_{C_u} \varrho |dz| = \int\limits_0^b \varrho_1\,(u + i\,v)\, dv\,.$$

Nach der Schwarzschen Ungleichung ist somit

$$\iint\limits_Q \varrho^2\, d\sigma \geqq \int\limits_0^a \frac{1}{b}\left(\int\limits_0^b \varrho_1\,(u + i\,v)\, dv\right)^2 du \geqq \frac{a}{b}\left(\inf_{C \in \mathscr{C}_a} \int\limits_C \varrho |dz|\right)^2;$$

wo $a/b = M(Q)$ ist. Auf Grund von (4.4) besteht hier Gleichheit, wenn $\varrho = |f'|$ ist.

---

[1] Wie im Zusammenhang der Einführung der Kurvenfamilie $\mathscr{C}_a$ erwähnt wurde, kümmern wir uns hier nicht darum, die Betrachtungen unter möglichst allgemeinen Bedingungen durchzuführen, weil dies vom Standpunkt der Anwendungen in den Kapiteln I—II unwesentlich ist. In III.4 werden wir auf diese Frage zurückkommen und setzen dann nur voraus, daß die Bogen C lokal rektifizierbar und die Funktionen ϱ Borel-meßbar sind.

Durch Anwendung der Bezeichnungen

$$\int_C \varrho |dz| = l_\varrho(C)\,, \qquad \iint_Q \varrho^2\, d\sigma = m_\varrho(Q)\,, \tag{4.5}$$

gewinnt man daraus die in Aussicht gestellte Charakterisierung des Moduls in der folgenden Form (Ahlfors-Beurling [1]).

Satz 4.1. *Für den Modul eines Vierecks Q gilt*[1]

$$M(Q) = \inf_{\varrho \in \mathcal{P}} \frac{m_\varrho(Q)}{\left(\inf\limits_{C \in \mathcal{C}_a} l_\varrho(C)\right)^2}\,. \tag{4.6}$$

Das Infimum wird für $\varrho = |f'|$ erreicht, wo f eine kanonische Abbildung von Q ist.

Der reziproke Wert des rechtsstehenden Ausdrucks in (4.6) heißt die *extremale Länge* der Kurvenfamilie $\mathcal{C}_a$.

Auf Grund von Satz 4.1 kann die Definition der Quasikonformität ohne Anwendung der Theorie der konformen Abbildungen ausgesprochen werden. Die konformen Abbildungen könnten vielmehr als 1-quasikonforme Abbildungen definiert werden (vgl. Satz 5.1); für diese könnte man dann den Riemannschen Abbildungssatz und den Satz über die Ränderzuordnung beweisen, welche für die Theorie der quasikonformen Abbildungen jedenfalls von entscheidender Bedeutung sind. Um möglichst schnell zu den wichtigsten Eigenschaften der quasikonformen Abbildungen, zu gelangen, haben wir jedoch vorgezogen, nicht von einer sich direkt auf (4.6) gründenden Definition der Quasikonformität auszugehen.

In einem drei- oder mehrdimensionalen euklidischen Raum gibt es keinen dem Riemannschen Abbildungssatz entsprechenden Satz. Obschon wir uns im vorliegenden Buch auf den Fall der Ebene beschränken, sei jedoch bemerkt, daß es möglich ist, auf Grund einer dem Satz 4.1 ähnlichen Definition des Moduls gewisse Teile der Theorie der quasikonformen Abbildungen in höhere Dimensionen überzuführen.

4.3. Modulabschätzung mittels euklidischer Länge und Flächeninhalt. Setzt man in (4.5) $\varrho = 1$ ein, so geht $l_\varrho(C)$ in die euklidische Länge $l(C)$ und $m_\varrho(Q)$ in den euklidischen Flächeninhalt $m(Q)$ über. Wir setzen

$$s_a = s_a(Q) = \inf_{C \in \mathcal{C}_a} l(C)$$

und nennen s_a den *Abstand der a-Seiten in Q*. Die Abhängigkeit von s_a von der Wahl der Familie $\mathcal{C}_a$ hat hier keine Bedeutung, weil die

[1] Hier werden natürlich nur solche Funktionen ϱ zugelassen, wofür Zähler und Nenner in (4.6) nicht gleichzeitig verschwinden oder unendlich sind.

nachstehenden Abschätzungen für jede Schar $\mathscr{C}_a$ gelten, die den in 4.1 aufgezählten Bedingungen genügt. Der Abstand s_b der b-Seiten wird in entsprechender Weise definiert.

Wegen $M(Q(z_2, z_3, z_4, z_1)) = 1/M(Q(z_1, z_2, z_3, z_4))$ erhält man aus (4.6) das folgende Resultat, das später mehrmals zur Anwendung kommen wird.

Rengelsche Ungleichung. *Der Modul eines Vierecks Q befriedigt die Doppelungleichung*

$$\frac{(s_b(Q))^2}{m(Q)} \leqq M(Q) \leqq \frac{m(Q)}{(s_a(Q))^2}\,.$$

Gleichheit gilt in beiden Fällen genau dann, wenn Q ein Rechteck ist.

Es ist unmittelbar einzusehen, daß die Rengelsche Ungleichung im Falle des Rechtecks als Gleichheit besteht. Um zu beweisen, daß andererseits die Gleichheit an einer einzigen Stelle zur Folge hat, daß Q ein Rechteck ist, betrachte man die Umkehrung $f^{-1} = g$ der kanonischen Abbildung von Q auf $R(0, M(Q), M(Q) + i, i)$. Dann ist

$$M(Q)\,(s_a(Q))^2 = M(Q) \inf_{C \in \mathscr{C}_a} \Big(\int_{f(C)} |g'|\,|dw|\Big)^2 \leqq \int_0^{M(Q)} \Big(\int_0^1 |g'(u + i\,v)|\,dv\Big)^2 du\,,$$

und

$$m(Q) = \int_0^{M(Q)} du \int_0^1 |g'(u + i\,v)|^2\,dv\,.$$

Aus $M(Q)\,(s_a(Q))^2 = m(Q)$ folgt also, daß

$$\int_0^1 |g'(u + i\,v)|^2\,dv = \Big(\int_0^1 |g'(u + i\,v)|\,dv\Big)^2 = \inf_{C \in \mathscr{C}_a} \Big(\int_{f(C)} |g'|\,|dw|\Big)^2$$

für jedes u gilt. Damit die erste Gleichung möglich ist, d. h. damit die Schwarzsche Ungleichung in Gleichheit übergeht, muß $|g'|$ unabhängig von v sein. Aus der zweiten Beziehung schließt man darauf, daß g' eine Konstante ist. Dann ist aber g eine Ähnlichkeitstransformation, und Q also ein Rechteck.

In derselben Weise kann man zeigen, daß die Gleichung $M(Q) = (s_b(Q))^2/m(Q)$ nur dann bestehen kann, wenn Q ein Rechteck ist.

Um den Modul eines Vierecks mit Hilfe der Rengelschen Ungleichung abzuschätzen, braucht man eine untere Schranke für s_a (oder s_b) zu kennen. Aus einer Abschätzung von s_a nach oben kann man keine Schlüsse über $M(Q)$ ziehen, wenn man außerdem nur den Flächeninhalt $m(Q)$ kennt. In der Tat kann man mit beliebig vorgegebenem Modul und Flächeninhalt Vierecke konstruieren, für welche s_a beliebig klein ausfällt.

4.4. Modulabschätzung mittels zweier euklidischer Längen. In Fällen, wo man außer einer unteren Schranke von s_a noch eine obere

Schranke von s_b kennt, ist der nachstehende Hilfssatz manchmal brauchbar, insbesondere wenn man keine Auskunft über den Flächeninhalt $m(Q)$ hat.

Hilfssatz 4.1. *Der Modul eines Vierecks Q genügt der Ungleichung*

$$M(Q) \leqq \pi \frac{1 + 2\log(1 + 2\,s_a/s_b)}{(\log(1 + 2\,s_a/s_b))^2}\,. \tag{4.7}$$

Es sei bemerkt, daß man aus (4.7) auch eine Abschätzung von $M(Q)$ nach unten erhält, wenn man s_a und s_b miteinander vertauscht und $M(Q)$ durch $1/M(Q)$ ersetzt.

Um (4.7) zu beweisen, betrachten wir einen Bogen C_0, der im Inneren von Q liegt und die b-Seiten von Q verbindet. Wir können sofort annehmen, daß die Länge $l(C_0) = s_b$ ist. Jedenfalls kann nämlich $l(C_0)$ beliebig nahe bei s_b gewählt werden, und man erhält also den Hilfssatz durch Grenzübergang, sobald der Beweis mit $l(C_0)$ an Stelle von s_b durchgeführt worden ist.

Der Beweis beruht auf der Anwendung des Satzes 4.1. Zur Konstruktion einer geeigneten Maßfunktion ϱ bezeichnen wir mit z_0 den Punkt, der den Bogen C_0 in zwei Teile von der Länge $s_b/2$ zerlegt, und setzen

$$\varrho(z) = \begin{cases} \dfrac{2}{s_b} & \text{für} \quad |z - z_0| \leqq \dfrac{1}{2}\,s_b\,, \\[2ex] \dfrac{1}{|z - z_0|} & \text{für} \quad \dfrac{1}{2}\,s_b < |z - z_0| \leqq s_a + \dfrac{1}{2}\,s_b\,, \\[2ex] 0 & \text{für} \quad |z - z_0| > s_a + \dfrac{1}{2}\,s_b\,. \end{cases}$$

Die Funktion ϱ ist stetig in der ganzen Ebene mit Ausnahme des Kreises $|z - z_0| = s_a + \frac{1}{2}\,s_b$. Daraus folgt, daß ϱ offenbar zu der Familie $\mathcal{P}$ in (4.6) mitgerechnet werden kann. Es gilt also

$$M(Q) \leqq \frac{m_\varrho(Q)}{\left(\inf\limits_{C \in \mathcal{C}_a} l_\varrho(C)\right)^2}\,, \tag{4.8}$$

wo $\mathcal{C}_a$ eine Familie von Bogen ist, welche die a-Seiten von Q verbinden und die in 4.1 aufgezählten Eigenschaften 1—3 besitzen. Für $m_\varrho(Q)$ erhält man sofort

$$m_\varrho(Q) \leqq \pi\left(1 + 2\log\left(1 + \frac{2\,s_a}{s_b}\right)\right). \tag{4.9}$$

Um $l_\varrho(C)$ für ein beliebiges $C \in \mathcal{C}_a$ abzuschätzen, bemerken wir zuerst, daß C und C_0 einen gemeinsamen Punkt besitzen (oder einen gemeinsamen Häufungspunkt, falls C und C_0 in dieselbe Ecke münden). Dies folgt aus der am Ende von 1.7 gemachten Bemerkung, weil C die a-Seiten und C_0 die b-Seiten von Q verbindet. Aus der Wahl des Punktes z_0 folgt, daß C_0 im Kreisgebiet $|z - z_0| < s_b/2$ liegt. Der Bogen C besitzt deshalb gemeinsame Punkte mit $|z - z_0| \leqq s_b/2$. Weil die Länge von C wenigstens s_a beträgt und ϱ eine abnehmende Funktion von $|z - z_0|$ ist, erhält man eine Minorante für $l_\varrho(C)$, wenn man ϱ über eine die Kreise $|z - z_0| = s_b/2$ und $|z - z_0| = s_a + s_b/2$ verbindende Strecke von der Länge s_a integriert. Für jedes $C \in \mathscr{C}_a$ gilt somit die Abschätzung

$$l_\varrho(C) \geqq \int\limits_{s_b/2}^{s_a + s_b/2} \frac{dr}{r} = \log\left(1 + \frac{2\,s_a}{s_b}\right). \tag{4.10}$$

Aus (4.8), (4.9) und (4.10) folgt die Behauptung (4.7), und der Hilfssatz ist bewiesen.

4.5. Degenerierte Vierecke. Die Majorante in (4.7) strebt für $s_b \to 0$ gegen Null. Ist also Q_n, $n = 1, 2, 3, \ldots$, eine Folge von Vierecken, wofür

$$\lim_{n\to\infty} s_b(Q_n) = 0\,, \qquad \liminf_{n\to\infty} s_a(Q_n) > 0\,, \tag{4.11}$$

so gilt

$$\lim_{n\to\infty} M(Q_n) = 0\,.$$

Wir führen jetzt den Begriff eines *degenerierten Vierecks* $Q(z_1, z_1, z_2, z_3)$ ein, das eigentlich ein Dreieck oder im Falle $z_2 = z_3$ ein Zweieck ist mit einer bzw. zwei zweifachen Ecken. Das Zusammenfallen von drei oder vier Ecken wird dagegen nicht zugelassen. Die zweifache Ecke z_1 wird die a-Seite des degenerierten Vierecks Q genannt.

Es läßt sich unschwer zeigen, daß die Größe s_b für ein degeneriertes Viereck $Q(z_1, z_1, z_2, z_3)$ verschwindet. Mit Rücksicht auf (4.11) ist es folglich sinngemäß

$$M\big(Q(z_1, z_1, z_2, z_3)\big) = 0\,, \qquad M\big(Q(z_1, z_2, z_2, z_3)\big) = \infty \tag{4.12}$$

zu definieren.

4.6. Superadditivität und Monotonie des Moduls. Als erste Anwendung der Rengelschen Ungleichung wollen wir eine Modulbeziehung begründen, die eine Interpretation als eine Superadditivitätsrelation oder als eine Monotonieeigenschaft des Moduls gestattet.

Hilfssatz 4.2. *Es seien Q_n, $n = 1, 2, \ldots$, Vierecke ohne gemeinsame innere Punkte, deren abgeschlossene Hüllen in der abgeschlossenen Hülle eines Vierecks Q enthalten sind. Sind die a-Seiten eines* *jeden Q_n in je einer a-Seite von Q enthalten, so gilt*

$$\sum_n M(Q_n) \leqq M(Q) . \tag{4.13}$$

Ist Q ein Rechteck, so besteht hier Gleichheit dann und nur dann, wenn sämtliche Q_n Rechtecke sind und $\sum m(Q_n) = m(Q)$.

Beweis: Wegen der konformen Invarianz des Moduls bedeutet es keine Einschränkung anzunehmen, daß Q das Rechteck $R(0, M(Q), M(Q) + i, i)$ ist. Dann ist $s_a(Q_n) \geqq 1$, und nach der Rengelschen Ungleichung somit

$$\sum M(Q_n) \leqq \sum m(Q_n) \leqq m(Q) = M(Q) .$$

Damit hier Gleichheit gilt, muß erstens die Rengelsche Ungleichung für jedes Q_n als Gleichheit bestehen. Nach 4.2 geschieht dies dann und nur dann, wenn Q_n ein Rechteck ist. Falls außerdem $\sum m(Q_n) = m(Q)$ ist, gilt dann tatsächlich $\sum M(Q_n) = M(Q)$.

Es sei bemerkt, daß dieser Hilfssatz offenbar auch dann gilt, wenn eines oder mehrere von den Vierecken Q, Q_n degeneriert sind.

Denkt man sich das Viereck Q mittels seine a-Seiten verbindender Jordanbogen in die Vierecke Q_n unterteilt, kann (4.13) für eine Superadditivitätseigenschaft des Moduls gehalten werden. Andererseits läßt sich (4.13) im Falle eines einzigen Vierecks Q_n als eine Monotonieeigenschaft des Moduls deuten.

4.7. Stetigkeit des Moduls. Als zweite Anwendung der Rengelschen Ungleichung wollen wir zwei Sätze über die Konvergenz des Moduls einer Folge von Vierecken beweisen, die Stetigkeitseigenschaften des Moduls ausdrücken. Der erste von diesen Sätzen wird genau begründet. Hingegen wird der Beweis des letzteren allgemeineren Resultats auf einen funktionentheoretischen Satz zurückgeführt, weil seine vollständige, sich nur auf die hier entwickelten Hilfsmittel stützende Begründung zu kompliziert wäre. Für unsere Anwendungen genügt der erste einfachere Satz, und von dem allgemeineren Satz wird später nie Gebrauch gemacht.

Man betrachte eine Folge von Vierecken Q_n mit den Seiten a_1^n, b_1^n, a_2^n und b_2^n. Wir sagen, daß die Folge Q_n, $n = 1, 2, \ldots$, gegen das Viereck Q *von innen konvergiert*, wenn erstens $\overline{Q}_n \subset \overline{Q}$ für jedes n gilt und zweitens jedem $\varepsilon > 0$ ein n_ε entspricht, so daß für $n \geqq n_\varepsilon$ jeder Punkt von a_i^n bzw. b_i^n $(i = 1, 2)$ eine sphärische Entfernung $< \varepsilon$ (vgl. 1.1) von der entsprechenden Seite a_i bzw. b_i von Q besitzt.

Hilfssatz 4.3. *Konvergiert die Folge von Vierecken Q_n von innen gegen das Viereck Q, so gilt*

$$\lim_{n\to\infty} M(Q_n) = M(Q) . \tag{4.14}$$

Beweis: Wir bemerken zuerst, daß die kanonische Abbildung f von Q auf das Rechteck $R = R(0, M(Q), M(Q) + i, i)$ wegen der Kompaktheit von $\bar{Q}$ gleichmäßig stetig in $\bar{Q}$ ist, d. h. für $z_1, z_2 \in \bar{Q}$ gilt

$$\lim_{\delta \to 0} \sup_{k(z_1, z_2) < \delta} k(f(z_1), f(z_2)) = 0 .$$

Daraus folgt, daß die Bilder $f(Q_n) = Q'_n$ der Vierecke Q_n von innen gegen das Rechteck R konvergieren und nicht nur in bezug auf die sphärische Metrik, sondern auch die euklidische, weil die beiden Konvergenzbegriffe für beschränkte Mengen zusammenfallen.

Jedem ε, $0 < \varepsilon < \min(1/2, M(Q)/2)$, entspricht also ein n_ε, so daß für $n \geqq n_\varepsilon$ jede Seite von Q'_n in einem an die entsprechende Seite von R grenzenden abgeschlossenen Streifen von der Breite ε liegt. Dann gilt $s_a(Q'_n) \geqq 1 - 2\varepsilon$, $s_b(Q'_n) \geqq M(Q) - 2\varepsilon$. Wegen $m(Q'_n) \leqq M(Q)$, erhält man aus der Rengelschen Ungleichung somit

$$\frac{(M(Q) - 2\varepsilon)^2}{M(Q)} \leqq M(Q'_n) \leqq \frac{M(Q)}{(1 - 2\varepsilon)^2} . \tag{4.15}$$

Auf Grund der Konformität der kanonischen Abbildung ist $M(Q'_n) = M(Q_n)$, und der Hilfssatz ist bewiesen.

Bemerkung. Es ist nicht schwierig zu zeigen, daß Hilfssatz 4.3 gültig bleibt, wenn Q ein degeneriertes Viereck ist.

4.8. Approximation eines Vierecks von innen. Im Hinblick auf spätere Anwendung des Hilfssatzes 4.3 konstruieren wir für ein gegebenes Viereck Q eine spezielle von innen gegen Q konvergierende Vierecksfolge. Dies geschieht so, daß man das Viereck Q zuerst durch eine Funktion f auf ein aus dem Einheitskreis $|z| < 1$ und den Ecken z_1, z_2, z_3, z_4 bestehendes Viereck konform abbildet. Darauf betrachte man das Viereck Q'_n, das aus der Kreisscheibe $|z| < 1 - 1/n$ und den Ecken $(1 - 1/n)\, z_i$, $i = 1, 2, 3, 4$, besteht. Weil die Umkehrung von f in $|z| \leqq 1$ gleichmäßig stetig ist, konvergieren die Urbilder $Q_n = f^{-1}(Q'_n)$ von innen gegen Q. Der Rand von jedem Q_n ist eine analytische Kurve; solche Vierecke werden im Folgenden *analytisch* genannt. Wir haben also das folgende Resultat erhalten.

Hilfssatz 4.4. *Jedes Viereck Q ist Limes einer von innen gegen Q konvergierenden Folge von analytischen Vierecken, deren abgeschlossene Hüllen im Inneren von Q liegen.*

4.9. Verallgemeinerter Stetigkeitssatz. Der Vollständigkeit halber wollen wir auch einen allgemeineren Konvergenzsatz für die Moduln beweisen, der den obigen Hilfssatz 4.3 als Spezialfall enthält. In der Tat kann man sich nämlich von der Forderung befreien, daß die Konvergenz $Q_n \to Q$ von innen stattfindet.

Wir betrachten wieder eine Folge von Vierecken Q_n und gebrauchen dieselben Bezeichnungen wie oben. Nach Definition *konvergiert die Folge* Q_n *gegen das Viereck* Q, wenn jedem $\varepsilon > 0$ ein n_ε entspricht, so daß für $n \geqq n_\varepsilon$ jeder Punkt von a_i^n, b_i^n, $i = 1, 2$, und jeder innere Punkt von Q_n höchstens in dem sphärischen Abstand ε von a_i, b_i bzw. Q liegt.

Satz über die Modulkonvergenz. *Für jede gegen das Viereck* Q *konvergierende Folge von Vierecken* Q_n *gilt*

$$\lim_{n\to\infty} M(Q_n) = M(Q) .$$

Beweis[1]: Man konstruiere zuerst eine monoton gegen Q konvergierende Folge von Jordangebieten $G_1 \supset G_2 \supset \cdots \supset \overline{Q}$, deren Ränder nicht nur unserer Definition gemäß sondern sogar im folgenden stärkeren, sogenannten Fréchetschen Sinne konvergieren: Es gibt zu jedem $\varepsilon > 0$ ein n_ε derart, daß man zwischen den Rändern von G_n und Q für $n \geqq n_\varepsilon$ einen solchen Homöomorphismus definieren kann, daß jeder Punkt von seinem Bild in einem sphärischen Abstand kleiner als ε liegt. Die Folge G_n kann z. B. so konstruiert werden, daß man das Äußere von Q auf einen Kreis D konform abbildet, eine Folge von Kreisen D_n wählt, die von innen gegen D konvergieren und dann das Äußere des Urbildes von D_n als G_n wählt.

Der Beweis beruht jetzt auf dem folgenden von Radó herrührenden funktionentheoretischen Konvergenzsatz (für den Beweis siehe z. B. Golusin [1], S. 50):

Es sei wie oben $G_1 \supset G_2 \supset \cdots \supset \overline{Q}$ eine Folge von Jordangebieten derart, daß der Rand von G_n gegen den von Q im Fréchetschen Sinne konvergiert. Ferner seien f_n und f konforme Abbildungen eines Jordangebietes R auf G_n bzw. Q, die in einem Punkt $z_0 \in R$ durch die Bedingungen $f_n(z_0) = f(z_0)$, $\arg f_n'(z_0) = \arg f'(z_0)$ normiert sind. Dann gilt $\lim f_n(z) = f(z)$ gleichmäßig in $\overline{R}$.

Dieser Satz sei nun folgenderweise angewandt. R sei das kanonische Rechteck von Q, f die Umkehrung der kanonischen Abbildung von Q auf R und f_n die in einem Punkt $z_0 \in R$ auf die obige Weise normierte konforme Abbildung des Gebietes R auf G_n. Aus der gleichmäßigen Konvergenz $f_n \to f$ und aus der gleichmäßigen Stetigkeit von f^{-1} folgt, daß die Folge der Urbilder $f_n^{-1}(Q)$ von innen gegen das Rechteck R konvergiert. Jedem $\varepsilon > 0$ entspricht also ein N derart, daß jeder Seitenpunkt von $f_N^{-1}(Q) = Q'$ in einem Abstand $< \varepsilon/2$ von der entsprechenden Seite von R liegt.

---

[1] Die Beweisidee gründet sich auf eine briefliche Mitteilung von E. Reich.

Wir betrachten jetzt die ursprüngliche gegen Q konvergierende Folge Q_n. Von einem gewissen n_1 an ist jedes Q_n in $\overline{G}_N$ und $f_N^{-1}(Q_n) = Q'_n$ also in $\overline{R}$ enthalten. Aus der gleichmäßigen Stetigkeit von f_N^{-1} folgt, daß die Folge Q'_n, $n = n_1, n_1 + 1, \ldots$, gegen das Viereck Q' konvergiert. Es gibt also ein n_ε, so daß für $n \geqq n_\varepsilon$ alle Seitenpunkte von Q'_n eine Entfernung $< \varepsilon/2$ von der entsprechenden Seite von Q' besitzen. Daraus ergibt sich, daß jede Seite von Q'_n in einem an die entsprechende Seite von R grenzenden Streifen von der Breite ε liegt. $M(Q'_n) = M(Q_n)$ genügt also der Ungleichung (4.15), und der Satz über die Konvergenz der Moduln ist bewiesen.

§ 5. Zwei grundlegende Eigenschaften quasikonformer Abbildungen

5.1. 1-quasikonforme Abbildungen. Wir kehren jetzt zu den quasikonformen Abbildungen zurück. Als erste Anwendung der in § 4 gewonnenen Modulabschätzungen werden zwei Sätze bewiesen (Ahlfors [1]), auf die schon in § 3 hingewiesen worden ist. Der erste (Satz 5.1) ist die Umkehrung der in 3.2 erwähnten Tatsache, daß eine konforme Abbildung 1-quasikonform ist. Der zweite (Satz 5.2) besagt, daß kein nichtquasikonformer Homöomorphismus als Grenzabbildung einer gleichmäßig konvergierenden Folge von K-quasikonformen Abbildungen vorkommt. Wir haben uns beeilt, diese Sätze zu begründen, weil sie als Motivierung für die Zweckmäßigkeit der in 3.2 gegebenen Definition der Quasikonformität angesehen werden können.

Satz 5.1. *Eine 1-quasikonforme Abbildung ist konform.*

Beweis: Weil jeder Punkt des abzubildenden Gebietes G im Inneren eines Vierecks Q, $\overline{Q} \subset G$, liegt, genügt es, die Konformität der betrachteten 1-quasikonformen Abbildung in einem solchen Viereck Q zu zeigen. Zu diesem Zweck bilden wir Q und sein Bildviereck Q' konform auf ihre kanonischen Rechtecke R bzw. R' ab. Für eine 1-quasikonforme Abbildung gilt definitionsgemäß $M(Q) = M(Q')$. Man kann deshalb die Rechtecke R und R' kongruent wählen mit denselben Ecken 0, M, $M + i$, i, wo $M = M(Q)$ ist.

Aus der ursprünglichen 1-quasikonformen Abbildung $Q \to Q'$ und aus den konformen Abbildungen $R \to Q$ und $Q' \to R'$ setzt sich eine Abbildung $w : R \to R'$ zusammen, die auch 1-quasikonform ist. Wir wollen zeigen, daß w sich auf die identische Abbildung reduziert, womit der Satz bewiesen ist.

Zum Beweis wähle man einen beliebigen inneren Punkt $z_0 = x_0 + i y_0$ von R und teile R durch die Gerade $x = x_0$ in zwei Rechtecke $R_1 = R_1(0, x_0, x_0 + i, i)$ und $R_2 = R_2(x_0, M, M + i, x_0 + i)$. Bezeichnen $R_1' = w(R_1)$ und $R_2' = w(R_2)$ ihre Bildvierecke, so gilt wegen der 1-Quasikonformität der ursprünglichen Abbildung

$$M(R_1') + M(R_2') = M(R_1) + M(R_2) = x_0 + (M - x_0) = M(R')\,.$$

Nach Hilfssatz 4.2 gilt aber $M(R_1') + M(R_2') = M(R')$ nur, wenn R_1' ein Rechteck ist. Seine Basis, der reelle Teil von $w(z_0)$, muß wegen $M(R_1') = M(R_1) = x_0$ gleich x_0 sein.

Auf dieselbe Weise schließt man, daß der imaginäre Teil von $w(z_0)$ gleich y_0 ist. Ein beliebig gewählter Punkt z_0 bleibt also invariant bei der Abbildung w, die somit die identische Abbildung ist.

5.2. Grenzabbildung einer Folge von quasikonformen Abbildungen. Das im Anfang von 5.1 erwähnte Resultat betreffend eine gleichmäßig konvergierende Folge von quasikonformen Abbildungen läßt sich unter Benutzung der Hilfssätze 4.3 und 4.4 leicht beweisen.

Satz 5.2. *Falls die K-quasikonformen Abbildungen w_n des Gebietes G in jedem kompakten Teil von G gleichmäßig gegen einen Homöomorphismus w von G konvergieren, ist w K-quasikonform in G.*

Beweis: Es gilt zu zeigen, daß die Ungleichung $M(w(Q)) \leqq K\,M(Q)$ für ein beliebiges Viereck Q, $\overline{Q} \subset G$, besteht. Zu diesem Zweck konstruiere man eine gegen Q konvergierende Folge von Vierecken Q_n mit den im Hilfssatz 4.4 aufgeführten Eigenschaften. Von einem gewissen k an ist $w_k(Q_n)$ in $w(Q)$ enthalten, und es kann durch Übergang zu einer geeigneten Teilfolge erreicht werden, daß $w_n(Q_n) \subset w(Q)$ für jedes n gilt. Weil die Abbildungen w_n in $\overline{Q}$ gleichmäßig gegen die Abbildung w konvergieren und diese gleichmäßig stetig ist, konvergieren die Vierecke $w_n(Q_n)$ von innen gegen $w(Q)$. Nach Hilfssatz 4.3 ist also $\lim M(w_n(Q_n)) = M(w(Q))$ und $\lim M(Q_n) = M(Q)$. Daraus folgt die Behauptung $M(w(Q)) \leqq K\,M(Q)$, weil für jedes n die Ungleichung $M(w_n(Q_n)) \leqq K\,M(Q_n)$ gilt.

Satz 5.2 wird in II.5 ergänzt, wo wir uns von der Voraussetzung befreien, daß die Grenzfunktion w ein Homöomorphismus ist.

5.3. Weitere Folgerungen aus der Stetigkeit des Moduls. In diesem Zusammenhang seien noch zwei später benötigte Resultate erwähnt, die sich ähnlich wie Satz 5.2 unter Benutzung der Hilfssätze 4.3 und 4.4 beweisen lassen.

Nach dem ersteren kann man sich bei der Definition der Quasikonformität auf analytische Vierecke beschränken. Außer seinem prinzipiellen Interesse ist dieses Resultat von Wichtigkeit vom Standpunkt gewisser Anwendungen.

Satz 5.3. *Es sei w ein orientierungserhaltender Homöomorphismus des Gebietes G, der die Modulbedingung $M(w(Q)) \leqq K\,M(Q)$ in bezug auf* *jedes analytische Viereck* Q, $\overline{Q} \subset G$, *befriedigt. Dann ist* w *eine* K*-quasikonforme Abbildung von* G.

Beweis: Man wähle ein beliebiges Viereck Q, $\overline{Q} \subset G$, und konstruiere eine Folge von analytischen Vierecken Q_n mit den im Hilfssatz 4.4 erwähnten Eigenschaften. Weil w in $\overline{Q}$ gleichmäßig stetig ist, konvergieren die Vierecke $w(Q_n)$ von innen gegen $w(Q)$. Nach Hilfssatz 4.3 ist dann $\lim M(Q_n) = M(Q)$ und $\lim M(w(Q_n)) = M(w(Q))$. Aus der für jedes n geltenden Ungleichung $M(w(Q_n)) \leqq K\, M(Q_n)$ folgt dann, daß die Dilatation von Q höchstens gleich K ist, und der Satz ist bewiesen.

Das zweite Ergebnis bezieht sich auf einen Homöomorphismus des Vierecks Q (s. 2.3), der im Inneren von Q K-quasikonform ist. Ein solcher Homöomorphismus wird im Folgenden eine K*-quasikonforme Abbildung des Vierecks* Q genannt. Für diese gilt das nachstehende Resultat, das später oft zur Anwendung kommt.

Hilfssatz 5.1. *Ist das Viereck* Q K*-quasikonform auf das Viereck* Q' *abgebildet, so ist* $M(Q') \leqq K\, M(Q)$.

Zur Begründung braucht man nur das im Beweis des Satzes 5.3 vorkommende beliebige Viereck durch das vorgegebene Viereck Q zu ersetzen, und der Beweis gilt sonst unverändert.

§ 6. Modul eines Ringgebietes

6.1. Definition des Moduls eines Ringgebietes. Im vorliegenden Paragraphen wird gezeigt, daß die zweifach zusammenhängenden Gebiete, die wir *Ringgebiete* nennen, ebensogut wie Vierecke als Ausgangspunkt der Theorie der quasikonformen Abbildungen gewählt werden könnten, wenigstens wenn man von Gesichtspunkten technischer Art absieht. Dies beruht darauf, daß die konforme Äquivalenzklasse eines Ringgebietes in gleicher Weise wie die eines Vierecks mittels eines einzigen reellen Moduls ausgedrückt werden kann.

Die Definition des Moduls eines Ringgebietes gründet sich auf den folgenden Abbildungssatz: *Jedes Ringgebiet läßt sich konform auf einen Kreisring* $\{z \mid 0 \leqq r_1 < |z| < r_2 \leqq \infty\}$ *abbilden.* Eine solche Abbildung wird die *kanonische Abbildung* und der zugehörige Kreisring das *kanonische Bild* des Ringgebietes genannt.

Ist $r_1 > 0$ und $r_2 < \infty$ für ein kanonisches Bild des Ringgebietes B, so ist das Radienverhältnis r_2/r_1 für alle kanonischen Bilder von B dasselbe. Die Zahl

$$M(B) = \log \frac{r_2}{r_1},$$

die dann die konforme Äquivalenzklasse von B bestimmt, heißt der *Modul* von B. Ist dagegen für irgendein kanonisches Bild $r_1 = 0$ oder $r_2 = \infty$, so definiert man $M(B) = \infty$. Dies trifft dann und nur dann zu, wenn wenigstens eine Randkomponente von B aus einem einzigen Punkt besteht.

Die Ringgebiete mit unendlichem Modul zerfallen in zwei konforme Äquivalenzklassen, je nachdem nur eine oder beide von den Randkomponenten Punkte sind. Im ersten Fall ist entweder $r_1 = 0$, $r_2 < \infty$ oder $r_1 > 0$, $r_2 = \infty$[1], im zweiten $r_1 = 0$, $r_2 = \infty$.

6.2. Direkte Charakterisierung des Moduls. In diesem Paragraphen werden einige Grundeigenschaften des Moduls eines Ringgebietes begründet, die mit den in § 4 gewonnenen Resultaten über den Modul eines Vierecks große Ähnlichkeit aufweisen. Durch eine Methode, die der in 4.1—4.2 angewandten völlig analog ist, wird zuerst gezeigt, daß der Modul eines Ringgebietes sich auch ohne Anwendung konformer Abbildungen definieren läßt.

B sei ein Ringgebiet, $(-B)_1$ und $(-B)_2$ die Komponenten des Komplements von B und f die kanonische Abbildung von B auf $\{w \mid r_1 < |w| < r_2\}$. Die Familie der Urbilder der Kreislinien $\{w \mid |w| = r\}$, $r_1 < r < r_2$, werde mit $\mathscr{C}_1$ bezeichnet. Jede Kurve $C \in \mathscr{C}_1$ trennt die Mengen $(-B)_1$ und $(-B)_2$ voneinander.

Es sei $\mathscr{C} \supset \mathscr{C}_1$ eine Familie von Jordankurven, welche die Mengen $(-B)_1$ und $(-B)_2$ voneinander trennen. Ferner wird angenommen, daß alle Kurven von $\mathscr{C}$ genügend regulär für die Ausführung der nachstehenden Integrationen sind (vgl. Fußnote auf S. 22).

Mit $\mathscr{P}$ wird eine Familie in B nichtnegativer, für die folgenden Integrationen nicht zu unstetiger Funktionen bezeichnet; dazu setzen wir voraus, daß $\mathscr{P}$ die Funktion $|f'/f|$ enthält.

Wir ordnen einer Funktion $\varrho \in \mathscr{P}$ die Funktion ϱ_1, $\varrho_1(f(z)) = \varrho(z)\,|f(z)/f'(z)|$, zu. Durch Integration und Anwendung der Schwarzschen Ungleichung erhält man dann

$$m_\varrho(B) = \iint_B \varrho^2\, d\sigma = \int_{r_1}^{r_2} \frac{dr}{r} \int_0^{2\pi} \varrho_1^2(r\, e^{i\varphi})\, d\varphi \geqq \frac{1}{2\pi} \int_{r_1}^{r_2} \frac{dr}{r} \left(\int_0^{2\pi} \varrho_1(r\, e^{i\varphi})\, d\varphi \right)^2 .$$

Ist $C_1 \in \mathscr{C}_1$, d. h. $f(C_1)$ ein Kreis $|w| = r$, so gilt wegen $\mathscr{C}_1 \subset \mathscr{C}$,

$$\int_0^{2\pi} \varrho_1(r\, e^{i\varphi})\, d\varphi = \int_{C_1} \varrho |dz| \geqq \inf_{C \in \mathscr{C}} l_\varrho(C) .$$

[1] Diese Fälle sind äquivalent, weil die Punkte ∞ und 0 mittels einer Inversion vertauscht werden können.

Aus den obigen Beziehungen folgt im Falle $M(B) < \infty$,

$$m_\varrho(B) \geqq \frac{1}{2\pi} \int_{r_1}^{r_2} \left(\inf_{C \in \mathscr{C}} l_\varrho(C)\right)^2 \frac{dr}{r}$$

$$= \frac{1}{2\pi} \log \frac{r_2}{r_1} \left(\inf_{C \in \mathscr{C}} l_\varrho(C)\right)^2 = \frac{1}{2\pi} M(B) \left(\inf_{C \in \mathscr{C}} l_\varrho(C)\right)^2,$$

wo Gleichheit für $\varrho = |f'/f|$ gilt. Im Falle $M(B) = \infty$ ist $m_\varrho(B) = \infty$, wenn $\inf l_\varrho(C) > 0$ ist.

Wir haben also das folgende, dem Satz 4.1 entsprechende Resultat erhalten (vgl. Fußnote auf S. 23).

Satz 6.1. *Der Modul eines Ringgebietes B ist*

$$M(B) = \inf_{\varrho \in \mathscr{P}} \frac{2\pi\, m_\varrho(B)}{\left(\inf_{C \in \mathscr{C}} l_\varrho(C)\right)^2}, \tag{6.1}$$

wo das Infimum für $\varrho = |f'/f|$ erreicht wird.

Der Modul des Ringgebietes B kann auch auf eine andere Weise charakterisiert werden. Um dies einzusehen, bezeichne man mit $\mathscr{C}_2$ die Familie der Urbilder $f^{-1}(C)$ der Strecken $C = \{w \mid r_1 < |w| < r_2, \arg w = \varphi\}$. $\mathscr{C}^* \supset \mathscr{C}_2$ sei eine Familie von (genügend regulären) Jordanbogen, die in B liegen und die Komponenten von $-B$ verbinden, d. h. einen Häufungspunkt auf $(-B)_1$ und $(-B)_2$ besitzen. $\mathscr{P}$ sei eine Funktionenfamilie mit denselben Eigenschaften wie oben. Dann erhält man für $\varrho \in \mathscr{P}$, unter Benutzung der obigen Bezeichnungen,

$$m_\varrho(B) = \int_0^{2\pi} d\varphi \int_{r_1}^{r_2} \varrho_1^2(r\, e^{i\varphi}) \frac{dr}{r} \geqq \frac{1}{\log \frac{r_2}{r_1}} \int_0^{2\pi} d\varphi \left(\int_{r_1}^{r_2} \varrho_1(r\, e^{i\varphi}) \frac{dr}{r} \right)^2,$$

und

$$l_\varrho(C) = \int_{r_1}^{r_2} \varrho_1(r\, e^{i\varphi}) \frac{dr}{r} \geqq \inf_{C \in \mathscr{C}^*} l_\varrho(C).$$

Daraus folgt

$$M(B) = 2\pi \sup_{\varrho \in \mathscr{P}} \frac{\left(\inf_{C \in \mathscr{C}^*} l_\varrho(C)\right)^2}{m_\varrho(B)}, \tag{6.2}$$

wo das Supremum wieder für $\varrho = |f'/f|$ erreicht wird.

6.3. Analogon der Rengelschen Ungleichung. Trennt das Ringgebiet B die Punkte 0 und ∞ voneinander, so werden diese Punkte auch durch jede Kurve der Familie $\mathscr{C}$ voneinander getrennt. Für $C \in \mathscr{C}$ gilt folglich

$$2\pi = \left| \int\limits_C d \arg z \right| \leqq \int\limits_C \frac{|dz|}{|z|}.$$

Wählt man als ϱ die durch $\varrho(z) = 1/|z|$ definierte Funktion, so ergibt sich aus (6.1) also das folgende Resultat:

Der Modul eines Ringgebietes B, das die Punkte 0 *und* ∞ *voneinander trennt, befriedigt die Ungleichung*

$$M(B) \leqq \frac{1}{2\pi} \iint\limits_B \frac{d\sigma}{|z|^2}. \tag{6.3}$$

Ist B ein konzentrischer Kreisring mit $z = 0$ als Mittelpunkt, gilt (6.3) als Gleichheit. Zur Untersuchung der Notwendigkeit für das Bestehen der Gleichheit in (6.3) betrachte man die Umkehrung $f^{-1} = g$ der kanonischen Abbildung von B auf $r_1 < |w| < r_2$. Gilt das Gleichheitszeichen in (6.3), so ist

$$\log \frac{r_2}{r_1} = M(B) = \frac{1}{2\pi} \iint\limits_B \frac{d\sigma}{|z|^2} = \frac{1}{2\pi} \int\limits_{r_1}^{r_2} dr \int\limits_0^{2\pi} \left| \frac{g'(w)}{g(w)} \right|^2 r \, d\varphi,$$

mit $w = r e^{i\varphi}$. Andererseits ist für konstantes $|w| = r$

$$\int\limits_0^{2\pi} \frac{g'(w)}{g(w)} w \, d\varphi = \int\limits_{|w| = r} d \arg g(w) = \pm 2\pi. \tag{6.4}$$

Daraus folgt, daß die Ungleichung

$$\frac{1}{2\pi r} \left| \int\limits_0^{2\pi} \frac{g'(w)}{g(w)} w \, d\varphi \right|^2 \leqq \int\limits_0^{2\pi} \left| \frac{g'(w)}{g(w)} \right|^2 r \, d\varphi$$

im Falle $M(B) < \infty$ für jedes r, $r_1 < r < r_2$, in Gleichheit übergehen muß. Dies ist nur so möglich (vgl. 4.3), daß $w\, g'(w)/g(w)$ auf jeder Kreislinie $|w| = r$ einen konstanten Wert besitzt, der nach (6.4) entweder $+1$ oder -1 ist. Dann ist aber $g(w)/w$ oder $w\, g(w)$ konstant, und wir haben gezeigt:

Gleichheit besteht in (6.3) *dann und nur dann, wenn entweder B ein konzentrischer Kreisring mit* 0 *als Mittelpunkt ist oder $M(B)$ unendlich ausfällt.*

6.4. Eine Modulabschätzung in der sphärischen Metrik. Im Falle der sphärischen Metrik $\varrho(z) = (1 + |z|^2)^{-1}$ (vgl. 1.1) ist stets $m_\varrho(B) \leqq \pi$. Aus (6.1) ergibt sich deshalb

$$M(B) \leqq \frac{2\pi^2}{k_0^2}, \tag{6.5}$$

wo k_0 die untere Grenze der sphärischen Längen derjenigen Kurven bezeichnet, die $(-B)_1$ und $(-B)_2$ voneinander trennen.

Aus (6.5) ergibt sich das folgende Resultat, das in II.5 eine wichtige Rolle spielen wird.

Hilfssatz 6.1. *Trennt das Ringgebiet B das Punktepaar a_1, b_1 von dem Punktepaar a_2, b_2 und gilt für die sphärischen Abstände $k(a_i, b_i) \geqq \delta > 0$, $i = 1, 2$, so ist*

$$M(B) \leqq \frac{\pi^2}{2\delta^2}.$$

Beweis: Trennt eine Kurve C die Komponenten des Komplements von B, so trennt C auch die Punkte a_1, b_1 von den Punkten a_2, b_2. Wegen $k(a_i, b_i) \geqq \delta$ ergibt eine elementargeometrische Betrachtung $k_0 \geqq 2\delta$, und die Behauptung folgt aus (6.5).[1]

6.5. Degenerierende Ringgebiete. In 4.5 wurde gezeigt, daß der Modul von Vierecken gegen 0 konvergiert bei einem Grenzprozeß, worunter der Abstand der b-Seiten der betrachteten Vierecke gegen 0 strebt, während der Abstand der a-Seiten oberhalb einer festen positiven Schranke liegt. Die entsprechende Situation für Ringgebiete lautet folgendermaßen: der Abstand der Randkomponenten konvergiert gegen 0, während die Durchmesser derselben von 0 beschränkt bleiben. Dann strebt der Modul tatsächlich gegen 0, wie aus dem folgenden Hilfssatz hervorgeht.

Hilfssatz 6.2. *B sei ein Ringgebiet, dessen Randkomponenten einen sphärischen Durchmesser $> \delta$ und einen gegenseitigen sphärischen Abstand $< \varepsilon$ haben. Für $\varepsilon < \delta$ gilt dann*

$$M(B) \leqq \frac{\pi^2}{\log \dfrac{\operatorname{tg}(\delta/2)}{\operatorname{tg}(\varepsilon/2)}}. \tag{6.6}$$

Beweis: Es seien $z_i \in (-B)_i$, $i = 1, 2$, zwei Punkte mit $k(z_1, z_2) = \varepsilon$. Durch eine lineare Transformation, die einer Rotation der Riemannschen Kugel entspricht, können die Punkte z_i in die Punkte $\pm \operatorname{tg}(\varepsilon/2)$ übergeführt werden. Es bedeutet also keine Einschränkung anzunehmen, daß sie von vornherein in den genannten Punkten liegen.

Beide Komponenten des Komplements des Kreisringes

$$A = \{z \mid \operatorname{tg}(\varepsilon/2) < |z| < \operatorname{tg}(\delta/2)\}$$

enthalten dann Punkte von $(-B)_1$ sowohl als von $(-B)_2$. Daraus folgt, daß jede Kurve C, die $(-B)_1$ und $(-B)_2$ trennt, Punkte in den

[1] Die für unsere Anwendungen genügende Ungleichung $k_0 \geqq \delta$ sieht man sofort ein.

beiden Komponenten des Komplements von A besitzt. Setzt man $\varrho(z) = |1/z|$ für $z \in A$ und $\varrho(z) = 0$ anderswo, so gilt daher

$$l_\varrho(C) \geqq 2 \log \frac{\operatorname{tg}(\delta/2)}{\operatorname{tg}(\varepsilon/2)} .$$

Andererseits ist

$$m_\varrho(B) \leqq 2\pi \log \frac{\operatorname{tg}(\delta/2)}{\operatorname{tg}(\varepsilon/2)} .$$

Anwendung des Satzes 6.1 liefert somit (6.6).

6.6. Superadditivität des Moduls. Der Satz über die Superadditivität des Moduls, der dem Hilfssatz 4.2 für Vierecke entspricht, lautet für Ringgebiete wie folgt:

Hilfssatz 6.3. *Es seien $B, B_1, B_2, \ldots$ Ringgebiete, von denen $B_1, B_2, \ldots$ zueinander punktfremde Teilgebiete von B sind. Trennt jedes B_n die Mengen $(-B)_1$ und $(-B)_2$ voneinander, so gilt*

$$\sum_n M(B_n) \leqq M(B) . \tag{6.7}$$

Ist B ein konzentrischer Kreisring mit endlichem Modul, so besteht hier Gleichheit dann und nur dann, wenn sämtliche B_n konzentrische Kreisringe sind und $\sum m(B_n) = m(B)$ ist.

Beweis: Ohne Einschränkung der Allgemeinheit können wir als B den Kreisring $0 < r_1 < |z| < r_2 < \infty$ wählen. Dann ist jeder $M(B_n)$ endlich (vgl. 6.1), und nach (6.3) gilt

$$M(B_n) \leqq \frac{1}{2\pi} \iint_{B_n} \frac{d\sigma}{|z|^2} ,$$

wo Gleichheit dann und nur dann besteht, wenn B_n ein konzentrischer Kreisring mit 0 als Mittelpunkt ist. Also gilt

$$\sum_n M(B_n) \leqq \frac{1}{2\pi} \iint_{\cup B_n} \frac{d\sigma}{|z|^2} \leqq \frac{1}{2\pi} \iint_{B} \frac{d\sigma}{|z|^2} = M(B) .$$

Wir bemerken noch, daß die Ungleichung (6.7) im Falle eines einzigen Ringgebietes B_n als eine Monotonieeigenschaft des Moduls gedeutet werden kann.

6.7. Stetigkeit des Moduls. Um einen dem Hilfssatz 4.3 entsprechenden Konvergenzsatz auszusprechen, führen wir die folgende Definition ein: Eine Folge von Ringgebieten B_n konvergiert von innen gegen das Ringgebiet B, wenn $B_n \subset B$, $n = 1, 2, \ldots$, und jedem $\varepsilon > 0$ ein n_ε entspricht, so daß für $n \geqq n_\varepsilon$ jeder Punkt von $(-B_n)_i$, in einem sphärischen Abstand $< \varepsilon$ von der Menge $(-B)_i$ liegt, $i = 1, 2$. Relativ zu diesem Konvergenzbegriff kann die folgende Stetigkeitseigenschaft des Moduls leicht begründet werden.

Hilfssatz 6.4. *Ist B_n eine gegen das Ringgebiet B von innen konvergierende Folge von Ringgebieten, so gilt*

$$\lim_{n\to\infty} M(B_n) = M(B) .$$

Zum Beweis braucht man nur zu bemerken, daß das Komplement von B_n von einem n an außerhalb einer beliebig vorgegebenen kompakten Teilmenge von B liegt. Die Bilder der Ringgebiete B_n in dem kanonischen Bild B_0 von B konvergieren deshalb von innen gegen B_0 und enthalten von einem n an jeden vorgegebenen Kreisring, dessen abgeschlossene Hülle in B_0 liegt. Der zu beweisende Satz folgt dann aus der Monotonie des Moduls.

Ein Ringgebiet wird im Folgenden analytisch genannt, wenn sein Rand aus zwei analytischen Kurven besteht. *Ist B ein beliebiges Ringgebiet, gibt es eine Folge von analytischen Ringgebieten B_n, $\overline{B}_n \subset B$, die von innen gegen B konvergiert.* Eine solche Folge kann z. B. so konstruiert werden, daß man eine von innen gegen das kanonische Bild von B konvergierende Folge von Kreisringen wählt. Ihre in B liegende Urbildfolge besitzt dann die geforderten Eigenschaften.

6.8. Beziehungen zwischen den Moduln von Ringen und Vierecken. Die nahe Verwandtschaft zwischen den Moduln von Vierecken und Ringgebieten wird ersichtlich, wenn man einen Kreisring $B = \{z \mid 0 < r_1 < |z| < r_2 < \infty\}$ längs der Strecke $r_1 < x < r_2$ der reellen Achse aufschneidet. Das entstandene einfach zusammenhängende Gebiet wird nämlich durch die Logarithmusfunktion auf ein Rechteck konform abgebildet mit dem Seitenverhältnis

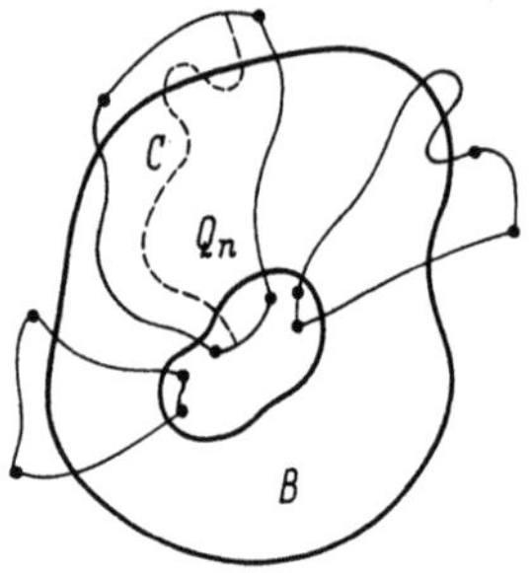

Abb. 1

$$\frac{1}{2\pi} \log \frac{r_2}{r_1} = \frac{1}{2\pi} M(B) .$$

Für das Folgende ist es von Bedeutung, aus der gegenseitigen Lage von Vierecken und Ringgebieten Abschätzungen für deren Moduln zu gewinnen. Das nachstehende diesbezügliche Resultat erinnert an die Hilfssätze 4.2 und 6.3 über die Superadditivität des Moduls und wird auch in derselben Weise begründet (Abb. 1).

Hilfssatz 6.5. *Es seien Q_n, $n = 1, 2, \ldots$, Vierecke, die keine gemeinsamen inneren Punkte besitzen. Ist B ein Ringgebiet, das die a-Seiten jedes Vierecks Q_n trennt, so gilt*

$$\sum M(Q_n) \leqq \frac{2\pi}{M(B)} . \tag{6.8}$$

Ist B ein konzentrischer Kreisring, so besteht hier Gleichheit, wenn die a-Seiten eines jeden Q_n auf je einer Randkomponente von B liegen, die b-Seiten radiale Strecken sind und $\sum m(Q_n) = m(B)$ ist.

Beweis: Nach 6.7 bedeutet es keine Einschränkung anzunehmen, daß B ein analytisches Ringgebiet ist und daß die a-Seiten eines jeden Vierecks Q_n außerhalb $\bar{B}$ liegen. Der Modul von Q_n wird mit Hilfe des Satzes 4.1 abgeschätzt. Dazu wird eine Funktion ϱ durch die Vorschrift

$$\varrho(z) = \begin{cases} |f'(z)/f(z)|, & z \in B, \\ 0, & z \notin B, \end{cases}$$

definiert, wo f die kanonische Abbildung von B auf den Kreisring $r_1 < |w| < r_2$ bezeichnet.

Es sei $\mathscr{C}$ die Familie der offenen analytischen Bogen C, die die a-Seiten von Q_n verbinden. Weil jeder $C \in \mathscr{C}$ den Rand von B nur in einer endlichen Anzahl von Punkten schneidet, ist ϱ stetig auf C mit möglicher Ausnahme endlich vieler Punkte. Die Funktion ϱ kann somit als Element der im Satz 4.1 vorkommenden Familie $\mathscr{P}$ betrachtet werden.

Weil B die a-Seiten von Q_n trennt, verbindet jedes $C \in \mathscr{C}$ die Komponenten von $-B$. Daraus folgt

$$l_\varrho(C) = \int\limits_C \varrho\, |dz| \geqq \int\limits_{C \cap B} \left|\frac{f'}{f}\right| |dz| \geqq \int\limits_{r_1}^{r_2} \frac{dr}{r} = M(B)\,.$$

Nach Satz 4.1 ist somit

$$M(Q_n) \leqq \frac{1}{(M(B))^2} \iint\limits_{Q_n \cap B} \left|\frac{f'}{f}\right|^2 d\sigma\,. \tag{6.9}$$

Wegen

$$\iint\limits_B \left|\frac{f'}{f}\right|^2 d\sigma = \int\limits_{r_1}^{r_2} \int\limits_0^{2\pi} \frac{dr\, d\varphi}{r} = 2\pi\, M(B)$$

folgt aus (6.9)

$$\sum M(Q_n) \leqq \frac{1}{(M(B))^2} \iint\limits_{\cup Q_n \cap B} \left|\frac{f'}{f}\right|^2 d\sigma \leqq \frac{2\pi}{M(B)}\,,$$

also die zu beweisende Ungleichung (6.8).

Ist B ein konzentrischer Kreisring und erfüllen die a- und b-Seiten von Q_n die im zweiten Teil des Hilfssatzes erwähnten Eigenschaften, so gilt

$$M(Q_n) = \frac{2\pi\, m(Q_n)}{m(B)\, M(B)}\,.$$

Die Beziehung (6.8) geht in diesem Fall also in Gleichheit über, wenn $\sum m(Q_n) = m(B)$ ist.

Bemerkung. Der Hilfssatz besteht auch für degenerierte Vierecke und auch im Falle $M(B) = \infty$.

§ 7. Charakterisierung der Quasikonformität mit Hilfe von Ringgebieten

7.1. Quasikonforme Abbildung von Ringgebieten. Wir werden jetzt die in § 6 gewonnenen Resultate über die Moduln von Ringgebieten auf quasikonforme Abbildungen anwenden. Zur Begründung der in 6.1 gemachten Bemerkung, daß quasikonforme Abbildungen auch mit Hilfe der Moduln von Ringgebieten definiert werden können, werden im Folgenden zwei Sätze bewiesen. Zusammen besagen sie, daß bei einem Homöomorphismus w eines Gebietes G die maximale Dilatation

$$\sup_{\bar{B} \subset G} \frac{M(w(B))}{M(B)}$$

der Ringgebiete B mit der maximalen Dilatation $K(G)$ der Vierecke übereinstimmt.

Satz 7.1. *Gibt es eine K-quasikonforme Abbildung w des Ringgebietes B auf das Ringgebiet B', so gilt*

$$\frac{1}{K} M(B) \leqq M(B') \leqq K\, M(B)\,.$$

Beweis: Es genügt, nur eine der obigen Ungleichungen, z. B. $M(B') \leqq K\, M(B)$ zu begründen, weil derselbe Beweis dann auch für die Umkehrung von w und damit für die andere Seite der Ungleichung gilt.

Weil keinerlei Annahmen über das Randverhalten der Abbildung w gemacht worden sind, approximieren wir zuerst B' mittels analytischer Ringgebiete. Nach 6.7 kann man für jedes vorgegebene $\varepsilon > 0$ ein analytisches Ringgebiet B'_ε, $\overline{B'_\varepsilon} \subset B'$, konstruieren, das die Randkomponenten von B' voneinander trennt, und dessen Modul der Ungleichung $M(B'_\varepsilon) > M(B') - \varepsilon$ (bzw. $M(B'_\varepsilon) > 1/\varepsilon$, falls $M(B') = \infty$ ist) genügt. Das Urbild B_ε von B'_ε ist ein von zwei Jordankurven begrenztes Ringgebiet in B, und aus der Monotonie des Moduls folgt, daß $M(B_\varepsilon) < M(B)$ ist. Kann man also die Gültigkeit der Beziehung $M(B'_\varepsilon) \leqq K\, M(B_\varepsilon)$ zeigen, so erhält man den zu beweisenden Satz durch den Grenzübergang $\varepsilon \to 0$.

Wir können also von vornherein annehmen, daß die Ränder von B und B' aus Jordankurven bestehen und daß die Abbildung w ein Homöomorphismus von $\bar{B}$ auf $\bar{B}'$ ist. Weil die kanonische Abbildung von B nach 2.2 dann auf $\overline{B}$ topologisch erweitert werden kann, können wir uns weiter auf den Fall beschränken, wo B der Kreisring $\{z \mid 0 < r_1 < |z| < r_2 < \infty\}$ ist.

Wir machen jetzt vom Hilfssatz 6.5 Gebrauch, indem wir den Kreisring B längs den Strecken $r_1 < x < r_2$ und $-r_2 < x < -r_1$ der reellen Achse aufschneiden. B zerfällt dann in zwei Gebiete Q_1 und Q_2, die als Vierecke mit den Schnitten als b-Seiten aufgefaßt werden. Die Bildvierecke von Q_1 und Q_2 in B' seien Q_1' bzw. Q_2'. Nach Hilfssatz 6.5 gilt dann

$$M(Q_1') + M(Q_2') \leqq \frac{2\pi}{M(B')}, \quad M(Q_1) + M(Q_2) = \frac{2\pi}{M(B)}.$$

Weil w K-quasikonform ist, erhält man hieraus

$$M(B') \leqq \frac{2\pi}{M(Q_1') + M(Q_2')} \leqq \frac{2\pi K}{M(Q_1) + M(Q_2)} = K\, M(B),$$

womit der Satz bewiesen ist.

7.2. Hinreichende Modulbedingung für Quasikonformität. Der Satz 7.1 gestattet eine Umkehrung, wie wir jetzt zeigen werden.[1]

Satz 7.2. *Es sei w ein orientierungserhaltender Homöomorphismus eines Gebietes G. Gilt die Ungleichung $M(w(B)) \leqq K\, M(B)$ für jedes Ringgebiet B, $\overline{B} \subset G$, so ist w eine K-quasikonforme Abbildung.*

Beweis: Es gilt zu zeigen, daß die Dilatation eines beliebigen Vierecks Q, $\overline{Q} \subset G$, höchstens gleich K ist. Weil sich die Moduln der Ringgebiete bei einer konformen Abbildung nicht verändern, können wir Q und $w(Q)$ sofort durch ihre kanonischen Rechtecke $R(0, M, M+i, i)$ bzw. $R'(0, M', M'+i, i)$ ersetzen.

Wir bezeichnen mit R_n' dasjenige in R' gelegene Rechteck, dessen Seiten in der konstanten Entfernung $1/n$ von den entsprechenden Seiten von R' liegen $(2/n < \min(1, M'))$. R_n sei das Urbild von R_n' in R. Für $n \to \infty$ konvergieren die Vierecke R_n von innen gegen R, woraus nach Hilfssatz 4.3 folgt

$$\lim_{n\to\infty} M(R_n) = M. \tag{7.1}$$

R_n' sei durch vertikale Geraden in n^3 Rechtecke R_{nk}' mit horizontalen a-Seiten unterteilt, von denen jedes von derselben Breite

$$(M' - 2/n)/n^3$$

[1] Gehring-Väisälä [1]; ihr Beweis gründet sich auf die in IV.2 dargestellte analytische Definition. Die obige direkte Beweisanordnung rührt von Reich [1] her.

ist. Bezeichnet R_{nk} das Urbild von R'_{nk}, so folgt aus der Superadditivität des Moduls (Hilfssatz 4.2)

$$\sum_{k=1}^{n^3} M(R_{nk}) \leqq M(R_n)\,.$$

Es gibt also ein R_{np}, für welches

$$M(R_{np}) \leqq \frac{M(R_n)}{n^3} \tag{7.2}$$

gilt.

Wir konstruieren jetzt das in Abb. 2 nichtpunktiert dargestellte Ringgebiet B'_n, wo die b-Seiten von R'_{np} als vertikale Strecken erscheinen. Das Urbild von B'_n sei B_n. Weil die b-Seiten von R_{np} auf je einer Randkomponente von B_n liegen, folgt aus Hilfssatz 6.5

$$\frac{1}{M(R_{np})} \leqq \frac{2\pi}{M(B_n)}\,.$$

Mit Rücksicht auf (7.2) erhält man also

$$M(B_n) \leqq \frac{2\pi}{n^3} M(R_n)\,. \tag{7.3}$$

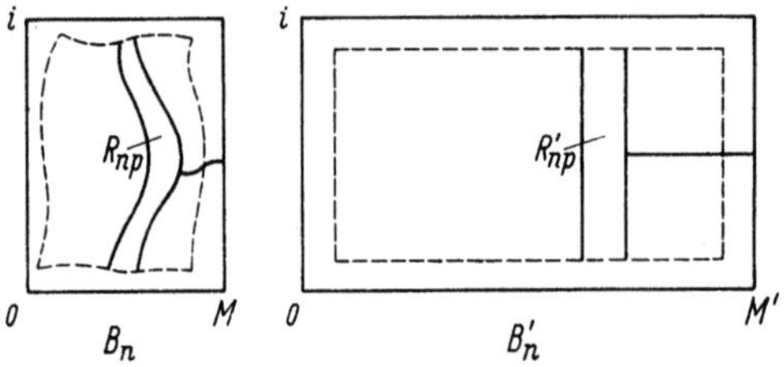

Abb. 2

Es gilt noch für $M(B'_n)$ eine Abschätzung nach unten zu finden. Zu diesem Zweck wird von der Beziehung (6.2) Gebrauch gemacht. Wir wählen $n^2 > M'$ und setzen

$$\varrho(z) = \frac{n^3}{M' - \dfrac{2}{n}}\,,$$

wenn z in R'_{np} oder in dem durch R'_{np} gehenden vertikalen Streifen liegt, und $\varrho(z) = n$ in den übrigen Punkten von B'_n. Dann gilt $l_\varrho(C) \geqq 1$ für solche Bogen C, welche die Randkomponenten von B'_n verbinden. Aus (6.2) ergibt sich somit

$$M(B'_n) \geqq \frac{2\pi}{m_\varrho(B'_n)} > \frac{2\pi}{n^3\left(\dfrac{M'}{n} + \dfrac{1}{M' - \dfrac{2}{n}}\right)}\,.$$

Mit Rücksicht auf (7.3) erhält man also schließlich

$$\frac{M(B'_n)}{M(B_n)} > \frac{1}{\left(\dfrac{M'}{n} + \dfrac{1}{M' - \dfrac{2}{n}}\right) M(R_n)}\,.$$

Für $n \to \infty$ strebt der rechtsseitige Ausdruck wegen (7.1) gegen M'/M, während $M(B_n')/M(B_n)$ nach der Voraussetzung höchstens gleich K ist. Es gilt folglich $M' \leqq K M$, womit der Satz 7.2 bewiesen ist.

Kombiniert man die Aussagen der Sätze 7.1 und 7.2, so erhält man die in Aussicht gestellte und der in 3.2 eingeführten Definition analoge Charakterisierung der K-Quasikonformität mit Hilfe von Ringgebieten:

Ein orientierungserhaltender Homöomorphismus w eines Gebietes G ist K-quasikonform in G dann und nur dann, wenn die Modulbedingung $M(w(B)) \leqq K\, M(B)$ für jedes Ringgebiet B, $\overline{B} \subset G$, gilt.

§ 8. Erweiterungssätze für quasikonforme Abbildungen

8.1. Isolierte Randpunkte. In § 2 haben wir zwei Sätze über die Erweiterung konformer Abbildungen erwähnt: den Satz über die Ränderzuordnung und das Spiegelungsprinzip. Ein drittes diesbezügliches klassisches Resultat ist der Satz über die Hebbarkeit isolierter Singularitäten. Im vorliegenden Paragraphen wollen wir zeigen, daß alle drei Sätze auch für quasikonforme Abbildungen gelten.

Ein Randpunkt z_0 des Gebietes G heißt isoliert, wenn er eine Umgebung besitzt, die mit Ausnahme von z_0 selbst nur Punkte von G enthält. Die Menge $G \cup \{z_0\}$ ist dann ein Gebiet.

Es sei w eine K-quasikonforme Abbildung von G. Der isolierte Randpunkt z_0 heißt eine *hebbare Singularität* von w, wenn w sich zu einer K-quasikonformen Abbildung von $G \cup \{z_0\}$ erweitern läßt. Für $K = 1$, d. h., wenn w konform ist, ist dies bekanntlich stets der Fall, und wir zeigen jetzt, daß dasselbe für alle K-quasikonformen Abbildungen gilt.

Satz 8.1. *Die isolierten Randpunkte des Gebietes G sind hebbare Singularitäten jeder K-quasikonformen Abbildung von G.*

Beweis: Es sei also z_0 ein isolierter Randpunkt des Gebietes G und $w: G \to G'$ eine K-quasikonforme Abbildung. Der Beweis zerfällt in zwei Teile: Erstens wird die Existenz einer homöomorphen Erweiterung von w auf $G \cup \{z_0\}$ bewiesen und zweitens gezeigt, daß die fortgesetzte Abbildung K-quasikonform ist.

Um den ersten Teil zu beweisen, betrachten wir ein von einer Kreislinie $C \subset G$ berandetes Gebiet D, das den Punkt z_0 enthält und sonst nur aus Punkten von G besteht. Der Modul des von z_0 und C berandeten Ringgebietes D_0 ist definitionsgemäß unendlich. Nach Satz 7.1 ist also auch der Modul des Bildgebietes $w(D_0)$ von D_0 unendlich. Daraus folgt (vgl. 6.1), daß eine Komponente des Komplements von $w(D_0)$ aus einem einzigen Punkt w_0 besteht, während die andere Komponente das Bild $w(C)$ von C enthält.

Weil die Randkomponenten von D_0 und $w(D_0)$ einander paarweise entsprechen (vgl. 1.8) und C auf $w(C)$ abgebildet wird, müssen z_0 und w_0 einander entsprechende Randkomponenten sein. Dies bedeutet aber, daß jede gegen z_0 konvergierende Punktfolge als Bild eine konvergente Folge mit w_0 als Grenzpunkt besitzt.

Setzt man $w(z_0) = w_0$, so wird w zu einer eineindeutigen und stetigen Abbildung von $G \cup \{z_0\}$ erweitert. Nach Hilfssatz 1.1 ist eine solche Abbildung ein Homöomorphismus, und der erste Teil des Satzes ist bewiesen.

Zum Beweis, daß die erweiterte Abbildung K-quasikonform ist, betrachte man ein Viereck Q, dessen abgeschlossene Hülle in $G \cup \{z_0\}$ liegt. Weil w in G K-quasikonform ist, gilt $M(w(Q)) \leqq K\, M(Q)$, wenn z_0 nicht zu $\overline{Q}$ gehört. Nach Hilfssatz 5.1 ist dieselbe Bedingung auch dann erfüllt, wenn z_0 ein Randpunkt von Q ist. Falls schließlich z_0 ein innerer Punkt von Q ist, teile man das kanonische Rechteck $R' = R'(0, M(w(Q)), M(w(Q)) + i, i)$ von $w(Q)$ mittels einer durch den Bildpunkt von w_0 gehenden vertikalen Geraden in zwei Rechtecke R_1' und R_2' ein, deren a-Seiten auf denjenigen von R' liegen. Die Urbilder R_i der Rechtecke R_i' in Q haben z_0 als Randpunkt, und es gilt also

$$M(R_i') \leqq K\, M(R_i)\,, \qquad i = 1, 2\,.$$

Andererseits ist gemäß Hilfssatz 4.2

$$M(R_1) + M(R_2) \leqq M(Q)\,, \qquad M(R_1') + M(R_2') = M(w(Q))\,,$$

und man sieht, daß die Ungleichung $M(w(Q)) \leqq K\, M(Q)$ auch in diesem Fall besteht. Die Erweiterung von w auf $G \cup \{z_0\}$ ist also K-quasikonform, und der Satz ist bewiesen.

Bemerkung. Aus diesem Satz, der in V.3.5–7 weitgehend verallgemeinert wird, folgt insbesondere: *Die einfach zusammenhängenden Gebiete teilen sich bezüglich quasikonformer Abbildungen auf dieselben Äquivalenzklassen auf wie in bezug auf konforme Abbildungen* (vgl. 2.1).

8.2. Erweiterung auf freie Randbogen. Als zweites Problem sei das Randverhalten quasikonformer Abbildungen zwischen Gebieten mit einem freien Randbogen untersucht. Das folgende Resultat enthält als Spezialfall den in 2.2 erwähnten Satz über die Ränderzuordnung.

Satz 8.2. *Es seien G und G' zwei Gebiete, C und C' entweder freie Randbogen oder freie Randkurven von G bzw. G', und $w: G \to G'$ eine quasikonforme Abbildung. Falls C und C' bei der Abbildung w einander* *entsprechen, kann w zu einem Homöomorphismus von $G \cup C$ auf $G' \cup C'$ erweitert werden.*

Beweis: Es sei z_0 ein beliebiger Punkt von C; wir können annehmen, daß $z_0 \neq \infty$ ist. Wir zeigen zunächst, daß die Häufungsmenge von z_0 bei der Abbildung w aus einem einzigen Punkt $w_0 \in C'$ besteht, d. h. daß aus $z_n \in G$, $z_n \to z_0$, stets $w(z_n) \to w_0$ folgt. Ist dies nicht der Fall, so gibt es in G zwei Punktfolgen z_{in}, $i = 1, 2$, $z_{in} \to z_0$, so daß $w(z_{in}) \to w_i$, $w_1 \neq w_2$. Wir wollen hieraus einen Widerspruch ableiten.

Weil w_1 und w_2 jedenfalls auf C' liegen, gibt es nach Hilfssatz 1.6 zwei Jordanbogen $b'_i \subset G'$, $i = 1, 2$, so daß b'_i durch die Punkte $w(z_{in})$ geht und den Punkt w_i als Endpunkt besitzt. Wegen $w_1 \neq w_2$ können wir annehmen, daß b'_1 und b'_2 einen positiven Abstand d voneinander haben. Die in G liegenden Urbilder von b'_i seien mit b_i bezeichnet (Abb. 3).

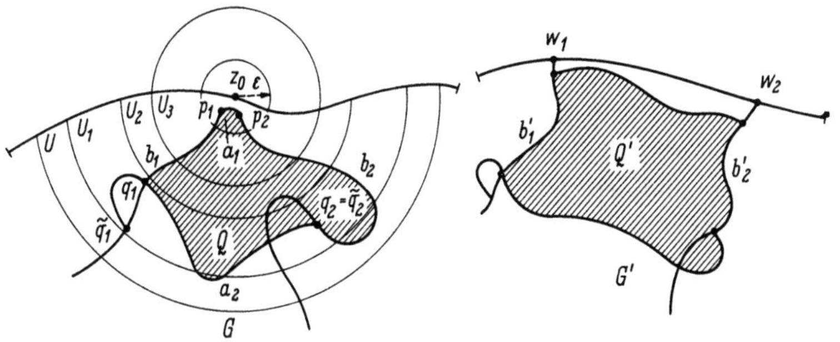

Abb. 3

U sei eine so kleine Kreisumgebung von z_0, daß $U \cap \operatorname{Rd} G \subset C$ und $-U \cap C \neq \emptyset$ ist. Es bedeutet keine Einschränkung anzunehmen, daß $w(G \cap U)$ in einem Kreis vom Radius R liegt.

Nach Hilfssatz 1.5 gibt es Kreisumgebungen $U_3 \subset U_2 \subset U_1 \subset U$ von z_0, $b_i \cap -\overline{U}_2 \neq \emptyset$, $i = 1, 2$, so daß jede zwei Punkte von $G \cap (U_1 - \overline{U}_2)$ sich in $G \cap (U - \overline{U}_3)$ verbinden lassen. Der Abstand zwischen $-U_3$ und z_0 sei mit δ bezeichnet.

Jetzt sei ein beliebiges ε, $0 < \varepsilon < \delta$, gegeben. Da $z_{in} \to z_0$ und b_i die Punkte z_{in} enthält, können b_1 und b_2 nach Hilfssatz 1.5 durch einen abgeschlossenen Jordanbogen a_1 in der Menge $G \cap \{z \mid |z - z_0| < \varepsilon\}$ verbunden werden. Wir können annehmen, daß a_1 nur seine Endpunkte p_1 und p_2 mit den Bogen b_1 und b_2 gemeinsam hat.

Darauf wählen wir die Punkte $\tilde{q}_i \in b_i \cap (U_1 - \overline{U}_2)$, so daß die durch p_i und $\tilde{q}_i$ begrenzten Teilbogen $\tilde{b}_i$ von b_i sich in U befinden. Nach dem Obigen lassen sich $\tilde{q}_1$ und $\tilde{q}_2$ in $G \cap (U - \overline{U}_3)$ durch einen abgeschlossenen Jordanbogen verbinden. Durch eventuellen Übergang zu einem Teilbogen läßt sich wieder erreichen, daß der verbindende Bogen a_2 nur seine Endpunkte q_i mit $\tilde{b}_i$ gemeinsam hat.

Zusammen mit den Teilbogen $\widehat{p_i q_i}$ von b_i begrenzen a_1 und a_2 ein Jordangebiet Q, das in U liegt. Wir zeigen, daß Q sich in G befindet. Sonst gibt es nämlich Randpunkte von G in Q, weil jedenfalls $Q \cap G \neq \emptyset$ ist. Andererseits ist $U \cap \operatorname{Rd} G \subset C$, und also $Q \cap C \neq \emptyset$. Dies ist jedoch unmöglich, weil $-\overline{Q} \cap C \supset -U \cap C \neq \emptyset$ und $\operatorname{Rd} Q \cap C = \emptyset$ ist. Also gilt $Q \subset G$.

Q sei jetzt als ein Viereck aufgefaßt mit a_1 und a_2 als a-Seiten. Nach dem Obigen trennt das Ringgebiet $\varepsilon < |z - z_0| < \delta$ die a-Seiten von Q.

Laut Hilfssatz 6.5 ist folglich

$$M(Q) \leqq \frac{2\pi}{\log \frac{\delta}{\varepsilon}}. \tag{8.1}$$

Weil ε beliebig klein gewählt werden kann, läßt sich Q also derart konstruieren, daß sein Modul beliebig klein ausfällt.

Für das Bildviereck Q' gilt $m(Q') \leqq \pi R^2$, weil $w(G \cap U)$ sich in einem Kreis vom Radius R befindet. Da s_b mindestens gleich dem Abstand d zwischen b_1' und b_2' ist, folgt aus der Rengelschen Ungleichung somit

$$M(Q') \geqq \frac{d^2}{\pi R^2}.$$

$M(Q')$ liegt also oberhalb einer festen positiven Schranke. Mit Rücksicht auf (8.1) steht dies aber im Widerspruch mit der Quasikonformität von w.

Die Häufungsmenge von $z_0 \in C$ bei der Abbildung w besteht also aus einem einzigen Punkt $w_0 \in C'$. Wir definieren jetzt $w(z_0) = w_0$, wodurch w auf C erweitert wird. Es ist klar, daß die inverse Abbildung w^{-1} auf dieselbe Weise auf C' erweitert werden kann und daß die erweiterte Abbildung die Umkehrung von w ist.

Zum Beweis, daß die erweiterte Abbildung w ein Homöomorphismus von $G \cup C$ auf $G' \cup C'$ ist, gilt es nur noch zu zeigen, daß w in einem beliebigen Punkt $z_0 \in C$ stetig ist. Im entgegengesetzten Fall gibt es eine Umgebung $U' = \{w \mid |w - w_0| < \varepsilon\}$ von $w(z_0)$, so daß für keine Umgebung $U_n = \{z \mid |z - z_0| < 1/n\}$, $n = 1, 2, \ldots,$ das Bild von $(G \cup C) \cap U_n$ in U' liegt. Dann gibt es auch einen Punkt $z_n \in G \cap U_n$, so daß $|w(z_n) - w(z_0)| > \varepsilon/2$, was für $n \to \infty$ zu einem Widerspruch leitet. Der Satz ist hiermit bewiesen.

8.3. Hebbarkeit eines analytischen Bogens. Die maximale Dilatation einer topologischen Abbildung w des Gebietes G ist in 3.1 als

$$K(G) = \sup_{\overline{Q} < G} \frac{M(w(Q))}{M(Q)}$$

definiert worden. Wir lassen dieselbe Definition auch für den Fall bestehen, daß G eine beliebige offene Menge ist.

Wir werden jetzt zeigen, daß die maximale Dilatation einer topologischen Abbildung des Gebietes G unverändert bleibt, falls von G ein abgeschlossener analytischer Bogen C entfernt wird (Ahlfors [1]). Dieses Resultat ist zwar als spezieller Fall in dem weitergehenden Satz V.3.2 enthalten. Dessenungeachtet haben wir es schon hier begründen wollen, nicht nur weil es einen sich methodisch an den Inhalt des vorliegenden Kapitels anschließenden Beweis gestattet, sondern vor allem darum, weil es zur Begründung des Spiegelungsprinzips nötig ist, und dieses Prinzip im Kapitel II mehrmals zur Anwendung kommt.

Satz 8.3. *Es sei w ein Homöomorphismus des Gebietes G und C ein abgeschlossener analytischer Bogen, der mit möglicher Ausnahme seiner Endpunkte in G liegt. Für die maximale Dilatation von w gilt dann*

$$K(G) = K(G - C)\,.$$

Beweis: Jedenfalls ist $K(G) \geqq K(G - C)$, und wir können also annehmen, daß $K(G - C) = K < \infty$ ist. Die Dilatation eines Vierecks Q, $\overline{Q} \subset G$, das keinen Punkt von C als inneren Punkt besitzt, ist dann höchstens gleich K. Es muß also bewiesen werden, daß dasselbe auch für ein solches Viereck Q gilt, das Teilbogen von C enthält.

Im Hinblick auf Satz 5.3 können wir annehmen, daß Q ein analytisches Viereck ist. Dann besteht $Q \cap C$ aus endlich vielen Komponenten, und die kanonische Abbildung von Q führt jeden in $\overline{Q}$ liegenden abgeschlossenen Teilbogen von C in einen abgeschlossenen analytischen Bogen über.

Mittels der kanonischen Abbildungen können wir also auf den Fall übergehen, wo Q und sein Bildviereck Q' Rechtecke sind. Das Problem lautet dann wie folgt: w sei ein Homöomorphismus des Rechtecks $R(0, M, M + i, i)$ der $z = x + i\,y$-Ebene auf das Rechteck $R'(0, M', M' + i, i)$. In $\overline{R}$ seien $C_1, \ldots, C_n$ zueinander punktfremde abgeschlossene analytische Bogen, und in $R - \cup C_i$ sei die maximale Dilatation von w höchstens gleich K. Es gilt zu beweisen, daß $M' \leqq KM$ ist.

Zum Beweis teilen wir das Rechteck R durch horizontale Geraden $L_h = \{x + i\,y_h\}$, $y_0 = 0 < y_1 < \cdots < y_m = 1$, in Rechtecke $R_h(i\,y_{h-1},$

$M + i y_{h-1}, M + i y_h, i y_h)$, $h = 1, \ldots, m$, ein, so daß die folgenden Bedingungen erfüllt sind: 1° Jeder Punkt, in welchem die y-Koordinate von C_i in $\overline{R}$ ein relatives Maximum oder Minimum erreicht, gehört zu einer L_h. (Daraus folgt insbesondere: Ist irgendein C_i eine horizontale Strecke, so liegt es auf einer der Geraden L_h.) 2° Für jedes h ist die Summe der Variationen des reellen Teils von w auf allen zu R_h gehörigen Teilbogen der Bogen $C_1, \ldots, C_n$ kleiner als ein vorgegebenes $\varepsilon > 0$.

Die Bogen C_i teilen R_h in eine endliche Anzahl von (möglicherweise degenerierten) Vierecken R_{hk} (Abb. 4), deren horizontale Seiten als a-Seiten gewählt werden. Die Bildvierecke von R_h und R_{hk} seien mit R'_h und R'_{hk} bezeichnet. Ist s_{hk} der Abstand der b-Seiten von R'_{hk}, so folgt aus der obigen Bedingung 2°

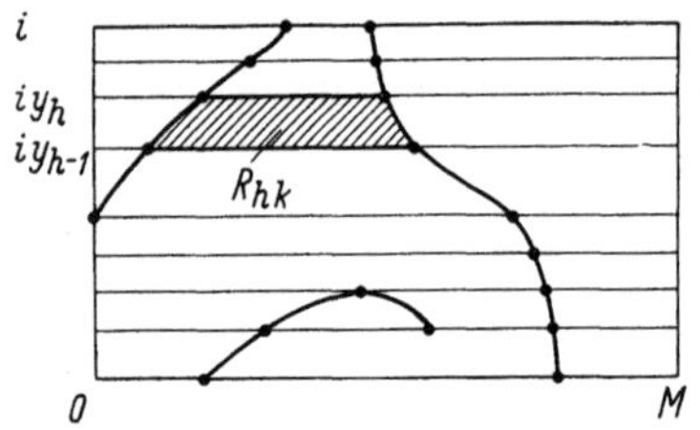

Abb. 4

$$\sum_k s_{hk} > M' - \varepsilon\,. \tag{8.2}$$

Anwendung der Rengelschen Ungleichung auf das Viereck R'_{hk} liefert andererseits

$$M(R'_{hk}) \geqq \frac{s_{hk}^2}{m(R'_{hk})}\,.$$

Mittels der Schwarzschen Ungleichung schließt man also aus (8.2)

$$\sum_k M(R'_{hk}) \geqq \frac{(\sum_k s_{hk})^2}{\sum_k m(R'_{hk})} > \frac{(M' - \varepsilon)^2}{m(R'_h)}\,. \tag{8.3}$$

Nach Hilfssatz 5.1 ist $M(R'_{hk}) \leqq K\,M(R_{hk})$, da keine Punkte der Bogen $C_1, \ldots, C_n$ im Inneren von R_{hk} liegen. Auf Grund von Hilfssatz 4.2 über die Superadditivität des Moduls ist deshalb

$$\sum_k M(R'_{hk}) \leqq K\,M(R_h) = \frac{K\,M}{y_h - y_{h-1}}\,,$$

und wegen (8.3) also

$$\frac{y_h - y_{h-1}}{K\,M} < \frac{m(R'_h)}{(M' - \varepsilon)^2}\,.$$

Addiert man hier in bezug auf h, so ergibt sich schließlich

$$\frac{1}{K\,M} < \frac{M'}{(M' - \varepsilon)^2}\,.$$

Weil ε beliebig klein gewählt werden kann, folgt hieraus die zu beweisende Ungleichung $M' \leqq K\,M$.

8.4. Spiegelungsprinzip. Wir wollen jetzt das für konforme Abbildungen gültige Spiegelungsprinzip auf den Fall einer quasikonformen Abbildung verallgemeinern. Dieses Prinzip bezieht sich auf solche Gebiete, die einen Kreisbogen als freien Randbogen besitzen. Unter einem Kreisbogen wird in diesem Zusammenhang entweder ein offener Kreisbogen, eine volle Kreisperipherie oder deren Abbilder bei einer linearen Transformation verstanden.

Wir sagen, daß das Gebiet G eine Spiegelung am Kreisbogen C zuläßt, wenn G die folgenden Bedingungen erfüllt:

1° Der Kreisbogen C ist ein freier Randbogen von G.

2° G hat keine gemeinsamen Punkte mit dem Gebiet G^*, das aus G durch Spiegelung an C entsteht.

Läßt G eine Spiegelung an C zu, so ist die Menge $G \cup C \cup G^*$ offenbar ein Gebiet.

G und G' seien zwei Gebiete, die eine Spiegelung an den Kreisbogen C bzw. C' zulassen, und $w : G \to G'$ eine K-quasikonforme Abbildung, wobei die Randbogen C und C' einander entsprechen. Dann läßt sich w auf $G \cup C \cup G^*$ folgenderweise erweitern:

Erstens gibt es nach Satz 8.2 eine homöomorphe Erweiterung von w auf $G \cup C$. Um w auf G^* zu erweitern, bezeichne man mit z^* das Spiegelbild des Punktes $z \in G$ in bezug auf C und mit $w(z)^*$ das Spiegelbild von $w(z)$ in bezug auf C'. Setzt man

$$w(z^*) = w(z)^* , \tag{8.4}$$

so ist die erweiterte Abbildung $w : G \cup C \cup G^* \to G' \cup C' \cup G'^*$ ein orientierungserhaltender Homöomorphismus. Für jedes Viereck $Q^*(z_1^*, z_2^*, z_3^*, z_4^*)$ in G^* und sein Spiegelbild Q in G gilt

$$M(Q^*(z_1^*, z_2^*, z_3^*, z_4^*)) = M(Q(z_4, z_3, z_2, z_1)) ,$$

und eine entsprechende Beziehung besteht zwischen spiegelbildlichen Vierecken in G'^* und G'. Daraus folgt, daß die maximale Dilatation der durch Spiegelung erhaltenen Erweiterung von w in $G \cup G^*$ höchstens gleich K ist. Nach Satz 8.3 ist die Erweiterung somit K-quasikonform in $G \cup C \cup G^*$.

Spiegelungsprinzip. *G und G' seien zwei Gebiete, die eine Spiegelung an den Kreisbogen C bzw. C' zulassen, und $w : G \to G'$ eine K-quasikonforme Abbildung, wobei die Randbogen C und C' einander entsprechen. Dann ist die durch* (8.4) *erweiterte Abbildung $w : G \cup C \cup G^* \to G' \cup C' \cup G'^*$ K-quasikonform.*

§ 9. Lokale Charakterisierung der Quasikonformität

9.1. Maximale Dilatation in einem Punkt. Die Definition einer quasikonformen Abbildung eines Gebietes G ist insofern globalen Charakters, als dabei sämtliche Vierecke in G in Betracht gezogen werden. Wir wollen jetzt zeigen, daß in Analogie mit dem klassischen Fall der regulären Abbildungen auch die allgemeine Definition lokal angegeben werden kann.

Es sei w ein orientierungserhaltender Homöomorphismus des Gebietes G. U_z bezeichne eine in G liegende Umgebung des Punktes $z \in G$ und $K(U_z)$ wie vorher die maximale Dilatation von w in U_z. Die Zahl

$$F_w(z) = F(z) = \inf_{U_z} K(U_z)$$

heißt *die maximale Dilatation der Abbildung w im Punkt z.*

Aus dieser Definition folgt sofort, daß $F(z)$ konform invariant ist und daß die maximale Dilatation der inversen Abbildung im Bildpunkt von z gleich $F(z)$ ist. $F(z)$ ist endlich dann und nur dann, wenn die Abbildung in einer Umgebung von z quasikonform ist.

9.2. Lokale und globale Maximaldilatation. Wir wollen zeigen, daß es in G Punkte z gibt, wo $F(z)$ beliebig nahe an der maximalen Dilatation $K(G)$ liegt. Dieses Resultat kann auch so gedeutet werden, daß schon die Dilatation von kleinen Vierecken zur Bestimmung von $K(G)$ genügt.

Hilfssatz 9.1. *Für die maximale Dilatation eines orientierungserhaltenden Homöomorphismus des Gebietes G gilt*

$$K(G) = \sup_{z \in G} F(z) . \tag{9.1}$$

Beweis: Nach der Definition von $F(z)$ ist $\sup_z F(z) \leqq K(G)$. Es genügt also zu zeigen, daß die abgeschlossene Hülle eines jeden Jordangebiets D, $\overline{D} \subset G$, einen Punkt z enthält, in welchem

$$F(z) \geqq K(D) \tag{9.2}$$

ist. Wegen der konformen Invarianz des Moduls können wir weiter annehmen, daß D ein Quadrat ist.

Wird D in vier kongruente offene Teilquadrate aufgeteilt, so hat w in mindestens einem von diesen Teilquadraten nach Satz 8.3 dieselbe maximale Dilatation wie in D; dieses Quadrat sei mit D_1 bezeichnet. Der Zerlegungsprozeß sei dann weiter fortgesetzt, so daß allgemein D_n ein solches von den vier kongruenten Teilquadraten von D_{n-1} bezeichnet, $n = 2, 3, \ldots$, wo w dieselbe maximale Dilatation besitzt wie in D_{n-1}.

Die Quadrate D_n konvergieren gegen einen Punkt z_0 von $\overline{D}$. Die zu beweisende Ungleichung (9.2) besteht für $z = z_0$, weil jede Umgebung von z_0 Quadrate D_n enthält und $K(D_n) = K(D)$ für jedes n gilt.

Aus Hilfssatz 9.1 erhält man unmittelbar die folgende *lokale* Charakterisierung der Quasikonformität.

Satz 9.1. *Ein orientierungserhaltender Homöomorphismus des Gebietes G ist dann und nur dann K-quasikonform, wenn die Bedingung*

$$F(z) \leqq K$$

in jedem Punkt $z \in G$ *erfüllt ist.*

9.3. Halbstetigkeit der lokalen Maximaldilatation. Es sei w ein orientierungserhaltender Homöomorphismus des Gebietes G, z ein Punkt von G und ε eine beliebige positive Zahl. Im Falle $F(z) < \infty$ folgt aus der Definition von $F(z)$ die Existenz einer Umgebung U_z von z, so daß $F(z) > K(U_z) - \varepsilon$ ist. A fortiori ist für jedes $\zeta \in U_z$

$$F(z) > F(\zeta) - \varepsilon \,. \tag{9.3}$$

Hieraus ist zu sehen, daß F nach oben halbstetig ist.

Tatsächlich gilt ein noch etwas stärkeres Resultat. Nach Satz 8.1 ist $K(U_z) = K(U_z - \{z\})$. Auf Grund von Hilfssatz 9.1 gibt es also in jedem U_z einen Punkt $\zeta \neq z$, so daß $F(\zeta) > K(U_z) - \varepsilon$ ist. A fortiori ist für ein solches ζ

$$F(z) < F(\zeta) + \varepsilon \,.$$

In Verbindung mit (9.3) liefert dies das folgende Resultat, das offenbar auch im Falle $F(z) = \infty$ wahr ist.

Satz 9.2. *Für einen orientierungserhaltenden Homöomorphismus eines Gebietes G gilt*

$$F(z) = \limsup_{\zeta \to z} F(\zeta)$$

in jedem Punkt $z \in G$.

9.4. Dilatationsquotient in einem regulären Punkt. Es sei G ein Gebiet der $z = x + i\,y$-Ebene, $w : G \to G'$ ein orientierungserhaltender Homöomorphismus und $z_0 \in G$, $z_0 \neq \infty$, ein Punkt, in dem w differenzierbar ist. Neben den partiellen Ableitungen w_x und w_y, die in z_0 dann existieren und endlich sind, werden im Folgenden auch die *komplexen Ableitungen*

$$w_z(z) = \frac{1}{2}\left(w_x(z) - i\, w_y(z)\right), \quad w_{\bar z}(z) = \frac{1}{2}\left(w_x(z) + i\, w_y(z)\right)$$

gebraucht, weil hierdurch oft eine Vereinfachung der Bezeichnungen erreicht wird. Die Differenzierbarkeit von w in z_0 bedeutet dann, daß

w eine Entwicklung

$$w(z) = w(z_0) + w_z(z_0)(z - z_0) + w_{\bar z}(z_0)(\bar z - \bar z_0) + o(z - z_0),$$

gestattet.[1]

In den komplexen Ableitungen ausgedrückt läßt sich die Ableitung von w in die Richtung α in der Form

$$\partial_\alpha w(z_0) = w_z(z_0) + w_{\bar z}(z_0)\, e^{-2i\alpha}$$

schreiben (vgl. 3.3), und für die Jacobische Funktionaldeterminante erhält man

$$J(z_0) = |w_z(z_0)|^2 - |w_{\bar z}(z_0)|^2. \tag{9.4}$$

Weil w orientierungserhaltend ist, gilt $J(z_0) \geqq 0$ (vgl. 1.6), und also $|w_z(z_0)| \geqq |w_{\bar z}(z_0)|$. Deshalb ist

$$\max_\alpha |\partial_\alpha w(z_0)| = |w_z(z_0)| + |w_{\bar z}(z_0)|,$$

$$\min_\alpha |\partial_\alpha w(z_0)| = |w_z(z_0)| - |w_{\bar z}(z_0)|. \tag{9.5}$$

Wir nehmen jetzt an, daß z_0 ein regulärer Punkt von w ist, d. h. daß w in z_0 differenzierbar ist und $J(z_0) > 0$. Nach (9.4) und (9.5) gilt dann $\min_\alpha |\partial_\alpha w(z_0)| > 0$. Der in 3.3 für reguläre quasikonforme Abbildungen eingeführte Dilatationsquotient D,

$$D(z) = \frac{\max_\alpha |\partial_\alpha w(z)|}{\min_\alpha |\partial_\alpha w(z)|} = \frac{|w_z(z)| + |w_{\bar z}(z)|}{|w_z(z)| - |w_{\bar z}(z)|},$$

läßt sich also im Punkt $z = z_0$ auch für den orientierungserhaltenden Homöomorphismus w definieren und wird endlich ausfallen. Im Falle $z_0 = \infty$ oder $w(z_0) = \infty$ wird $D(z_0)$ mittels einer linearen Hilfsabbildung definiert (vgl. 3.3).

9.5. Allgemeine Dilatationsbedingung. In einem regulären Punkt z kann neben $F(z)$ auch $D(z)$ als ein lokales Dilatationsmaß angesehen werden. Die folgende *allgemeine Dilatationsbedingung* gibt Auskunft über die gegenseitigen Beziehungen zwischen diesen zwei Größen.

Satz 9.3. *Ist die quasikonforme Abbildung w differenzierbar im Punkt z, so gilt*

$$\max_\alpha |\partial_\alpha w(z)| \leqq F(z) \min_\alpha |\partial_\alpha w(z)|. \tag{9.6}$$

Beweis: Durch Parallelverschiebungen und Rotationen erreicht man, daß der betrachtete Punkt in $z = 0$ liegt und daß $w(0) = 0$, $w_z(0) = |w_z(0)|$ und $w_{\bar z}(0) = |w_{\bar z}(0)|$ ist. Dann ist

$$w(z) = u(z) + i\,v(z) = |w_z(0)|\, z + |w_{\bar z}(0)|\, \bar z + o(z). \tag{9.7}$$

---

[1] Hier bedeutet $o(z - z_0)$ wie üblich einen Ausdruck, der durch $z - z_0$ dividiert für $z \to z_0$ gegen Null strebt. Wir werden auch die Bezeichnung $O(z - z_0)$ für einen Ausdruck gebrauchen, der durch $z - z_0$ dividiert in einer Umgebung von z_0 beschränkt bleibt.

Wir wählen jetzt eine so kleine Zahl $\delta > 0$, daß die abgeschlossene Hülle des Quadrats $R_\delta(\delta(-1-i), \delta(1-i), \delta(1+i), \delta(-1+i))$ in dem abzubildenden Gebiet liegt. Aus (9.7) folgt, daß die b-Seiten des Bildes R'_δ von R_δ den Abstand

$$s_b = 2\,\delta(|w_z(0)| + |w_{\bar z}(0)|) + o(\delta)$$

haben und daß R'_δ vom Flächeninhalt

$$m(R'_\delta) = 4\,\delta^2\,(|w_z(0)|^2 - |w_{\bar z}(0)|^2) + o(\delta^2)$$

ist. Nach der Rengelschen Ungleichung gilt also

$$M(R'_\delta) \geqq \frac{4\,\delta^2\,(|w_z(0)| + |w_{\bar z}(0)|)^2 + o(\delta^2)}{4\,\delta^2\,(|w_z(0)|^2 - |w_{\bar z}(0)|^2) + o(\delta^2)}\,. \tag{9.8}$$

Wegen $M(R_\delta) = 1$ ist andererseits nach Hilfssatz 5.1

$$M(R'_\delta) = \frac{M(R'_\delta)}{M(R_\delta)} \leqq K(R_\delta)\,.$$

Gemäß (9.8) ist somit

$$(|w_z(0)| + |w_{\bar z}(0)|)^2 + o(\delta)/\delta \leqq K(R_\delta)\,(|w_z(0)|^2 - |w_{\bar z}(0)|^2 + o(\delta)/\delta)\,.$$

Die Behauptung (9.6) folgt hieraus durch den Grenzübergang $\delta \to 0$, unter Beachtung von (9.5) und der Relation

$$\lim_{\delta \to 0} K(R_\delta) = F(0)\,.$$

Bemerkung. Aus dem obigen Beweis geht sofort hervor, daß Satz 9.3 die folgende Modifikation gestattet: *Erfüllt der orientierungserhaltende Homöomorphismus w des Gebietes G die Dilatationsbedingung $M(w(R)) \leqq K\,M(R)$ in bezug auf jedes Quadrat R, $\bar R \subset G$, so gilt*

$$\max_\alpha |\partial_\alpha w(z)| \leqq K \min_\alpha |\partial_\alpha w(z)|$$

in allen Punkten $z \in G$, in welchen w differenzierbar ist. Es sei betont, daß hier wirklich sämtliche Quadrate ins Auge gefaßt werden müssen, obschon wir im Satz 9.3 nach den vorbereitenden Transformationen nur achsenparallele Quadrate betrachtet haben.

9.6. Lokale Maximaldilatation in einem regulären Punkt. Der Homöomorphismus w sei differenzierbar im Punkt z und quasikonform in einer Umgebung von z. Dann ist also $F(z) < \infty$, und nach (9.6) folgt aus $\min_\alpha |\partial_\alpha w(z)| = 0$, daß die Ableitungen $\partial_\alpha w(z)$ für jedes α verschwinden. In komplexen Ableitungen ausgedrückt bedeutet dies, daß $w_z(z)$ stets gleich Null ist, wenn $|w_z(z)| = |w_{\bar z}(z)|$ ist. Man schließt also:

Ist eine quasikonforme Abbildung differenzierbar im Punkte z, so sind die drei Bedingungen $J(z) > 0$, $\min_\alpha |\partial_\alpha w(z)| > 0$ und $w_z(z) \neq 0$ gleichbedeutend miteinander.

Satz 9.3 liefert somit das folgende Korollar:

Für eine quasikonforme Abbildung gilt in jedem regulären Punkt

$$D(z) \leqq F(z)\,. \tag{9.9}$$

Ist w eine reguläre quasikonforme Abbildung, so gilt nach Satz 3.1

$$K(U_z) \leqq \sup_{\zeta \in U_z} D(\zeta)$$

für jede Umgebung $U_z \subset G$ von z. Weil $D(\zeta)$ nun stetig von ζ abhängt, folgt daraus $F(z) \leqq D(z)$. Mit Berücksichtigung von (9.9) haben wir somit die folgende Ergänzung des Satzes 3.1 bewiesen:

Satz 9.4. *Für eine reguläre quasikonforme Abbildung des Gebietes G gilt $D(z) = F(z)$ für jedes $z \in G$.*

II Verzerrungssätze für quasikonforme Abbildungen

Einleitung zum Kapitel II

Das vorliegende Kapitel II schließt sich methodisch eng an das vorige an. Auch hier beruht die Darstellung auf der in I.3.2 angegebenen geometrischen Definition der Quasikonformität, und die Charakterisierung des Moduls mit Hilfe extremaler Längen spielt eine wichtige Rolle.

Die meisten zu betrachtenden Fragen lassen sich auf das folgende *Verzerrungsproblem* zurückführen, das in der Darstellung somit eine zentrale Stellung einnimmt:

$\mathscr{W}$ sei eine Familie von quasikonformen Abbildungen w des Gebietes G und z_1, z_2 zwei Punkte in G. Es gilt für den maximalen Abstand der Bildpunkte $w(z_1)$ und $w(z_2)$, $w \in \mathscr{W}$, eine Abschätzung nach oben zu finden.

Im einfachsten Fall ist G der Einheitskreis $|z| < 1$, z_1 der Nullpunkt, und $\mathscr{W}$ besteht aus allen durch $w(0) = 0$ normierten K-quasikonformen Abbildungen des Einheitskreises auf sich selbst. Das Verzerrungsproblem erweist sich in diesem Fall als gleichbedeutend mit einem Extremalproblem für Ringgebiete. Seine Lösung, das *Extremalgebiet von Grötzsch*, wird uns in der Folge wichtige Dienste leisten.

Die zwei ersten Paragraphen sind der Untersuchung des Extremalgebietes von Grötzsch und einiger anderer nahe verwandter Ringgebiete mit extremalen Moduln gewidmet. Die erzielten Resultate dienen als Hilfsmittel bei der Behandlung des oben erwähnten Verzerrungsproblems, das in § 3 in Angriff genommen wird. An dieses Problem schließt sich die Frage nach der gleichgradigen Stetigkeit einer Familie von K-quasikonformen Abbildungen an, die in § 4 untersucht wird. Die erzielten Resultate ermöglichen es, in § 5 wichtige Konvergenzsätze für quasikonforme Abbildungen zu beweisen.

In § 6 wird die Randwertaufgabe für quasikonforme Abbildungen zwischen Jordangebieten behandelt. Die Herleitung einer notwendigen Bedingung für die Lösbarkeit knüpft sich an das obige Verzerrungsproblem an. Hingegen wird die Existenz einer quasikonformen Abbildung mit vorgegebenen Randwerten davon unabhängig mit Hilfe einer direkten Konstruktion gezeigt. Die Randbedingung wird in § 7 näher analysiert.

In nahem Zusammenhang mit den Resultaten von § 6 und § 7 wird in § 8 untersucht, unter welchen Bedingungen eine quasikonforme Abbildung sich über den Gebietsrand quasikonform fortsetzen läßt. Es werden verschiedene Charakterisierungen für diejenigen Randbogen oder -Kurven angegeben, die eine solche Fortsetzung gestatten.

Schließlich wird in § 9 ein lokales Dilatationsmaß, die sogen. Kreisdilatation, definiert, die in regulären Punkten mit dem früher eingeführten Dilatationsquotienten zusammenfällt. Unter Heranziehung früherer Resultate des vorliegenden Kapitels werden die gegenseitigen Beziehungen der Kreisdilatation und der lokalen Maximaldilatation untersucht.

§ 1. Ringgebiete mit extremalen Moduln

1.1. Modulsatz von Grötzsch. Im vorliegenden Paragraphen werden Extremalprobleme folgender Art behandelt: *Unter allen Ringgebieten, die zwei abgeschlossene Mengen E_1 und E_2, $E_1 \cap E_2 = \emptyset$, voneinander trennen, wird ein solches gesucht, dessen Modul den größten Wert besitzt.*

Sind E_1 und E_2 zusammenhängend, ist das Extremalproblem unschwer zu lösen. In diesem Fall ist nämlich eine Komponente des Komplements von $E_1 \cup E_2$ zweifach zusammenhängend.[1] Aus der Monotonie des Moduls (vgl. die Bemerkung am Ende von I.6.6) folgt, daß dieses Ringgebiet extremal ist.

Wir betrachten zuerst eingehender den nächsteinfachsten Fall, wo E_1 ein Kontinuum ist und E_2 aus zwei Punkten besteht, die zu derselben Komponente des Komplements von E_1 gehören. Wegen der konformen Invarianz des Moduls können wir dann annehmen, daß E_1 die Kreislinie $|z| = 1$ ist und die Punkte von E_2 in $z = 0$ und $z = r$, $0 < r < 1$, liegen.

Es scheint anschaulich fast evident zu sein, daß das in der obigen Weise normierte Extremalproblem dasjenige Ringgebiet als Lösung

---

[1] Diese Behauptung wird hier nicht bewiesen, weil wir uns nur für spezielle Fälle interessieren.

besitzt, dessen Berandung aus dem Kreis $|z| = 1$ und aus der Strecke $0 \leqq x \leqq r$ der reellen Achse besteht. Dieses Gebiet $B(r)$ heißt das *Extremalgebiet von Grötzsch* (Abb. 5), und sein Modul, den wir später manchmal gebrauchen werden, wird mit $M(B(r)) = \mu(r)$ bezeichnet.

In dem nachstehenden Satz wird gezeigt, daß $B(r)$ tatsächlich die geforderte Extremaleigenschaft besitzt (Grötzsch [1]).

Modulsatz von Grötzsch. *Trennt das Ringgebiet B die Punkte* 0 *und r von dem Kreis $|z| = 1$, so gilt*

$$M(B) \leqq \mu(r) .$$

Beweis: Eine kanonische Abbildung f von $B(r)$ auf den Kreisring $1 < |w| < e^{\mu(r)}$ kann so konstruiert werden, daß man die obere Hälfte von $B(r)$ auf diejenige des Kreisringes konform abbildet und die Abbildung dann durch Spiegelung über die reelle Achse auf das ganze Gebiet $B(r)$ erweitert. Aus dieser Konstruktion geht die Symmetrie der im Folgenden zu betrachtenden Funktion

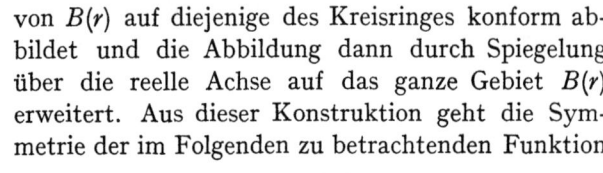

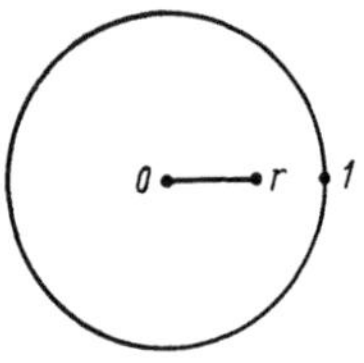

Abb. 5. Extremalgebiet von Grötzsch

$$\varrho = \left|\frac{f'}{f}\right|$$

in bezug auf die reelle Achse hervor. Die Funktion ϱ kann deshalb auf den ganzen, in 0 und r punktierten Einheitskreis und also auch in B als eine eindeutige und stetige Funktion fortgesetzt werden.[1]

Wir machen nun Gebrauch von der in I.6.2 ausgeführten Charakterisierung des Moduls von Ringgebieten. Es sei $\mathscr{C}$ die Familie aller analytischen Kurven C, die die zwei Komponenten des Komplements von B voneinander trennen. Setzt man in der Formel (6.1) von I.6.2 die obige für $B(r)$ extremale Funktion ϱ ein, so ergibt sich wegen $m_\varrho(B) \leqq m_\varrho(B(r)) = 2\pi\,\mu(r)$,

$$M(B) \leqq \frac{4\pi^2\mu(r)}{(\inf\limits_{C \in \mathscr{C}} l_\varrho(C))^2}. \tag{1.1}$$

Wir betrachten jetzt eine Kurve $C \in \mathscr{C}$. Weil C die Punkte 0 und r von der Kreislinie $|z| = 1$ trennt, kann C in zwei Teilbogen C_1 und C_2 zerlegt werden, die beide einen Endpunkt auf je einer von den Strecken $-1 < x < 0$ und $r < x < 1$ besitzen. Liegt der Bogen C_i in der abgeschlossenen Hülle der oberen Hälfte des Einheitskreises, so ist seine ϱ-Länge $\geqq \pi$. Dies sieht man sofort ein, wenn man die Bildkurve von C_i in dem kanonischen Bild von $B(r)$ betrachtet. Dasselbe gilt aber auch, wenn C_i Punkte in der unteren Hälfte des Einheits-

[1] Es sei bemerkt, daß ϱ von der Wahl der kanonischen Abbildung nicht abhängt. Alle kanonischen Abbildungen von $B(r)$ können nämlich mit Hilfe von f in der Form $c\,f$ oder c/f, c konstant, dargestellt werden.

kreises besitzt. Wegen der Symmetrie von ϱ hat nämlich jeder in der unteren Halbebene liegende Teilbogen von C_i dieselbe ϱ-Länge wie sein Spiegelbild in bezug auf die reelle Achse. Also gilt $l_\varrho(C) = l_\varrho(C_1) + l_\varrho(C_2) \geqq 2\pi$, und aus (1.1) folgt dann die zu beweisende Ungleichung $M(B) \leqq \mu(r)$.

In § 2 werden die Eigenschaften der Funktion μ eingehend untersucht. Es sei jedoch schon hier bemerkt, daß $\mu(r)$ mit wachsendem r monoton abnimmt; dies folgt aus der Monotonie des Moduls (vgl. I.6.6).

1.2. Extremalgebiet von Teichmüller. Zweitens betrachten wir den Fall, wo sowohl E_1 als E_2 nur zwei Punkte a_1, b_1 bzw. a_2, b_2 enthalten. Es gilt also unter allen Ringgebieten, die die Punkte a_1, b_1 von den Punkten a_2, b_2 trennen, ein solches zu finden, dessen Modul möglichst groß ausfällt.

Hier sei bemerkt, daß es für viele Anwendungen genügt, eine recht ungenaue obere Abschätzung des Moduls eines Ringgebietes zu kennen, das die Punktepaare trennt. Ein diesbezügliches Resultat ist im Hilfssatz I.6.1 enthalten, worauf die Darstellung der Theorie der normalen Familien von quasikonformen Abbildungen in § 5 wesentlich beruht.

Wir wollen das oben gestellte Problem in dem Fall lösen, wo alle vier Punkte a_i, b_i auf derselben Geraden oder Kreislinie in der Reihenfolge a_1, b_1, a_2, b_2 liegen.[1] Dann können diese Punkte mittels einer linearen Transformation in die Punkte $-r_1$, 0, r_2, ∞ der reellen Achse übergeführt werden. Wir nennen die längs der reellen Achse von $-r_1$ bis 0 und von r_2 bis ∞ aufgeschnittene Ebene das *Extremalgebiet von Teichmüller* (Abb. 6) und zeigen, daß dieses Gebiet eine Lösung unseres Extremalproblems ist. Dies geht aus dem nachstehenden Satz hervor, wo μ dieselbe Funktion wie in 1.1 bezeichnet.

Abb. 6. Extremalgebiet von Teichmüller

Satz 1.1. *Trennt das Ringgebiet B die Punkte* 0 *und* $-r_1 < 0$ *von den Punkten* $r_2 > 0$ *und* ∞, *so ist*

$$M(B) \leqq 2\,\mu\left(\sqrt{\frac{r_1}{r_1 + r_2}}\right). \tag{1.2}$$

Gleichheit besteht für das Extremalgebiet von Teichmüller.

Beweis: Wir zeigen zunächst, daß (1.2) für das Teichmüllersche Extremalgebiet als Gleichheit gilt. Zu diesem Zweck bemerke man,

[1] Für den allgemeinen Fall vgl. Schiffer [1].

daß die Randkomponenten des Teichmüllerschen Extremalgebietes spiegelbildlich in bezug auf die Kreislinie $|z + r_1| = \sqrt{r_1 (r_1 + r_2)}$ liegen. Diese Kreislinie zerlegt das Gebiet in zwei Teilgebiete, die konform äquivalent mit dem Extremalgebiet $B(\sqrt{r_1/(r_1 + r_2)})$ von Grötzsch sind. Bildet man eines von diesen Teilgebieten auf seinen kanonischen Kreisring konform ab, so läßt sich die Abbildung mittels einer Spiegelung zu einer kanonischen Abbildung f des Teichmüllerschen Extremalgebietes erweitern. Dieses hat also den Modul

$$2\, M(B\,(\sqrt{r_1/(r_1 + r_2)})) = 2\,\mu\,(\sqrt{r_1/(r_1 + r_2)})\,,$$

und die zweite Hälfte des Satzes ist bewiesen.

Um den Beweis zu vollenden, bemerken wir zuerst, daß die Funktion $\varrho = |f'/f|$ in bezug auf die reelle Achse symmetrisch ist. Sie kann deshalb zu einer Funktion erweitert werden, die in der ganzen Ebene Ω mit Ausnahme der Punkte $-r_1$, 0, r_2 und ∞ eindeutig und stetig ist. Daraus schließt man in derselben Weise wie in 1.1, daß die ϱ-Länge einer die Punkte $-r_1$, 0 von den Punkten r_2, ∞ trennenden analytischen Kurve mindestens 2π ist. Für ein Ringgebiet B, das die genannten Punktepaare voneinander trennt, gilt also nach Satz I.6.1 die Ungleichung

$$M(B) \leqq \frac{1}{2\pi} m_\varrho(B) \leqq \frac{1}{2\pi} m_\varrho(\Omega) = \frac{1}{2\pi} \iint_\Omega \left|\frac{f'}{f}\right|^2 d\sigma = 2\,\mu\left(\sqrt{\frac{r_1}{r_1 + r_2}}\right),$$

und Satz 1.1 ist bewiesen.

1.3. Modulsatz von Teichmüller. Liegen die zu betrachtenden Punkte a_i, b_i nicht auf derselben Geraden oder Kreislinie, so wird unser Extremalproblem schwieriger. Wir beweisen hier die folgende Verallgemeinerung des Satzes 1.1 (Teichmüller [1]), die zwar i. A. keine bestmögliche Schranke für $M(B)$ angibt.

Modulsatz von Teichmüller. *Trennt das Ringgebiet B die Punkte 0 und z_1 von den Punkten z_2 und ∞, so gilt*

$$M(B) \leqq 2\,\mu\left(\sqrt{\frac{|z_1|}{|z_1| + |z_2|}}\right).$$

Beweis: $(-B)_2$ bezeichne diejenige Komponente des Komplements von B, die die Punkte z_2 und ∞ enthält. Das Komplement G von $(-B)_2$ ist ein einfach zusammenhängendes Gebiet (vgl. I.1.7). Ist ζ diejenige konforme Abbildung von G auf den Einheitskreis, für welche $\zeta(0) = 0$ und $\zeta(z_1) = \zeta_1 > 0$ ist, so bildet die Funktion w,

$$w(z) = \frac{-4\,|z_2|\,\zeta(z)}{(1 - \zeta(z))^2}\,,$$

das Gebiet G auf die von $|z_2|$ bis ∞ längs der positiven reellen Achse aufgeschnittene Ebene konform ab. Das Ringgebiet B wird durch w auf ein Ringgebiet B' abgebildet, das die Punkte $|z_2|$ und ∞ von den Punkten $w(0) = 0$ und $w(z_1) = -4\,|z_2|\,\zeta_1/(1-\zeta_1)^2 < 0$ trennt. Nach Satz 1.1 ist also

$$M(B) = M(B') \leqq 2\,\mu\left(\sqrt{\frac{-w(z_1)}{-w(z_1) + |z_2|}}\right). \tag{1.3}$$

Weil μ eine monoton abnehmende Funktion von r ist, gilt es jetzt zu beweisen, daß $-w(z_1) \geqq |z_1|$ ist. Zu diesem Zweck müssen zwei Resultate aus der Theorie schlichter konformer Abbildungen des Einheitskreises herangezogen werden. Weil die Umkehrung ζ^{-1} von ζ eine durch $\zeta^{-1}(0) = 0$ normierte konforme Abbildung des Einheitskreises ist, folgt zuerst aus der *Koebeschen Verzerrungsformel* (siehe z. B. Behnke-Sommer [1], S. 394)

$$|z_1| = |\zeta^{-1}(\zeta_1)| \leqq \frac{|(\zeta^{-1})'(0)|\,\zeta_1}{(1-\zeta_1)^2}. \tag{1.4}$$

Weiter ist nach dem Viertelsatz von Koebe

$$|(\zeta^{-1})'(0)| \leqq 4\,|z_2|. \tag{1.5}$$

Aus (1.4) und (1.5) erhält man die gewünschte Ungleichung

$$-w(z_1) = \frac{4\,|z_2|\,\zeta_1}{(1-\zeta_1)^2} \geqq |z_1|,$$

und der Teichmüllersche Modulsatz ist bewiesen.

1.4. Modifikation des Teichmüllerschen Modulsatzes. Aus dem Teichmüllerschen Modulsatz gewinnt man eine für gewisse Anwendungen geeignete Modulabschätzung, wenn die ins Auge gefaßten Ringgebiete durch die Quadratwurzeloperation in unten erklärter Weise verdoppelt werden. Das Resultat erhält eine einfachere Form, wenn wir annehmen, daß die betrachteten Ringgebiete ein vorgegebenes Punktepaar z_1 und z_2 von den Punkten 0 und ∞ trennen.

Satz 1.2. *Trennt das Ringgebiet B die Punkte z_1 und z_2 von den Punkten 0 und ∞, so gilt*

$$M(B) \leqq \mu\left(\frac{|\sqrt{z_1} - \sqrt{z_2}|}{\sqrt{2\,(|z_1| + |z_2|)}}\right), \tag{1.6}$$

wo für $\sqrt{z_1}$ und $\sqrt{z_2}$ derselbe in B eindeutige Zweig der Quadratwurzel gewählt werden muß.

Beweis: $(-B)_1$ und $(-B)_2 \ni 0$ seien die Komponenten des Komplements von B, und G das Komplement von $(-B)_2$. Weil G einfach zusammenhängend ist und die Punkte 0 und ∞ nicht enthält, gibt es zwei in G eindeutige analytische Zweige der Quadratwurzel; der eine werde mit $\sqrt{\ }$, der andere mit $-\sqrt{\ }$ bezeichnet. Beide Funktionen vermitteln eine konforme Abbildung von G auf zueinander punktfremde Gebiete. Dabei gehe das Ringgebiet B in B' bzw. B'' und die Menge $(-B)_1$ in $(-B)_1'$ bzw. $(-B)_1''$ über. Das Komplement der Menge $(-B)_1' \cup (-B)_1''$ ist ein Ringgebiet, das wir mit A bezeichnen.

Weil B' und B'' die Mengen $(-B)_1'$ und $(-B)_1''$ trennen, folgt aus Hilfssatz I.6.3, daß $M(B') + M(B'') \leqq M(A)$ ist. Wegen $M(B') = M(B'') = M(B)$, gilt also

$$M(B) \leqq \frac{1}{2} M(A)\,. \tag{1.7}$$

Das Ringgebiet A trennt die Punkte $\sqrt{z_1}$ und $\sqrt{z_2}$ von den Punkten $-\sqrt{z_1}$ und $-\sqrt{z_2}$. Sein Modul kann deshalb mit Hilfe des Teichmüllerschen Modulsatzes abgeschätzt werden. Um die im Teichmüllerschen Satz vorkommende Normierung zu erreichen, transformieren wir A durch die lineare Abbildung w,

$$w(\zeta) = \frac{\zeta - \sqrt{z_1}}{\zeta + \sqrt{z_1}}\,.$$

A geht dabei in ein Ringgebiet A' über, das die Punkte 0 und $w_1 = (\sqrt{z_2} - \sqrt{z_1})/(\sqrt{z_2} + \sqrt{z_1})$ von den Punkten ∞ und $w_2 = 1/w_1$ trennt. Nach dem Modulsatz von Teichmüller gilt somit

$$M(A) = M(A') \leqq 2\,\mu\left(\sqrt{\frac{|w_1|}{|w_1| + |w_2|}}\right) = 2\,\mu\left(\frac{|\sqrt{z_1} - \sqrt{z_2}|}{\sqrt{2\,(|z_1| + |z_2|)}}\right). \tag{1.8}$$

Die Behauptung (1.6) folgt hieraus mit Rücksicht auf (1.7).

1.5. Modulsatz von Mori. Aus Satz 1.2 gelangt man zu einem von Mori [1] herrührenden Modulsatz, wenn die zusätzliche Voraussetzung gemacht wird, daß die Punkte z_1 und z_2 in der abgeschlossenen Kreisscheibe $|z| \leqq 1$ liegen.

Dann gilt erstens

$$\frac{|\sqrt{z_1} - \sqrt{z_2}|}{\sqrt{2\,(|z_1| + |z_2|)}} \geqq \frac{|\sqrt{z_1} - \sqrt{z_2}|}{2}\,. \tag{1.9}$$

Um die rechte Seite weiter nach unten abzuschätzen, multiplizieren wir in der Beziehung

$$|\sqrt{z_1} - \sqrt{z_2}|^2 + |\sqrt{z_1} + \sqrt{z_2}|^2 = 2\,(|z_1| + |z_2|) \leqq 4$$

die linke und rechte Seite mit $|\sqrt{z_1} - \sqrt{z_2}|^2$ und erhalten

$$|\sqrt{z_1} - \sqrt{z_2}|^4 - 4\,|\sqrt{z_1} - \sqrt{z_2}|^2 + |z_1 - z_2|^2 \leqq 0\,.$$

Wird diese Ungleichung nach $|\sqrt{z_1} - \sqrt{z_2}|$ aufgelöst, so ergibt sich

$$|\sqrt{z_1} - \sqrt{z_2}| \geqq \sqrt{2 - \sqrt{4 - |z_1 - z_2|^2}}\,. \tag{1.10}$$

Weil μ eine monoton abnehmende Funktion ist, folgt aus Satz 1.2, (1.9) und (1.10)

$$M(B) \leqq \mu\left(\frac{1}{2}\sqrt{2 - \sqrt{4 - |z_1 - z_2|^2}}\right). \tag{1.11}$$

Wir wollen jetzt die Möglichkeit der Gleichheit in (1.11) untersuchen. Zuerst sieht man ein, daß Gleichheit in (1.9) besteht, wenn $|z_1| = |z_2| = 1$ ist. Ist dies der Fall und ist $(-B)_1$ der kürzere, die Punkte z_1 und z_2 verbindende Bogen des Kreises $|z| = 1$, so gilt Gleichheit in (1.10). A' ist dann das Teichmüllersche Extremalgebiet oder kann in dieses mittels einer Drehung übergeführt werden, und Gleichheit besteht auch in (1.8). Schließlich geht (1.7) in Gleichheit über, wenn $(-B)_2$ eine Halbgerade ist, die in bezug auf $(-B)_1$ symmetrisch liegt.

Das Ringgebiet, dessen Berandung aus der Halbgeraden $x \leqq 0$ und dem Kreisbogen $\{z \mid |z| = 1,\ |z-1| \leqq |z_1 - 1|\}$, $|z_1 - 1| \leqq \sqrt{2}$, besteht, wird das *Extremalgebiet von Mori* genannt (Abb. 7). Es erfüllt alle obigen Bedingungen, falls $z_2 = \bar{z}_1$ ist. Die Beziehung (1.11) gilt also als Gleichheit, wenn B das Morische Extremalgebiet ist und z_1 und z_2 mit den Endpunkten von $(-B)_1$ zusammenfallen.

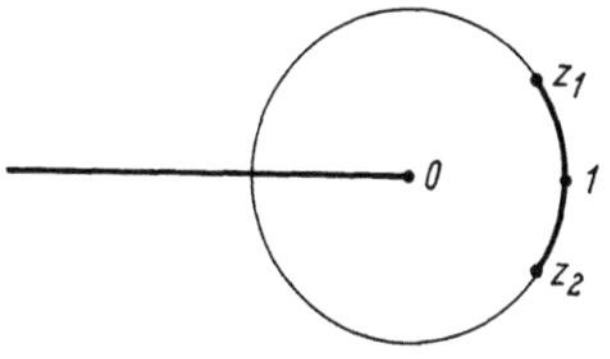

Abb. 7. Extremalgebiet von Mori

Als Zusammenfassung ergibt sich aus dem Obigen der folgende

Modulsatz von Mori. *Trennt das Ringgebiet B die Punkte* 0 *und* ∞ *von den Punkten z_1 und z_2 des abgeschlossenen Einheitskreises* $|z| \leqq 1$, *so gilt*

$$M(B) \leqq \mu\left(\frac{1}{2}\sqrt{2 - \sqrt{4 - |z_1 - z_2|^2}}\right).$$

Gleichheit trifft zu, wenn B das in Abb. 7 dargestellte Morische Extremalgebiet ist.

§ 2. Der Modul des Extremalgebietes von Grötzsch

2.1. Darstellung mit Hilfe elliptischer Integrale. In den Modulsätzen von Grötzsch, Teichmüller und Mori konnte der extremale Modul einfach ausgedrückt werden mit Hilfe des Moduls $\mu(r)$ des Extremalgebietes von Grötzsch, d. h. des von 0 bis r geradlinig aufgeschlitzten Einheitskreises. Die Funktion μ wird auch später mehrmals eine wichtige Rolle spielen. Wir wollen deshalb im vorliegenden Paragraphen einige Eigenschaften von μ etwas näher studieren.[1]

Der Vollständigkeit halber zeigen wir zuerst, wie $\mu(r)$ mittels elliptischer Integrale ausgedrückt werden kann, obschon wir uns dieser Darstellung später nicht bedienen werden.

Wir erinnern an die Konstruktion der kanonischen Abbildung von $B(r)$. In 1.1 wurde sie so ausgeführt, daß das aus der oberen Hälfte des Einheitskreises gebildete Viereck $\tilde{Q}(-1, 0, r, 1)$ zuerst auf das aus der oberen Hälfte des Kreisringes $1 < |w| < e^{\mu(r)}$ bestehende Viereck $\tilde{Q}'(-e^{\mu(r)}, -1, 1, e^{\mu(r)})$ konform abgebildet wurde. Jetzt verfahren wir in derselben Weise, erweitern aber die Abbildung durch Spiegelung an $|z| = 1$ zu einer konformen Abbildung des aus der oberen Halbebene gebildeten Vierecks $Q(\infty, 0, r, 1/r)$. Weil sein Bild den Modul $2\,M(\tilde{Q}')$ besitzt, und $\tilde{Q}'$ konform äquivalent mit dem Rechteck $R\big(0, \mu(r), \mu(r) + \pi\, i, \pi\, i\big)$ ist, erhält man für $\mu(r)$ den Ausdruck

$$\mu(r) = \frac{\pi}{2} M(Q)\,. \tag{2.1}$$

Die Funktion

$$w = \frac{1}{2\,i\sqrt{r}} \int\limits_{\infty}^{z} \frac{dz}{\sqrt{z(z-r)\,(z-1/r)}}$$

bildet Q konform auf das Rechteck $R\big(0, K(\sqrt{1-r^2}), K(\sqrt{1-r^2}) + i\,K(r), i\,K(r)\big)$ ab, wo

$$K(r) = \int\limits_{0}^{1} \frac{dx}{\sqrt{(1-x^2)\,(1-r^2x^2)}}$$

ein Legendresches Normalintegral ist. Mit Rücksicht auf (2.1) folgt hieraus die gewünschte Darstellung

$$\mu(r) = \frac{\pi}{2} \frac{K\big(\sqrt{1-r^2}\big)}{K(r)}\,. \tag{2.2}$$

2.2. Funktionalgleichungen. Von (2.2) ausgehend könnte man verschiedene Funktionalgleichungen für $\mu(r)$ herleiten. Wir wollen jedoch für diesen Zweck einen anderen Weg einschlagen, der uns ermöglicht, solche Resultate direkter zu gewinnen.

Die Funktion w,

$$w(z) = \frac{-4\,z}{(1-z)^2}\,,$$

---

[1] Vgl. Teichmüller [1], Hersch [1].

bildet das Extremalgebiet $B(r)$ von Grötzsch auf die längs der reellen Achse von $-r_1 = -4r/(1-r)^2$ bis 0 und von 1 bis ∞ aufgeschlitzte Ebene konform ab. Dieses Gebiet ist das in 1.2 eingeführte Teichmüllersche Extremalgebiet, dessen Modul nach Satz 1.1 den Wert $2\mu\left(\sqrt{r_1/(1+r_1)}\right)$ besitzt. Da der Modul andererseits gleich $\mu(r)$ ist, erhält man die Funktionalgleichung

$$\mu(r) = 2\mu\left(\frac{2\sqrt{r}}{1+r}\right). \tag{2.3}$$

Diese ist gleichbedeutend mit

$$\mu(r) = \frac{1}{2}\mu\left(\left(\frac{1-\sqrt{1-r^2}}{r}\right)^2\right), \tag{2.4}$$

oder, wenn man hier $\sqrt{1-r^2}$ an Stelle von r einsetzt, mit

$$\mu\left(\sqrt{1-r^2}\right) = \frac{1}{2}\mu\left(\frac{1-r}{1+r}\right). \tag{2.5}$$

Um zu einer anderen wichtigen Relation zu gelangen, betrachten wir die Teichmüllerschen Extremalgebiete B_1 und B_2 mit den Randkomponenten $-r_1 \leqq x \leqq 0$ und $x \geqq 1$ bzw. $x \leqq -r_1$ und $0 \leqq x \leqq 1$. Nach Satz 1.1 ist

$$M(B_1) = 2\mu\left(\sqrt{\frac{r_1}{1+r_1}}\right), \qquad M(B_2) = 2\mu\left(\sqrt{\frac{1}{1+r_1}}\right).$$

Weil die kanonische Abbildung sowohl von B_1 als auch von B_2 so gewählt werden kann, daß die obere Halbebene in die obere Hälfte des kanonischen Kreisringes übergeht, schließt man auf dieselbe Weise wie in 2.1, daß die aus der oberen Halbebene bestehenden Vierecke $Q_1 = Q(\infty, -r_1, 0, 1)$ und $Q_2 = Q(-r_1, 0, 1, \infty)$ die Moduln $M(Q_1) = M(B_1)/\pi$, $M(Q_2) = M(B_2)/\pi$ besitzen. Infolge der Definition des Moduls ist $M(Q_1)\,M(Q_2) = 1$, und man erhält also die Gleichung

$$4\mu\left(\sqrt{\frac{r_1}{1+r_1}}\right)\mu\left(\frac{1}{\sqrt{1+r_1}}\right) = M(B_1)\,M(B_2) = \pi^2. \tag{2.6}$$

Setzt man $r = 1/\sqrt{1+r_1}$, so ist $\sqrt{r_1/(1+r_1)} = \sqrt{1-r^2}$, und (2.6) geht in

$$\mu(r)\,\mu\left(\sqrt{1-r^2}\right) = \frac{\pi^2}{4} \tag{2.7}$$

über. Für $r = 1/\sqrt{2}$ liefert dies speziell

$$\mu\left(\frac{1}{\sqrt{2}}\right) = \frac{\pi}{2}. \tag{2.8}$$

Mit Rücksicht auf (2.5) ergibt sich weiter

$$\mu(r)\,\mu\left(\frac{1-r}{1+r}\right)=\frac{\pi^2}{2}\,. \tag{2.9}$$

Mit Hilfe der Gleichung (2.7) können wir auch beweisen, daß μ im Intervall $0 < r < 1$ stetig ist. Nach Hilfssatz I.6.4 gilt nämlich $\mu(t) \to \mu(r)$, wenn t abnehmend gegen r strebt, d. h. μ ist stetig nach rechts. Daraus folgt, daß $\tilde{\mu}$, $\tilde{\mu}(r) = \mu(\sqrt{1-r^2})$, stetig nach links ist, und nach (2.7) ist μ also stetig.

2.3. Asymptotisches Verhalten. Um das Verhalten von $\mu(r)$ für $r \to 0$ zu untersuchen, bilde man das Extremalgebiet $B(r)$ von Grötzsch konform auf ein solches Ringgebiet B' der $w = u + i\,v$-Ebene ab, dessen Rand aus der Strecke $-1 \leqq u \leqq 1$ und aus einer Kreislinie $|w| = R$ besteht. Eine leichte Rechnung zeigt, daß dann $R = (1+\sqrt{1-r^2})/r$ ist.

Nun bildet die Funktion w, $w(\zeta) = (\zeta + 1/\zeta)/2$, den Kreisring $1 < |\zeta| < \varrho$ konform auf eine längs der Strecke $-1 \leqq u \leqq 1$ geschlitzte Ellipse E_ϱ ab, deren Achsen von der Länge $\varrho \pm 1/\varrho$ sind. Ist $\varrho + 1/\varrho \leqq 2R$, so liegt E_ϱ also in B'. Aus der Monotonie des Moduls (vgl. I.6.6) folgt dann, daß $\log\varrho = M(E_\varrho) < M(B') = \mu(r)$ ist. Für $\varrho - 1/\varrho \geqq 2R$ ist dagegen $B' \subset E_\varrho$, und $\log\varrho > \mu(r)$.

Wegen $1/(2R - r) < r$ ist die Bedingung $\varrho + 1/\varrho \leqq 2R$ für $\varrho = 2R - r = (1+\sqrt{1-r^2})^2/r$ erfüllt. Die letztere Beziehung $\varrho - 1/\varrho \geqq 2R$ besteht z. B. für $\varrho = 4/r$. Man erhält also für $\mu(r)$ die Abschätzung

$$\log\frac{(1+\sqrt{1-r^2})^2}{r} < \mu(r) < \log\frac{4}{r}\,. \tag{2.10}$$

Daraus folgt insbesondere

$$\lim_{r\to 0}\left(\mu(r) - \log\frac{4}{r}\right) = 1\,. \tag{2.11}$$

2.4. Sukzessive Approximationen. Durch Verbindung der Abschätzung (2.10) mit der Funktionalgleichung (2.4) kann der Funktionswert $\mu(r)$ durch sukzessive Approximationen folgenderweise bestimmt werden:

Wir setzen

$$r_0 = r, \quad r_{n+1} = \left(\frac{1-\sqrt{1-r_n^2}}{r_n}\right)^2, \qquad n = 0, 1, 2, \ldots\,.$$

Nach (2.4) gilt dann $\mu(r_n) = 2^n\,\mu(r)$, und (2.10) liefert

$$2^{-n}\log\frac{\left(1+\sqrt{1-r_n^2}\right)^2}{r_n} < \mu(r) < 2^{-n}\log\frac{4}{r_n} \tag{2.12}$$

für jedes n. Für $n \to \infty$ strebt r_n gegen Null. Mit Rücksicht auf (2.12) erhält man somit die Limesbeziehung

$$\mu(r) = \lim_{n\to\infty} 2^{-n} \log \frac{4}{r_n}.$$

Wegen einer späteren Anwendung sei (2.12) noch für $n = 1$ angewandt. Zunächst ergibt sich dann

$$\log \frac{\left(1 + \sqrt[4]{1 - r^2}\right)^2}{r} < \mu(r) < \log \frac{2\left(1 + \sqrt{1 - r^2}\right)}{r}.$$

Da

$$2\left(1 + \sqrt{1 - r^2}\right) - \left(1 + \sqrt[4]{1 - r^2}\right)^2 = \left(1 - \sqrt[4]{1 - r^2}\right)^2 < r^4$$

ist, erhält man also

$$\mu(r) = \log\left(\frac{2\left(1 + \sqrt{1 - r^2}\right)}{r} - \delta(r)\right), \tag{2.13}$$

wo $0 < \delta(r) < r^3$ ist für $0 < r < 1$. Wegen

$$\frac{2\left(1 + \sqrt{1 - r^2}\right)}{r} = \frac{4}{r} - r - \frac{r^3}{\left(1 + \sqrt{1 - r^2}\right)^2},$$

kann (2.13) auch in der Form

$$\mu(r) = \log\left(\frac{4}{r} - r - \delta_1(r)\right) \tag{2.14}$$

geschrieben werden, wo $r^3/4 < \delta_1(r) < 2\,r^3$ ist.

Aus den obigen Abschätzungen geht die ohnehin evidente Tatsache hervor, daß $\mu(r)$ für $r \to 0$ gegen unendlich strebt. Aus (2.7) folgt deshalb, daß μ in $r = 1$ den Grenzwert $\mu(1) = 0$ besitzt.

Zum Schluß sei bemerkt, daß man durch Anwendung von (2.7) die Abschätzungen (2.10—14) in eine Form transformieren kann, woraus das Verhalten von $\mu(r)$ in der Nähe von $r = 1$ zu ersehen ist. Durch sukzessive Benutzung der Funktionalgleichung (2.4) können die so erhaltenen Schranken wieder beliebig verbessert werden.

§ 3. Verzerrung bei einer beschränkten quasikonformen Abbildung eines Kreises

3.1. Veränderung der Nullpunktsentfernung. Unter Benutzung der in § 1 aufgestellten Modulabschätzungen kann das in der Einleitung des Kapitels II erwähnte Verzerrungsproblem jetzt angegriffen werden. Im vorliegenden Paragraphen beschränken wir uns auf quasikonforme Abbildungen des Einheitskreises auf Teilgebiete desselben und beginnen mit dem folgenden Problem:

Es sei w eine durch $w(0) = 0$ normierte K-quasikonforme Abbildung des Einheitskreises $|z| < 1$ in den Kreis $|w| < 1$. Es soll eine obere Schranke für $|w(z)|$ gefunden werden.

Das Problem kann auf den Modulsatz von Grötzsch zurückgeführt werden, indem man den Einheitskreis von 0 bis z radial aufschlitzt. Der Modul des so entstehenden Ringgebietes ist gleich $\mu(|z|)$, während das Bildgebiet nach dem Modulsatz von Grötzsch einen Modul $\leqq \mu(|w(z)|)$ besitzt. Nach Satz I.7.1 gilt folglich

$$\mu(|z|) \leqq K\,\mu(|w(z)|)\,.$$

Schreibt man

$$\varphi_K(r) = \mu^{-1}(\mu(r)/K)\,, \tag{3.1}$$

so ist also

$$|w(z)| \leqq \varphi_K(|z|)\,. \tag{3.2}$$

Um eine Abbildung zu konstruieren, für welche (3.2) im Punkt $z = r > 0$ in Gleichheit übergeht, bilden wir das Extremalgebiet $B(r)$ von Grötzsch durch eine Funktion f_1 konform auf den Kreisring $e^{-\mu(r)} < |\zeta| < 1$ ab, so daß die Abbildung in bezug auf die reelle Achse symmetrisch ist und die Randkomponenten $|z| = 1$ und $|\zeta| = 1$ einander entsprechen (vgl. 1.1). Die Funktion f_2,

$$f_2(\zeta) = \zeta\,|\zeta|^{\frac{1}{K}-1}\,, \tag{3.3}$$

bildet diesen Kreisring homöomorph auf den Ring $e^{-\mu(r)/K} < |t| < 1$ ab. Die Abbildung (3.3) ist orientierungserhaltend und hat, wie man sofort nachrechnet, den konstanten Dilatationsquotienten $D(\zeta) = K$. Nach Satz I.3.1 ist sie somit K-quasikonform. Der Ring $e^{-\mu(r)/K} < |t| < 1$ kann seinerseits der Definition von φ_K gemäß auf das Extremalgebiet $B(\varphi_K(r))$ konform abgebildet werden. Wir normieren auch diese Abbildung f_3 so, daß sie symmetrisch in bezug auf die reelle Achse ist und daß die Peripherien der Einheitskreise einander entsprechen. Die zusammengesetzte Abbildung $w = f_3 \circ f_2 \circ f_1$ kann dann zu einem Homöomorphismus des Kreises $|z| < 1$ auf den Kreis $|w| < 1$ erweitert werden, der den Nullpunkt festhält und den Punkt r in $\varphi_K(r)$ überführt. Nach Satz I.8.3 ist die Abbildung w K-quasikonform im ganzen Einheitskreis. Sie liefert somit die gesuchte extremale Abbildung, für welche (3.2) im Punkt $z = r$ als Gleichheit besteht. Wir gelangen so zu dem folgenden Verzerrungssatz (Hersch-Pfluger [1]).

Satz 3.1. *Es sei w eine durch $w(0) = 0$ normierte K-quasikonforme Abbildung des Einheitskreises $|z| < 1$ auf ein Teilgebiet G' des Kreises $|w| < 1$. Dann ist*

$$|w(z)| \leqq \varphi_K(|z|)\,.$$

Die Schranke kann für jedes vorgegebene z und K, $|z| < 1$, $K \geqq 1$, dann erreicht werden, wenn G' der ganze Kreis $|w| < 1$ ist.

Ist w eine K-quasikonforme Selbstabbildung des Einheitskreises, so gilt der obige Satz auch für die Umkehrung von w. Dann ist also $|z| \leqq \varphi_K(|w(z)|)$. Weil $\varphi_{1/K}$ die Umkehrung von φ_K ist, erhält man das folgende Ergebnis:

Für eine K-quasikonforme Selbstabbildung w des Einheitskreises, die den Nullpunkt festhält, gilt

$$\varphi_{1/K}(|z|) \leqq |w(z)| \leqq \varphi_K(|z|)\,. \tag{3.4}$$

Beide Schranken können erreicht werden.

Wir bemerken noch, daß der Satz 3.1 in offensichtlicher Weise auf den Fall verallgemeinert werden kann, wo w eine durch $w(0) = 0$ normierte K-quasikonforme Abbildung des Kreises $|z| < r$ auf ein Teilgebiet des Kreises $|w| < R$ ist. Dann gilt

$$|w(z)| \leqq R\,\varphi_K(|z|/r)\,. \tag{3.5}$$

3.2. Die Verzerrungsfunktion φ_K. Aus den Eigenschaften der Funktion μ geht unmittelbar hervor, daß φ_K für jedes feste $K > 0$ eine im Intervall $0 < r < 1$ stetige und echt zunehmende Funktion von r ist, die in den Punkten 0 und 1 die Grenzwerte $\varphi_K(0) = 0$, $\varphi_K(1) = 1$ besitzt. Für $K \geqq 1$ ist stets $\varphi_K(r) \geqq r$, für $K \leqq 1$ dagegen $\varphi_K(r) \leqq r$. Nach der Definition von φ_K gilt ferner

$$\varphi_{K_1 K_2} = \varphi_{K_1} \circ \varphi_{K_2}\,.$$

Aus der Funktionalgleichung (2.3) folgt

$$\varphi_2(r) = \frac{2\sqrt{r}}{1+r}\,.$$

Durch Iteration erhält man hieraus einen Ausdruck für φ_{2^n}

Um das Verhalten von $\varphi_K(r)$ für $r \to 0$ zu untersuchen, gehen wir von der Beziehung $\mu(\varphi_K(r)) = \mu(r)/K$ aus. Auf Grund von (2.14) erhält man zunächst

$$\frac{\varphi_K(r)}{4 - \varphi_K^2(r) - \varphi_K(r)\,\delta_1(\varphi_K(r))} = \left(\frac{r}{4 - r^2 - r\,\delta_1(r)}\right)^{1/K}. \tag{3.6}$$

Wegen $0 < \delta_1(r) < 2\,r^3$ ist

$$\frac{r}{4} < \frac{r}{4 - r^2 - r\,\delta_1(r)} < \frac{r}{4}\,(1 + 3\,r^2)$$

für $0 < r < 1$. Weil die rechtsstehende Majorante kleiner als r ist, gilt nach (3.6) daher

$$\varphi_K(r) < 4\,r^{1/K}\,. \tag{3.7}$$

Wegen $\varphi_K(r) < 1$ ist weiter

$$4 - \varphi_K^2(r) - \varphi_K(r)\,\delta_1(\varphi_K(r)) > 4 - \varphi_K^2(r) - 2\,\varphi_K^2(r) > 4\,(1 - 12\,r^{2/K})\,.$$

Kombiniert man (3.6) mit diesen Abschätzungen, so erhält man für $\varphi_K(r)$ die Doppelungleichung

$$4^{1-\frac{1}{K}}\,r^{1/K}\,(1 - 12\,r^{2/K}) < \varphi_K(r) < 4^{1-\frac{1}{K}}\,r^{1/K}\,(1 + 3\,r^2)^{1/K}\,. \quad (3.8)$$

Insbesondere ist also

$$\lim_{r\to 0} r^{-1/K}\,\varphi_K(r) = 4^{1-\frac{1}{K}}\,.$$

3.3. Verzerrung hyperbolischer Längen im Kreis. Der oben bewiesene Satz 3.1 gilt unter der Voraussetzung, daß die Abbildung w den Nullpunkt festhält. Wir betrachten jetzt den allgemeineren Fall, wo w eine beliebige K-quasikonforme Abbildung des Einheitskreises $|z| < 1$ auf ein Teilgebiet des Kreises $|w| < 1$ ist.

Um eine Abschätzung für die Entfernung der Bildpunkte von zwei gegebenen Punkten z_1, z_2 zu finden, führen wir zuerst die Punkte z_2 und $w(z_2)$ in den Nullpunkt über mittels der durch

$$f_1(z) = \frac{z - z_2}{1 - \bar{z}_2\,z}\,, \qquad f_2(w) = \frac{w - w(z_2)}{1 - \overline{w(z_2)}\,w}$$

definierten konformen Selbstabbildungen f_1 bzw. f_2 des Einheitskreises. Die zusammengesetzte Funktion $f = f_2 \circ w \circ f_1^{-1}$ bildet dann den Einheitskreis auf ein Teilgebiet desselben ab, so daß der Nullpunkt invariant bleibt. Anwendung der Beziehung (3.2) auf die Abbildung f liefert somit das folgende Ergebnis:

Ist w eine K-quasikonforme Abbildung des Einheitskreises $|z| < 1$ auf ein Teilgebiet des Kreises $|w| < 1$, so gilt für jedes in $|z| < 1$ liegende Punktepaar z_1, z_2

$$\left|\frac{w(z_1) - w(z_2)}{1 - \overline{w(z_2)}\,w(z_1)}\right| \leqq \varphi_K\left(\left|\frac{z_1 - z_2}{1 - \bar{z}_2\,z_1}\right|\right). \quad (3.9)$$

Ist w allgemein eine K-quasikonforme Abbildung des Kreises $|z| < r$ auf ein Teilgebiet des Kreises $|w| < R$, so gilt für $|z_1|, |z_2| < r$

$$R\left|\frac{w(z_1) - w(z_2)}{R^2 - \overline{w(z_2)}\,w(z_1)}\right| \leqq \varphi_K\left(r\left|\frac{z_1 - z_2}{r^2 - \bar{z}_2\,z_1}\right|\right). \quad (3.10)$$

Die Beziehungen (3.9) und (3.10) können als Aussagen über die Verzerrung der *hyperbolischen Entfernungen* gedeutet werden. Die hyperbolische Metrik wird im Kreis $|z| < r$ durch Einführung des Längenelementes

$$dh_r = \frac{r\,|dz|}{r^2 - |z|^2} \quad (3.11)$$

definiert. Die geodätischen Linien dieser Metrik sind Kreislinien, welche $|z| = r$ orthogonal schneiden. Weil das Längenelement (3.11) bei einer konformen Selbstabbildung des Kreises $|z| < r$ invariant bleibt, kann man zur Berechnung der hyperbolischen Entfernung $h_r(z_1, z_2)$ von z_1 und z_2 einen dieser Punkte in den Nullpunkt überführen. Es ergibt sich dann

$$h_r(z_1, z_2) = \frac{1}{2} \log \frac{|r^2 - \bar{z}_2 z_1| + r\,|z_1 - z_2|}{|r^2 - \bar{z}_2 z_1| - r\,|z_1 - z_2|} = \operatorname{ar\,tgh} \left| \frac{r\,(z_1 - z_2)}{r^2 - \bar{z}_2 z_1} \right| . \qquad (3.12)$$

Die Verzerrungsformel (3.10) kann also mittels der hyperbolischen Entfernungen in der Form

$$\operatorname{tgh} h_R(w(z_1), w(z_2)) \leqq \varphi_K(\operatorname{tgh} h_r(z_1, z_2)) \qquad (3.13)$$

ausgedrückt werden. Aus den Erörterungen von 3.1 folgt, daß diese Ungleichung scharf ist.

3.4. Verzerrung euklidischer Längen bei normierten Abbildungen. Aus den obigen Verzerrungsformeln (3.9) und (3.10) erhält man eine Abschätzung für die Vergrößerung der euklidischen Entfernung $|z_1 - z_2|$ nur unter der Voraussetzung, daß die Punkte z_1, z_2 in einer vorgegebenen kompakten Teilmenge des abzubildenden Gebietes liegen. Im allgemeinen Fall, wo keine speziellen Voraussetzungen über die quasikonforme Abbildung w gemacht werden, gibt es auch keine in der Nähe des Gebietsrandes gültige Verzerrungsaussage von der Form $|w(z_1) - w(z_2)| < \varepsilon\,(|z_1 - z_2|)$, wo $\varepsilon(r) \to 0$ für $r \to 0$.

In speziellen Fällen können jedoch Schranken auch für die Vergrößerung der euklidischen Länge gefunden werden. Dies ist z. B. dann der Fall, wenn es sich um normierte K-quasikonforme Abbildungen des Einheitskreises auf ein vorgegebenes beschränktes Jordangebiet handelt. Wir wollen nur Selbstabbildungen des Einheitskreises betrachten; für diese gilt der folgende Verzerrungssatz, der in der nachstehenden Formulierung von Mori [1] herrührt (vgl. auch Lavrentieff [1], Ahlfors [1]).

Satz 3.2 *Es sei w eine durch $w(0) = 0$ normierte K-quasikonforme Selbstabbildung des Einheitskreises. Dann gilt für jedes Paar von Punkten z_1, z_2, $|z_1| \leqq 1$, $|z_2| \leqq 1$,*

$$|w(z_1) - w(z_2)| \leqq 16\,|z_1 - z_2|^{1/K} . \qquad (3.14)$$

Die Zahl 16 kann durch keine kleinere, für jedes K bestehende Schranke ersetzt werden.

Beweis: Wegen $|w(z_1) - w(z_2)| \leqq 2$ gilt (3.14) für $|z_1 - z_2| \geqq 1/8$. Wir können deshalb annehmen, daß $|z_1 - z_2| < 1/8$ ist. Der Beweis zerfällt in zwei Teile, je nachdem $|z_1 + z_2| \leqq 1$ oder $|z_1 + z_2| > 1$ ist.

Im ersten Fall ist $|1 - \bar{z}_2 z_1| > 1/2$. Wegen $|1 - \overline{w(z_2)}\, w(z_1)| \leqq 2$ ergibt sich aus (3.9) daher

$$|w(z_1) - w(z_2)| \leqq 2\,\varphi_K(2\,|z_1 - z_2|)\,.$$

Hieraus folgt die zu beweisende Ungleichung (3.14), denn nach (3.7) ist $\varphi_K(r) \leqq 4\, r^{1/K}$.

Im Falle $|z_1 + z_2| > 1$ sei die Abbildung w zunächst durch Spiegelung auf die ganze Ebene erweitert. Man betrachte das Ringgebiet $B = \{z\,\big|\,|z_1 - z_2|/2 < |z - (z_1 + z_2)/2| < 1/2\}$, das den Modul

$$M(B) = \log \frac{1}{|z_1 - z_2|} \tag{3.15}$$

besitzt. Die Punkte 0 und ∞ gehören zu derselben Komponente des Komplements von B, und weil w die beiden Punkte festhält, trennt das Bildgebiet B' von B die Punkte $w_1 = w(z_1)$ und $w_2 = w(z_2)$ von den Punkten 0 und ∞. Nach Satz 1.2 gilt also

$$M(B') \leqq \mu\left(\frac{|\sqrt{w_1} - \sqrt{w_2}|}{\sqrt{2\,(|w_1| + |w_2|)}}\right) \leqq \mu\left(\frac{|w_1 - w_2|}{4}\right).$$

Gemäß der Ungleichung (2.10) ist $\mu(r) < \log\,(4/r)$, und somit

$$M(B') \leqq \log \frac{16}{|w_1 - w_2|}\,. \tag{3.16}$$

Andererseits ist $M(B') \geqq M(B)/K$, und die Beziehung (3.14) folgt deshalb aus (3.15) und (3.16).

Es gilt noch zu beweisen, daß die Zahl 16 in (3.14) durch keine kleinere von K unabhängige Zahl ersetzt werden kann. Zu diesem Zweck betrachte man das aus dem Halbkreis $Q = \{z|\; |z| < 1, \operatorname{Im} z > 0\}$ mit den Ecken $0, 1, e^{i\alpha}, -1$ gebildete Viereck Q_α. Um den Modul von Q_α zu berechnen, bilden wir es mittels der Funktion ζ, $\zeta(z) = (1 - z)^2/(1 + z)^2$, auf dasjenige Viereck Q'_α konform ab, das aus der unteren Halbebene und den Ecken $1, 0, -\operatorname{tg}^2(\alpha/2), \infty$ besteht. Dieses Viereck ist die untere Hälfte eines in 1.2 eingeführten Extremalgebietes von Teichmüller, und sein Modul ist deshalb

$$M(Q_\alpha) = M(Q'_\alpha) = \frac{2}{\pi}\,\mu\left(\sqrt{\frac{\operatorname{tg}^2(\alpha/2)}{1 + \operatorname{tg}^2(\alpha/2)}}\right) = \frac{2}{\pi}\,\mu\left(\sin\frac{\alpha}{2}\right).$$

Genügen die Zahlen α und β, $0 < \alpha < \pi$, $0 < \beta < \pi$, der Gleichung

$$\mu\left(\sin\frac{\alpha}{2}\right) = K\,\mu\left(\sin\frac{\beta}{2}\right), \tag{3.17}$$

so gibt es nach der Bemerkung am Ende von I.3.4 also eine K-quasikonforme Selbstabbildung w der oberen Hälfte des Einheitskreises, die die Randwerte $w(-1) = -1$, $w(0) = 0$, $w(1) = 1$ und $w(e^{i\alpha}) = e^{i\beta}$

besitzt. Mittels einer Spiegelung kann w zu einer Selbstabbildung des ganzen Einheitskreises erweitert werden, die den Nullpunkt festhält und die Punkte $z_1 = e^{i\alpha}$, $z_2 = e^{-i\alpha}$ in $w_1 = e^{i\beta}$ bzw. $w_2 = e^{-i\beta}$ überführt.

Um die Entfernungen $|z_1 - z_2| = 2\sin\alpha$ und $|w_1 - w_2| = 2\sin\beta$ miteinander zu vergleichen, schreiben wir die Gleichung (3.17) in der Form $\sin(\beta/2) = \varphi_K(\sin(\alpha/2))$. Aus der asymptotischen Entwicklung (3.8) von φ_K ergibt sich dann

$$|w_1 - w_2| = 16^{1-1/K}\, |z_1 - z_2|^{1/K} \left(1 + \varepsilon(|z_1 - z_2|)\right), \qquad (3.18)$$

wo $\varepsilon(|z_1 - z_2|) \to 0$ für $|z_1 - z_2| \to 0$. Hieraus folgt, daß (3.14) im allgemeinen Fall mit keinem kleineren von K unabhängigen Koeffizienten als 16 bestehen kann.

Bemerkung. In dem Spezialfall, wo die Punkte z_1 und z_2 am Rande des Einheitskreises liegen, können die Abschätzungen im ersten Teil des Beweises leicht verschärft werden. Unter Anwendung des Morischen Modulsatzes und der Abschätzung (3.8) für φ_K sieht man nämlich durch direkte Berechnung ein, daß $|w(z_1) - w(z_2)|$ dann durch den in (3.18) rechts vorkommenden Ausdruck majoriert wird.

Nun scheint es plausibel, daß $|w(z_1) - w(z_2)|/|z_1 - z_2|^{1/K}$ in der Familie der betrachteten Abbildungen w maximal wird, wenn z_1 und z_2 am Rande liegen und $|z_1 - z_2|$ gegen Null strebt. Dann würde (3.14) also schon dann gelten, wenn die Konstante 16 durch $16^{1-1/K}$ ersetzt wird. Diese Vermutung ist tatsächlich ausgesprochen worden; wir haben jedoch keinen Beweis dafür gesehen.

§ 4. Stetigkeitsgrad von quasikonformen Abbildungen

4.1. Gleichgradige Stetigkeit quasikonformer Abbildungen. Wir gehen jetzt zur Untersuchung der Verzerrung von quasikonformen Abbildungen eines beliebigen Gebietes über. Unser Ziel ist, Aussagen über die lokale Verzerrung, d. h. über die Vergrößerung von kleinen Abständen, zu gewinnen.

Unser erstes diesbezügliches Resultat wird von qualitativer Art sein; es betrifft die *gleichgradige Stetigkeit* einer Familie von quasikonformen Abbildungen. Dieser Begriff wird hier in bezug auf die sphärische Metrik k erklärt, und seine Definition lautet wie folgt:

Eine Familie $\mathfrak{W}$ von Abbildungen eines Gebietes G in die Ebene heißt *gleichgradig stetig im Punkt* $z_0 \in G$, wenn jedem $\varepsilon > 0$ eine Umgebung U von z_0 entspricht, so daß

$$\sup_{w \in \mathfrak{W},\, z \in U} k(w(z), w(z_0)) < \varepsilon$$

ist. Die Familie $\mathfrak{W}$ ist *gleichgradig stetig in einer Menge* $E \subset G$, wenn sie es in jedem Punkt von E ist.

Es ist möglich, verschiedene Kriterien für die gleichgradige Stetigkeit einer Familie von quasikonformen Abbildungen anzugeben. Der nachstehende Satz eignet sich am besten für unsere Zwecke.

Satz 4.1. *Es sei $\mathfrak{W}$ eine Familie von K-quasikonformen Abbildungen des Gebietes G. Läßt jede Abbildung $w \in \mathfrak{W}$ zwei Werte aus, deren sphärische Entfernung voneinander größer als eine feste positive Zahl d ist, so ist $\mathfrak{W}$ gleichgradig stetig in G.*

Beweis: Nachdem $z_0 \in G$ und $\varepsilon, 0 < \varepsilon < d$ festgelegt sind, sei zuerst eine positive Zahl r so gewählt, daß der Kreis $k(z, z_0) < r$ in G liegt. Darauf wähle man $\delta < r$ derart, daß der Kreisring $B_\delta = \{z \mid \delta < k(z, z_0) < r\}$ einen Modul

$$M(B_\delta) > K\pi^2/2\,\varepsilon^2 \tag{4.1}$$

hat. Wir bezeichnen das Kreisgebiet $k(z, z_0) < \delta$ mit U und beweisen, daß $k(w(z_1), w(z_0)) < \varepsilon$ für jedes $z_1 \in U$, $w \in \mathfrak{W}$ gilt.

Zu diesem Zweck sei der Modul des Ringgebietes $w(B_\delta) = B'_\delta$ nach oben abgeschätzt. Nach der Voraussetzung läßt w zwei Werte a, b mit $k(a, b) > d$ aus. B'_δ trennt deshalb die Punktepaare a, b und $w(z_1)$, $w(z_0)$ voneinander, und wir können vom Hilfssatz I.6.1 Gebrauch machen. Demnach gilt

$$M(B'_\delta) \leqq \pi^2/2\,\eta^2 \tag{4.2}$$

mit $\eta = \min\left(k(a, b), k(w(z_1), w(z_0))\right) \geqq \min\left(d, k(w(z_1), w(z_0))\right)$.

Weil w eine K-quasikonforme Abbildung ist, gilt andererseits $M(B'_\delta) \geqq M(B_\delta)/K$, und nach (4.1) also

$$M(B'_\delta) > \pi^2/2\,\varepsilon^2 .$$

Mit Rücksicht auf (4.2) folgt daraus $\eta < \varepsilon$. Wegen $\varepsilon < d$ muß hier $\eta = k(w(z_1), w(z_0))$ sein, und der Satz ist bewiesen.

Wir können aus Satz 4.1 sofort Folgendes schließen:

Satz 4.2. *Eine Familie $\mathfrak{W}$ von K-quasikonformen Abbildungen des Gebietes G ist gleichgradig stetig in G, wenn es eine Zahl $d > 0$ gibt, so daß eine der folgenden Bedingungen erfüllt ist:*

1° *Jede Abbildung $w \in \mathfrak{W}$ läßt einen Wert a aus und nimmt in zwei festen Punkten $z_1, z_2 \in G$ solche Werte an, daß die Abstände $k(w(z_i), a)$, $i = 1, 2$, größer als d sind.*

2° *Jede Abbildung $w \in \mathfrak{W}$ nimmt in drei festen Punkten $z_1, z_2, z_3 \in G$ solche Werte an, daß die Abstände $k(w(z_i), w(z_j))$, $i, j = 1, 2, 3$, $i \neq j$, größer als d sind.*

Zum Beweis genügt es zu bemerken, daß $\mathfrak{W}$ nach Satz 4.1 in dem nach Entfernen von einem bzw. zwei Punkten z_i übriggebliebenen Gebiet gleichgradig stetig ist.

Gibt es zwei Punkte z_1, z_2 von G, so daß $k(w(z_1), w(z_2)) > d > 0$ für jede Abbildung $w \in \mathfrak{W}$ ist, so ist $\mathfrak{W}$ in allen von z_1 und z_2 verschiedenen Punkten von G gleichgradig stetig. Dies braucht aber nicht in z_1 und z_2 der Fall zu sein. Als Beispiel dient die Familie der Abbildungen w_n, $w_n(z) = 2^n z$, $n = 0, \pm 1, \ldots$, der ganzen Ebene, die weder in $z = 0$ noch in $z = \infty$ gleichgradig stetig ist.

4.2. Hölderstetigkeit quasikonformer Abbildungen. Die Familie $\mathfrak{W}$ von Abbildungen des Gebiets G heißt *Hölderstetig* mit dem Exponenten $\alpha > 0$ im Punkt $z_0 \in G$, wenn die *Hölderbedingung*

$$k(w(z), w(z_0)) \leqq C(k(z, z_0))^\alpha \tag{4.3}$$

mit einem festen C für alle $w \in \mathfrak{W}$ und $z \in G$ besteht. Ist E eine Teilmenge von G und gilt (4.3) mit festen Konstanten α, C für alle $w \in \mathfrak{W}$, $z \in G$ und $z_0 \in E$, so wird $\mathfrak{W}$ *gleichmäßig Hölderstetig* mit dem Exponenten α in der Menge E genannt.[1]

Ist die Familie $\mathfrak{W}$ Hölderstetig in einem Punkt, so ist sie dort auch gleichgradig stetig. Besteht $\mathfrak{W}$ aus K-quasikonformen Abbildungen, so gilt auch die Umkehrung: Hölderstetigkeit folgt dann aus der gleichgradigen Stetigkeit. In der Tat kann sogar der folgende, schärfere Satz bewiesen werden:

Satz 4.3. *Eine im Gebiet G gleichgradig stetige Familie von K-quasikonformen Abbildungen ist in jeder kompakten Teilmenge von G gleichmäßig Hölderstetig mit dem Exponenten $1/K$.*

Beweis: Es genügt zu beweisen, daß jeder Punkt ζ von G eine Umgebung $U(\zeta)$ besitzt, wo $\mathfrak{W}$ gleichmäßig Hölderstetig mit dem Exponenten $1/K$ ist. Jede kompakte Teilmenge von G kann nämlich dann mit endlich vielen Umgebungen $U(\zeta)$ überdeckt werden. Es bedeutet auch keine Einschränkung der Allgemeinheit anzunehmen, daß $\zeta = 0$, $w(\zeta) = 0$ ist für jede Abbildung $w \in \mathfrak{W}$, weil dies stets durch Kugeldrehung erreicht werden kann.

Weil $\mathfrak{W}$ in $z = 0$ gleichgradig stetig ist, gibt es einen Kreis $U_r = \{z \mid |z| < r < 1\} \subset G$, dessen Bilder $w(U_r)$, $w \in \mathfrak{W}$, in dem Einheitskreis enthalten sind. Wir können deshalb die in § 3 gewonnenen Abschätzungen (3.10) und (3.7) anwenden. Liegt der Punkt z_0 in dem Kreis $U_{r/2} = \{z \mid |z| < r/2\}$, so gilt für jedes $w \in \mathfrak{W}$ und $z \in U_r$

[1] Hierdurch wird auch die Hölderstetigkeit und gleichmäßige Hölderstetigkeit einer einzigen Abbildung w definiert, wenn man w als die aus w allein bestehende Familie betrachtet.

$$\frac{1}{2}|w(z) - w(z_0)| \leqq \left|\frac{w(z) - w(z_0)}{1 - \overline{w(z_0)}\, w(z)}\right| \leqq \varphi_K\left(\frac{r\,|z - z_0|}{|r^2 - \bar{z}_0\, z|}\right)$$

$$\leqq 4\left(\frac{r\,|z - z_0|}{|r^2 - \bar{z}_0\, z|}\right)^{1/K} \leqq 4\left(\frac{2\,|z - z_0|}{r}\right)^{1/K} \leqq \frac{8}{r}\,|z - z_0|^{1/K}.$$

Hier ist $|w(z) - w(z_0)| \geqq k(w(z), w(z_0))$ und $|z - z_0| \leqq 2\,k(z, z_0)$, weil z und z_0 im Einheitskreis liegen. Für $C \geqq 32/r$ ist folglich

$$k(w(z), w(z_0)) \leqq C(k(z, z_0))^{1/K} \tag{4.4}$$

für alle $w \in \mathfrak{W}$, $z_0 \in U_{r/2}$ und $z \in U_r$.

Liegt z außerhalb U_r, so ist $k(z, z_0) > \operatorname{arc\,tg} r - \operatorname{arc\,tg}(r/2)$ für $z_0 \in U_{r/2}$. Die Ungleichung (4.4) gilt also auch in diesem Fall, wenn C genügend groß ist. Die Familie $\mathfrak{W}$ ist also in $U_{r/2}$ gleichmäßig Hölderstetig mit dem Exponenten $1/K$.

Es sei noch hervorgehoben, daß das folgende Resultat als Spezialfall im Obigen enthalten ist.

Eine K-quasikonforme Abbildung eines Gebietes G ist gleichmäßig Hölderstetig mit dem Exponenten $1/K$ in jeder kompakten Teilmenge von G.

Die K-quasikonforme Abbildung w,

$$w(z) = z\,|z|^{\frac{1}{K} - 1},$$

zeigt, daß der Exponent $1/K$ im allgemeinen Fall durch keinen größeren ersetzt werden kann.

§ 5. Konvergenzsätze für quasikonforme Abbildungen

5.1. Normale Familien. Aus der gleichgradigen Stetigkeit einer Abbildungsfamilie können wichtige Schlüsse über die Konvergenz ihrer Teilfolgen gezogen werden. Den Betrachtungen betreffend quasikonforme Abbildungen schicken wir zwei diesbezügliche allgemeine Sätze voraus.

Hilfssatz 5.1. *Es sei w_n, $n = 1, 2, \ldots$, eine im Gebiet G gleichgradig stetige Abbildungsfolge und E eine in G überall dichte*[1] *Teilmenge von G. Konvergiert die Folge w_n in jedem Punkt von E, so ist sie in jeder kompakten Teilmenge von G gleichmäßig konvergent.*

Beweis: Es sei $\varepsilon > 0$ und z_0 ein Punkt von G. Weil die Folge w_n in z_0 gleichgradig stetig ist, gibt es eine Umgebung $U \subset G$ von z_0,

[1] Eine Punktmenge A heißt überall dicht in G, falls jeder Punkt von G Häufungspunkt von A ist. Dieser topologische Dichtebegriff soll nicht mit der im Kapitel III einzuführenden metrischen Dichte verwechselt werden.

wo $k(w_n(z), w_n(z_0)) < \varepsilon/5$ für jede Abbildung w_n ist. Nach der Voraussetzung gibt es eine Zahl $N(U)$, derart, daß $k(w_n(a), w_m(a)) < \varepsilon/5$ in einem Punkt $a \in E \cap U$ für $m, n \geqq N(U)$ ist. Folglich gilt

$$k(w_n(z), w_m(z)) \leqq k(w_n(z), w_n(z_0)) + k(w_n(z_0), w_n(a)) + \\ k(w_n(a), w_m(a)) + k(w_m(a), w_m(z_0)) + k(w_m(z_0), w_m(z)) < \varepsilon$$

für $z \in U$ und $m, n \geqq N(U)$.

Jede kompakte Menge $F \subset G$ kann mit endlich vielen Umgebungen U_i obiger Art überdeckt werden. Bezeichnet N die größte der Zahlen $N(U_i)$, so ist $k(w_n(z), w_m(z)) < \varepsilon$ für $z \in F$ und $m, n \geqq N$. Die Folge w_n ist also gleichmäßig konvergent in F.

Es sei $\mathfrak{W}$ eine Familie von stetigen Abbildungen des Gebietes G. $\mathfrak{W}$ heißt *normal*, wenn jede Folge von Elementen aus $\mathfrak{W}$ eine Teilfolge enthält, die in jedem kompakten Teil von G gleichmäßig gegen eine Abbildung w konvergiert. Die Abbildung w wird eine *Grenzfunktion* der normalen Familie $\mathfrak{W}$ genannt. Eine normale Familie, die alle ihre Grenzfunktionen enthält, heißt *abgeschlossen*.

Es ist leicht einzusehen, daß *eine normale Familie gleichgradig stetig ist*. Aus dem obigen Hilfssatz 5.1 folgt, daß hiervon auch die Umkehrung gilt:

Hilfssatz 5.2. *Eine im Gebiet G gleichgradig stetige Familie von Abbildungen von G ist normal.*

Beweis: Mit Rücksicht auf Hilfssatz 5.1 folgt die Behauptung, wenn wir zeigen, daß jede Folge w_n von Abbildungen des Gebietes G eine Teilfolge enthält, die in einer in G überall dichten Punktmenge E konvergiert. Wir können als E eine abzählbare Menge $\{a_n\}$, $n = 1, 2, \ldots$, wählen, z. B. die Menge derjenigen Punkte von G, deren Koordinaten rationale Zahlen sind.

Weil die Ebene kompakt ist, besitzt die Folge $w_n(a_1)$ einen Häufungspunkt. Aus w_n läßt sich deshalb eine in a_1 konvergierende Teilfolge w_{1n} auswählen. Aus dieser Folge kann eine in a_2 konvergierende Teilfolge gewählt werden, und wird dieselbe Schlußweise k-mal wiederholt, erhält man eine Folge w_{kn}, die in den Punkten $a_1, \ldots, a_k$ konvergiert. Die Diagonalfolge w_{nn} ist dann in sämtlichen Punkten von E konvergent, und der Hilfssatz ist bewiesen.

5.2. Normalitätskriterien für Familien quasikonformer Abbildungen. In Verbindung mit Satz 4.3 liefern die obigen allgemeinen Ergebnisse den folgenden Satz über quasikonforme Abbildungen:

Die gleichgradige Stetigkeit, die Hölderstetigkeit und die Normalität einer Familie von K-quasikonformen Abbildungen sind gleichbedeutende Begriffe.

Eine Familie von K-quasikonformen Abbildungen ist also z. B. dann normal, wenn entweder die Voraussetzungen des Satzes 4.1 oder die des Satzes 4.2 erfüllt sind.

Satz 5.1. *Eine Familie $\mathfrak{W}$ von K-quasikonformen Abbildungen des Gebietes G ist normal, wenn es eine Zahl $d > 0$ gibt, so daß eine der folgenden Bedingungen erfüllt ist.*

1. *Jede Abbildung $w \in \mathfrak{W}$ läßt zwei Werte aus, deren sphärische Entfernung voneinander größer als d ist.*

2. *Jede Abbildung $w \in \mathfrak{W}$ läßt einen Wert a aus und nimmt in zwei festen Punkten $z_1, z_2 \in G$ solche Werte an, daß die Abstände $k(w(z_i), a)$, $i = 1, 2$, größer als d sind.*

3. *Jede Abbildung $w \in \mathfrak{W}$ nimmt in drei festen Punkten $z_1, z_2, z_3 \in G$ solche Werte an, daß die Abstände $k(w(z_i), w(z_j))$, $i, j = 1, 2, 3$, $i \neq j$, größer als d sind.*

Insbesondere ist $\mathfrak{W}$ also normal, wenn alle Abbildungen $w \in \mathfrak{W}$ zwei *feste* Werte auslassen.

5.3. Klassifikation der Grenzfunktionen einer K-quasikonformen Abbildungsfolge. In I.5.2 haben wir bewiesen, daß eine gleichmäßig konvergierende Folge von K-quasikonformen Abbildungen als Grenzfunktion entweder eine K-quasikonforme oder eine nicht-topologische Abbildung hat. Dieses Resultat kann jetzt ergänzt werden. Wir beginnen jedoch mit etwas allgemeineren Betrachtungen und studieren zunächst, welche Abbildungen als Grenzfunktion einer nicht notwendig gleichmäßig konvergenten Folge von K-quasikonformen Abbildungen vorkommen können.

Es sei w_n eine Folge von K-quasikonformen Abbildungen des Gebietes G. Wir nehmen zuerst an, daß w_n in einer in G überall dichten Punktmenge E gegen eine Grenzfunktion konvergiert. Dann können die folgenden drei Fälle unterschieden werden.

Fall A. Die Grenzfunktion w nimmt mindestens drei Werte in E an. Es gibt also drei Punkte $a_1, a_2, a_3 \in E$, in denen die Werte von w voneinander verschieden sind. Dann liegen alle Abstände $k(w_n(a_i), w_n(a_j))$, $i \neq j$, oberhalb einer festen positiven Schranke, und die Folge w_n ist auf Grund von Satz 4.2 gleichgradig stetig in G. Nach Hilfssatz 5.1 konvergiert sie deshalb gleichmäßig in jedem kompakten Teil von G, und die Grenzfunktion w ist also stetig in G. Wir werden in 5.4 zeigen (Satz 5.3), *daß w in diesem Fall eine K-quasikonforme Abbildung ist.*

Fall B. Zweitens ist es möglich, daß die Grenzfunktion w in E genau zwei Werte $w(a_1) = c_1$ und $w(a_2) = c_2$ annimmt. Dann ist die Folge nach Satz 4.1 (vgl. auch die Bemerkung am Ende von 4.1) gleichgradig stetig in G mit möglicher Ausnahme der Punkte a_1 und a_2. In E nimmt w einen von den Werten c_1 und c_2 in mehreren Punkten an. Ist etwa $w(z) = c_1$ in einem Punkt $z \in E$, $z \neq a_1$, so ist die Folge w_n gleichgradig stetig auch in $G - \{z\} - \{a_2\}$. Somit ist w_n gleichgradig stetig in $G - \{a_2\}$. Nach Hilfssatz 5.1 konvergiert w_n also in G, und zwar gleichmäßig in jeder kompakten Teilmenge von $G - \{a_2\}$. Die Grenzfunktion w ist folglich von a_2 abgesehen stetig in G. Weil sie in E nur zwei Werte annimmt, ist in G somit $w(z) = c_1$ für $z \neq a_2$ und $w(a_2) = c_2$, d. h. *die Grenzfunktion w nimmt einen von ihren zwei Werten in einem einzigen Punkt von G an.*

Als Beispiel kann die Folge w_n, $w_n(z) = n\,z$, von Abbildungen der Ebene angeführt werden. Die Grenzfunktion w dieser Folge hat die Werte $w(0) = 0$, $w(z) = \infty$ für $z \neq 0$.

Fall C. Im dritten möglichen Fall ist $w(z) = c$ in allen Punkten von E. *Jetzt braucht die Folge nicht zu konvergieren in G.* Zum Beispiel ist die Folge $z, z - 1, 2z, 2(z-1), 2(z - 1/2), \ldots, n z, n(z-1), \ldots, n(z - 1/n), \ldots$ in keinem Punkte 0, $1/n$, $n = 1, 2, \ldots$, konvergent, während sie in den anderen Punkten der Ebene gegen ∞ strebt.

Es ist auch möglich, daß w_n in jedem Punkt von G gegen eine Konstante strebt, die Konvergenz aber in einer kompakten Teilmenge F von G nicht gleichmäßig ist. Dies geht aus dem Beispiel $w_n(z) = z - n$ hervor, wenn man als F die ganze Ebene wählt.

Wir bemerken noch, daß man im Falle $E = G$ aus dem Obigen Folgendes zusammenfassen kann:

Satz 5.2. *Ist w_n eine Folge von K-quasikonformen Abbildungen des Gebietes G und konvergiert w_n überall in G gegen eine Grenzfunktion w, so ist w entweder eine stetige, nichtkonstante Funktion, eine Abbildung von G auf zwei Punkte oder eine Konstante. Im ersten Fall konvergiert die Folge w_n gleichmäßig in jeder kompakten Teilmenge von G, im zweiten Fall nimmt die Grenzfunktion w einen ihrer zwei Werte in einem einzigen Punkt a von G an, und die Konvergenz ist gleichmäßig in jedem kompakten Teil von $G - \{a\}$.*

5.4. Quasikonforme Grenzfunktion einer K-quasikonformen Abbildungsfolge. Als Ergänzung des Satzes I.5.2 und des obigen Satzes 5.2 können wir beweisen, daß die Grenzfunktion im ersten im Satz 5.2 erwähnten Fall K-quasikonform ist.

Satz 5.3. *Die Grenzfunktion w einer in G konvergenten Folge w_n von K-quasikonformen Abbildungen ist entweder eine Konstante, eine Abbildung von G auf zwei Punkte oder eine K-quasikonforme Abbildung von G.*

Beweis: Wir können annehmen, daß die Folge gleichgradig stetig in G ist und also in jedem kompakten Teil von G gleichmäßig konvergiert. Liegt nämlich der Fall A nicht vor, so ist w nach dem oben gesagten entweder eine Konstante oder eine Abbildung von G auf zwei Punkte. Weiter genügt es zu beweisen, daß w entweder eineindeutig oder konstant in G ist. Wenn die Abbildung w eineindeutig ist, ist sie nämlich nach Hilfssatz I.1.1 ein Homöomorphismus, der infolge des Satzes I.5.2 K-quasikonform ist.

Es seien a und b zwei Punkte von G, so daß $w(a) = w(b)$ ist. Wir wollen zeigen, daß dann w in jedem Punkt von G den Wert $w(a)$ besitzt. Der Beweis zerfällt in drei Teile.

Erstens wird Folgendes gezeigt: *Jede Umgebung von a enthält Punkte $z \neq a$, in denen $w(z) = w(a)$ ist.* Um dies zu beweisen, wählen wir eine so kleine Zahl $\varepsilon > 0$, daß $k(a, b) > \varepsilon$ ist und die Kreislinie $C_\varepsilon = \{z \mid k(z, a) = \varepsilon\}$ nebst ihrem Inneren in G liegt. Die Kurve $w_n(C_\varepsilon)$ trennt dann für jedes n die Punkte $w_n(a)$ und $w_n(b)$ voneinander. Das Minimum von $k(w_n(z), w_n(a))$ auf C_ε ist deshalb kleiner als $k(w_n(b), w_n(a))$. Weil w_n auf C_ε gleichmäßig gegen w konvergiert, ist das Minimum von $k(w(z), w(a))$ auf C_ε gleich $k(w(a), w(b)) = 0$, und die erste Behauptung ist bewiesen.

Zweitens zeigen wir: *Jeder Punkt $z_0 \in G$ hat eine Umgebung $U(z_0) \subset G$, in welcher w entweder eineindeutig oder konstant ist.* Insbesondere gilt also $w(z) = w(a)$ in einer Umgebung $U(a)$ von a, weil w nach dem ersten Teil des Beweises in keiner Umgebung von a eineindeutig ist.

Zum Beweis wählen wir eine Umgebung $U(z_0) = \{z \mid k(z, z_0) < r\} \subset G$, so daß $k(w_n(z), w_n(z_0)) < \pi/4$ für jedes n und $z \in U(z_0)$ gilt; dies ist möglich wegen der gleichgradigen Stetigkeit von $\{w_n\}$. Wenn $U(z_0)$ nicht die geforderte Eigenschaft besitzt, können wir drei Punkte $z_1, z_2, z_3 \in U(z_0)$ wählen, so daß $w(z_1) \neq w(z_2) = w(z_3)$ ist. Um zu zeigen, daß dies zu einem Widerspruch führt, benutzen wir eine einfache Modulabschätzung.

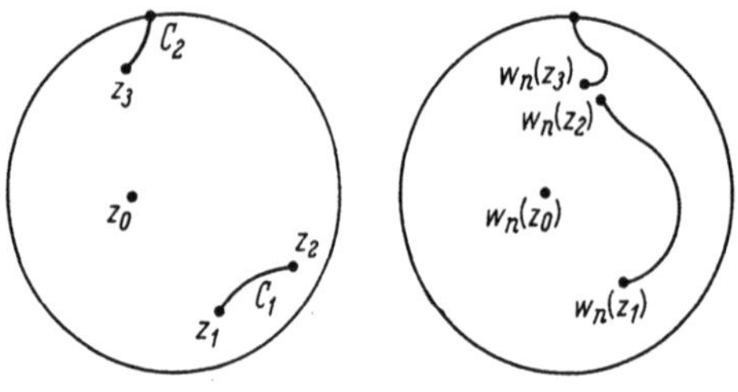

Abb. 8

Wir verbinden die Punkte z_1 und z_2 miteinander und den Punkt z_3 mit dem Rand von $U(z_0)$ mittels der Jordanbogen C_1 bzw. C_2, die keine gemeinsamen Punkte besitzen und von einem Endpunkt von C_2 abgesehen in $U(z_0)$ liegen (Abb. 8). Die Punktmenge $U(z_0) - (C_1 \cup C_2) = B$ ist ein Ringgebiet. Jedes Bildgebiet $w_n(B)$ von B liegt im Kreis $k(w, w_n(z_0)) < \pi/4$ und trennt die Punkte $w_n(z_1)$ und $w_n(z_2)$ von dem Punkt $w_n(z_3)$ und von der Kreislinie

$k(w, w_n(z_0)) = \pi/4$. Für $n \to \infty$ gilt $\lim k(w_n(z_2), w_n(z_3)) = 0$, $\lim k(w_n(z_1), w_n(z_2)) > 0$, und die Durchmesser der Randkomponenten von $w_n(B)$ sind für kein n kleiner als $k(w_n(z_1), w_n(z_2))$. Aus Hilfssatz I.6.2 folgt deshalb, daß $\lim M(w_n(B)) = 0$ ist. Wegen der K-Quasikonformität von w_n gilt andererseits $M(w_n(B)) \geqq M(B)/K$, was zu einem Widerspruch führt. Der zweite Teil des Beweises ist hiermit zu Ende geführt.

Zum Schluß gilt es noch zu beweisen: *Hat w den konstanten Wert $w(a)$ in $U(a)$, so ist $w(z) = w(a)$ überall in G.* Zu diesem Zweck zerlegen wir das Gebiet G in zwei Teile E_1 und E_2 in folgender Weise: Besitzt ein Punkt $z \in G$ eine solche Umgebung $U(z)$, wo w den konstanten Wert $w(a)$ hat, so wird z zu der Menge E_1 gezählt. Gibt es dagegen eine Umgebung $U(z)$ von z, wo w entweder eineindeutig ist oder einen von $w(a)$ verschiedenen konstanten Wert besitzt, so gehört z zu der Menge E_2. Aus dem zweiten Teil des Beweises folgt, daß $E_1 \cup E_2 = G$ ist. Beide Mengen sind aber offen, und weil G zusammenhängend ist, muß E_2 leer sein. Hiermit ist der Satz 5.3 bewiesen.

5.5. Kern einer Mengenfolge. Es sei $w_n: G \to G'_n$ eine Folge von K-quasikonformen Abbildungen, die gegen eine Grenzabbildung w konvergiert. Wir wollen die Abhängigkeit der Bildmenge $w(G) = G'$ von der Gebietsfolge G'_n untersuchen.

Zu diesem Zweck werde ein topologischer Begriff eingeführt:

Unter dem *Kern* $N\{E_n\}$ einer Folge von Punktmengen E_n, $n = 1, 2, \ldots$, wird die Menge

$$\bigcup_{m=1}^{\infty} \left(\bigcap_{n=m}^{\infty} E_n \right)^{\circ}$$

verstanden, wo $(\bigcap E_n)^{\circ}$ das Innere von $\bigcap E_n$ ist. Ein Punkt z gehört also zu $N\{E_n\}$ dann und nur dann, wenn es eine Umgebung U von z und eine Zahl m gibt, so daß $U \subset E_n$ für $n \geqq m$.

Der Kern ist als Vereinigungsmenge von offenen Mengen immer offen. $N\{E_n\}$ braucht jedoch kein Gebiet zu sein, auch wenn die Mengen E_n Gebiete sind.

5.6. Abbildungen eines Gebietes mit mindestens zwei Randpunkten. Zur Untersuchung der Abhängigkeit der Menge $w(G) = G'$ von der Gebietsfolge $w_n(G) = G'_n$ nehmen wir zuerst an, daß G mindestens zwei Randpunkte besitzt. Wir unterscheiden wieder die in 5.3 studierten drei möglichen Fälle A, B und C.

Fall A. Über die gegenseitige Beziehung zwischen G'_n und G' läßt sich in diesem Fall Folgendes beweisen.

Satz 5.4. *Es seien $w_n : G \to G'_n$ K-quasikonforme Abbildungen eines Gebietes G mit mindestens zwei Randpunkten. Konvergiert die Folge w_n*

in G gegen eine quasikonforme Abbildung w, so fällt $w(G) = G'$ *mit einer Komponente von* $N\{G'_n\}$ *zusammen.*

Beweis: Wir zeigen zuerst, daß G' ein Teilgebiet von $N\{G'_n\}$ ist. Es sei z_0 ein beliebiger Punkt von G und U, $\overline{U} \subset G$, eine Umgebung von z_0. Nach Satz 5.2 konvergiert die Folge w_n gleichmäßig gegen w in $\overline{U}$. Weil der Rand der Menge $w(U)$ von dem Punkt $w(z_0)$ in einer positiven Entfernung r liegt, gibt es eine solche Zahl n_0, daß der Kreis $V' = \{w \mid k(w, w(z_0)) < r/2\}$ für $n \geqq n_0$ keinen Randpunkt von $w_n(U)$ enthält, während der innere Punkt $w_n(z_0)$ von $w_n(U)$ in V' liegt. Dann liegt V' in $w_n(U) \subset G'_n$ für $n \geqq n_0$. Also gilt $w(z_0) \in V' \subset N\{G'_n\}$, und somit $G' \subset N\{G'_n\}$.

Als eine zusammenhängende Teilmenge von $N\{G'_n\}$ ist G' in einer Komponente von $N\{G'_n\}$ enthalten. Ist G' eine echte Teilmenge dieser Komponente, so enthält $N\{G'_n\}$ einen Randpunkt a' von G'. Wir zeigen, daß diese Annahme zu einem Widerspruch führt.

Nach der Definition des Kerns gibt es eine zusammenhängende Umgebung U' von a', die für $n \geqq n_0$ in G'_n liegt. Es sei $a'_k = w(a_k)$ eine gegen a' konvergierende Folge von Punkten, die in $U' \cap G'$ liegen.

Die Umkehrungen w_n^{-1}, $n \geqq n_0$, der Funktionen w_n lassen nach Voraussetzung in U' zwei feste Werte (Randpunkte von G) aus. Die Familie $\{w_n^{-1} \mid n \geqq n_0\}$ ist also gleichgradig stetig nach Satz 4.1 und normal nach Satz 5.1. Folglich können wir eine Teilfolge $w_{n_i}^{-1}$ auswählen, die in jedem kompakten Teil von U' gleichmäßig gegen eine stetige Grenzfunktion φ konvergiert. Nach Satz 5.3 ist φ entweder eine K-quasikonforme Abbildung oder eine Konstante. Wegen $\lim w_n(a_k) = a'_k$ folgt aber aus der gleichgradigen Stetigkeit der Familie $\{w_n^{-1} \mid n \geqq n_0\}$, daß $\varphi(a'_k) = \lim w_{n_i}^{-1}(w_{n_i}(a_k)) = a_k$, $k = 1, 2, \ldots,$ ist. Die Funktion φ muß also eine K-quasikonforme Abbildung von U' sein. Wir haben oben bewiesen, daß das Bildgebiet $\varphi(U')$ in diesem Fall ein Teilgebiet von $N\{w_n^{-1}(U')\} \subset G$ ist. Der Punkt $\varphi(a') = a$ gehört somit auch zu G, und aus $w(a_k) = a'_k$, $k = 1, 2, \ldots,$ folgt $w(a) = a'$. Dies steht aber im Widerspruch mit der Annahme, daß a' ein Randpunkt von G' ist. G' muß also mit einer Komponente von $N\{G'_n\}$ zusammenfallen.

Um die Beziehungen zwischen G' und $N\{G'_n\}$ in den Fällen B und C zu untersuchen, wo die Grenzfunktion w nicht eineindeutig ist, sei zunächst das folgende vorbereitende Resultat begründet.

Hilfssatz 5.3. *G sei ein Gebiet, das mindestens zwei Randpunkte besitzt, und* $w_n : G \to G'_n$ *eine Folge von K-quasikonformen Abbildungen, die in G konvergiert. Dann nimmt die Grenzfunktion* $w = \lim w_n$ *jeden in* $N\{G'_n\}$ *liegenden Wert in höchstens einem Punkt von G an.*

Beweis: Es sei w_0 ein Punkt von $N\{G'_n\}$ und $w(z_0) = w_0$. U' sei eine zusammenhängende Umgebung von w_0, die für $n \geqq n_0$ in G'_n liegt. Die Umkehrungen w_n^{-1} der Abbildungen w_n, $n \geqq n_0$, lassen dann zwei feste Werte aus, und die Familie $\{w_n^{-1} \mid n \geqq n_0\}$ ist also nach Satz 4.1 gleichgradig stetig in U'. Wegen $\lim w_n(z_0) = w_0$ folgt daraus, daß $w_n^{-1}(w_0)$ für $n \to \infty$ gegen $w_n^{-1}(w_n(z_0)) = z_0$ strebt.

Sind z_0 und z_1 zwei Punkte von G und gilt $w(z_0) = w(z_1) = w_0$, so ist daher $\lim w_n^{-1}(w_0) = z_0 = z_1$, und der Hilfssatz ist bewiesen.

Fall B. Die Grenzfunktion w ist also jetzt eine Abbildung von G auf zwei Punkte c_1 und c_2. Nach 5.3 nimmt w einen der Werte c_i, es sei der Wert c_1, in einem einzigen Punkt $z_1 \in G$ an, während $w(z) = c_2$ in allen anderen Punkten $z \in G$ ist.

Nach Hilfssatz 5.3 kann der Punkt c_2 *nicht* in $N\{G'_n\}$ liegen. Dagegen liegt der Punkt c_1 stets in $N\{G'_n\}$. Es gilt nämlich Folgendes: *Die Menge $N\{G'_n\}$ umfaßt die ganze Ebene, den Punkt c_2 ausgenommen.*

Um dies einzusehen, bemerken wir zuerst, daß keine unendliche Teilmenge der Familie $\{w_n\}$ in G gleichgradig stetig sein kann, weil die Grenzfunktion w sonst nach Hilfssatz 5.1 stetig wäre. Infolge des Satzes 4.1 muß der Durchmesser des Komplements $-G'_n$ von G'_n daher für $n \to \infty$ gegen Null streben. Wählt man aus der Folge $-G'_n$ eine Teilfolge $-G'_{n_i}$, die gegen einen Punkt a' konvergiert, so ist a' der einzige Randpunkt von $N\{G'_{n_i}\}$. Nach dem Obigen muß also $a' = c_2$ sein. Weil der Grenzpunkt von der Wahl der Teilfolge nicht abhängt, konvergiert $-G'_n$ für $n \to \infty$ gegen c_2. $N\{G'_n\}$ ist folglich die in c_2 punktierte Ebene, wie behauptet wurde.

Fall C. Die Grenzfunktion w ist nun eine Abbildung von G auf einen einzigen Punkt c. Nach Hilfssatz 5.3 muß c ein Randpunkt oder ein äußerer Punkt von $N\{G'_n\}$ sein. Andererseits hat jede Umgebung von c gemeinsame Punkte mit unendlich vielen Gebieten G'_n. Der Punkt c gehört also weder zu $N\{G'_n\}$ noch zu $N\{-G'_n\}$.

Hiermit ist der Fall, wo G wenigstens zwei Randpunkte hat, vollständig behandelt. Fallen alle Gebiete G'_n mit einem festen Gebiet G' zusammen, so ist $N\{G'_n\} = G'$ und $N\{-G'_n\} = -\overline{G'}$. Der Fall B kann dann nicht zutreffen, und man erhält aus den obigen Ergebnissen als speziellen Fall das folgende Resultat.

Satz 5.5. *G sei ein Gebiet, das mindestens zwei Randpunkte besitzt, und w_n eine in G konvergierende Folge K-quasikonformer Abbildungen von G auf ein festes Gebiet G'. Dann ist die Grenzfunktion $w = \lim w_n$ entweder eine K-quasikonforme Abbildung von G auf G' oder eine Abbildung von G auf einen Randpunkt von G'.*

5.7. Abbildungen eines Gebietes mit höchstens einem Randpunkt. Hat das Gebiet G höchstens einen Randpunkt, so kann man Folgendes schließen:

Falls G die ganze Ebene ist, müssen alle Gebiete G'_n und auch ihr Kern $N\{G'_n\}$ mit der ganzen Ebene zusammenfallen. Die Menge $w(G)$ liegt also jedenfalls in $N\{G'_n\}$, unabhängig davon, ob w eine K-quasikonforme Abbildung ist oder ob $w(G)$ nur einen oder zwei Punkte enthält.

Besitzt G einen einzigen Randpunkt a, so läßt jede Abbildung w_n sich zu einer K-quasikonformen Abbildung der ganzen Ebene erweitern (Satz I.8.1). Konvergiert die Folge w_n in G gegen eine K-quasikonforme Abbildung oder gegen eine Abbildung von G auf zwei Punkte, so konvergiert sie auch in der ganzen Ebene. Dies folgt aus dem in 5.3 bei Behandlung der Fälle A und B Gesagten, weil G in der Ebene überall dicht ist. $N\{G'_n\}$ ist also in diesen beiden Fällen die in $w(a)$ punktierte Ebene. Die Grenzfunktion w ist entweder eine K-quasikonforme Abbildung von G auf $N\{G'_n\}$ oder eine Abbildung von G auf zwei Punkte, von denen einer mit dem einzigen Randpunkt von $N\{G'_n\}$ zusammenfällt und der andere von w in einem einzigen Punkt angenommen wird.

Die oben für Gebiete mit wenigstens zwei Randpunkten hergeleiteten Resultate sind somit in den Fällen A und B auch dann gültig, wenn G nur einen Randpunkt besitzt. Konvergiert w_n gegen eine Konstante, so liegt die Sache anders. Dann können nämlich sowohl der Grenzwert $c = \lim w_n$ als die offene Menge $N\{G'_n\}$ ganz beliebig vorgeschrieben werden. Es sei G z. B. die im Nullpunkt punktierte Ebene, $c = \infty$, und E eine beliebige offene Menge der Ebene. Wir wählen eine Punktfolge ζ_n, $n = 1, 2, \ldots$, so daß die Menge ihrer Häufungspunkte mit $-E$ zusammenfällt. Die Funktion w_n,

$$w_n(z) = n\,(1 + |\zeta_n|)\,z + \zeta_n\,,$$

bildet G auf $G'_n = \{w \mid w \neq \zeta_n\}$ konform ab. Dann gilt $N\{G'_n\} = E$ und $\lim w_n(z) = \infty$ für jedes $z \in G$.

§ 6. Randwerte einer quasikonformen Abbildung

6.1. Aufstellung der Randwertaufgabe. Die in I.8 hergeleiteten Resultate über das Randverhalten einer quasikonformen Abbildung beziehen sich auf die Existenz und Stetigkeit der Randwerte. Im vorliegenden Paragraphen wird die Ränderzuordnung von einem anderen Gesichtspunkt aus betrachtet. Wir untersuchen die Lösbarkeit der *Randwertaufgabe*, d. h. die Möglichkeit, eine quasikonforme Abbildung mit vorgegebenen Randwerten zu konstruieren.[1]

[1] Der Inhalt dieses Paragraphen stützt sich wesentlich auf die Arbeit [1] von Beurling und Ahlfors.

Dieses Problem spielt eine wichtige Rolle in unserer Darstellung. Neben den Anwendungen in §§ 7 und 8 des vorliegenden Kapitels wird seine Lösung als Hilfsmittel dienen, wenn wir im Kapitel V die Existenz von quasikonformen Abbildungen mit vorgeschriebener komplexer Dilatation beweisen.

Mit Ausnahme der Betrachtungen in 6.6 beschränken wir uns bei der Behandlung der Randwertaufgabe auf Abbildungen zwischen Jordangebieten. Aus Satz I.8.2 folgt, daß jede quasikonforme Abbildung dann zu einem Homöomorphismus zwischen den abgeschlossenen Hüllen der betrachteten Gebiete erweitert werden kann. Nach dem Orientierungssatz (vgl. I.1.5) ist die Erweiterung orientierungserhaltend, und die Randwertaufgabe lautet demgemäß wie folgt:

G und G' seien zwei Jordangebiete mit den Rändern C bzw. C', und φ ein Homöomorphismus von C auf C', der die in bezug auf G bzw. G' positiven Orientierungen aufeinander bezieht. Es gilt notwendige und hinreichende Bedingungen für φ anzugeben, damit eine quasikonforme Abbildung $w: G \to G'$ existiere mit den Randwerten $w(z) = \varphi(z)$ auf C.

6.2. Allgemeine Randbedingung. Um zunächst *notwendige* Bedingungen zu finden, nehme man an, daß die Randwertaufgabe eine K-quasikonforme Lösung w besitzt. Bezeichnet $Q = G(z_1, z_2, z_3, z_4)$ ein Viereck, das aus G und aus den auf C liegenden Ecken z_i besteht, und $Q' = G'(w_1, w_2, w_3, w_4)$ sein durch w erzeugtes Bild, so gilt nach Hilfssatz I.5.1

$$M(Q)/K \leqq M(Q') \leqq K\, M(Q)\,. \tag{6.1}$$

Für jede Wahl der Eckpunkte $z_i \in C$ müssen also die Bildpunkte $w_i = \varphi(z_i)$ auf C' derart liegen, daß die Doppelungleichung (6.1) besteht.

Die Bedingung (6.1) erhält eine schwächere, für Anwendungen aber besser geeignete Form, wenn man nicht alle möglichen Eckpunktfolgen in Betracht zieht, sondern etwa den Punkt z_4 festlegt und die drei anderen Punkte stets so wählt, daß Q mit einem Quadrat konform äquivalent wird. Dann ist $M(Q) = 1$, und Q' muß also der Bedingung

$$1/K \leqq M(Q') \leqq K \tag{6.2}$$

genügen.

Andererseits werden wir in 6.5 zeigen, daß diese notwendige Bedingung in dem Sinne auch hinreichend ist, daß sie die Existenz einer quasikonformen Lösung garantiert, deren maximale Dilatation zwar größer als K sein kann. Somit gilt das folgende grundlegende Resultat:

Satz 6.1. *Es sei φ ein Homöomorphismus zwischen den Rändern der Jordangebiete G und G', der die in bezug auf G bzw. G' positiven*

Orientierungen aufeinander bezieht, und $Q = G(z_1, z_2, z_3, z_4)$ *ein beliebiges Viereck. Gibt es eine K-quasikonforme Abbildung* $w: G \to G'$ *mit den Randwerten* φ, *so gilt für das Viereck* $Q' = G'(\varphi(z_1), \varphi(z_2), \varphi(z_3), \varphi(z_4))$ *die Beziehung* (6.1).

Umgekehrt gelte (6.2) *für die Familie der Vierecke* Q *mit Modul Eins und mit festgelegter Ecke* z_4. *Dann gibt es eine quasikonforme Abbildung* $w: G \to G'$ *mit den Randwerten* φ, *deren maximale Dilatation unter einer nur von* K *abhängigen Schranke liegt.*

Beim Beweis dieses Satzes, der in 6.5 vollendet wird, bedeutet es keine Einschränkung anzunehmen, daß G und G' Halbebenen sind; dies folgt sofort aus der konformen Invarianz des Moduls und dem in I.2.2 zitierten Ränderzuordnungssatz. In diesem Spezialfall gewinnt die Bedingung (6.2) praktische Bedeutung dadurch, daß sie in recht expliziter Form ausgedrückt werden kann, wie wir jetzt zuerst zeigen werden.

6.3. Notwendige Bedingung für die Halbebene. Es seien G und G' obere Halbebenen. Um die Bedingung (6.2) auf eine möglichst einfache Form zu bringen, setzen wir $z_4 = \infty$ und normieren alle zu betrachtenden Abbildungen so, daß sie den Unendlichkeitspunkt festhalten.

Das Viereck $Q = G(z_1, z_2, z_3, \infty)$ ist mit einem Quadrat konform äquivalent, wenn $z_3 - z_2 = z_2 - z_1$ ist. Wir schreiben dann $z_2 = x$, $z_1 = x - t$, $z_3 = x + t$, wo $t > 0$ ist, weil die Orientierung z_1, z_2, z_3 positiv ist in bezug auf G.

Für den Modul des Vierecks $Q' = G'(w_1, w_2, w_3, \infty)$ gilt nach 1.2

$$M(Q') = \frac{2}{\pi}\,\mu\left(\sqrt{\frac{w_3 - w_2}{w_3 - w_1}}\right).$$

Setzt man diesen Wert in (6.2) ein, so erhält man für die Randwerte einer K-quasikonformen Abbildung $w: G \to G'$, $w(\infty) = \infty$, die Doppelungleichung

$$\mu^{-1}\left(\frac{\pi K}{2}\right) \leqq \sqrt{\frac{w(x+t) - w(x)}{w(x+t) - w(x-t)}} \leqq \mu^{-1}\left(\frac{\pi}{2K}\right). \tag{6.3}$$

Um diese Beziehung auf eine symmetrische Form zu bringen, schreiben wir

$$\lambda(K) = \frac{1}{(\mu^{-1}(\pi K/2))^2} - 1\,. \tag{6.4}$$

Dann ist $\mu\left(1/\sqrt{1 + \lambda(K)}\right) = \pi K/2$, und folglich

$$\mu\left(1/\sqrt{1 + \lambda(K)}\right)\mu\left(1/\sqrt{1 + \lambda(1/K)}\right) = \pi^2/4\,.$$

Diese Gleichung bleibt nach (2.7) gültig, wenn $\lambda(1/K)$ durch $1/\lambda(K)$ ersetzt wird. Somit ist

$$\lambda(1/K) = 1/\lambda(K)\,. \tag{6.5}$$

Wird $\mu^{-1}(\pi K/2)$ in (6.3) mittels $\lambda(K)$ ausgedrückt und (6.5) beachtet, so erhält man für den ersten Teil des Satzes 6.1 in dem betrachteten Spezialfall die folgende Form:

Satz 6.2. *Die Randwerte einer den Punkt ∞ festhaltenden K-quasikonformen Selbstabbildung w der oberen Halbebene genügen der Doppelungleichung*

$$\frac{1}{\lambda(K)} \leqq \frac{w(x+t) - w(x)}{w(x) - w(x-t)} \leqq \lambda(K) \tag{6.6}$$

für alle reellen x und t, $t \neq 0$.

Die Ungleichung (6.6) *ist scharf.* Dies folgt unmittelbar aus der Tatsache, daß ein Quadrat K-quasikonform auf jedes Viereck abgebildet werden kann, dessen Modul entweder K oder $1/K$ ist (vgl. die Bemerkung am Ende von I.3.4).

6.4. Die Verzerrungsfunktion λ. Bevor wir die Umkehrung des Satzes 6.2 besprechen, wollen wir einige Abschätzungen für die Verzerrungsfunktion λ herleiten, die in § 9 noch in einem anderen Zusammenhang vorkommen wird.

Aus (2.4) ergibt sich für die Umkehrung von μ die Funktionalgleichung

$$\mu^{-1}(2x) = \left(\frac{1 - \sqrt{1 - (\mu^{-1}(x))^2}}{\mu^{-1}(x)}\right)^2.$$

Wegen $1/\sqrt{1 + \lambda(K)} = \mu^{-1}(\pi K/2)$ genügt λ also für jedes K der Gleichung

$$1 + \lambda(2K) = \left(\sqrt{1 + \lambda(K)} + \sqrt{\lambda(K)}\right)^4. \tag{6.7}$$

Von dem Wert $\lambda(1) = 1$ ausgehend erhält man durch wiederholte Anwendung von (6.7) einen Ausdruck für $\lambda(2^n)$ für jede positive ganze Zahl n. Z. B. ist

$$\lambda(2) = 16 + 12\sqrt{2}\,.$$

Mit Hilfe der in 2.4 aufgestellten Abschätzungen von $\mu(r)$ kann für $\lambda(K)$ eine Annäherungsformel hergeleitet werden, die sein asymptotisches Verhalten für $K \to \infty$ hervortreten läßt. Zu diesem Zweck setze man in (2.13) $r = 1/\sqrt{1 + \lambda(K)}$ ein. Dann ist $\mu(r) = \pi K/2$, und man erhält

$$2\left(\sqrt{1 + \lambda(K)} + \sqrt{\lambda(K)}\right) = e^{\pi K/2} + \delta\,, \tag{6.8}$$

wo $0 < \delta < \left(1 + \lambda(K)\right)^{-3/2}$ ist.

Wir machen den Ansatz

$$\sqrt{1+\lambda(K)} = \frac{1}{4} e^{\pi K/2} + e^{-\pi K/2} + t\, e^{-3\pi K/2} \tag{6.9}$$

und wollen t für $K \geqq 1$ abschätzen. Aus $t \leqq 0$ würde folgen

$$2\left(\sqrt{1+\lambda(K)} + \sqrt{\lambda(K)}\right) \leqq e^{\pi K/2}.$$

Dies widerspricht aber (6.8), und es muß somit $t > 0$ sein. Dann ergibt sich sofort

$$2\left(\sqrt{1+\lambda(K)} + \sqrt{\lambda(K)}\right) > e^{\pi K/2} + 4\, t\, e^{-3\pi K/2}, \quad \delta < 64\, e^{-3\pi K/2}.$$

Vergleich mit (6.8) zeigt folglich, daß $t < 16$ ist.

Wegen $0 < t < 16$ gewinnt man aus (6.9) die asymptotische Entwicklung

$$\lambda(K) = \frac{1}{16} e^{\pi K} - \frac{1}{2} + O(e^{-\pi K}), \tag{6.10}$$

wo das Restglied positiv ist.

6.5. Lösung der Randwertaufgabe. Im Anschluß an Beurling und Ahlfors [1] wollen wir jetzt eine quasikonforme Selbstabbildung der Halbebene mit vorgegebenen Randwerten konstruieren. Nach Satz 6.2 gelingt die Konstruktion nur, wenn die Randwerte einer Bedingung der Form (6.6) genügen. Aus dem nachstehenden Satz geht hervor, daß diese Bedingung auch hinreichend ist, obgleich die maximale Dilatation der konstruierten Abbildung größer ausfällt als der sich aus (6.6) ergebende Wert.

Das Resultat läßt sich unmittelbar auf den im Satz 6.1 behandelten allgemeinen Fall übertragen. Wir erhalten so den noch fehlenden Beweis dafür, daß die Bedingung (6.2) hinreichend ist für die Existenz einer quasikonformen (freilich nicht immer K-quasikonformen) Abbildung mit den gegebenen Randwerten φ.

Satz 6.3. *Es sei φ eine auf der reellen Achse stetige und echt zunehmende Funktion, die für ein $\varrho \geqq 1$ und für jedes reelle x und t, $t > 0$, die Bedingung*

$$\frac{1}{\varrho} \leqq \frac{\varphi(x+t) - \varphi(x)}{\varphi(x) - \varphi(x-t)} \leqq \varrho \tag{6.11}$$

erfüllt. Dann gibt es eine quasikonforme Selbstabbildung w der oberen Halbebene, die die Randwerte $w(x) = \varphi(x)$ besitzt und deren maximale Dilatation unterhalb einer nur von ϱ abhängigen Schranke liegt.

Beweis: Die Funktion

$$w = u + i\,v = \frac{1}{2}(\alpha + \beta) + \frac{1}{2} i\,(\alpha - \beta) = \frac{1}{2}(1+i)\,(\alpha - i\,\beta),$$

mit

$$\alpha(x, y) = \int_0^1 \varphi(x + t\,y)\,dt\,, \qquad \beta(x, y) = \int_0^1 \varphi(x - t\,y)\,dt\,, \tag{6.12}$$

ist definiert und stetig in der ganzen endlichen $z = x + i\,y$-Ebene. Weil φ echt zunehmend ist, führt w jeden Punkt der oberen Halbebene $y > 0$ in die Halbebene $v > 0$ über. Auf der reellen Achse ist $w(x) = \varphi(x)$, und in konjugierten Punkten $z = x + i\,y$, $\bar{z} = x - i\,y$ gilt $w(\bar{z}) = \overline{w}(z)$.

Es gilt zu beweisen, daß w eine quasikonforme Abbildung der endlichen Ebene ist. Dann besteht das Bildgebiet nämlich ebenfalls aus der ganzen endlichen Ebene (vgl. die Bemerkung am Ende von I.8.1), und aus dem Obigen folgt, daß w die obere Halbebene auf sich selbst abbildet und die richtigen Randwerte $\varphi(x)$ besitzt.

Wir zeigen zuerst, daß w ein Homöomorphismus der endlichen Ebene ist. Hierfür genügt es zu beweisen, daß w jeden Wert in höchstens einem Punkt annimmt. Nach Hilfssatz I.1.1 folgt ja die Stetigkeit der Umkehrung w^{-1} von w aus der Eineindeutigkeit und Stetigkeit von w.

Es seien also $z_1 = x_1 + i\,y_1$ und $z_2 = x_2 + i\,y_2$ zwei Punkte, wo $w(z_1) = w(z_2)$ ist. Aus dem Obenerwähnten folgt, daß z_1 und z_2 in derselben von $y = 0$ begrenzten Halbebene liegen. Wegen $w(\bar{z}) = \overline{w}(z)$ können wir annehmen, daß y_1 und y_2 positiv sind.

Wir schreiben die Ausdrücke (6.12) in der Form

$$\alpha(x, y) = \frac{1}{y} \int_x^{x+y} \varphi(\xi)\,d\xi\,, \qquad \beta(x, y) = \frac{1}{y} \int_{x-y}^{x} \varphi(\xi)\,d\xi\,. \tag{6.13}$$

Hieraus sieht man, daß die Mittelwerte von φ auf den Intervallen $(x_1, x_1 + y_1)$ und $(x_2, x_2 + y_2)$ bzw. auf $(x_1 - y_1, x_1)$ und $(x_2 - y_2, x_2)$ gleich sind. Weil φ echt zunehmend ist, muß also eines der erstgenannten Intervalle in dem anderen enthalten sein, und dasselbe gilt für die zwei letzteren Intervalle. Ist z. B. $x_2 \geqq x_1$, gilt demnach $x_2 + y_2 \leqq x_1 + y_1$ und $x_2 - y_2 \leqq x_1 - y_1$, was $z_1 = z_2$ zur Folge hat. Die Abbildung w ist also ein Homöomorphismus.

Als nächster Schritt zeigen wir, daß w in der oberen Halbebene quasikonform ist. Aus (6.13) schließt man zunächst, daß α und β stetig differenzierbar sind und die partiellen Ableitungen

$$\alpha_x(x, y) = \frac{1}{y}\bigl(\varphi(x + y) - \varphi(x)\bigr)\,, \qquad \beta_x(x, y) = \frac{1}{y}\bigl(\varphi(x) - \varphi(x - y)\bigr)\,,$$

$$\alpha_y(x, y) = \frac{1}{y}\bigl(\varphi(x + y) - \alpha(x, y)\bigr)\,, \quad \beta_y(x, y) = \frac{1}{y}\bigl(\varphi(x - y) - \beta(x, y)\bigr)$$

besitzen. Weil φ echt zunehmend ist, gilt

$$\alpha_x > 0, \ \beta_x > 0, \ \alpha_y > 0, \ \beta_y < 0\,. \tag{6.14}$$

Die Jacobische Funktionaldeterminante $J = (\alpha_y \beta_x - \alpha_x \beta_y)/2$ von w ist also positiv. Alle Punkte der oberen Halbebene sind somit reguläre Punkte von w.

Um eine obere Grenze für den Dilatationsquotienten $D = (|w_z| + |w_{\bar z}|)/(|w_z| - |w_{\bar z}|)$ von w (vgl. I.9.4) zu gewinnen, schreiben wir

$$D \leqq 2 \frac{|w_z|^2 + |w_{\bar z}|^2}{|w_z|^2 - |w_{\bar z}|^2} = \frac{\alpha_x^2 + \alpha_y^2 + \beta_x^2 + \beta_y^2}{\alpha_y \beta_x - \alpha_x \beta_y}$$

$$= \frac{\alpha_x \beta_x}{-\alpha_y \beta_y} \frac{\alpha_x/\beta_x + \alpha_y^2/(\alpha_x \beta_x) + \beta_x/\alpha_x + \beta_y^2/(\alpha_x \beta_x)}{-\beta_x/\beta_y + \alpha_x/\alpha_y}. \qquad (6.15)$$

Zur Abschätzung der Ableitungen von α und β wird von der Annahme (6.11) Gebrauch gemacht. Aus

$$\varphi\left(x + \frac{1}{2} y\right) - \varphi(x) \leqq \varrho \left(\varphi(x + y) - \varphi\left(x + \frac{1}{2} y\right)\right)$$

folgt

$$\varphi(x + y) - \varphi(x) \leqq (1 + \varrho) \left(\varphi(x + y) - \varphi\left(x + \frac{1}{2} y\right)\right).$$

Zwischen α_x und α_y besteht daher die Doppelungleichung

$$\alpha_x(x, y) > \alpha_y(x, y) = \frac{1}{y} \int_0^1 (\varphi(x + y) - \varphi(x + t y))\, dt$$

$$\geqq \frac{1}{2y}\left(\varphi(x + y) - \varphi\left(x + \frac{1}{2} y\right)\right) \geqq \frac{\alpha_x(x, y)}{2(1 + \varrho)}. \qquad (6.16)$$

In derselben Weise erhält man

$$\beta_x(x, y) > -\beta_y(x, y) \geqq \frac{1}{2y}\left(\varphi\left(x - \frac{1}{2} y\right) - \varphi(x - y)\right) \geqq \frac{\beta_x(x, y)}{2(1 + \varrho)}. \qquad (6.17)$$

Schließlich folgt aus (6.11) unmittelbar

$$\frac{\beta_x}{\varrho} \leqq \alpha_x \leqq \varrho \beta_x. \qquad (6.18)$$

Beachtet man die Abschätzungen (6.16—18), so ergibt sich aus (6.15) schließlich

$$D(z) \leqq 8 \varrho (1 + \varrho)^2. \qquad (6.19)$$

Nach Satz I.3.1 ist w somit quasikonform in der oberen Halbebene.

Um den Beweis zu vollenden, sei daran erinnert, daß w die Symmetrieeigenschaft $w(\bar z) = \overline{w}(z)$ besitzt. Die Ungleichung (6.19) besteht deshalb auch in der unteren Halbebene. Nach Satz I.8.3 ist w somit eine quasikonforme Abbildung der ganzen Ebene, deren maximale Dilatation höchstens $8 \varrho (1 + \varrho)^2$ beträgt.

6.6. Randwertaufgabe für eine Randkomponente eines mehrfach zusammenhängenden Gebietes. Wir wollen auf das allgemeine Randwertproblem für mehrfach zusammenhängende Gebiete nicht eingehen, sondern beschränken uns auf den Fall, wo die Randwerte auf einer einzigen Randkomponente vorgeschrieben sind.

Es sei D ein Gebiet, das die Jordankurve C als eine freie Randkurve besitzt; C ist dann eine Randkomponente von D (vgl. I.1.9). G' sei ein Jordangebiet und f ein Homöomorphismus von C auf die Randkurve C' von G'. Es gilt zu untersuchen, unter welchen Bedingungen es eine quasikonforme Abbildung w von D in G' (d. h. auf ein Teilgebiet von G') gibt, die die Randwerte $w = f$ auf C besitzt.

Das Problem kann auf die oben behandelte Randwertaufgabe für Jordangebiete zurückgeführt werden. In einer Richtung ist die Sache klar: Bezeichnet G dasjenige von C berandete Gebiet, das D enthält und ist w eine quasikonforme Abbildung von G auf G' mit den Randwerten $w = f$ auf C, so ist die Einschränkung von w auf D eine gesuchte Lösung. Das Interessante hierbei ist, daß auch die folgende Umkehrung wahr ist (vgl. Väisälä [2]):

Satz 6.4. *D und D' seien Gebiete mit den freien Randkurven C bzw. C' und $w : D \to D'$ eine K-quasikonforme Abbildung, die zu einem Homöomorphismus von $D \cup C$ auf $D' \cup C'$ erweitert werden kann. G und G' seien diejenigen Komponenten des Komplements von C bzw. C', die D bzw. D' enthalten. Dann existiert eine quasikonforme Abbildung von G auf G', die auf C dieselben Randwerte wie w besitzt und deren maximale Dilatation unterhalb einer nur von K und von dem Gebiet D abhängigen Schranke liegt.*

Es sei bemerkt, daß dieser Satz sich eng an das Problem über die Fortsetzbarkeit einer quasikonformen Abbildung knüpft, das in § 8 behandelt wird. Der Satz besagt ja, daß die Randwertaufgabe für das ganze Gebiet G lösbar ist, sobald eine Lösung in der Nähe des Randes von G existiert.

Beweis von Satz 6.4: Mittels einer konformen Abbildung kann der Satz auf den Fall zurückgeführt werden, wo G der Einheitskreis und C die Kreisperipherie $|z| = 1$ ist. Weil C eine freie Randkurve von D ist, gibt es eine Zahl $r < 1$ derart, daß die Menge $\{z \,|\, r \leqq |z| < 1\}$ in D enthalten ist. Es seien z_1, z_2, z_3 und z_4 vier Punkte auf C, die so gelegen sind, daß der Modul des Vierecks $Q_1 = G(z_1, z_2, z_3, z_4)$ gleich Eins ist. Nach Satz 6.1 gilt es eine nur von r und K abhängige obere Schranke für den Modul des Vierecks $Q_1' = G'(w_1, w_2, w_3, w_4)$ zu finden, wo w_i den Randwert von w in z_i bezeichnet.

Zu diesem Zweck verbinde man die Endpunkte der längeren a-Seite von Q_1, etwa z_1 und z_2, mit der Kreislinie $|z| = r$ mittels radialer Strecken. Der Kreisring $r < |z| < 1$ wird dadurch in zwei Jordangebiete zerlegt, von denen eines die Punkte z_3 und z_4 als Randpunkte besitzt. Das aus diesem Gebiet und aus den Ecken z_1, z_2, z_3, z_4 bestehende Viereck werde mit Q_2 bezeichnet (Abb. 9).

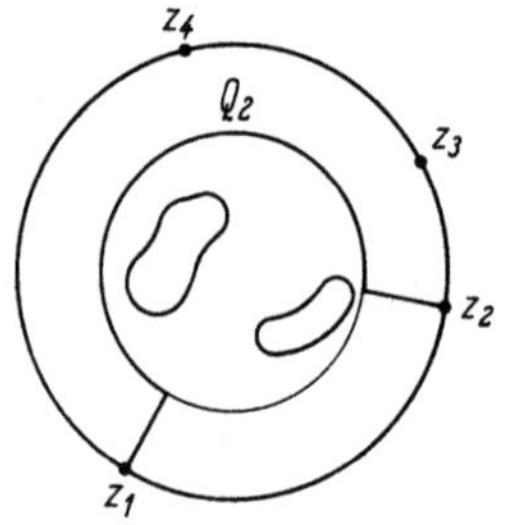

Abb. 9

Da das Bild $w(Q_2)$ von Q_2 dieselben b-Seiten wie Q_1' besitzt, folgt aus der Monotonie des Moduls (vgl. I.4.6), daß sein Modul größer als $M(Q_1')$ ist. Weil w K-quasikonform ist, gilt also

$$M(Q_1') < K\, M(Q_2)\,. \tag{6.20}$$

Um für $M(Q_2)$ eine obere Schranke zu gewinnen, wird vom Hilfssatz I.4.1 Gebrauch gemacht. Wir bezeichnen mit $s_a(Q_i)$ und $s_b(Q_i)$, $i = 1, 2$, die in Q_i gemessenen Entfernungen der a- bzw. b-Seiten von Q_i (vgl. I.4.3). Weil $\widehat{z_1 z_2}$ die längere a-Seite von Q_1 ist, gilt dann $s_b(Q_1) = |z_3 - z_4|$ und

$$s_b(Q_2) < \frac{\pi}{2}\, s_b(Q_1)\,.$$

Andererseits ist

$$s_a(Q_2) \geqq \min\left(1 - r, \frac{1}{2}\, s_a(Q_1)\right) > \frac{1-r}{2}\, s_a(Q_1)\,.$$

Man erhält also

$$\frac{s_a(Q_2)}{s_b(Q_2)} > \frac{1-r}{\pi} \cdot \frac{s_a(Q_1)}{s_b(Q_1)}\,. \tag{6.21}$$

Da die im Hilfssatz I.4.1 für $M(Q)$ abgeleitete Majorante (4.7) eine abnehmende Funktion von s_a/s_b ist, folgt aus (6.21)

$$M(Q_2) < \pi \frac{1 + 2\log\left(1 + 2\dfrac{(1-r)\, s_a(Q_1)}{\pi\, s_b(Q_1)}\right)}{\left(\log\left(1 + 2\dfrac{(1-r)\, s_a(Q_1)}{\pi\, s_b(Q_1)}\right)\right)^2}\,. \tag{6.22}$$

Werden die Rollen der a- und b-Seiten von Q_1 miteinander vertauscht, so ergibt sich aus Hilfssatz I.4.1 andererseits

$$1 = \frac{1}{M(Q_1)} \leqq \pi \frac{1 + 2\log\left(1 + 2\dfrac{s_b(Q_1)}{s_a(Q_1)}\right)}{\left(\log\left(1 + 2\dfrac{s_b(Q_1)}{s_a(Q_1)}\right)\right)^2}$$

oder

$$\frac{s_a(Q_1)}{s_b(Q_1)} \geqq \frac{2}{e^{\pi + \sqrt{\pi^2 + \pi}} - 1} > 10^{-3}\,. \tag{6.23}$$

Verbindet man diese Abschätzung[1] mit (6.22), so erhält man eine nur von r abhängige obere Schranke für $M(Q_2)$. Wegen (6.20) folgt hieraus das gewünschte Resultat, daß $M(Q_1')$ eine nur von r und K abhängige Majorante besitzt. Mit Rücksicht auf Satz 6.1 ist hiermit die Existenz einer quasikonformen Abbildung von G bewiesen, die dieselben Randwerte wie w auf C besitzt und deren maximale Dilatation unterhalb einer nur von r und K abhängigen Schranke liegt.

§ 7. Quasisymmetrische Funktionen

7.1. Definition einer quasisymmetrischen Funktion. Es sei φ eine auf dem beschränkten oder nichtbeschränkten Intervall I der (endlichen) x-Achse definierte stetige echt zunehmende Funktion. Wir nennen φ *quasisymmetrisch* auf I, wenn der Ausdruck $(\varphi(x+t) - \varphi(x))/(\varphi(x) - \varphi(x-t))$ für alle x und t mit $x, x-t, x+t \in I$, $t > 0$, zwischen zwei endlichen positiven Schranken liegt. Gilt

$$\frac{1}{k} \leqq \frac{\varphi(x+t) - \varphi(x)}{\varphi(x) - \varphi(x-t)} \leqq k \tag{7.1}$$

für die genannten Werte von x und t, so heißt φ *k-quasisymmetrisch* auf I.[2]

Nach den Sätzen 6.2 und 6.3 ist eine auf der x-Achse definierte endliche reelle Funktion φ daselbst *dann und nur dann quasisymmetrisch, wenn es eine quasikonforme Selbstabbildung der oberen Halbebene mit den Randwerten $\varphi(x)$ gibt.* Hieraus folgt u. a., daß die Umkehrung einer auf der x-Achse quasisymmetrischen Funktion und eine aus zwei Funktionen dieser Art zusammengesetzte Funktion quasisymmetrisch sind.

Ein lineares Polynom $\varphi(x) = a\,x + b$, $a > 0$, ist 1-quasisymmetrisch auf jedem Intervall. Umgekehrt ist leicht einzusehen, daß jede auf einem Intervall 1-quasisymmetrische Funktion daselbst mit einem linearen Polynom zusammenfällt.

Die k-Quasisymmetrie einer Funktion ist offensichtlich eine gegenüber 1-quasisymmetrischen Abbildungen invariante Eigenschaft. Mit anderen Worten, ist φ k-quasisymmetrisch auf I und sind φ_1 und φ_2 1-quasisymmetrisch (also linear), so ist die zusammengesetzte Funktion $\varphi_2 \circ \varphi \circ \varphi_1$ k-quasisymmetrisch auf $\varphi_1^{-1}(I)$.

Was die Charakterisierung der Quasisymmetrie einer auf der ganzen x-Achse definierten Funktion mittels ihrer lokalen Eigenschaften betrifft, so genügt es nicht, die Gültigkeit von (7.1) für kleine Werte von t anzunehmen. Als Beispiel dient die Exponentialfunktion,

---

[1] Für spätere Anwendungen bemerke man, daß (6.23) für jedes Viereck mit dem Modul Eins besteht.

[2] Die Benennung quasisymmetrisch ist von Kelingos [1] benutzt worden.

die auf jeder Strecke von der Länge 2 e-quasisymmetrisch ist ohne auf der x-Achse quasisymmetrisch zu sein.

Dagegen kann die Quasisymmetrie einer Funktion φ auf beschränkten Intervallen aus den lokalen Eigenschaften von φ gefolgert werden. Gilt (7.1) nämlich für $0 < t \leqq \delta$ und ist $0 < t \leqq 2\delta$, so hat man

$$\varphi(x+t) - \varphi\left(x+\frac{t}{2}\right) \leqq k\left(\varphi\left(x+\frac{t}{2}\right) - \varphi(x)\right) \leqq k^2\left(\varphi(x) - \varphi\left(x-\frac{t}{2}\right)\right),$$

$$\varphi\left(x+\frac{t}{2}\right) - \varphi(x) \leqq k\left(\varphi(x) - \varphi\left(x-\frac{t}{2}\right)\right) \leqq k^2\left(\varphi\left(x-\frac{t}{2}\right) - \varphi(x-t)\right).$$

Durch Addition ergibt sich hieraus

$$\frac{\varphi(x+t) - \varphi(x)}{\varphi(x) - \varphi(x-t)} \leqq k^2,$$

und in derselben Weise erhält man für diesen Ausdruck die untere Schranke $1/k^2$. Durch n-malige Wiederholung des obigen Verfahrens gelangt man zu dem folgenden Resultat: Ist φ stetig und echt zunehmend auf der x-Achse und gilt (7.1) für $0 < t \leqq \delta$, so ist φ k^{2^n}-quasisymmetrisch auf jedem Intervall von der Länge $2^{n+1}\delta$.

Bemerkung. Dieses Resultat kann auch in der folgenden Form ausgesprochen werden: Ist φ stetig und echt zunehmend auf der x-Achse und gilt (7.1) sowohl für $0 < t \leqq \delta$ als für $t > 2^n\delta$, wo n eine positive ganze Zahl ist, so ist φ k^{2^n}-quasisymmetrisch auf der ganzen x-Achse.

7.2. Erweiterung einer quasisymmetrischen Funktion. Außer der in 6.5 gelösten Randwertaufgabe ist auch der Fall vom Interesse, wo die Randwerte der zu konstruierenden quasikonformen Selbstabbildung der oberen Halbebene nur auf einem Intervall I der reellen Achse vorgegeben sind. Ein Randwertproblem dieser Art ist nach Satz 6.3 lösbar, wenn die vorgeschriebenen Randwerte zu einer auf der ganzen x-Achse quasisymmetrischen Funktion erweitert werden können. Der nachstehende Hilfssatz besagt, daß dies stets der Fall ist, wenn die Randfunktion auf I quasisymmetrisch ist.

Hilfssatz 7.1. *Jede auf einem Intervall* $I = \{x \mid a \leqq x \leqq b\}$ *k-quasisymmetrische Funktion φ kann zu einer auf der ganzen x-Achse K-quasisymmetrischen Funktion erweitert werden. Die Konstante K liegt unterhalb einer nur von k abhängigen Schranke.*

Beweis: Weil die k-Quasisymmetrie ganzen linearen Abbildungen gegenüber invariant ist, bedeutet es keine Einschränkung anzunehmen, daß $a = \varphi(a) = 0$ und $b = \varphi(b) = 1$ ist. Die Funktion φ kann dann durch die Vorschriften

$$\varphi(-x) = -\varphi(x)\,, \quad \varphi(x+2) = \varphi(x) + 2 \tag{7.2}$$

zu einer auf der ganzen x-Achse stetigen und echt zunehmenden Funktion erweitert werden. Es gilt zu beweisen, daß diese Erweiterung für alle x und $t, t > 0$, einer Ungleichung der Form (7.1) genügt mit einer von k abhängigen endlichen Konstanten an Stelle von k.

Es sei zunächst $t \leqq 1/2$. Mit Rücksicht auf (7.2) können wir annehmen, daß $x - t < 0 \leqq x < x + t$ ist. Dann gilt $x + t \geqq \max(x, t - x) \geqq (x + t)/3$ und also

$$2\varphi(x+t) \geqq \varphi(x) - \varphi(x-t) = \varphi(x) + \varphi(t-x) \geqq \varphi\left(\frac{1}{3}(x+t)\right). \tag{7.3}$$

Auf der Strecke $\{x \mid 0 \leqq x \leqq 1\}$ ist φ nach Voraussetzung k-quasisymmetrisch. Wegen $\varphi(0) = 0$ gilt also

$$\begin{aligned}\frac{1}{k^2}\varphi\left(\frac{1}{3}(x+t)\right) &\leqq \frac{1}{k}\left(\varphi\left(\frac{2}{3}(x+t)\right) - \varphi\left(\frac{1}{3}(x+t)\right)\right) \leqq \varphi(x+t)\\ &\quad - \varphi\left(\frac{2}{3}(x+t)\right) \leqq k\left(\varphi\left(\frac{2}{3}(x+t)\right) - \varphi\left(\frac{1}{3}(x+t)\right)\right)\\ &\leqq k^2\varphi\left(\frac{1}{3}(x+t)\right).\end{aligned} \tag{7.4}$$

Daraus folgt

$$\varphi(x+t) \leqq (1 + k + k^2)\,\varphi\left(\frac{1}{3}(x+t)\right). \tag{7.5}$$

Weil

$$\varphi(x+t) \geqq \varphi(x+t) - \varphi(x) > \varphi(x+t) - \varphi\left(\frac{2}{3}(x+t)\right)$$

ist, erhält man aus (7.3—5) schließlich

$$\frac{1}{2k^2(1+k+k^2)} \leqq \frac{\varphi(x+t) - \varphi(x)}{\varphi(x) - \varphi(x-t)} \leqq 1 + k + k^2\,. \tag{7.6}$$

Diese Doppelungleichung besteht unter der Voraussetzung, daß $t \leqq 1/2$ ist. Im Falle $t \geqq 2$ folgt aus (7.2), daß sowohl $\varphi(x+t) - \varphi(x)$ als $\varphi(x) - \varphi(x-t)$ zwischen $t/3$ und $3t$ liegen. Dann gilt also

$$\frac{1}{9} \leqq \frac{\varphi(x+t) - \varphi(x)}{\varphi(x) - \varphi(x-t)} \leqq 9\,. \tag{7.7}$$

Aus den Ungleichungen (7.6) und (7.7) schließt man unter Berücksichtigung der Bemerkung am Ende von 7.1, daß φ auf der x-Achse K-quasisymmetrisch ist mit $K = \max\left(9^4, 2^4(k^2 + k^3 + k^4)^4\right)$.

7.3. Hölderstetigkeit einer quasisymmetrischen Funktion. Es sei φ eine auf der x-Achse k-quasisymmetrische Funktion. Nach Satz 6.3 gibt es dann eine quasikonforme Selbstabbildung w der oberen Halbebene mit den Randwerten $\varphi(x)$. Die Abbildung w kann durch Spiegelung auf die ganze Ebene erweitert werden, und aus Satz 4.3 folgt (vgl. die Bemerkung am Ende von 4.2), daß w und folglich auch φ gleichmäßig Hölderstetig in bezug auf die sphärische Metrik sind.

In jeder kompakten Teilmenge der endlichen Ebene ist das Verhältnis der euklidischen und sphärischen Entfernungen beschränkt. Weil $\varphi(\infty) = \infty$ ist, genügt φ also auf jedem beschränkten Intervall I einer Bedingung

$$|\varphi(x) - \varphi(y)| < C_1 |x - y|^{q_1}, \tag{7.8}$$

wo q_1, $0 < q_1 \leqq 1$, nur von k abhängt, während die endliche Konstante C_1 auch von I und von der Funktion φ abhängig ist.

Um $|\varphi(x)|$ für große Werte von $|x|$ abzuschätzen, bemerke man, daß auch die Umkehrung von φ quasisymmetrisch und folglich Hölderstetig in bezug auf die sphärische Metrik ist. Da der Abstand $k(x, \infty)$ für $|x| \to \infty$ von derselben Größenordnung wie $1/|x|$ ist, gibt es also zu jedem $r > 0$ ein endliches C_2, so daß

$$\frac{1}{|x|} < \frac{C_2}{|\varphi(x)^{q_2}|} \tag{7.9}$$

für $|x| > r$ gilt, wo $0 < q_2 \leqq 1$ ist. Man sieht leicht ein, daß auch q_2 nur von k abhängt.

Betrachtet man schließlich zwei Zahlen x, y von denen y zu einem beschränkten Intervall I gehört, während $|x|$ beliebig große Werte annehmen kann, so folgt aus (7.8) und (7.9) die Ungleichung

$$|\varphi(x) - \varphi(y)| < C\,(|x - y|^{q_1} + |x - y|^{1/q_2}), \tag{7.10}$$

wo C eine von I und φ abhängige endliche Zahl ist.[1]

7.4. Approximation einer quasisymmetrischen Funktion. Wie oben sei φ eine auf der x-Achse k-quasisymmetrische Funktion. Für jedes positive ganzzahlige n führen wir das Integral

$$\varphi_n(z) = \int_{-\infty}^{\infty} c_n\, \varphi(r)\, e^{-n(r-z)^2}\, dr$$

ein mit

$$c_n = \left(\int_{-\infty}^{\infty} e^{-nr^2}\, dr\right)^{-1} = \sqrt{\frac{n}{\pi}}\,.$$

Aus der Ungleichung (7.10) folgt, daß das Integral in jeder kompakten Menge der endlichen Ebene gleichmäßig konvergiert und eine ana-

[1] Trotz der Hölderstetigkeit braucht eine quasisymmetrische Funktion nicht absolut stetig zu sein (vgl. die Bemerkung in IV.1.4).

lytische Funktion φ_n der komplexen Veränderlichen $z = x + i y$ definiert.

Die Funktionen φ_n besitzen die nachstehenden Eigenschaften:

1°. *Die Einschränkung von φ_n auf die x-Achse ist eine k-quasisymmetrische Funktion.* Denn es gilt für alle reellen x und t

$$\varphi_n(x + t) - \varphi_n(x) = c_n \int_{-\infty}^{\infty} \big(\varphi(x + t + r) - \varphi(x + r)\big)\, e^{-n r^2}\, dr\,.$$

2°. *Die Ableitung von φ_n ist positiv in jedem Punkt der x-Achse.* Für reelles x ist nämlich

$$\begin{aligned}\varphi_n'(x) &= 2\, n\, c_n \int_{-\infty}^{\infty} \varphi(r)\,(r - x)\, e^{-n(r-x)^2}\, dr \\ &= 2\, n\, c_n \int_{-\infty}^{\infty} \big(\varphi(r) - \varphi(x)\big)\,(r - x)\, e^{-n(r-x)^2}\, dr.\end{aligned}$$

Hier ist der letzte Ausdruck positiv, weil $\varphi(x)$ mit x monoton wächst.

3°. *Für $n \to \infty$ strebt $\varphi_n(x)$ gegen $\varphi(x)$ gleichmäßig auf jeder beschränkten Strecke der reellen Achse.*

Diese Behauptung läßt sich folgendermaßen begründen: Liegt x auf einer beschränkten Strecke I, so gilt nach (7.10)

$$|\varphi_n(x) - \varphi(x)| = c_n \Big| \int_{-\infty}^{\infty} \big(\varphi(x + r) - \varphi(x)\big)\, e^{-n r^2}\, dr\, \Big| \leqq$$

$$c_n \int_{-n^{-1/3}}^{n^{-1/3}} |\varphi(x + r) - \varphi(x)|\, e^{-n r^2}\, dr + 2\, c_n\, C \int_{n^{-1/3}}^{\infty} \big(r^{q_1} + r^{1/q_2}\big)\, e^{-n r^2}\, dr\,.$$

Da φ auf I gleichmäßig stetig ist, strebt das erste Integral im rechtsseitigen Ausdruck für $n \to \infty$ gleichmäßig gegen Null. Daß dies auch für das zweite Integral gilt, geht aus der für jedes $q > 0$ und $n > (q/2)^3$ bestehenden Ungleichung

$$\int_{n^{-1/3}}^{\infty} r^q\, e^{-n r^2}\, dr = \int_{n^{-1/3}}^{\infty} e^{-n r^2 + q \log r}\, dr$$

$$\leqq \int_{n^{-1/3}}^{\infty} \frac{2\, n\, r - \dfrac{q}{r}}{2 n^{2/3} - q\, n^{1/3}}\, e^{-n r^2 + q \log r}\, dr = n^{-q/3} \cdot (2\, n^{2/3} - q\, n^{1/3})^{-1}\, e^{-n^{1/3}}$$

hervor.

Die Funktionen φ_n besitzen also alle Eigenschaften 1°—3°. Diese Approximation einer quasisymmetrischen Funktion durch eine Folge von analytischen quasisymmetrischen Funktionen wird im Folgenden zur Lösung eines funktionentheoretischen Problems angewandt.

7.5. Ein funktionentheoretischer Verheftungssatz. Wir gehen jetzt zu einem rein funktionentheoretischen Randwertproblem über. Es handelt sich um die Aufgabe, zwei Jordangebiete mit einer gemeinsamen Randkurve auf die obere und die untere Halbebene konform abzubilden derart, daß eine vorgeschriebene Beziehung zwischen den Randwerten der Abbildungen besteht. Der nachstehende Satz besagt, daß die Quasisymmetrie der gegebenen Randbeziehung eine hinreichende Bedingung ist; für eine partielle Umkehrung dieses Resultats vgl. 8.6.

Verheftungssatz.[1] *Es sei φ eine auf der reellen Achse quasisymmetrische Funktion. Dann können die obere und die untere Halbebene auf punktfremde Jordangebiete konform abgebildet werden, so daß die Randwerte f_1 und f_2 der Abbildungen der Beziehung $f_1(x) = f_2(\varphi(x))$ genügen.*

Beweis: Unter Anwendung des in 7.4 dargestellten Approximationsverfahrens kann der Beweis in zwei Schritten ausgeführt werden. Wir nehmen zuerst an, daß φ zu einer in der endlichen Ebene analytischen Funktion erweitert werden kann, die die in 7.4 erwähnten Eigenschaften 1° und 2° besitzt. Dies vorausgesetzt werden wir zwei konforme Abbildungen f_1 und f_2 der oberen bzw. unteren Halbebene konstruieren, die der Bedingung $f_1(x) = f_2(\varphi(x))$ auf einer beliebig vorgegebenen Strecke I genügen. Als zweiter Schritt wird dann ein Grenzübergang ausgeführt, wobei wir eine beliebige quasisymmetrische Funktion durch analytische Funktionen obiger Art approximieren und die Strecke I gegen die ganze x-Achse streben lassen.

Es sei also φ eine in der endlichen Ebene analytische Funktion mit den Eigenschaften 1° und 2°. Es bedeutet keine Einschränkung anzunehmen, daß $\varphi(I) = I$ ist. Hat man nämlich in diesem Fall die gesuchten Abbildungen gefunden und ist $\varphi(I) \neq I$, so braucht man nur $\tilde{\varphi}(z) = a\,\varphi(z) + b$ zu setzen, wo die Konstanten $a > 0$ und b so gewählt sind, daß $\tilde{\varphi}(I) = I$ ist. Genügen die Abbildungen f_1, f_2 der Beziehung $f_1(x) = f_2(\tilde{\varphi}(x))$ und setzt man $\tilde{f}_2(z) = f_2(a\,z + b)$, so gilt dann $f_1(x) = \tilde{f}_2(\varphi(x))$.

Für jedes $\nu = 0, 1, 2, \ldots$ sei $S_{1,\nu}$ das Teilgebiet der oberen Halbebene, dessen Rand aus $\bar{I}$ und aus demjenigen Kreisbogen besteht, der $\bar{I}$ in seinen Endpunkten im Winkel $(2/3)^\nu \pi$ schneidet. $S_{2,\nu}$ bezeichne das Spiegelbild von $S_{1,\nu}$ in bezug auf I. Von einem $\nu = n$ an wird das Gebiet $S_{1,\nu}$ durch φ auf ein in der oberen Halbebene

[1] Lehto-Virtanen [1], Pfluger [3]. Der Verheftungssatz wird in V.1 zur Begründung des sogenannten Existenzsatzes dienen; der Pflugersche Beweis des Verheftungssatzes beruht dagegen auf der Anwendung des Existenzsatzes.

liegendes Jordangebiet konform abgebildet. Ist dies nämlich nicht der Fall, so liegen in jedem $S_{1,\nu}$ entweder zwei Punkte z_1, z_2 mit $\varphi(z_1) = \varphi(z_2)$ oder ein Punkt z, in welchem der imaginäre Teil von φ nicht positiv ist. Diese Punktepaare bzw. Punkte haben dann Häufungspunkte auf $\bar{I}$. Dies führt zu einem Widerspruch, da φ die Strecke $\bar{I}$ topologisch abbildet, und jeder Punkt $x \in \bar{I}$ wegen $\varphi'(x) > 0$ eine kreisförmige Umgebung besitzt, deren obere Hälfte vermöge der Funktion φ auf ein Teilgebiet der oberen Halbebene konform abgebildet wird.

Wir definieren nun für $\nu = n$ zwei konforme Abbildungen $f_{1,n}, f_{2,n}$ von $S_{1,n}$ bzw. $S_{2,n}$ durch die Vorschriften

$$f_{1,n}(z) = \varphi(z), \quad f_{2,n}(z) = z\,.$$

Die Funktion $f_{1,n}$ bildet $S_{1,n}$ auf ein Gebiet ab, das in der oberen Halbebene liegt, während $f_{2,n}$ das in der unteren Halbebene gelegene Gebiet $S_{2,n}$ auf sich selbst abbildet. Die Bildgebiete sind also punktfremde Jordangebiete. Aus der Definition von $f_{1,n}$ und $f_{2,n}$ folgt, daß die Randbedingung $f_{1,n}(x) = f_{2,n}(\varphi(x))$ auf $\bar{I}$ erfüllt ist.

Gilt das Obige für $n = 0$, so fällt $S_{1,n}$ mit der oberen Halbebene zusammen. Das Funktionenpaar $f_{1,n}, f_{2,n}$ ist also in diesem Spezialfall eine Lösung unseres Problems. Der allgemeine Fall kann auf diesen in folgender Weise zurückgeführt werden.

Wir gehen von einem Wert von ν, $\nu \geqq 1$, aus, für welchen es zwei konforme Abbildungen $f_{1,\nu} : S_{1,\nu} \to S'_{1,\nu}, f_{2,\nu} : S_{2,\nu} \to S'_{2,\nu}$ gibt, die den obigen Bedingungen genügen, d. h. $S'_{1,\nu}$ und $S'_{2,\nu}$ sind punktfremde Jordangebiete, und für die Randwerte der Abbildungen gilt $f_{1,\nu}(x) = f_{2,\nu}(\varphi(x))$ auf $\bar{I}$. Gelingt es, entsprechende Abbildungen der Gebiete $S_{1,\nu-1}$ und $S_{2,\nu-1}$ zu konstruieren, so führt eine ν-malige Wiederholung des Verfahrens zu dem Fall, wo die betrachteten Segmente mit der oberen bzw. unteren Halbebene zusammenfallen.

$T_{1,\nu}$ bezeichne das Teilgebiet von $S_{1,\nu}$, dessen Berandung aus $\bar{I}$ und aus dem Kreisbogen $C_{1,\nu}$ besteht, der $\bar{I}$ in seinen Endpunkten im Winkel $(3/4)\,(2/3)^{\nu}\,\pi$ schneidet. Die Spiegelbilder von $T_{1,\nu}$ bzw. $C_{1,\nu}$ in bezug auf I seien $T_{2,\nu}$ bzw. $C_{2,\nu}$.

Wir betrachten die Mengen $D_\nu = T_{1,\nu} \cup I \cup T_{2,\nu}$ und $D'_\nu = T'_{1,\nu} \cup I' \cup T'_{2,\nu}$, wo $T'_{i,\nu} = f_{i,\nu}(T_{i,\nu})$ ist und I' den Jordanbogen $f_{1,\nu}(I) = f_{2,\nu}(I)$ bezeichnet (Abb. 10). D'_ν ist ein einfach zusammenhängendes Gebiet, dessen Berandung aus den Jordanbogen $f_{1,\nu}(C_{1,\nu}) = C'_{1,\nu}, f_{2,\nu}(C_{2,\nu}) = C'_{2,\nu}$ und aus ihren gemeinsamen Endpunkten besteht. Der Jordanbogen $\bar{I}'$ verbindet die letztgenannten Punkte miteinander.[1]

[1] Der Übergang von den Gebieten $S_{i,\nu}$ zu den Gebieten $T_{i,\nu}$ war nötig, weil die Menge $S'_{1,\nu} \cup I' \cup S'_{2,\nu}$ kein Jordangebiet zu sein braucht.

Es sei f eine konforme Abbildung von D'_ν auf den Einheitskreis. Die zusammengesetzten Funktionen $f_{1,\nu-1} = f \circ f_{1,\nu}$ und $f_{2,\nu-1} = f \circ f_{2,\nu}$ bilden dann $T_{1,\nu}$ und $T_{2,\nu}$ auf punktfremde Jordangebiete konform ab und erfüllen auf $\bar{I}$ die Randbedingung $f_{1,\nu-1}(x) = f_{2,\nu-1}(\varphi(x))$. Die Kreisbogen $C_{1,\nu}$ und $C_{2,\nu}$ werden durch diese Abbildungen in die Bogen $f(C'_{1,\nu})$ bzw. $f(C'_{2,\nu})$ übergeführt, die auf der Peripherie des Einheitskreises liegen. Man kann also $f_{1,\nu-1}$ und $f_{2,\nu-1}$ durch Spiegelungen

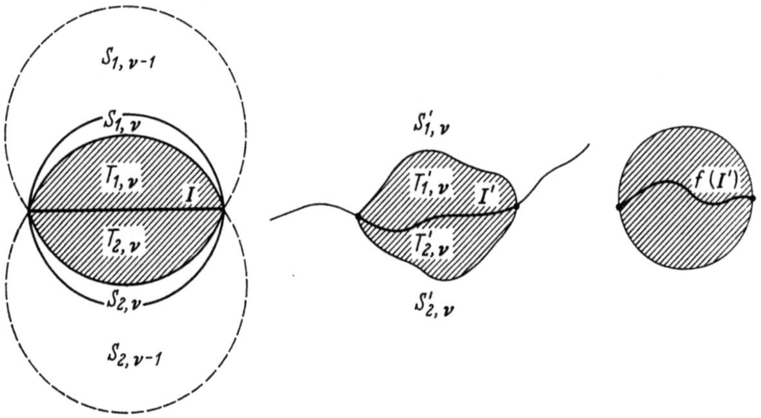

Abb. 10

zu konformen Abbildungen von $S_{1,\nu-1}$ bzw. $S_{2,\nu-1}$ erweitern. Die Bildgebiete $f_{1,\nu-1}(S_{1,\nu-1})$ und $f_{2,\nu-1}(S_{2,\nu-1})$ sind punktfremd, und ihr gemeinsamer Rand besteht aus $f(\bar{I}')$ und aus seinem Spiegelbild in bezug auf die Peripherie des Einheitskreises. Die Abbildungen $f_{1,\nu-1}$ und $f_{2,\nu-1}$ besitzen also die geforderten Eigenschaften. Der Fall, wo φ eine analytische Funktion mit den in 7.4 aufgezählten Eigenschaften 1° und 2° ist, ist hiermit erledigt.

Wir gehen jetzt zu dem allgemeinen Fall über, wo φ eine beliebige auf der reellen Achse k-quasisymmetrische Funktion ist. Nach 7.4 kann φ durch eine Folge von analytischen Funktionen φ_n, $n = 1, 2, \ldots$, mit den Eigenschaften 1°—3° approximiert werden.

Nach dem ersten Teil des Beweises gibt es für jedes $n = 1, 2, \ldots$ zwei konforme Abbildungen $f_{n,1}$ und $f_{n,2}$, welche die obere Halbebene H_1 und die untere Halbebene H_2 auf punktfremde Jordangebiete $G_{n,1}$ bzw. $G_{n,2}$ beziehen und auf der Strecke $I_n = \{x \mid -n \leqq x \leqq n\}$ der Randbedingung $f_{n,1}(x) = f_{n,2}(\varphi_n(x))$ genügen. Mit Hilfe einer linearen Abbildung erreicht man, daß $f_{n,1}(0) = 0$, $f_{n,1}(1) = 1$ und $f_{n,1}(-1) = -1$ ist. Wir zeigen, daß $f_{n,1}$ und $f_{n,2}$ dann für $n \to \infty$ gegen konforme Abbildungen konvergieren.

Da alle Funktionen φ_n auf der reellen Achse k-quasisymmetrisch sind, können wir nach Satz 6.3 zu jedem $n = 1, 2, \ldots$ eine K-quasikonforme Abbildung w_n von H_1 auf sich selbst mit den Randwerten $\varphi_n(x)$ konstruieren, wo K eine von k abhängige Zahl ist. Durch Spiegelung kann jedes w_n zu einer K-quasikonformen Selbstabbildung der Ebene erweitert werden, die wiederum mit w_n bezeichnet werde.

Die durch die Vorschriften

$$W_n(z) = \begin{cases} f_{n,1}(z) & \text{für} \quad z \in H_1 \cup I_n, \\ f_{n,2}(w_n(z)) & \text{für} \quad z \in H_2 \cup I_n, \end{cases} \tag{7.11}$$

definierte Abbildung W_n ist für jedes $n = 1, 2, \ldots$ ein Homöomorphismus des Schlitzgebietes $\tilde{H}_n = H_1 \cup I_n \cup H_2$. Aus dem Hebbarkeitssatz I.8.3 folgt, daß jedes W_n K-quasikonform ist.

Wir machen jetzt Gebrauch von den in § 5 bewiesenen Konvergenzsätzen. Da die Abbildungen W_n in jedem beschränkten Gebiet G von einem $n = n_0$ an definiert sind und den Normierungsbedingungen $W_n(0) = 0$, $W_n(1) = 1$ und $W_n(-1) = -1$ genügen, folgt aus Satz 5.1, daß $\{W_n \mid n \geqq n_0\}$ in G eine normale Familie ist. Durch Übergang zu einer Teilfolge erreicht man deshalb, daß W_n für $n \to \infty$ in jedem beschränkten Gebiet gleichmäßig gegen eine Grenzfunktion W konvergiert. Nach Satz 5.3 ist W K-quasikonform. Aus der Hebbarkeit des Unendlichkeitspunktes (Satz I.8.1) folgt, daß W zu einer K-quasikonformen Abbildung der ganzen Ebene erweitert werden kann.

Was die Abbildungen w_n der ganzen Ebene und ihre Umkehrungen w_n^{-1} betrifft, konvergieren sie auf der reellen Achse gegen φ bzw. φ^{-1}. Durch nochmalige Anwendung des Satzes 5.1 schließt man deshalb, daß auch die Familien $\{w_n\}$ und $\{w_n^{-1}\}$ normal sind. Nach Satz 5.3 können wir also zu einer solchen Teilfolge übergehen, daß alle drei Folgen W_n, w_n und w_n^{-1} für $n \to \infty$ gegen K-quasikonforme Abbildungen W, w bzw. w^{-1} der Ebene konvergieren, die erste gleichmäßig in jedem beschränkten Gebiet, die zwei letzten gleichmäßig in der ganzen Ebene.

Setzt man $W = f_1$, $W \circ w^{-1} = f_2$, so geht aus (7.11) hervor, daß $f_{n,i}$, $i = 1, 2$, für $n \to \infty$ in jeder beschränkten Teilmenge von $\overline{H}_i$ gleichmäßig gegen f_i konvergiert. Die Einschränkungen der Funktionen f_1 und f_2 in H_1 bzw. H_2 sind also konforme Abbildungen, die H_1 und H_2 auf die punktfremden Jordangebiete $W(H_1)$ bzw. $W(H_2)$ beziehen. Aus $\lim \varphi_n(x) = \varphi(x)$ folgt ferner

$$f_1(x) = \lim f_{n,1}(x) = \lim f_{n,2}(\varphi_n(x)) = f_2(\varphi(x))$$

für jedes reelle x. Der Verheftungssatz ist hiermit bewiesen.

§ 8. Quasikonforme Fortsetzung

8.1. Fortsetzung in das Äußere einer kompakten Menge. Im vorliegenden Paragraphen handelt es sich um die Erweiterung einer quasikonformen Abbildung $w: G \to G'$ zu einer quasikonformen Abbildung eines Gebietes G_1, das G als echtes Teilgebiet enthält. Eine solche Erweiterung wird *quasikonforme Fortsetzung* genannt.

Das in I.8.4 behandelte Spiegelungsprinzip liefert ein Beispiel für quasikonforme Fortsetzung. Diese Methode hat den Vorteil, daß die maximale Dilatation sich dabei nicht vergrößert. Hier werden wir die Existenz einer quasikonformen Fortsetzung unter viel allgemeineren Voraussetzungen beweisen, können aber dann keine bestmögliche Schranke für die maximale Dilatation der erweiterten Abbildung angeben.

Wir beginnen mit dem folgenden Erweiterungssatz, der sowohl an sich als für spätere Anwendungen von Wichtigkeit ist.

Satz 8.1. *Es seien $w_0: G \to G'$ eine K-quasikonforme Abbildung und F eine kompakte Teilmenge des Gebietes G. Dann gibt es eine quasikonforme Abbildung der ganzen Ebene, die in F mit w_0 übereinstimmt und deren maximale Dilatation unterhalb einer nur von K, G und F abhängigen Schranke liegt.*

Beweis: Ist $\tilde{F}$ eine kompakte Menge mit der Eigenschaft $F \subset \tilde{F} \subset G$ und wird der Satz für $\tilde{F}$ statt für F bewiesen, so gilt er automatisch für F. Wir nützen diesen Sachverhalt aus und konstruieren zunächst ein $\tilde{F}$, dessen Komplement aus einer endlichen Anzahl von Jordangebieten besteht, die durch geschlossene Polygone berandet sind.

Dazu sei die vorgegebene Menge F zuerst durch endlich viele abgeschlossene Kreise überdeckt, die in G liegen. Diese Kreise seien in G durch Jordanbogen verbunden, so daß eine zusammenhängende kompakte Menge $F_1 \subset G$ entsteht. Die Komponenten des Komplements von F_1 sind einfach zusammenhängende Gebiete (vgl. I.1.9). Von diesen Gebieten fassen wir eine endliche Anzahl $U_1, U_2, \ldots, U_n$ ins Auge, so daß deren Vereinigung die kompakte Menge $-G$ überdeckt. Nach Hilfssatz I.1.4 können wir schließlich für jedes i die abgeschlossene Menge $-G \cap U_i$ durch ein geschlossenes Polygon C_i von $-U_i$ trennen. Das von C_i berandete in U_i liegende Jordangebiet sei mit D_i bezeichnet. Das Komplement von $\cup D_i$ ist die gewünschte kompakte Menge $\tilde{F}$.

Es bedeutet also keine Einschränkung von vornherein anzunehmen, daß das Komplement von F aus n punktfremden durch geschlossene Polygone berandeten Jordangebieten $D_1, D_2, \ldots, D_n$ besteht. Die Konstruktion der gesuchten Abbildung geschieht dann durch n-malige Anwendung des Satzes 6.4 in folgender Weise.

Weil die Randkurven C_i von D_i in G liegen, ist jede der Mengen $G \cup D_i$ ein Gebiet. Wir wollen als erster Schritt des Beweises zeigen, daß es eine quasikonforme Abbildung von $G \cup D_1$ gibt, die in F mit w_0 übereinstimmt. Zu diesem Zweck sei zunächst bemerkt, daß die Mengen $G \cap D_1$ und $G \cap (-\overline{D}_1)$ Gebiete sind. Dies kann aus Hilfssatz I.1.3 gefolgert werden in derselben Weise wie in I.1.8.

Das Polygon C_1, das laut Definition eine freie Randkurve von $G \cap D_1$ ist, geht durch die Abbildung w_0 in eine Jordankurve C_1' über. D_1' bezeichne dasjenige von C_1' berandete Gebiet, das die Menge $w_0 (G \cap D_1)$ enthält. Nach Satz 6.4 existiert eine quasikonforme Abbildung $w_1 : D_1 \to D_1'$, die die Randwerte $w_1 = w_0$ auf C_1 besitzt und deren maximale Dilatation K_1 unterhalb einer nur von K und $G \cap D_1$ abhängigen Schranke liegt.

Die durch

$$w(z) = \begin{cases} w_1(z) & \text{für} \quad z \in D_1 \\ w_0(z) & \text{für} \quad z \in (-D_1) \cap G \end{cases}$$

definierte Abbildung w ist ein Homöomorphismus des Gebietes $G \cup D_1$, dessen maximale Dilatation in $G \cup D_1 - C_1$ höchstens gleich $\max(K, K_1)$ ist. Aus dem Satz I.8.3 über die Hebbarkeit von analytischen Bogen folgt aber, daß die maximale Dilatation von w auch im Gebiet $G \cup D_1$ unter derselben Schranke liegt. Weil w in F mit w_0 übereinstimmt, ist der erste Teil des Beweises vollendet.

Weil der Rand von D_1 in F gelegen ist, ist $F_1 = F \cup D_1 = F \cup \overline{D}_1$ eine kompakte Teilmenge des Gebietes $G \cup D_1$, und ihr Komplement besteht aus den Gebieten $D_2, \ldots, D_n$. In derselben Weise wie oben können wir eine quasikonforme Abbildung von $G \cup D_1 \cup D_2$ konstruieren, die in F_1 mit w und also in F mit w_0 übereinstimmt. Durch n-malige Wiederholung dieser Schlußweise erhält man die gesuchte Abbildung der ganzen Ebene.

8.2. Quasikonforme Bogen und Kurven. In Analogie zum Begriff des analytischen Bogens können quasikonforme Bogen und Kurven auf folgende Weise definiert werden:

Es sei C entweder ein Jordanbogen oder eine Jordankurve in der Ebene. C heißt *quasikonform*, wenn es eine quasikonforme Abbildung eines Gebietes $G \supset C$ gibt, die C auf eine Strecke bzw. eine Kreislinie überführt.

Die Definition kann einfacher ausgesprochen werden, falls C abgeschlossen ist. Nach Satz 8.1 gilt nämlich Folgendes:

Jeder abgeschlossene quasikonforme Bogen und jede quasikonforme Kurve ist Bild einer Strecke bzw. einer Kreislinie bei einer quasikonformen Abbildung der ganzen Ebene.

Ein Teilbogen einer quasikonformen Kurve ist offensichtlich quasikonform. Umgekehrt sei C ein abgeschlossener quasikonformer Bogen und w eine quasikonforme Abbildung der Ebene, die eine Strecke I

auf C bezieht. Liegt I auf der Geraden L, so ist C auf der quasikonformen Kurve $w(L)$ gelegen. Man schließt somit: *Ein abgeschlossener Jordanbogen ist quasikonform dann und nur dann, wenn er Teilbogen einer quasikonformen Kurve ist.*

Alle analytischen Bogen und Kurven sind nach Definition quasikonform. Weitere Beispiele werden in 8.10 angegeben.

8.3. Fortsetzung über einen Randbogen. Die quasikonformen Bogen und Kurven spielen eine wichtige Rolle, wenn es sich darum handelt zu untersuchen, unter welchen Bedingungen eine quasikonforme Abbildung sich über den Rand des abzubildenden Gebietes fortsetzen läßt. Wir beweisen zuerst:

Satz 8.2. *G und G' seien zwei Gebiete, die C bzw. C' entweder als offene freie Randbogen oder als freie Randkurven besitzen. Ferner sei $w: G \to G'$ eine quasikonforme Abbildung, bei der C und C' einander entsprechen. Sind C und C' quasikonform, so läßt w sich zu einer quasikonformen Abbildung eines Gebietes G_1 erweitern, das die Menge $G \cup C$ enthält.*

Beweis: Es seien f und g quasikonforme Abbildungen gewisser Umgebungen U und U' von C bzw. C', die C und C' entweder auf eine offene Strecke oder auf eine Kreislinie beziehen. Aus den Erörterungen von I.1.9 über freie Randbogen folgt, daß es in $f(U)$ ein in bezug auf $f(C)$ symmetrisches Gebiet D gibt, das $f(C)$ enthält und durch $f(C)$ in zwei Teile D_1 und D_2 zerlegt wird, so daß $f^{-1}(D_1)$ in G und $f^{-1}(D_2)$ in $-G$ liegt. D', D'_1 und D'_2 seien die entsprechenden Mengen für die Abbildung g. D kann ferner so klein gewählt werden, daß $w(f^{-1}(D_1))$ in $g^{-1}(D'_1)$ enthalten ist. Das Spiegelungsprinzip läßt sich dann in D auf die Abbildung $g \circ w \circ f^{-1}$ anwenden. Es folgt, daß w zu einer quasikonformen Abbildung des Gebietes $G_1 = G \cup f^{-1}(D)$ erweitert werden kann, und der Satz ist bewiesen.

Satz 8.2 sei auf den Spezialfall angewandt, wo G und G' n-fach zusammenhängende Gebiete mit lauter quasikonformen Randkurven sind. Nach I.1.8 entsprechen die Randkurven dann paarweise einander bei der Abbildung w. Gemäß Satz 8.2 kann w deshalb zu einer quasikonformen Abbildung eines Gebietes G_1 erweitert werden, das die abgeschlossene Hülle von G enthält. Kombiniert man dieses Resultat mit Satz 8.1, so erhält man also (Springer [1])

Satz 8.3. *Es seien G und G' zwei n-fach zusammenhängende Gebiete, deren Randkurven quasikonform sind. Dann kann jede quasikonforme Abbildung $w: G \to G'$ in die ganze Ebene quasikonform fortgesetzt werden.*

8.4. Quasikonforme Spiegelung. Die Eigenschaft einer Jordankurve, quasikonform zu sein, kann in einfacher Weise charakterisiert werden auch mit Hilfe der in I.3.2 erwähnten antiquasikonformen Abbildungen, die sich aus einer quasikonformen Abbildung und einer Spiegelung zusammensetzen. Man betrachte eine Jordankurve C, die die Gebiete G_1 und G_2 berandet, und führe die folgende Definition ein: Eine die Punkte von C festhaltende antiquasikonforme Abbildung von G_1 auf G_2 heißt eine *quasikonforme Spiegelung* an C (Ahlfors [3]).

Ist C quasikonform, so gibt es eine quasikonforme Abbildung w der Ebene, die G_1 auf die obere Halbebene H_1 bezieht. Dann ist die durch $\Phi(z) = w^{-1}\left(\overline{w(z)}\right)$, $z \in G_1$, definierte Abbildung Φ eine quasikonforme Spiegelung an C. Falls umgekehrt C eine quasikonforme Spiegelung Φ gestattet, definiere man von einer konformen Abbildung $f: H_1 \to G_1$ ausgehend eine Abbildung w durch die Vorschriften $w(z) = f(z)$ für $z \in H_1$, $w(z) = \Phi\left(f(\bar{z})\right)$ für $z \notin H_1$. Dann ist w eine quasikonforme Abbildung der Ebene, die die reelle Achse auf C bezieht, und C ist somit quasikonform. Man erhält also das folgende Resultat: *Eine Jordankurve gestattet eine quasikonforme Spiegelung dann und nur dann, wenn sie quasikonform ist.*

8.5. Charakterisierung einer quasikonformen Kurve durch Modulbedingungen. Es sei C eine Jordankurve, die die Gebiete G_1 und G_2 berandet. Wir wählen auf C vier beliebige Punkte z_i, so daß die Reihenfolge z_1, z_2, z_3, z_4 mit der in bezug auf G_1 positiven Orientierung übereinstimmt, und bezeichnen mit $Q_1 = G_1(z_1, z_2, z_3, z_4)$ und $Q_2 = G_2(z_4, z_3, z_2, z_1)$ die aus G_1 bzw. G_2 mit den Ecken z_i gebildeten Vierecke. Wir nennen Q_1 und Q_2 *konjugiert* in bezug auf C.

Falls C quasikonform ist, existiert eine quasikonforme Abbildung w der ganzen Ebene, die C in die reelle Achse überführt. Die Bilder $w(Q_1)$ und $w(Q_2)$ der obigen Vierecke liegen symmetrisch in bezug auf die reelle Achse, und ihre kanonischen Abbildungen gehen durch Spiegelungen ineinander über. Also ist $M\left(w(Q_1)\right) = M\left(w(Q_2)\right)$. Weil w quasikonform ist, liegt der Quotient $M(Q_2)/M(Q_1)$ daher unterhalb einer festen Schranke.

Diese für die Quasikonformität der Kurve C notwendige Bedingung ist aber auch hinreichend. Es gilt nämlich (vgl. Pfluger [3]):

Satz 8.4. *Eine Jordankurve C ist genau dann quasikonform, wenn für alle in bezug auf C konjugierten Vierecke Q_1, Q_2 mit $M(Q_1) = 1$ der Modul von Q_2 unterhalb einer festen Schranke liegt.*

Beweis: Die Notwendigkeit der Bedingung ergibt sich aus dem Obigen. Zum Beweis der Hinlänglichkeit bezeichne man mit G_2^* das Spiegelbild von G_2 in bezug auf die reelle Achse. Aus der Annahme folgt, daß die durch $z \to \bar{z}$ bestimmte Zuordnung zwischen den Rändern von G_1 und G_2^* eine Randbedingung (6.2) erfüllt. Es gibt also eine quasikonforme Abbildung $w: G_1 \to G_2^*$ mit den Randwerten $w(z) = \bar{z}$. Dann ist die Abbildung $\overline{w}$ eine quasikonforme Spiegelung an C, und die Behauptung folgt aus 8.4.

8.6. Charakterisierung einer quasikonformen Kurve mit Hilfe konformer Abbildungen. In diesem Zusammenhang sei an den in 7.5 bewiesenen funktionentheoretischen Verheftungssatz erinnert. Aus dem nachstehenden Satz (Tienari [1]) geht hervor, daß die im Verheftungssatz gegebene hinreichende Bedingung auch notwendig ist unter der zusätzlichen Voraussetzung, daß das Bild der reellen Achse eine quasikonforme Kurve ist. Wie in 7.5 seien $f_1: H_1 \to G_1$ und $f_2: H_2 \to G_2$ konforme Abbildungen, die im Unendlichkeitspunkt denselben Wert annehmen.

Satz 8.5. *Die Jordankurve C ist quasikonform dann und nur dann, wenn $f_2^{-1} \circ f_1$ auf der reellen Achse quasisymmetrisch ist.*

Beweis: Ist C quasikonform, so gestattet f_2 nach Satz 8.3 eine quasikonforme Fortsetzung auf die ganze Ebene. Es gibt also eine quasikonforme Abbildung $w_1: H_1 \to G_1$ mit den Randwerten f_2. Die zusammengesetzte Funktion $w_1^{-1} \circ f_1$ ist dann eine quasikonforme Selbstabbildung der oberen Halbebene, die den Unendlichkeitspunkt festhält und die Randwerte $f_2^{-1} \circ f_1$ besitzt. Also ist $f_2^{-1} \circ f_1$ quasisymmetrisch auf der reellen Achse.

Falls umgekehrt $f_2^{-1} \circ f_1$ auf der reellen Achse quasisymmetrisch ist, gibt es eine quasikonforme Abbildung $w_1: H_1 \to H_1$ mit den Randwerten $f_2^{-1} \circ f_1$. Dann hat $f_1 \circ w_1^{-1}$ dieselben Randwerte auf der reellen Achse wie die Abbildung f_2, die mit Rücksicht auf die Hebbarkeit einer analytischen Kurve somit zu einer quasikonformen Abbildung der Ebene erweitert werden kann. Laut der Definition einer quasikonformen Kurve ist C somit quasikonform.

8.7. Metrische Charakterisierung einer quasikonformen Kurve. Wir gehen jetzt daran, eine quasikonforme Kurve mit Hilfe ihrer geometrischen Gestalt zu charakterisieren. Zu diesem Zweck betrachte man eine Jordankurve C und zwei auf ihr liegende endliche Punkte z_1 und z_2. Von den zwei Teilbogen, in welche C durch z_1 und z_2 zerlegt wird, fasse man denjenigen ins Auge, der den kleineren euklidischen Durchmesser besitzt. Ist der Quotient zwischen diesem Durchmesser und der Entfernung $|z_1 - z_2|$ für alle endlichen Punkte z_1, z_2 auf C beschränkt, so sagt man, C sei von *beschränkter Schwenkung*.

Diese geometrisch anschauliche Eigenschaft erweist sich als äquivalent mit der Quasikonformität einer Jordankurve (vgl. Ahlfors [3]):

Satz 8.6. *Eine Jordankurve ist quasikonform dann und nur dann, wenn sie von beschränkter Schwenkung ist.*

Beweis: Wir nehmen zuerst an, daß C von beschränkter Schwenkung ist. Der Beweis, daß C dann quasikonform ist, beruht auf der Anwendung des Satzes 8.4. Sind G_1 und G_2 die von C berandeten Gebiete, und $Q_1 = G_1(z_1, z_2, z_3, z_4)$ ein Viereck, dessen Modul gleich Eins ist, so wollen wir also den Modul des Vierecks $Q_2 = G_2(z_4, z_3, z_2, z_1)$ nach oben abschätzen.

Wir bezeichnen die in Q_1 gemessenen Abstände der a- und b-Seiten von Q_1 mit s_a bzw. s_b (vgl. I.4.3) und die entsprechenden Entfernungen in der Ebene mit d_a und d_b. Dann ist offenbar $s_b \geqq d_b$. Wegen $M(Q_1) = 1$ gilt weiter die in 6.6 hergeleitete Ungleichung (6.23), wonach $s_a/s_b > 10^{-3}$. Man hat also

$$s_a > 10^{-3}\, d_b\,. \tag{8.1}$$

Da C der Annahme gemäß von beschränkter Schwenkung ist, gibt es eine Zahl h mit der folgenden Eigenschaft: Wird C durch irgend zwei ihrer Punkte z_1 und z_2 in zwei Bogen zerlegt, so liegt mindestens einer von diesen innerhalb eines Kreises, dessen Durchmesser $\leqq h\,|z_1 - z_2|$ ist. Insbesondere liegt also eine b-Seite von Q_1 (und von Q_2) in einem Kreis vom Durchmesser $h\, d_a$.

Diese Tatsache, in Verbindung mit (8.1), liefert die Ungleichung

$$d_a > \frac{10^{-3}}{\pi\, h}\, d_b\,. \tag{8.2}$$

Sonst liegt nämlich eine b-Seite in einem Kreis vom Durchmesser $\leqq 10^{-3}\, d_b/\pi$. Die andere b-Seite, die den Abstand d_b von dieser Seite hat, muß dann außerhalb dieses Kreises gelegen sein. Daraus folgt, daß die a-Seiten sich durch einen in Q_1 gelegenen Kreisbogen verbinden lassen, dessen Länge $\leqq 10^{-3}\, d_b$ ist. Dies steht jedoch im Widerspruch mit (8.1), und (8.2) ist also wahr.

Der Modul von Q_2 läßt sich jetzt unter Anwendung des Satzes I.4.1 abschätzen. Zuerst schließt man wie oben, daß es einen Kreis $|z - z_0| < h\, d_b/2$ gibt, der eine a-Seite von Q_2 enthält. Wir definieren

$$\varrho(z) = \begin{cases} 1 & \text{für} \quad |z - z_0| < \frac{1}{2} h\, d_b + 10^{-3} \frac{d_b}{\pi h} \\ 0 & \text{anderswo.} \end{cases}$$

Aus (8.2) folgt, daß die ϱ-Länge jedes Bogens, der die a-Seiten von Q_2 verbindet, mindestens $10^{-3}\, d_b/(\pi\, h)$ beträgt. Nach Satz I.4.1 gilt also

$$M(Q_2) \leqq \frac{\pi(h\, d_b/2 + 10^{-3}\, d_b/(\pi\, h))^2}{10^{-6}\, d_b^2/(\pi\, h)^2} = 10^6 \pi \left(\frac{\pi\, h^2}{2} + 10^{-3}\right)^2.$$

Die Quasikonformität von C folgt hieraus mit Berücksichtigung des Satzes 8.4.

Zweitens nehmen wir an, daß C quasikonform ist. Für ein K gibt es dann eine K-quasikonforme Abbildung w der Ebene, die C auf die reelle Achse bezieht.

Um zu beweisen, daß C von beschränkter Schwenkung ist, wählen wir auf C zwei endliche Punkte z_1, z_2, wodurch C in zwei Teilbogen C_1, C_2 zerfällt. Wir wollen die Existenz einer von z_1 und z_2 unabhängigen Zahl h zeigen, so daß einer der Bogen C_i innerhalb eines Kreises mit dem Durchmesser $h\,|z_1 - z_2|$ liegt.

Es sei p_i derjenige Punkt von C_i, der in dem größtmöglichen Abstand vom Punkt z_1 liegt. Es bedeutet keine Einschränkung anzunehmen, daß die Entfernungen $|p_1 - z_1|$ und $|p_2 - z_1|$ größer als $|z_2 - z_1|$ sind, denn sonst gilt die Behauptung trivialerweise für jedes $h > 2$. Ist $d = \min(|p_1 - z_1|, |p_2 - z_1|)$, so kann man dann den Kreisring $B = \{z \mid d > |z - z_1| > |z_2 - z_1|\}$ konstruieren; er hat den Modul

$$M(B) = \log \frac{d}{|z_2 - z_1|}\,. \tag{8.3}$$

Das Bildgebiet $B' = w(B)$ trennt die Punkte $z_1' = w(z_1)$, $z_2' = w(z_2)$ von den Punkten $p_1' = w(p_1)$, $p_2' = w(p_2)$. Alle diese Punkte liegen auf der reellen Achse, und die Abbildung w kann so normiert werden, daß $z_1' = 0 < p_1' < z_2'$ und $p_2' = \infty$ ist.

B' trennt dann die Punkte $0, z_2'$ von den Punkten p_1', ∞. Sein Modul kann also mittels des Teichmüllerschen Modulsatzes (vgl. 1.3) abgeschätzt werden. Es ergibt sich

$$M(B') \leqq 2\,\mu\left(\sqrt{\frac{z_2'}{z_2' + p_1'}}\right).$$

Weil μ monoton abnehmend ist, folgt hieraus mit Rücksicht auf (2.8)

$$M(B') < 2\,\mu\left(\sqrt{\frac{1}{2}}\right) = \pi\,. \tag{8.4}$$

Wegen der K-Quasikonformität von w ist andererseits $M(B) \leqq K\,M(B')$. Mit Rücksicht auf (8.3) und (8.4) gilt somit

$$d < e^{\pi K}\,|z_2 - z_1|\,.$$

Für $h = 2\,e^{\pi K}$ liegt also einer der Bogen C_i in einem Kreis mit dem Durchmesser $h\,|z_1 - z_2|$, und der zweite Teil des Satzes ist bewiesen.

8.8. Schwenkung in der sphärischen Metrik. Die Eigenschaft einer Jordankurve C, von beschränkter Schwenkung zu sein, kann auch in der sphärischen Metrik ausgesprochen werden. Von den Bogen, in welche die Kurve C durch zwei auf ihr liegende (endliche oder unendliche) Punkte z_1 und z_2 zerlegt wird, betrachte man denjenigen, der den kleineren sphärisch gemessenen Durchmesser besitzt. Dann gilt das folgende Resultat: *C ist von beschränkter Schwenkung dann und nur dann, wenn der Quotient zwischen diesem Durchmesser und dem sphärischen Abstand von z_1 und z_2 für alle Punkte $z_1, z_2 \in C$ beschränkt ist.*

Dies ist klar, falls die Kurve C den Unendlichkeitspunkt nicht enthält. Auch in dem Fall, wo C durch den unendlich fernen Punkt geht, läßt sich die Behauptung direkt durch eine elementare Berechnung verifizieren.

Im Besitze des Satzes 8.6 sieht man die Gültigkeit des Resultats auch folgendermaßen ein: Durch eine lineare Abbildung, die einer Drehung der Riemannschen Kugel entspricht, kann die Kurve C stets so transformiert werden, daß sie den Unendlichkeitspunkt nicht enthält. Eine Kugeldrehungstransformation beeinflußt weder die sphärischen Entfernungen noch die Quasikonformität einer Kurve. Die Kurve C ist also quasikonform, und somit von beschränkter Schwenkung, dann und nur dann, wenn sie die obengenannte sphärische Bedingung erfüllt.

Für einen Jordanbogen empfiehlt es sich, den Schwenkungsbegriff direkt mit Hilfe der sphärischen Metrik zu definieren. Wir sagen, daß der Bogen C von beschränkter Schwenkung ist, wenn der sphärische Durchmesser seiner Teilbogen $\widehat{z_1 z_2}$, dividiert durch die sphärische Entfernung zwischen z_1 und z_2, für alle $z_1, z_2 \in C$ beschränkt bleibt. Falls C beschränkt ist, können die sphärischen Entfernungen in der Definition durch die euklidischen ersetzt werden.

Aus der letztgenannten Bemerkung folgt sofort:

Ein beschränkter Jordanbogen ist von beschränkter Schwenkung dann und nur dann, wenn es eine endliche Zahl h gibt derart, daß die Ungleichung

$$|z_1 - z_2| \leqq h\,|z_1 - z_3| \tag{8.5}$$

für alle Punkte z_1, z_2, z_3 gilt, die in dieser Reihenfolge auf C liegen.

8.9. Lokale Charakterisierung einer quasikonformen Kurve. Es sei C eine Kurve oder ein Bogen von beschränkter Schwenkung und $h > 0$ eine Zahl derart, daß die Ungleichung

$$\Delta(\widehat{z_1, z_2}) \leqq h\,k(z_1, z_2) \tag{8.6}$$

für jedes Punktepaar $z_1, z_2 \in C$ besteht, wo $\Delta(\widehat{z_1, z_2})$ den sphärischen Durchmesser eines von z_1 und z_2 begrenzten Teilbogens $\widehat{z_1, z_2}$ von C bezeichnet. Da Δ jedenfalls $\leqq \pi/2$ ist, gilt (8.6) automatisch für $k(z_1, z_2) \geqq \pi/(2\,h)$. Hieraus geht hervor, daß die Eigenschaft einer Kurve oder eines Bogens, von beschränkter Schwenkung zu sein, in gewissem Sinne lokal ist.

Um den lokalen Charakter der Quasikonformität einer Kurve noch klarer zum Ausdruck zu bringen, zeigen wir zunächst Folgendes: *Jeder abgeschlossene Teilbogen C_1 einer quasikonformen Kurve C ist von beschränkter Schwenkung.*

Liegen z_1 und z_2 auf C_1, so besteht die Ungleichung (8.6) jedenfalls für einen Teilbogen $\widehat{z_1 z_2}$ von C. Ist $k(z_1, z_2) < \Delta(C - C_1)/h$, so muß dieser Bogen zu C_1 gehören. Hieraus folgt die Behauptung, da wir uns nach dem Obigen auf kleine Entfernungen k beschränken können.

Weil jeder abgeschlossene quasikonforme Bogen nach 8.2 Teilbogen einer quasikonformen Kurve ist, schließt man somit:

Ein abgeschlossener quasikonformer Bogen ist von beschränkter Schwenkung.

Die Vermutung liegt nahe, daß hier auch die Umkehrung wahr ist. Jedenfalls gilt folgendes: *Ist ein offener Jordanbogen C von beschränkter Schwenkung, so ist jeder seiner abgeschlossenen Teilbogen quasikonform.*

Beim Beweis können wir annehmen, daß C im Endlichen liegt. Jeder abgeschlossene Teilbogen C_1 von C ist in einem solchen abgeschlossenen Teilbogen C_2 von C enthalten, dessen Endpunkte p_1, p_2 in einem positiven Abstand $2r$ von C_1 liegen. Da C_2 die Ebene nicht zerlegt (I.1.3), können wir aus je einem Kreis $|z - p_i| < r$, $i = 1, 2$, einen Punkt q_i wählen und diese Punkte miteinander durch ein Polygon verbinden, das in einer positiven Entfernung von C_2 liegt. Verbindet man noch die Punkte q_1 und q_2 mit C_2 durch möglichst kurze Strecken, so entsteht (nach eventueller Weglassung gewisser Schlingen) eine geschlossene Kurve C_3, die C_1 als Teilbogen enthält. Die Kurve C_3 ist von beschränkter Schwenkung. Für Punkte z_1, z_2, die beide entweder auf $C_2 \cap C_3$ oder auf $C_3 - C_2$ liegen, ist die dazu benötigte Bedingung nämlich offensichtlich erfüllt. Andernfalls folgt das Bestehen der Bedingung daraus, daß die Punkte q_i durch möglichst kurze Strecken mit C_2 verbunden worden sind. Nach Satz 8.6 ist C_3 also quasikonform, und somit auch sein Teilbogen C_1.

Die in Aussicht gestellte lokale Charakterisierung der Quasikonformität einer Jordankurve lautet wie folgt:

Satz 8.7. *Eine Jordankurve C ist dann und nur dann quasikonform, wenn jeder Punkt von C zu einem offenen Teilbogen von C gehört, der von beschränkter Schwenkung ist.*

Beweis: Ist C quasikonform, so ist jeder abgeschlossene Teilbogen von C nach dem Obigen von beschränkter Schwenkung. Dasselbe gilt dann auch für solche offene Teilbogen von C, die in irgendeinem abgeschlossenen Teilbogen von C enthalten sind. Dies bedeutet, daß die im Satz 8.7 angegebene Bedingung notwendig ist.

Zweitens nehmen wir an, daß jeder Punkt von C zu einem offenen Teilbogen gehört, der von beschränkter Schwenkung ist. Dann kann C mit endlich vielen Teilbogen $C_1, \ldots, C_n$ dieser Art überdeckt werden. Es seien z_1, z_2 zwei Punkte von C. Liegen sie auf demselben Bogen C_i, so gibt es nach Voraussetzung eine Zahl h derart, daß (8.6) besteht. Gehören z_1 und z_2 dagegen nicht zu demselben C_i, so liegt $k(z_1, z_2)$ oberhalb einer positiven Schranke r, und (8.6) gilt für $h = \pi/2r$. C ist also von beschränkter Schwenkung und nach Satz 8.6 quasikonform.

8.10. Beispiele von quasikonformen Bogen. Aus der Bedingung (8.5) erhält man einfache hinreichende Kriterien für die Quasikonformität eines Jordanbogens C.[1] Gibt es z. B. einen Homöomorphismus φ der Einheitsstrecke $0 < t < 1$ auf C, der eine Lipschitz-Bedingung

$$m\,|t_1 - t_2| \leqq |\varphi(t_1) - \varphi(t_2)| \leqq M\,|t_1 - t_2|$$

erfüllt, so sind alle kompakten Teilbogen von C quasikonform. Hieraus folgt insbesondere, daß jeder abgeschlossene glatte Jordanbogen quasikonform ist. Dasselbe gilt, falls C aus endlich vielen glatten Bogen besteht, die in ihren Endpunkten paarweise einen nichtverschwindenden Winkel bilden.

Hat der Bogen C dagegen in irgendeinem Punkt einen Nullwinkel, so kann er nicht quasikonform sein; die Bedingung (8.5) kann nämlich in keiner Umgebung der Spitze des Nullwinkels bestehen.

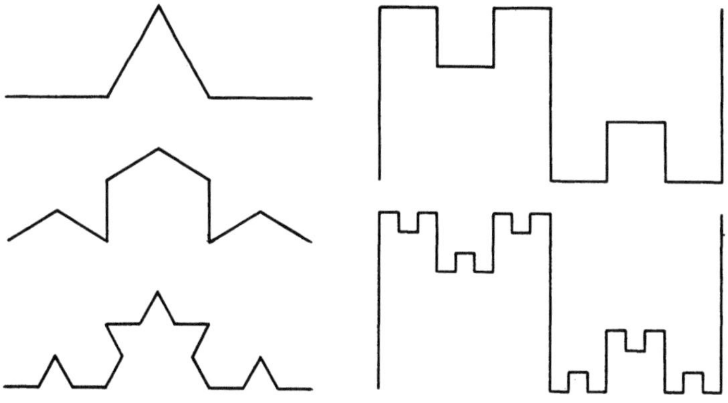

Abb. 11

Andererseits gibt es quasikonforme Bogen, die nicht einmal rektifizierbar sind. Ohne diese Behauptung näher zu begründen, haben wir in Abb. 11 zwei Konstruktionsmethoden dargestellt, deren unbe-

[1] Vgl. auch Pfluger [3], Tienari [1], Väisälä [2].

schränkte Wiederholung zu nicht-rektifizierbaren quasikonformen Bogen führt.[1] Der erstere von diesen enthält sogar keinen rektifizierbaren Teilbogen.

§ 9. Kreisdilatation

9.1. Definition der Kreisdilatation. In I.9.4 definierten wir den Dilatationsquotienten D eines Homöomorphismus w in jedem Punkt, der in bezug auf w regulär ist. Der Dilatationsquotient gestattet eine differentialgeometrische Interpretation als das Achsenverhältnis der Bildellipse eines infinitesimalen Kreises. In einem nicht notwendig regulären Punkt z ist es deshalb natürlich, die lokale Dilatation von w, außer mit Hilfe der Dilatation der Vierecke in der Nähe von z, auch mittels der Verzerrung der Bildkurven von kleinen Kreisen mit Mittelpunkt in z zu messen.

Zu diesem Zweck setzen wir für $z \neq \infty$, $w(z) \neq \infty$,

$$H_w(z) = H(z) = \limsup_{r \to +0} \frac{\max_\alpha |w(z + r e^{i\alpha}) - w(z)|}{\min_\alpha |w(z + r e^{i\alpha}) - w(z)|},$$

und ergänzen diese Definition durch die Vorschriften $H_w(\infty) = H_{\tilde{w}}(0)$, wo $\tilde{w}(z) = w(1/z)$ ist, $H_w(z) = H_{1/w}(z)$ für $w(z) = \infty$. Die Funktion H wird die *Kreisdilatation* der topologischen Abbildung w genannt.

Ist $z \neq \infty$ ein regulärer Punkt und $w(z) \neq \infty$, so ist

$$\begin{aligned} w(z + r e^{i\alpha}) - w(z) &= r(w_z(z) e^{i\alpha} + w_{\bar{z}}(z) e^{-i\alpha}) + o(r) \\ &= r e^{i\alpha} \partial_\alpha w(z) + o(r). \end{aligned}$$

Daraus folgt, daß dann $H(z) = D(z)$ ist. Wegen der Invarianz von H gegenüber linearen Abbildungen gilt dieselbe Beziehung auch, wenn $z = \infty$ oder $w(z) = \infty$ ist. Man schließt somit: *Der Dilatationsquotient D ist die Einschränkung der Kreisdilatation H auf reguläre Punkte.*

9.2. Abschätzung der Kreisdilatation nach oben. Nach Satz I.9.4 gilt für eine reguläre quasikonforme Abbildung $F(z) = D(z) = H(z)$ in jedem Punkt z des abzubildenden Gebietes. Wir wollen jetzt die gegenseitige Beziehung zwischen F und H in nicht-regulären Punkten untersuchen.

Für den durch

$$w(z) = e^{-\frac{1}{|z|} + i \arg z}$$

definierten Homöomorphismus w der endlichen Ebene auf den Einheitskreis ist $H(0) = 1$, $F(0) = \infty$. Aus der Endlichkeit von $H(z)$ folgt also nicht, daß $F(z)$ endlich ist.

---

[1] Die Idee solcher direkten Konstruktionen stammt von G. Piranian.

In der umgekehrten Richtung gilt aber das folgende Resultat (Mori [2]).

Satz 9.1. *Für eine K-quasikonforme Abbildung liegt H unterhalb einer endlichen nur von K abhängigen Schranke.*

Beweis: Wenn wir uns mit dem qualitativen Resultat begnügen und also nicht danach streben, die bestmögliche Schranke für H zu finden, läßt sich der Satz folgendermaßen leicht beweisen.

Ist die Behauptung falsch, so kann man eine Folge von K-quasikonformen Abbildungen w_n eines Gebietes G auf ein endliches Gebiet G' konstruieren derart, daß für zwei Punkte $z_0, z_1 \in G$ die Normierungen $w_n(z_0) = 0$, $w_n(z_1) = 1$ gelten, während $\min |w_n(z)|$ auf der Kreislinie $|z - z_0| = |z_1 - z_0|$ für $n \to \infty$ gegen Null strebt. Da $\{w_n\}$ nach Satz 5.1 eine normale Familie ist, können wir aus w_n eine Teilfolge wählen, die nach Satz 5.3 in G entweder gegen eine quasikonforme Abbildung oder eine Konstante gleichmäßig konvergiert. Beide Möglichkeiten stehen im Widerspruch mit dem Obigen, und der Satz ist bewiesen.

Eine explizite, wenn auch nicht bestmögliche Schranke für H kann wie folgt unschwer gefunden werden. Es sei $w : G \to G'$ eine K-quasikonforme Abbildung; dabei können wir annehmen, daß G und G' Gebiete der endlichen Ebene sind. Für $z_0 \in G$, $D_r = \{z \mid |z - z_0| < r\}$, $\overline{D}_r \subset G$, setzen wir

$$m_1(r) = \max_{|z-z_0|=r} |w(z) - w(z_0)|, \qquad m_2(r) = \min_{|z-z_0|=r} |w(z) - w(z_0)|$$

und bezeichnen mit z_1 und z_2 die Punkte von Rd D_r, in welchen das Maximum bzw. das Minimum erreicht wird. Die Zahl r sei so klein gewählt, daß die Kreisscheibe $|w - w(z_0)| \leqq m_1(r)$ sich in G' befindet.

In G' betrachte man den Kreisring $B' = \{w \mid m_2(r) < |w| < m_1(r)\}$. Sein Urbild B ist ein Ringgebiet, das die Punkte z_0, z_2 von den Punkten z_1, ∞ trennt. Wegen $|z_1 - z_0| = |z_2 - z_0|$ gilt nach dem Teichmüllerschen Modulsatz (s. 1.3) und nach (2.8) somit

$$M(B) \leqq 2\mu\left(\frac{1}{\sqrt{2}}\right) = \pi .$$

Andererseits ist $M(B') = \log\bigl(m_1(r)/m_2(r)\bigr)$ und $M(B') \leqq K\, M(B)$. Daraus folgt

$$m_1(r)/m_2(r) \leqq e^{\pi K} . \tag{9.1}$$

Somit ist auch $H(z_0) \leqq e^{\pi K}$.

9.3. Abschätzung der Kreisdilatation nach unten. Für eine K-quasikonforme Abbildung kann $H(z)$ tatsächlich größer als K sein. Wir ziehen in Betracht die in 6.3 eingeführte Verzerrungsfunktion $\lambda(K)$ mit der asymptotischen Entwicklung

$$\lambda(K) = \frac{1}{16} e^{\pi K} - \frac{1}{2} + O(e^{-\pi K})$$

und beweisen Folgendes (Lehto-Virtanen-Väisälä [1]):

Satz 9.2. *Für jedes $\varepsilon > 0$ gibt es eine K-quasikonforme Abbildung, wofür*

$$H(z) \geqq \lambda(K) - \varepsilon \tag{9.2}$$

in einem Punkt z gilt.

Beweis: Nach 2.2 und 6.3 ist der Modul des aus der oberen Halbebene und den Ecken $-\lambda(K)$, 0, 1 ∞ bestehenden Vierecks gleich

$$\frac{2}{\pi} \mu\left(\frac{1}{\sqrt{\lambda(K)+1}}\right) = K\,.$$

Aus der Bemerkung in I.3.4 folgt daher, daß es eine K-quasikonforme Selbstabbildung w der oberen Halbebene gibt mit $w(0) = 0$, $w(1) = 1$, $w(-1) = -\lambda(K)$, $w(\infty) = \infty$. Diese Abbildung werde durch Spiegelung auf die ganze Ebene erweitert.

Wir setzen $B_n = \{z \mid 1/n < |z| < n\}$, $B'_n = w(B_n)$, $n = 2, 3, \ldots$, und bilden B'_n durch eine Funktion f_n konform auf einen Kreisring $A_n = \{\zeta \mid a_n < |\zeta| < b_n\}$ ab, so daß $f_n(1) = 1$ ist. Die zusammengesetzte K-quasikonforme Abbildung $w_n = f_n \circ w : B_n \to A_n$ kann durch wiederholte Spiegelungen zunächst auf die punktierte Ebene $0 < |z| < \infty$ erweitert werden. Da $z = 0$ und $z = \infty$ nach Satz I.8.1 hebbare Singularitäten sind, gestattet w_n eine K-quasikonforme Erweiterung auf die ganze Ebene, und es gilt $w_n(0) = 0$, $w_n(1) = 1$, $w_n(\infty) = \infty$.

Aus Satz 5.1 folgt, daß $\{w_n\}$ eine normale Familie ist. Durch Übergang zu einer Teilfolge erreicht man also nach Satz 5.3, daß w_n für $n \to \infty$ gegen eine quasikonforme Abbildung der Ebene konvergiert. Die Abbildungen $f_n = w_n \circ w^{-1}$, die in jedem kompakten Teil der punktierten Ebene $0 < |z| < \infty$ von einem gewissen n an konform sind, konvergieren dann gegen eine konforme Abbildung f der Ebene. Wegen $f(0) = 0$, $f(1) = 1$, $f(\infty) = \infty$, ist f die identische Abbildung.

Jedem $\varepsilon > 0$ entspricht folglich ein N, so daß

$$|w_N(-1) + \lambda(K)| = |w_N(w^{-1}(-\lambda(K))) + \lambda(K)| < \varepsilon$$

ist. Wegen $w_N(1) = 1$ gilt auf $|z| = 1$ daher

$$\frac{\max |w_N(z)|}{\min |w_N(z)|} > \lambda(K) - \varepsilon\,.$$

Diese Ungleichung besteht auch auf jedem Kreis $|z| = N^{-2k}$, $k = 1, 2, \ldots$, den man bei den oben ausgeführten Spiegelungen als Bilder von $|z| = 1$

erhält. Für die quasikonforme Abbildung w_N gilt deshalb (9.2) im Punkt $z = 0$.

9.4. Supremum der Kreisdilatation. Nach Satz 9.2 ist das Supremum der Werte, welche die Kreisdilatation K-quasikonformer Abbildungen annehmen kann, mindestens gleich $\lambda(K)$. Tatsächlich besteht hier die Gleichheit:

Satz 9.3. *In der Familie $\mathfrak{W}$ der K-quasikonformen Abbildungen w ist*

$$\sup_{w \in \mathfrak{W}} H_w(z) = \lambda(K) .$$

Die Begründung dieses Resultats verlangt funktionentheoretische Hilfsmittel, die von den anderen von uns benutzten Methoden recht weit liegen. Wir wollen den Satz deshalb nicht beweisen, sondern begnügen uns damit, auf die gemeinsame Arbeit [1] von Väisälä und den Verfassern hinzuweisen.

III Hilfssätze aus der reellen Analysis

Einleitung zum Kapitel III

In den bisherigen Kapiteln I und II ist die Theorie der quasikonformen Abbildungen ausgehend von der geometrischen Definition unter Benutzung recht einheitlicher topologisch-funktionentheoretischer Methoden entwickelt worden. Es ist aber klar, daß fundamentale Probleme aus der Theorie der quasikonformen Abbildungen ihrer Natur nach zum Gebiet der reellen Analysis gehören. Solche sind z. B. die Fragen nach der Differenzierbarkeit und der Nullmengentreue einer quasikonformen Abbildung. Zur Weiterentwicklung der Theorie ist es folglich notwendig, neben den früher angewandten Methoden auch derartige Hilfsmittel in Anspruch zu nehmen, die aus der Maß- und Integrationstheorie herstammen.

Während die Hilfsresultate aus der Topologie und der komplexen Funktionentheorie in den zwei ersten Paragraphen des Kapitels I nur kurz zusammengestellt worden sind, haben wir hier vorgezogen, ein ganzes Kapitel den Hilfssätzen aus der reellen Analysis zu widmen. Dies beruht nicht nur auf Schwierigkeiten, in manchen Fällen genaue Referenzen anzugeben. Wir haben nämlich hier auch einige nicht zu den Fundamenten der allgemeinen Theorie gehörende Sätze bewiesen, die direkt auf quasikonforme Abbildungen anwendbar sind. Z. B. erhält man die Resultate sowohl über die Differenzierbarkeit als auch über die Nullmengentreue einer quasikonformen Abbildung, die im

Kapitel IV ausgesprochen werden, als Spezialfälle allgemeinerer im vorliegenden Kapitel bewiesener Sätze.

In § 1 sind einige Bezeichnungen und grundlegende Resultate betreffend den Maß- und Integralbegriff zusammengestellt. Für weitere Einzelheiten wird der Leser auf die Lehrbücher von Munroe [1] oder Saks [1] hingewiesen. Auch § 2, in welchem jedem Homöomorphismus eine vollständig additive Mengenfunktion zugeordnet wird, deren Eigenschaften studiert werden, ist von allgemeinem Charakter.

In § 3 wird die Differenzierbarkeit eines Homöomorphismus untersucht. Es wird u. a. bewiesen, daß ein Homöomorphismus mit fast überall endlichen partiellen Ableitungen fast überall differenzierbar ist, ein Resultat, welches später mehrmals gebraucht wird.

Durch Anwendung der in §§ 1—3 entwickelten Methoden wird der in einigen Spezialfällen schon im Kapitel I eingeführte Modul einer Kurvenschar in § 4 unter allgemeinen Bedingungen untersucht.

Nachdem in § 5 Methoden zur Approximation einer meßbaren Funktion dargelegt worden sind, werden in § 6 Funktionen mit verallgemeinerten L^p-Ableitungen betrachtet. Eine Reihe von hier bewiesenen Sätzen, z. B. derjenige, der besagt, daß ein Homöomorphismus mit L^2-Ableitungen in bezug auf das Flächenmaß absolut stetig ist, wird im Kapitel IV direkte Anwendung auf quasikonforme Abbildungen finden.

Schließlich wird in § 7 die zweidimensionale Hilbert-Transformation behandelt und als Anwendung eine später benötigte Beziehung zwischen den komplexen Ableitungen einer Funktion mit verallgemeinerten L^2-Ableitungen hergeleitet.

§ 1. Maß und Integral

1.1. Äußeres Maß. Wir beginnen mit einigen einleitenden Bemerkungen über die Grundbegriffe der Maß- und Integraltheorie. Beim Leser wird eine Vertrautheit mit diesen vorausgesetzt; unser Zweck ist, die später in Gebrauch kommende Terminologie festzulegen.

Eine reelle Mengenfunktion ist im Folgenden eine Abbildung in die erweiterte Gerade; die Werte $+\infty$ und $-\infty$ sind also nicht ausgeschlossen. Eine für alle Teilmengen eines Raumes Ω definierte reelle Mengenfunktion μ^* heißt ein *äußeres Maß*[1], falls sie die folgenden Axiome erfüllt: 1. Aus $A \subset B$ folgt $\mu^*(A) \leqq \mu^*(B)$. 2. $\mu^*(\emptyset) = 0$. 3. Für jede Folge von Mengen A_n gilt $\mu^*(\bigcup A_n) \leqq \sum \mu^*(A_n)$.

Wir betrachten nur den Fall, wo Ω ein metrischer Raum (i. A. eine ebene Punktmenge) ist. Alle vorkommenden äußeren Maße sollen

[1] Obgleich μ^* als eine Funktion definiert ist, spricht man vom äußeren Maß einer Menge A anstatt vom Werte von μ^* in A.

neben den Axiomen 1—3 noch den zwei folgenden genügen: 4. Liegen die Mengen A und B in positiver Entfernung voneinander, so gilt $\mu^*(A \cup B) = \mu^*(A) + \mu^*(B)$. 5. Für jede Menge $A \subset \Omega$ existiert eine Folge von offenen Mengen $\Omega \supset G_1 \supset G_2 \ldots$, derart, daß $\bigcap G_n \supset A$ und $\mu^*(\bigcap G_n) = \mu^*(A)$ ist.

Eine Mengenfunktion, die die Axiome 1—4 erfüllt, heißt ein *äußeres Maß im Sinne von Carathéodory*. Aus Axiom 5 folgt, daß μ^* *regulär* ist.

Von den verschiedenen äußeren Maßen, die im Folgenden zur Anwendung kommen, seien hier das Lebesguesche äußere Längen- und Flächenmaß erwähnt. Das letztere wird für eine beliebige Teilmenge A der endlichen Ebene[1] wie folgt definiert: Man betrachte alle Folgen $R_1, R_2, \ldots$, wo die Elemente R_n offene Rechtecke sind, deren Seiten parallel zu den Koordinatenachsen liegen und deren Vereinigungsmenge die Menge A überdeckt. Die untere Grenze $\inf \sum m(R_n) = m^*(A)$ wird als das Lebesguesche äußere Flächenmaß von A erklärt.

Das Lebesguesche äußere Längenmaß l^* läßt sich in entsprechender Weise definieren im Falle, wo der Raum Ω eine endliche Gerade ist. Für eine Menge $A \subset \Omega$ wird $l^*(A)$ als die untere Grenze der Summen $\sum l(I_n)$ erklärt, wo $I_1, I_2, \ldots$ eine Folge von offenen Strecken ist, die die Menge A überdecken, und $l(I_n)$ die Länge von I_n bezeichnet.

Aus den obigen Definitionen folgt unmittelbar, daß sowohl m^* als l^* die Axiome 1—5 erfüllen.

In analoger Weise kann man das Lebesguesche äußere Volumenmaß in einem n-dimensionalen euklidischen Raum R^n, $n > 2$, definieren. Dieses Maß wird bei uns im Falle von R^4 zur Anwendung kommen.

1.2. Meßbare Mengen. Es sei μ^* ein für die Teilmengen des Raumes Ω definiertes äußeres Maß, das die Axiome 1—5 erfüllt. Eine Menge $A \subset \Omega$ heißt *meßbar* in bezug auf μ^*, falls für jede Menge $X \subset \Omega$ die Beziehung $\mu^*(X) = \mu^*(X \cap A) + \mu^*(X - A)$ gültig ist. Ist A meßbar, so wird $\mu^*(A)$ das *Maß* von A genannt. Um die Meßbarkeit von A zu kennzeichnen, wird der Stern hinter μ weggelassen und das Maß von A also mit $\mu(A)$ bezeichnet.

Die meßbaren Mengen bilden eine *vollständig additive Klasse* $\mathcal{M}$, d. h. $\emptyset \in \mathcal{M}$, aus $A \in \mathcal{M}$ folgt $-A \in \mathcal{M}$, und aus $A_n \in \mathcal{M}$, $n = 1,2,\ldots$, folgt $\bigcup A_n \in \mathcal{M}$. Die Bedeutung dieser Klasse liegt darin, daß das Axiom 3 in Gleichheit

$$\mu\Big(\bigcup_{n=1}^{\infty} A_n\Big) = \sum_{n=1}^{\infty} \mu(A_n)$$

[1] Wir beschränken uns hier auf die endliche Ebene, weil diese Vereinigung abzählbar vieler offener Mengen von endlichem Flächenmaß ist (vgl. 1.2). In 4.1 wird das Flächenmaß für Mengen der ganzen Ebene definiert.

übergeht, falls die Mengen A_n zu $\mathcal{M}$ gehören und zueinander punktfremd sind. Das Maß μ ist also vollständig additiv in $\mathcal{M}$.

Ist $\mu^*(A) = 0$, so wird A eine *Nullmenge* genannt; sie ist stets meßbar, und dasselbe gilt nach Axiom 1 für jede Teilmenge von A. Wir werden die gewöhnliche Sprechweise verwenden, wonach eine Aussage fast überall gültig ist, wenn sie überall mit möglicher Ausnahme einer Nullmenge gilt. Dabei wird der explizite Hinweis auf das betreffende Maß öfters weggelassen, falls keine Gefahr für ein Mißverständnis vorliegt.

Aus den Axiomen 1—4 folgt, daß jede offene und jede abgeschlossene Menge meßbar ist. Es gibt eine eindeutig bestimmte kleinste vollständig additive Klasse $\mathcal{B}$, die alle abgeschlossenen (und folglich auch alle offenen) Mengen des Raumes Ω enthält. Die Elemente von $\mathcal{B}$ heißen *Borelsche Mengen*[1]; aus der Definition ergibt sich, daß sie stets meßbar sind. Nach Axiom 5 entspricht jeder Menge A eine Borelsche Menge B, so daß $A \subset B$ und $\mu^*(A) = \mu(B)$ ist.

Weil das äußere Maß μ^* regulär ist, besitzt es die folgende Stetigkeitseigenschaft (Munroe [1], S. 95): Ist $A_1 \subset A_2 \subset \ldots$ eine nicht abnehmende Folge, so ist $\mu^*(\bigcup A_n) = \lim \mu^*(A_n)$. Für eine nicht zunehmende Folge von meßbaren Mengen $A_1 \supset A_2 \supset \ldots$ gilt die entsprechende Beziehung $\mu(\bigcap A_n) = \lim \mu(A_n)$ unter der Annahme, daß $\mu(A_1)$ endlich ist. Wegen dieser zusätzlichen Forderung ist es trotz Axiom 5 nicht immer möglich, einer meßbaren Menge A eine Folge von offenen Mengen $G_n \supset A$ derart zuzuordnen, daß $\mu(A) = \lim \mu(G_n)$ ist.

Eine Menge, die Vereinigung abzählbar vieler Mengen A_n mit $\mu^*(A_n) < \infty$ ist, heißt *σ-endlich* (in bezug auf das äußere Maß μ^*). Aus Axiom 5 folgt, daß jeder σ-endlichen meßbaren Menge $A \subset \Omega$ zwei Borelsche Mengen B_1 und B_2 derart zugeordnet werden können, daß $B_1 \subset A \subset B_2$ und $\mu(B_2 - B_1) = 0$ ist. Dabei kann B_1 als abzählbare Vereinigung von abgeschlossenen Mengen gewählt werden. Es gibt also eine Folge von abgeschlossenen Mengen $F_n \subset A$, so daß $\lim \mu(F_n) = \mu(A)$ ist (vgl. Munroe [1], S. 108—110).

Falls der Raum Ω Vereinigung abzählbar vieler offener Mengen mit endlichem Maß ist (wie z. B. im Falle der Lebesgueschen Masse), ist die folgende Bedingung notwendig und hinreichend für die Meßbarkeit einer Menge $A \subset \Omega$: Jedem $\varepsilon > 0$ entspricht eine abgeschlossene Menge $F \subset A$ und eine offene Menge $G \supset A$, so daß $\mu\,(G - F) < \varepsilon$ ist (vgl. Munroe [1], S. 111). Die obere Grenze der Masse $\mu(F)$ von abgeschlossenen Mengen $F \subset A$ wird oft das *innere Maß* von A ge-

[1] Was die Abhängigkeit der Klasse $\mathcal{B}$ vom Bezugsraum Ω betrifft, sei Folgendes bemerkt: Ist der Unterraum Ω_0 von Ω als Teilmenge von Ω aufgefaßt eine Borelsche Menge, so sind die Teilmengen von Ω_0 gleichzeitig Borelsch in bezug auf Ω und Ω_0.

nannt und mit $\mu_*(A)$ bezeichnet. Liegt A in einem Raum Ω mit endlichem Maß, so ist die obige Charakterisierung der Meßbarkeit also gleichbedeutend mit dem Bestehen der Gleichung $\mu^*(A) = \mu_*(A)$. Damit äquivalent ist auch die Gültigkeit der Beziehung $\mu(\Omega) = \mu^*(A) + \mu^*(\Omega - A)$.

1.3. Meßbare Funktionen. Eine Funktion f, die in einer meßbaren Menge definiert ist und diese in einen topologischen Raum abbildet, heißt meßbar, wenn das Urbild $f^{-1}(G)$ jeder offenen Menge G meßbar ist. Die Meßbarkeit von f hängt von der Wahl des äußeren Maßes μ^* ab; sind die Urbilder der offenen Mengen aber Borelsche Mengen, so ist f meßbar in bezug auf jedes μ^*. In diesem Fall wird f eine *Borelsche Funktion* genannt.

Alle hier in Betracht kommenden Funktionen f sind entweder reell (d. h. Abbildungen in die erweiterte Gerade) oder komplexwertig (Abbildungen in die ganze Ebene). In beiden Fällen gibt es verschiedene Kriterien für die Meßbarkeit von f. Eine reelle Funktion f ist z. B. dann meßbar, wenn die Menge $\{z \mid f(z) > r\}$ für jede rationale Zahl r meßbar ist. Für die Meßbarkeit einer fast überall endlichen, komplexwertigen Funktion $f = u + i\,v$ ist es notwendig und hinreichend, daß die reellen Funktionen u und v meßbar sind.

Unter der charakteristischen Funktion c_A der Menge A wird diejenige reelle Funktion verstanden, die in jedem Punkt von A den Wert Eins besitzt und anderswo in Ω gleich Null ist. Die Funktion c_A ist dann und nur dann meßbar, wenn die Menge A es ist.

Für meßbare Funktionen gilt der folgende Konvergenzsatz, der im Hinblick auf spätere Anwendungen in dem speziellen Fall des Lebesgueschen Flächenmaßes formuliert sei.

Satz von Egoroff. *Es sei f_n eine Folge reell- oder komplexwertiger meßbarer Funktionen, die fast überall in einer Menge A von endlichem Lebesgueschem Flächenmaß gegen eine endliche Funktion konvergiert. Dann gibt es zu jedem $\varepsilon > 0$ eine abgeschlossene Menge $F \subset A$ mit $m(A - F) < \varepsilon$, wo die Konvergenz gleichmäßig ist.*

Der Egoroffsche Satz in der obigen Form ist eine fast unmittelbare Folge der Definition einer meßbaren Funktion und der in 1.2 erwähnten Charakterisierung des Maßes von A als die obere Grenze der Maße der abgeschlossenen Mengen $F \subset A$ (vgl. Munroe [1], S. 157).

1.4. Integrierbare Funktionen. A sei eine meßbare Menge und f eine in A definierte, reelle nichtnegative meßbare Funktion. Wir definieren

$$\int_A f\,d\mu = \sup \sum_{k=1}^{n} \mu(A_k) \inf_{z \in A_k} f(z)\,,$$

wo $A_1, \ldots, A_n$ punktfremde meßbare Teilmengen von A sind und wo das Produkt $\mu(A_k) \inf f(z) = 0$ ist, wenn einer von den Faktoren verschwindet, auch wenn der andere unendlich ist. Ist das Integral endlich, so heißt f *integrierbar* in A.

Wie in 1.2 bemerkt wurde, kann eine meßbare σ-endliche Menge als Vereinigung einer Borelschen Menge und einer Nullmenge dargestellt werden. Wir können uns deshalb bei der Definition des Integrals über eine σ-endliche Menge A auf Borelsche Mengen A_k beschränken.

Eine reelle oder komplexwertige meßbare Funktion f wird als integrierbar erklärt, wenn $|f|$ es ist. Falls f reell ist, sind die nichtnegativen Funktionen $f^+ = (|f| + f)/2$, $f^- = (|f| - f)/2$ gleichzeitig mit f integrierbar, und das Integral von f kann als die Differenz

$$\int\limits_A f\, d\mu = \int\limits_A f^+\, d\mu - \int\limits_A f^-\, d\mu$$

definiert werden. Eine komplexwertige integrierbare Funktion $f = u + i\, v$ ist fast überall endlich, und die reellen Funktionen u, v sind integrierbar, nachdem ihre Werte in den Punkten, wo f unendlich ist, beliebig vorgeschrieben sind. Man definiert dann das Integral von f als die Summe

$$\int\limits_A f\, d\mu = \int\limits_A u\, d\mu + i \int\limits_A v\, d\mu\,.$$

1.5. Lebesguesche Integrale. Die Integrale in bezug auf das Lebesguesche Flächen- und Längenmaß werden Lebesguesche Integrale genannt. Für diese wollen wir die im Kapitel I eingeführten Bezeichnungen auch im Folgenden gebrauchen. Es wird also z. B. $\int\int f\, d\sigma$ statt $\int f\, dm$ geschrieben (vgl. auch 2.6).

Der folgende Satz über die gegenseitige Abhängigkeit zwischen den Integralen in bezug auf das Flächen- und Längenmaß wird uns später mehrmals als wichtiges Hilfsmittel dienen (vgl. Munroe [1], S. 207).

Satz von Fubini. *Es sei f eine im Rechteck $R = \{x + i\, y \mid x_1 < x < x_2, y_1 < y < y_2\}$ definierte meßbare reelle oder komplexwertige Funktion. Dann ist f l-meßbar als Funktion von x für fast alle y, $y_1 < y < y_2$, und als Funktion von y für fast alle x, $x_1 < x < x_2$. Die Integrale*

$$\int\limits_{y_1}^{y_2} |f(x, y)|\, dy\,, \quad \int\limits_{x_1}^{x_2} |f(x, y)|\, dx$$

sind als Funktionen von x bzw. y ebenfalls meßbar, und es gilt

$$\iint\limits_R |f|\, d\sigma = \int\limits_{x_1}^{x_2} dx \int\limits_{y_1}^{y_2} |f(x, y)|\, dy = \int\limits_{y_1}^{y_2} dy \int\limits_{x_1}^{x_2} |f(x, y)|\, dx\,. \qquad (1.1)$$

Ist f integrierbar in R, so sind die durch die Integrale

$$\int_{y_1}^{y_2} f(x, y)\, dy\,, \qquad \int_{x_1}^{x_2} f(x, y)\, dx$$ [1]

definierten Funktionen integrierbar in $x_1 < x < x_2$ bzw. $y_1 < y < y_2$, und es gilt

$$\iint_R f\, d\sigma = \int_{x_1}^{x_2} dx \int_{y_1}^{y_2} f(x, y)\, dy = \int_{y_1}^{y_2} dy \int_{x_1}^{x_2} f(x, y)\, dx\,. \tag{1.2}$$

Der Fubinische Satz kann in analoger Form für beliebige euklidische Räume R^m, R^n, R^{m+n} ausgesprochen werden. Wir werden den Satz außer in dem obigen Fall $m = n = 1$ auch für $m = n = 2$ gebrauchen. Er lautet dann wie folgt:

Es seien $R_z = \{x + i\,y \mid x_1 < x < x_2, y_1 < y < y_2\}$, $R_\zeta = \{\xi + i\,\eta \mid \xi_1 < \xi < \xi_2, \eta_1 < \eta < \eta_2\}$ Rechtecke der $z = x + i\,y$- bzw. $\zeta = \xi + i\,\eta$-Ebene und $R = R_z \times R_\zeta = \{(z, \zeta) \mid z \in R_z,\ \zeta \in R_\zeta\}$ ihr Cartesisches Produkt in R^4. Ist f definiert und meßbar in R (in bezug auf das vierdimensionale Lebesguesche Volumenmaß), so ist

$$\iint_{R_z} d\sigma_z \iint_{R_\zeta} |f(z, \zeta)|\, d\sigma_\zeta = \iint_{R_\zeta} d\sigma_\zeta \iint_{R_z} |f(z, \zeta)|\, d\sigma_z\,. \tag{1.1)'$$

Falls f in R integrierbar ist, gilt ferner

$$\iint_{R_z} d\sigma_z \iint_{R_\zeta} f(z, \zeta)\, d\sigma_\zeta = \iint_{R_\zeta} d\sigma_\zeta \iint_{R_z} f(z, \zeta)\, d\sigma_z\,. \tag{1.2)'$$

Als zweites Resultat über Lebesguesche Integrale erwähnen wir hier den folgenden Satz, der durch Anwendung des Egoroffschen Satzes (s. 1.3) leicht begründet werden kann (Munroe [1], S. 234).

Lebesguescher Konvergenzsatz. *Es sei f_n eine Folge meßbarer Funktionen, die fast überall in einer Menge A von endlichem Lebesgueschem Flächenmaß die folgenden zwei Bedingungen erfüllen:* 1. $|f_n(z)| \leqq g(z)$, $n = 1, 2, \ldots$, *wo g eine in A integrierbare Funktion ist.* 2. $\lim f_n(z) = 0$. *Dann gilt*

$$\lim_{n \to \infty} \iint_A f_n\, d\sigma = 0\,.$$

1.6. Dichtepunkt einer Menge. A sei eine Punktmenge auf der x-Achse. Für ein endliches x betrachte man die Gesamtheit der auf

---

[1] Diese Funktionen existieren für fast alle x bzw. y, weil die Integrale $\int_{y_1}^{y_2} |f(x, y)|\, dy$ und $\int_{x_1}^{x_2} |f(x, y)|\, dx$ wegen der Endlichkeit von (1.1) für fast alle x bzw. y endlich sind.

der x-Achse liegenden abgeschlossenen Strecken I_x, die den Punkt x enthalten, und setze

$$S(x) = \liminf_{l(I_x)\to 0} \frac{l^*(A \cap I_x)}{l(I_x)}.$$

Ist $S(x) = 1$, so heißt x ein (linearer) *Dichtepunkt* der Menge A. Der untere Limes kann dann durch den gewöhnlichen Grenzwert ersetzt werden.

Analog definiert man den Dichtepunkt für eine ebene Menge A. Für ein endliches $z \in A$ betrachtet man dann alle abgeschlossenen Quadrate Q_z, die den Punkt z enthalten und deren Seiten parallel zu den Koordinatenachsen sind. Ist

$$\liminf_{m(Q_z)\to 0} \frac{m^*(A \cap Q_z)}{m(Q_z)} = 1,$$

so heißt z ein Dichtepunkt von A.

Sowohl im linearen als auch im ebenen Fall gilt über die Existenz der Dichtepunkte (Munroe [1], S. 290, Saks [1], S. 129): *Fast jeder Punkt von A ist ein Dichtepunkt von A.*

Für ebene Mengen brauchen wir noch die folgenden etwas spezielleren Begriffe eines Dichtepunktes. Ein endlicher Punkt $z_0 = x_0 + i\,y_0$ der $z = x + i\,y$-Ebene heißt ein *x-Dichtepunkt* der ebenen Menge A, falls x_0 ein linearer Dichtepunkt der eindimensionalen Menge $\{x \mid x + i\,y_0 \in A\}$ ist. Entsprechend wird z_0 als y-Dichtepunkt von A definiert, falls y_0 ein linearer Dichtepunkt von $\{y \mid x_0 + i\,y \in A\}$ ist. Ein Punkt, der sowohl ein x- als ein y-Dichtepunkt von A ist, heißt ein *xy-Dichtepunkt* von A.

In § 3 werden wir das folgende Resultat über die xy-Dichtepunkte benötigen (Saks [1], S. 298).

Hilfssatz 1.1. *Fast alle Punkte einer meßbaren Menge A der endlichen Ebene sind xy-Dichtepunkte von A.*

1.7. Hausdorffsches Maß. Das Lebesguesche Längenmaß ist nur für Punktmengen definiert, die auf einer Geraden liegen. Zur Bestimmung der Länge einer allgemeineren ebenen Menge muß ein anderes Maß eingeführt werden. Ein solches ergibt sich als Spezialfall aus dem Begriff des α-dimensionalen Maßes, $\alpha > 0$, das in folgender Weise definiert wird:

Es sei A eine Punktmenge der endlichen Ebene. Man betrachte alle Überdeckungen von A mit abzählbar vielen offenen Mengen, deren Durchmesser kleiner als eine positive Zahl d sind. Jeder solchen Überdeckung $\{G_1, G_2, \ldots\}$ ordne man die Zahl $\sum d_n^\alpha$ zu, wo d_n den Durchmesser der Menge G_n bezeichnet. Die untere Grenze dieser

Zahlen nimmt für $d \to 0$ zu; also existiert der Grenzwert

$$\mu_\alpha^*(A) = \lim_{d \to 0} (\inf \sum d_n^\alpha) ,$$

der das *α-dimensionale Hausdorffsche äußere Maß* von A genannt wird.

Aus der Definition folgt unmittelbar, daß μ_α^* für jedes $\alpha > 0$ ein äußeres Maß ist, das die Axiome 1—5 erfüllt. Die Einschränkung μ_α von μ_α^* auf Mengen, die in bezug auf dieses äußere Maß meßbar sind, heißt das α-dimensionale Hausdorffsche Maß.

Betrachtet man $\mu_\alpha^*(A)$ für ein festes A als Funktion von α, so schließt man aus der obigen Definition, daß $\mu_\alpha^*(A)$ bei wachsendem α nicht zunimmt und für höchstens einen Wert von α positiv und endlich ist. Man definiert die *Dimension* von A als die obere Grenze

$$\dim A = \sup \{\alpha | \ \mu_\alpha^*(A) = \infty\} ;$$

dann gilt also $\mu_\alpha^*(A) = 0$ für $\alpha > \dim A$ und $\mu_\alpha^*(A) = \infty$ für $\alpha < \dim A$.

Anläßlich einiger Beispiele benützen wir später das folgende Resultat über die Dimension des Cartesischen Produktes zweier Mengen:

Hilfssatz 1.2. *Es seien A und B kompakte Mengen auf der endlichen x- bzw. y-Achse. Dann ist* $\dim (A \times B) = \dim A + \dim B$.

Die Ungleichung $\dim (A \times B) \leqq \dim A + \dim B$ ist eine fast unmittelbare Folge der Definition der Dimension. Zum Beweis der umgekehrten Beziehung $\dim (A \times B) \geqq \dim A + \dim B$ verweisen wir auf Marstrand [1], S. 198.

1.8. Längenmaß. Unter den obigen Maßen μ_α kommt das eindimensionale Hausdorffsche Maß μ_1 bei uns am meisten zur Anwendung. Liegt die Menge A auf einer Geraden, so stimmt dieses Maß mit dem Lebesgueschen Längenmaß überein. Wir werden deshalb das Maß $\mu_1(A)$ auch im allgemeinen Fall das *Längenmaß* von A nennen und es mit $l(A)$ bezeichnen.

Für eine Menge A von endlichem Längenmaß verschwindet das Lebesguesche Flächenmaß. Nach dem Satz von Fubini ist die eindimensionale Menge $A(y_0) = \{z = x + i y_0 \mid z \in A\}$ deshalb vom Längenmaß Null für fast alle Werte y_0. Tatsächlich gilt aber das viel schärfere Resultat: Auf jeder horizontalen Geraden $y = y_0$ befindet sich nur eine *endliche* Anzahl der Punkte von A, mit möglicher Ausnahme einer Nullmenge von y_0-Werten (Groß [1]). Die Richtigkeit dieser Behauptung geht aus dem folgenden Hilfssatz hervor, den wir hier mit Berücksichtigung einer Anwendung in V.3 begründen.

Hilfssatz 1.3. *Es seien A eine ebene Menge und N eine positive ganze Zahl. E bezeichne die Menge derjenigen Werte y_0, für welche $A(y_0)$ mindestens N Punkte enthält. Dann ist* $l^*(E) \leqq l^*(A)/N$.

Beweis: Wir bezeichnen mit E_n die Menge der y_0-Werte mit der folgenden Eigenschaft: Auf der Geraden $y = y_0$ gibt es N Punkte von A, deren gegenseitige Entfernungen größer als $1/n$ sind. Dann ist $E_1 \subset E_2 \subset \ldots$ und $\bigcup E_n = E$. Also gilt $l^*(E) = \lim l^*(E_n)$, und es genügt die Gültigkeit der Beziehung $l^*(E_n) \leqq l^*(A)/N$ für jede positive ganze Zahl n zu beweisen.

Man betrachte für ein festes n eine beliebige Überdeckung von A mit offenen Mengen $G_1, G_2, \ldots$, deren Durchmesser $d_1, d_2, \ldots$ kleiner als $1/n$ sind. Mit Rücksicht auf die Definition des Längenmaßes gilt es zu beweisen, daß $\sum d_k \geqq N\, l^*(E_n)$ ist.

Für $y_0 \in E_n$ enthält die Gerade $y = y_0$ N Punkte, die in verschiedenen Mengen G_k liegen. Bezeichnet P_k die Projektion von G_k auf der y-Achse, so gehört also jeder Punkt von E_n zu mindestens N Mengen P_k, und somit auch zu mindestens N offenen Strecken $I_k \subset P_k$.

Wäre die Anzahl der Strecken I_k endlich, so würde hieraus offenbar die zu beweisende Beziehung $N\, l^*(E_n) \leqq \sum l(I_k) \leqq \sum d_k$ folgen. Für eine abzählbar unendliche Überdeckung erhält man dasselbe Resultat durch einen Grenzübergang. Bezeichnet nämlich O_m die Menge derjenigen Punkte, die zu mindestens N Strecken der endlichen Folge $I_1, \ldots, I_m$ gehören, so gilt $O_N \subset O_{N+1} \subset \ldots$ und $E_n \subset \bigcup O_m$. Hieraus folgt

$$l^*(E_n) \leqq \lim_{m \to \infty} l(O_m) \leqq \frac{1}{N} \sum d_k\,,$$

und der Hilfssatz ist bewiesen.

§ 2. Absolute Stetigkeit

2.1. Absolut stetige additive Mengenfunktionen. Es sei τ eine in der Klasse der Borelschen Mengen der endlichen Ebene definierte vollständig additive Mengenfunktion und μ ein Hausdorffsches oder Lebesguesches Maß. Die Funktion τ heißt *absolut stetig* in einer Menge E (in bezug auf das Maß μ), wenn die folgende Bedingung erfüllt ist: Zu jedem $\varepsilon > 0$ gibt es ein $\delta > 0$, so daß $|\tau(B)| < \varepsilon$ ist für jede Borelsche Menge $B \subset E$ mit $\mu(B) < \delta$. Falls τ in jeder kompakten Teilmenge von E absolut stetig ist, nennen wir τ *lokal absolut stetig* in E.

Ist τ absolut stetig und B eine Borelsche Menge mit $\mu(B) = 0$, so gilt offensichtlich $\tau(B) = 0$. Umgekehrt läßt sich leicht beweisen (Munroe [1], S. 191):

Eine beschränkte vollständig additive Mengenfunktion τ ist absolut stetig, wenn sie für jede Borelsche Nullmenge verschwindet.

Als Beispiele von vollständig additiven absolut stetigen Mengenfunktionen dienen die in bezug auf μ gebildeten Integrale integrierbarer Funktionen. Sie sind ja beschränkt und verschwinden für jede

Nullmenge. Andererseits besagt der Satz von Radon-Nikodym (Munroe [1], S. 196), daß eine vollständig additive, absolut stetige Mengenfunktion τ stets Integral einer integrierbaren Funktion ist, vorausgesetzt, daß τ beschränkt ist und außerhalb einer σ-endlichen Menge verschwindet.

2.2. Absolut stetige Homöomorphismen. E und E' seien zwei Borelsche Mengen der endlichen Ebene, $f: E \to E'$ ein Homöomorphismus und μ ein Hausdorffsches oder Lebesguesches Maß. Weil ein Homöomorphismus abgeschlossene Mengen auf abgeschlossene Mengen abbildet, gehen auch Borelsche Mengen in Borelsche Mengen über (vgl. die Fußnote in 1.2). Die Bildmenge einer in E liegenden Borelschen Menge ist also meßbar in bezug auf μ.

Wir ordnen der Abbildung f eine Mengenfunktion μ_f zu, indem wir

$$\mu_f(B) = \mu(f(B \cap E))$$

für jede Borelsche Menge B setzen. Die Funktion μ_f hat offenbar alle Eigenschaften eines Maßes.

Nach Definition heißt der Homöomorphismus f *absolut stetig* bzw. *lokal absolut stetig* (in bezug auf das Maß μ), wenn die Mengenfunktion μ_f in E absolut stetig bzw. lokal absolut stetig ist. Wir werden hier nur zwei Maße betrachten, das (Lebesguesche) Flächenmaß und das (Hausdorffsche oder Lebesguesche) Längenmaß. Im ersteren Fall werden E und E' als Gebiete, im letzteren als Jordanbogen gewählt. Bevor wir zu diesen speziellen Fällen übergehen, seien jedoch einige allgemeine Bemerkungen über absolut stetige Homöomorphismen gemacht.

Es sei f absolut stetig und B eine Borelsche Menge mit $\mu(B) = 0$. Nach dem Obigen ist dann $\mu_f(B) = 0$, d. h. Borelsche Nullmengen werden durch f auf Nullmengen abgebildet. Aus den Eigenschaften des Maßes μ folgt sogar:

Ein absolut stetiger Homöomorphismus bezieht alle Nullmengen auf Nullmengen.

Jede Nullmenge A ist nämlich nach 1.2 in einer Borelschen Nullmenge B enthalten, und $f(A)$ ist also eine Teilmenge der Nullmenge $f(B)$.

Falls $A \subset E$ eine meßbare σ-endliche Menge ist, gibt es nach 1.2 eine Borelsche Menge $B, A \subset B \subset E$, so daß $B - A$ eine Nullmenge ist. Für einen absolut stetigen Homöomorphismus f gilt dann $\mu(f(B) - f(A)) = \mu(f(B - A)) = 0$, d. h. $f(B) - f(A)$ ist meßbar. Weil $f(B)$ als Borelsche Menge meßbar ist, schließt man, daß auch $f(A)$ meßbar ist. Wir haben somit gezeigt:

Ein absolut stetiger Homöomorphismus bildet jede σ-endliche meßbare Menge auf eine meßbare Menge ab.

Infolge dieses Resultats wird eine absolut stetige Abbildung oft meßbar genannt im Falle, wo E ein Gebiet ist. Wir haben jedoch die Benennung absolut stetig vorgezogen, um Verwechslung mit dem Begriff der meßbaren Funktion zu vermeiden und die Analogie mit dem eindimensionalen Fall zu betonen.

Ist E σ-endlich und f ein absolut stetiger Homöomorphismus, so ist μ_f also für alle meßbaren Mengen definiert und genügt der folgenden Bedingung: Jedem $\varepsilon > 0$ entspricht ein $\delta > 0$ derart, daß $\mu_f(A) < \varepsilon$ ist für jede *meßbare* Menge A mit $\mu(A) < \delta$.

2.3. Derivierte einer additiven Mengenfunktion. Unter Beibehaltung der obigen Bezeichnungen seien jetzt die folgenden speziellen Annahmen eingeführt, die von nun an in diesem Paragraphen bestehen sollen: *E ist entweder eine beschränkte oder unbeschränkte Strecke oder ein Gebiet der endlichen Ebene, und μ im ersten Fall das Längenmaß, im zweiten das Flächenmaß.*

In beiden Fällen ist E Vereinigung abzählbar vieler kompakter Mengen. Daraus folgt, daß die Resultate von 2.2 über Nullmengentreue und Meßbarkeit gültig bleiben, wenn der betreffende Homöomorphismus nur lokal absolut stetig ist.

Von der vollständig additiven, für alle Borelschen Mengen definierten Mengenfunktion τ sei vorausgesetzt, daß sie nichtnegativ ist; dagegen braucht τ anfangs nicht absolut stetig zu sein.

Wir wollen eine Ableitung für die Mengenfunktion τ definieren. Dies kann auf viele verschiedene Weisen durchgeführt werden; das folgende Verfahren ist dem bei der Definition eines Dichtepunktes benutzten analog (vgl. 1.6).

Wir legen einen Punkt $z \in E$ fest. Falls E ein Gebiet ist, bezeichne Q_z ein den Punkt z enthaltendes abgeschlossenes Quadrat, dessen Seiten parallel zu den Koordinatenachsen liegen. Ist E eine Strecke, so bezeichnet Q_z dagegen ein abgeschlossenes Intervall, das den Punkt z enthält und auf der Strecke E oder teils auf ihrer Verlängerung liegt. Existiert der Grenzwert

$$\tau'(z) = \lim_{\mu(Q_z) \to 0} \frac{\tau(Q_z \cap E)}{\mu(Q_z)},$$

so nennt man ihn die Derivierte der Mengenfunktion τ im Punkt z.

In 1.6 haben wir schon ein spezielles Resultat über die Existenz der Derivierten erwähnt. Ist nämlich c_B die charakteristische Funktion einer meßbaren Menge B und

$$\tau(A) = \int_A c_B \, d\mu ,$$

so läßt sich auf Grund des in 1.6 Gesagten schließen, daß die Mengenfunktion τ fast überall die Derivierte $\tau'(z) = c_B(z)$ besitzt.

Im allgemeinen Fall gilt unter den oben erwähnten Voraussetzungen das folgende Resultat (Saks [1], S. 115 u. 119).

Satz von Lebesgue. *Eine nichtnegative vollständig additive in E beschränkte Mengenfunktion* τ *besitzt fast überall in* E *eine endliche Derivierte, die meßbar ist. Für jede Borelsche Menge* $B \subset E$ *gilt*

$$\tau(B) \geqq \int_B \tau' \, d\mu \,, \tag{2.1}$$

wo Gleichheit für jedes B *dann und nur dann besteht, wenn* τ *in* E *lokal absolut stetig ist.*

2.4. Derivierte der einem Homöomorphismus zugeordneten Mengenfunktion. Wir betrachten jetzt den Spezialfall, wo τ die einem Homöomorphismus $f: E \to E'$ zugeordnete Mengenfunktion μ_f ist. Falls μ_f in jeder kompakten Teilmenge von E beschränkt ist, existiert die endliche Derivierte μ_f' nach dem Lebesgueschen Satz fast überall in E. Diese Bedingung ist immer erfüllt in dem zweidimensionalen Fall, wo E und E' der gemachten Annahme gemäß Gebiete der endlichen Ebene sind und μ das Lebesguesche Flächenmaß ist. Wir nennen dann μ_f' *die Flächenderivierte* der Abbildung f.[1]

Der Lebesguesche Satz besagt ferner, daß μ_f' in diesem Fall in E meßbar und lokal integrierbar (d. h. über jede kompakte Teilmenge von E integrierbar) ist und daß

$$\mu(f(B)) \geqq \int_B \mu_f' \, d\mu \tag{2.2}$$

für jede Borelsche Menge $B \subset E$ gilt. Dasselbe gilt im eindimensionalen Fall, vorausgesetzt, daß μ_f lokal beschränkt ist.

Falls f in E lokal absolut stetig ist, gestattet der Lebesguesche Satz eine Verschärfung. Da E σ-endlich ist, so ist μ_f nach 2.2 dann für jede meßbare Menge definiert. Weil jede σ-endliche meßbare Menge A in einer Borelschen Menge B mit der Eigenschaft $\mu(B - A) = 0$ enthalten ist, sieht man ein, daß (2.2) als Gleichheit besteht nicht nur für Borelsche Mengen, sondern für alle meßbaren Mengen:

Für einen lokal absolut stetigen Homöomorphismus f *gilt*

$$\mu(f(A)) = \int_A \mu_f' \, d\mu \tag{2.3}$$

für jede meßbare Menge A.

Die Beschränktheit von μ_f braucht man hier nicht anzunehmen. Für eine kompakte Menge $A \subset E$ ist ein lokal absolut stetiges μ_f nämlich automatisch beschränkt, und für ein nichtbeschränktes A ergibt sich (2.3) durch Grenzübergang.

---

[1] Es sei schon hier bemerkt, daß die Flächenderivierte eines Homöomorphismus, der fast überall partielle Ableitungen besitzt, fast überall gleich dem Betrag seiner Jacobischen Funktionaldeterminante ist (s. 3.3).

2.5. Variabelntransformation bei Linien- und Flächenintegralen. Es sei $f: E \to E'$ ein lokal absolut stetiger Homöomorphismus. Wir erinnern daran, daß E eine Strecke auf einer endlichen Geraden oder ein Gebiet der endlichen Ebene ist. Im letztgenannten Fall ist die Menge E' trivialerweise σ-endlich; wegen der lokal absoluten Stetigkeit von f hat E' diese Eigenschaft auch im ersteren Fall.

Es seien g eine in E' definierte komplexwertige Funktion und $h = g \circ f$. Aus $g^{-1}(A) = f(h^{-1}(A))$ schließt man, unter Beachtung von 2.2, daß die Meßbarkeit von h die von g zur Folge hat. Aus $h^{-1}(A) = f^{-1}(g^{-1}(A))$ ergibt sich wiederum, daß h und g gleichzeitig Borelsch sind, und daß h meßbar ist, wenn g meßbar und f^{-1} lokal absolut stetig ist.

Ist g meßbar und entweder integrierbar oder nichtnegativ, so existiert das (endliche oder unendliche) Integral

$$\int_{A'} g \, d\mu$$

für jede meßbare Menge $A' \subset E'$. Wir beweisen die folgende Verallgemeinerung der Beziehung (2.3).

Hilfssatz 2.1. *Es seien $f: E \to E'$ ein lokal absolut stetiger Homöomorphismus, g eine integrierbare oder nichtnegative Funktion in E', und $h = g \circ f$ meßbar in E. Ist $A \subset E$ eine meßbare Menge und $A' = f(A)$, so gilt*

$$\int_{A'} g \, d\mu = \int_A h \, \mu'_f \, d\mu \,, \tag{2.4}$$

wo $h \, \mu'_f$ in den Punkten von A gleich Null gesetzt wird, in denen $h = \infty$ und $\mu'_f = 0$ sind.

Beweis: Es bedeutet keine Einschränkung der Allgemeinheit anzunehmen, daß g nichtnegativ ist. Weil A' σ-endlich ist, können wir nach der in 1.4 gemachten Bemerkung bei der Definition

$$\int_{A'} g \, d\mu = \sup_{\cup A'_k \subset A'} \sum g_k \, \mu(A'_k) \,, \qquad g_k = \inf_{A'_k} g \,,$$

die Mengen A'_k als Borelsch annehmen. Dann ist $A_k = f^{-1}(A'_k)$ meßbar, und nach (2.3) gilt

$$\sum g_k \, \mu(A'_k) = \sum g_k \int_{A_k} \mu'_f \, d\mu \leqq \int_{\cup A_k} h \, \mu'_f \, d\mu \leqq \int_A h \, \mu'_f \, d\mu \,.$$

Somit ist

$$\int_{A'} g \, d\mu \leqq \int_A h \, \mu'_f \, d\mu \,. \tag{2.5}$$

Um eine Ungleichung in der entgegengesetzten Richtung zu gewinnen, betrachten wir zunächst die Menge $h^{-1}(\infty) = A_\infty$. Da $g = \infty$

in $A'_\infty = f(A_\infty)$ ist, können wir annehmen, daß

$$\mu(A'_\infty) = \int_{A_\infty} \mu'_f \, d\mu = 0$$

ist. Dann verschwindet μ'_f fast überall in A_∞, und laut Vereinbarung folglich auch $h\mu'_f$. Die Menge A_∞ kann also bei der Integration außer acht gelassen werden.

Es genügt somit den Fall zu betrachten, wo h überall endlich ist. Wir wählen ein beliebiges $\varepsilon > 0$ und setzen $A_k = \{z \mid z \in A, (1+\varepsilon)^k \leqq h(z) < (1+\varepsilon)^{k+1}\}$, $A'_k = f(A_k)$. Dann ist

$$\int_A h\mu'_f \, d\mu \leqq \sum_{k=-\infty}^{\infty} (1+\varepsilon)^{k+1} \mu(A'_k) \leqq (1+\varepsilon) \sum_{k=-\infty}^{\infty} g_k \mu(A'_k)$$
$$\leqq (1+\varepsilon) \int_{A'} g \, d\mu \, .$$

Dies liefert in Verbindung mit (2.5) die zu beweisende Relation (2.4).

2.6. Rektifizierbare Bogen. In 2.2 wurde ein Homöomorphismus $f: E \to E'$ in dem allgemeinen Fall betrachtet, wo E und E' beliebige Borelsche Mengen der endlichen Ebene sind, und in 2.3—2.5 unter der spezielleren Voraussetzung, daß E entweder eine Strecke oder ein Gebiet ist. Jetzt gestatten wir nur den ersten Fall: E ist eine auf $-\infty < x < \infty$ gelegene beschränkte oder unbeschränkte Strecke I und E' ein Jordanbogen C der endlichen Ebene. Das Maß μ ist das Hausdorffsche Längenmaß l, und die Mengenfunktion μ_f wird jetzt mit V bezeichnet.

Ist $V(I) = l(C)$ endlich, so heißt der Bogen C *rektifizierbar*, und $l(C)$ ist die *Länge* von C. Der Bogen C wird *lokal rektifizierbar* genannt, wenn jeder kompakte Teilbogen von C rektifizierbar ist. Eine Jordankurve heißt rektifizierbar, wenn alle ihre Teilbogen es sind.

Weil das Hausdorffsche Längenmaß die in 1.2 erwähnten Stetigkeitseigenschaften besitzt, gilt $\lim l(C_n) = l(\bigcap C_n)$ für jede monotone Folge $C_1 \supset C_2 \supset \ldots$ von Teilbogen des Bogens C, angenommen daß $l(C_1)$ endlich ist. Wählt man die Folge so, daß $\bigcap C_n$ ein Punkt ist, so gilt also $\lim l(C_n) = 0$. Hieraus schließt man, daß die Mengenfunktion V im Falle eines lokal rektifizierbaren Bogens C im folgenden Sinne stetig ist: Ist x ein beliebiger Punkt von I, so gibt es zu jedem $\varepsilon > 0$ eine Umgebung Δ von x derart, daß $V(\Delta) < \varepsilon$ ist.

Wir nehmen hiernach an, daß der Bogen C lokal rektifizierbar ist. Der Mengenfunktion V sei eine bis auf eine additive Konstante bestimmte Funktion s von x zugeordnet durch die Vorschrift, daß der Zuwachs von s auf jeder Teilstrecke $[a, b] = \{x \mid a \leqq x \leqq b\}$ von I gleich $V([a, b])$ ist. Die Funktion s, die wir *Bogenlänge* nennen, ist stetig in jedem Punkt, wo die Mengenfunktion V es ist, und dies ist nach dem Obigen der Fall in jedem Punkt von I.

Besitzt V in einem Punkt $x \in I$ eine endliche Derivierte, so ist s ersichtlich differenzierbar in x, und es gilt $s'(x) = V'(x)$. Aus dem Lebesgueschen Satz folgt, daß diese Ableitung fast überall auf I existiert und der Ungleichung

$$\int_I s'(x)\, dx \leqq V(I) = l(C)$$

genügt, wo Gleichheit im Falle $l(C) < \infty$ dann und nur dann besteht, wenn die Abbildung f lokal absolut stetig ist.

Weil die Funktion s stetig und echt zunehmend ist, vermittelt sie eine topologische Abbildung von I auf eine Strecke I_0. Nach der Definition der Bogenlänge ist $l(I_0) = V(I) = l(C)$, und I_0 ist also beschränkt oder nicht beschränkt, je nachdem C rektifizierbar oder nicht rektifizierbar ist. Man bemerke, daß C im letzteren Fall nicht abgeschlossen sein kann.

Wir bezeichnen mit $\zeta : I_0 \to C$ denjenigen Homöomorphismus, der sich aus f und aus der Umkehrung der Abbildung $s : I \to I_0$ zusammensetzt, und nennen ihn die *längentreue Parameterdarstellung* von C. Unter allen Parameterdarstellungen von C zeichnet sich die Abbildung ζ dadurch aus, daß sie jedes Intervall $\Delta \subset I_0$ auf einen Bogen von der Länge $l(\Delta)$ abbildet. Hieraus folgt, daß ζ absolut stetig ist und der Gleichung $l(\zeta(A)) = l(A)$ für jede meßbare Menge A genügt. Die Umkehrung ζ^{-1} ist ebenfalls absolut stetig.

Weil eine aus zwei absolut stetigen Homöomorphismen zusammengesetzte Abbildung offensichtlich absolut stetig ist, folgt aus den Beziehungen $f = \zeta \circ s$, $s = \zeta^{-1} \circ f$, daß f und s gleichzeitig lokal absolut stetig sind. Dann und nur dann besteht also die Gleichung (vgl. (2.3))

$$\int_A s'\, dx = l(f(A)) \tag{2.6}$$

für jede meßbare Menge $A \subset I$.

Falls $f : I \to C$ (oder $s : I \to I_0$) lokal absolut stetig ist, folgt aus Hilfssatz 2.1 die allgemeinere Relation

$$\int_A (g \circ f)\, s'\, dx = \int_{f(A)} g\, dl \tag{2.7}$$

für jede auf C definierte nichtnegative oder integrierbare Borelsche Funktion g. Im rechtsstehenden Integral schreiben wir statt dl auch $|dz|$, $|dw|$, . . . , je nach der gebrauchten Veränderlichen.

Die obigen Betrachtungen lassen sich in offensichtlicher Weise auf den Fall übertragen, wo der Jordanbogen C aus endlich vielen lokal rektifizierbaren Bogen und ihren Endpunkten besteht. Dasselbe gilt, wenn C eine geschlossene Kurve ist; dann braucht man nur C in zwei Teilbogen zu zerlegen.

2.7. Funktionen von beschränkter Variation auf einem Intervall. Die in 2.2 gegebene Definition der Mengenfunktion μ_f setzt voraus, daß $f: E \to E'$ ein Homöomorphismus ist. Im Falle, wo E eine Strecke I ist, gestattet μ_f auch eine andere Charakterisierung, die sich auf nicht-topologische Abbildungen von I übertragen läßt.

Diese Verallgemeinerung beruht darauf, daß die Länge eines Bogens $f(\Delta)$, $\Delta \subset I$, auch folgendermaßen definiert werden kann (vgl. Saks [1], IV. § 8): Man betrachtet alle endlichen Folgen von punktfremden Intervallen $a_i < x < b_i$, die samt ihren Endpunkten in Δ enthalten sind. Dann ist

$$l(f(\Delta)) = V(\Delta) = \sup \sum_i |f(b_i) - f(a_i)| . \tag{2.8}$$

Diese Beziehung liefert die gesuchte neue Charakterisierung für die Einschränkung der Mengenfunktion V auf die Familie aller Strecken $\Delta \subset I$. Wir lassen jetzt diese Definition bestehen, wenn f eine beliebige auf I definierte stetige komplexwertige Funktion ist; der Ausdruck (2.8) wird dann die *Variation* von f auf Δ genannt.

Ist $V(I)$ endlich, so sagt man, f sei *von beschränkter Variation* auf I. Ist $V(\Delta) < \infty$ für jede kompakte Strecke $\Delta \subset I$, so ist f *lokal von beschränkter Variation*; dies ist im Falle eines Homöomorphismus gleichbedeutend mit der lokalen Rektifizierbarkeit von $f(I)$.

Die Variation V von f ist durch (2.8) nur für Strecken definiert. Ist V lokal beschränkt, kann sie jedoch zu einer in der Klasse der Borelschen Teilmengen von I definierten vollständig additiven Mengenfunktion erweitert werden. Dazu ordne man zuerst jeder Menge $A \subset I$ ein äußeres Maß V^* zu, indem man alle Überdeckungen von A durch eine Folge von offenen Strecken $\Delta_1, \Delta_2, \ldots$ betrachtet und

$$V^*(A) = \inf \sum V(I \cap \Delta_k)$$

setzt. V^* genügt den in 1.1 aufgezählten Axiomen 1—5, und die Borelschen Mengen sind folglich meßbar in bezug auf V^*. Da $V^*(\Delta) = V(\Delta)$ für jede Strecke $\Delta \subset I$ ist, erhält man die gewünschte Erweiterung von V, indem man $V(B) = V^*(B)$ für jede Borelsche Menge B setzt.

Man bemerke, daß diese Definition von V im Falle eines Homöomorphismus f mit der ursprünglichen übereinstimmt.

Zu jeder stetigen Funktion f, die lokal von beschränkter Variation ist, definieren wir auf I als Verallgemeinerung der in 2.6 eingeführten Bogenlänge eine Funktion s durch die Forderung $s(b) - s(a) = V([a,b])$. Die Funktion s ist auch jetzt stetig und bis auf eine additive Konstante bestimmt. Die durch die Relationen $f_1(x) = s(x) + x$, $f_2(x) = f_1(x) - f(x)$, $x \in I$, definierten Funktionen f_1 und f_2 sind für ein reellwertiges

f offenbar echt zunehmend auf I. In diesem Fall gestattet f also eine Darstellung

$$f = f_1 - f_2,$$

wo f_1 und f_2 Homöomorphismen von I sind.

Eine komplexwertige Funktion $f = u + i\,v$ ist ersichtlich von beschränkter Variation bzw. lokal von beschränkter Variation dann und nur dann, wenn beide reellen Funktionen u, v die betreffende Eigenschaft besitzen. Ist f lokal von beschränkter Variation auf I, so gibt es also eine Darstellung $f = u_1 - u_2 + i\,(v_1 - v_2)$, wo die Funktionen u_k, v_k Homöomorphismen von I sind.

Nach dem Lebesgueschen Satz hat eine auf I monotone Funktion fast überall auf I eine endliche Ableitung. Mit Rücksicht auf das Obige folgt daraus, daß eine Funktion f, die auf I lokal von beschränkter Variation ist, auch diese Eigenschaft besitzt. Die Ableitung f' ist über jede kompakte Teilmenge von I integrierbar.

Zwischen den Ableitungen einer Funktion f, die auf I lokal von beschränkter Variation ist, und der oben zu f zugeordneten monotonen Funktion s besteht die Gleichung

$$|f'(x)| = s'(x) \tag{2.9}$$

für fast alle $x \in I$ (Saks [1], S. 123).

2.8. Absolut stetige Funktionen auf einem Intervall. Wie im Falle eines Homöomorphismus wird auch eine beliebige auf der Strecke I stetige Funktion f absolut stetig erklärt, falls ihre Variation V auf I absolut stetig ist. Mit Rücksicht auf die in 2.7 gegebene Definition von V schließt man, daß die absolute Stetigkeit auch folgendermaßen charakterisiert werden kann: Die Funktion f ist absolut stetig auf I, wenn jedem $\varepsilon > 0$ ein $\delta > 0$ entspricht derart, daß $\sum |f(b_i) - f(a_i)| < \varepsilon$ ist für jede endliche Folge von punktfremden Intervallen $a_i < x < b_i$, die samt ihren Endpunkten in I liegen und eine Gesamtlänge $< \delta$ besitzen.

Da eine auf I absolut stetige Funktion f lokal von beschränkter Variation ist, besitzt sie eine über jede kompakte Teilstrecke von I integrierbare Ableitung f'. Mit Hilfe des Lebesgueschen Satzes läßt sich zeigen, daß

$$f(b) - f(a) = \int_a^b f'(x)\,dx$$

für jedes Punktepaar $a, b \in I$ gilt.

2.9. Beispiel einer singulären Funktion. Eine Funktion f, die auf der Strecke I von beschränkter Variation ist, heißt *singulär*, falls die Ableitung f' fast überall auf I verschwindet. Weil der Zuwachs einer absolut stetigen Funktion auf einem Intervall $\Delta \subset I$ gleich dem über Δ erstreckten Integral ihrer Ableitung ist, kann keine nichtkonstante Funktion gleichzeitig singulär und absolut stetig sein.

Für eine spätere Betrachtung brauchen wir ein Beispiel einer nichtkonstanten stetigen singulären Funktion. Diese wird mit Hilfe einer *Cantorschen Menge* konstruiert, da solche Mengen in unserer Darstellung auch in Verbindung mit gewissen anderen Fragen vorkommen werden.

Eine Cantorsche Menge wird folgenderweise definiert: Es sei eine Folge von Zahlen p_ν, $0 < p_\nu < 1$, vorgegeben. Man entfernt zuerst aus der Mitte der abgeschlossenen Strecke $I = [0, 1]$ ein offenes Intervall I_{11} von der Länge p_1. Aus der Mitte der zwei übriggebliebenen abgeschlossenen Strecken läßt man wieder die offenen Intervalle I_{21} und I_{22} aus, je von der Länge $\frac{1}{2} p_2 (1 - p_1)$. Allgemein entfernt man beim n-ten Schritt aus der Mitte der dann vorliegenden 2^{n-1} abgeschlossenen Strecken die offenen Intervalle I_{nk}, je von der Länge $2^{1-n} p_n (1 - p_1) \ldots (1 - p_{n-1})$. Die Cantorsche Menge $E = E(p_1, p_2, \ldots)$ wird als Komplement der Vereinigungsmenge sämtlicher Intervalle I_{nk} definiert:

$$E = I - \bigcup_{n=1}^{\infty} \bigcup_{k=1}^{2^{n-1}} I_{nk} .$$

Die Menge E ist perfekt, d. h. sie ist identisch mit der Menge ihrer Häufungspunkte, und hat das Längenmaß

$$l(E) = \prod_{\nu=1}^{\infty} (1 - p_\nu) .$$

Die in Aussicht gestellte Konstruktion einer singulären Funktion kann jetzt folgenderweise ausgeführt werden. Wir setzen zuerst $g(x) = 2^{-n} (2k - 1)$ für $x \in I_{nk}$. Dadurch wird g in $I - E$ als eine nicht abnehmende Funktion definiert, deren Werte auf dem abgeschlossenen Intervall $[0, 1]$ überall dicht liegen. Für jedes $x \in I$ existiert deshalb der Grenzwert

$$f(x) = \lim_{t \to x} g(t)$$

und definiert eine auf I stetige Funktion f, die nirgends abnimmt und von 0 bis 1 wächst.

Definitionsgemäß ist f auf jedem Intervall I_{nk} konstant. Es gilt folglich $f'(x) = 0$ für $x \in I - E$. Wählt man die Zahlen p_ν so, daß $l(E) = 0$ ist, etwa $p_\nu = p = \text{const.}$, so verschwindet $f'(x)$ fast überall auf I. Dann ist die Funktion f singulär und liefert somit das gewünschte Beispiel.

2.10. Variation und absolute Stetigkeit auf einem Jordanbogen. Es sei f eine auf einem lokal rektifizierbaren Bogen C definierte stetige komplexwertige Funktion. Für alle Parameterdarstellungen $t : I \to C$ ist die Variation $V(I)$ der zusammengesetzten Funktion $f \circ t$ auf der Urbildstrecke I von C ersichtlich dieselbe. Wir nennen sie die Variation von f auf C. Ist $V(I)$ endlich, so sagt man, f sei von beschränkter Variation auf C.

Nach Definition heißt die Funktion f *absolut stetig auf dem Bogen* C, wenn sie als Funktion der Bogenlänge s von C betrachtet absolut stetig ist. Es sei bemerkt, daß im Gegensatz zu der Invarianz von $V(I)$ gegenüber der Parameterdarstellung $t : I \to C$, die absolute Stetigkeit von $f \circ t$ von dem Homöomorphismus t abhängt.

2.11. Integral über einen orientierten Bogen. C sei ein abgeschlossener rektifizierbarer Jordanbogen und $\zeta : I_0 \to C$, $I_0 = \{s \mid a \leqq s \leqq b\}$ seine längentreue Parameterdarstellung. Auf C seien f und g stetige komplexwertige Funktionen, von denen g außerdem von beschränkter Variation ist. Wir definieren ein Stieltjes-Integral über den orientierten Bogen $C^+ = (C, \alpha)$, indem wir setzen

$$\int_{C^+} f\,dg = \pm \int_a^b f(\zeta(s))\,dg(\zeta(s))\,. \tag{2.10}$$

Rechts haben wir ein klassisches Stieltjes-Integral, und das Vorzeichen $+$ oder $-$ gilt, je nachdem ζ zu der Orientierung α gehört oder nicht (vgl. I.1.4).

Ein Homöomorphismus w von C auf einen Bogen C' induziert eine Abbildung der Orientierung α von C auf eine Orientierung α' von C' (vgl. I.1.5). Der orientierte Bogen C^+ wird somit durch w auf den orientierten Bogen $w(C^+) = (C', \alpha')$ bezogen. Aus der Definition (2.10) geht dann die folgende Invarianzeigenschaft hervor: Ist C' rektifizierbar, so gilt

$$\int_{C^+} f\,dg = \int_{w(C^+)} (f \circ w^{-1})\,d\,(g \circ w^{-1})\,. \tag{2.11}$$

§ 3. Differenzierbarkeit von Abbildungen ebener Gebiete

3.1. Existenz der partiellen Ableitungen. Wie wir in 2.4 gesehen haben, folgt aus dem Lebesgueschen Satz über die Derivierte einer Mengenfunktion, daß ein Homöomorphismus eines ebenen Gebietes fast überall eine endliche Flächenderivierte besitzt. Die Frage nach der Differenzierbarkeit einer solchen Abbildung im üblichen Sinne ist schwieriger und kann — im Gegensatz zu dem eindimensionalen Fall — nicht direkt mit Hilfe des Satzes von Lebesgue erledigt werden. Wir nehmen diese Frage in Angriff und beginnen mit einigen Bemerkungen über die Existenz der partiellen Ableitungen einer Funktion von zwei reellen Variablen.

Es sei f eine komplexwertige, in dem Gebiet G der endlichen $z = x + i\,y$-Ebene definierte endliche stetige Funktion, die vorerst kein Homöomorphismus zu sein braucht. Eine Funktion mit diesen Eigenschaften braucht natürlich keine partiellen Ableitungen zu besitzen; gibt es aber Punkte, in denen f_x bzw. f_y existiert und endlich ist, sieht man leicht ein, daß die Gesamtheit solcher Punkte eine Borelsche Menge bildet und daß f_x bzw. f_y daselbst eine Borelsche Funktion ist (Saks [1], S. 170).

Wir suchen nach Bedingungen, unter denen die partiellen Ableitungen von f fast überall in G existieren. Um dieses Problem mit den in § 2 erwähnten Resultaten über die Differenzierbarkeit von Funktionen einer reellen Variablen in Verbindung zu setzen, führen wir die nachstehende Definition ein.

Eine in G stetige Funktion f ist *von beschränkter Variation auf Geraden* bzw. *absolut stetig auf Geraden* in G, falls die folgende Bedingung erfüllt ist:

In jedem Rechteck $R = \{x + i\,y \mid a < x < b,\ c < y < d\}$, $\overline{R} \subset G$, ist f von beschränkter Variation bzw. absolut stetig als Funktion von x auf fast allen Strecken $I_y = \{x + i\,y \mid a < x < b\}$ und als Funktion von y auf fast allen Strecken $I_x = \{x + i\,y \mid c < y < d\}$.[1]

Da die absolute Stetigkeit auf einer endlichen Strecke die Beschränktheit der Variation nach sich zieht, ist f von beschränkter Variation auf Geraden in G, falls sie daselbst absolut stetig auf Geraden ist.

Nach 2.7 besitzt eine auf einer Strecke I definierte Funktion von lokal beschränkter Variation fast überall auf I eine endliche Ableitung. Daraus läßt sich das folgende Ergebnis für Funktionen von zwei reellen Variablen schließen:

Hilfssatz 3.1. *Eine im Gebiet G stetige Funktion f, die von beschränkter Variation auf Geraden in G ist, besitzt endliche partielle Ableitungen fast überall in G.*

Beweis: Wir betrachten ein Rechteck $R = \{x + i\,y \mid a < x < b,\ c < y < d\}$, $\overline{R} \subset G$. E bezeichne die Menge derjenigen Punkte von R, in denen f_x existiert und endlich ist. Da E eine Borelsche Menge ist, ist ihre charakteristische Funktion c_E meßbar. Unter Anwendung des Fubinischen Satzes erhält man also

$$m(E) = \iint_R c_E\, d\sigma = \int_c^d dy \int_a^b c_E\, dx = \int_c^d l(E \cap I_y)\, dy\,, \tag{3.1}$$

wo I_y die horizontale Strecke $\{x + i\,y \mid a < x < b\}$ bezeichnet.

[1] Hier könnte man ebensogut abgeschlossene Intervalle $\overline{I}_y$, $\overline{I}_x$ benutzen.

Ist f von beschränkter Variation auf I_y, so existiert f_x daselbst fast überall, und $l(E \cap I_y)$ ist dann gleich der Länge $b - a$ von I_y. Dies gilt nach der Voraussetzung für fast alle y, $c < y < d$, und aus (3.1) ergibt sich also

$$m(E) = (b - a)\,(d - c) = m(R)\,.$$

Die Funktion f besitzt somit eine endliche partielle Ableitung f_x fast überall in R. In derselben Weise kann man zeigen, daß auch f_y fast überall in R existiert und endlich ist. Weil das Gebiet G Vereinigung von abzählbar vielen Rechtecken mit achsenparallelen Seiten ist, besitzt f also endliche partielle Ableitungen fast überall in G.

3.2. Differenzierbarkeit eines Homöomorphismus. Aus der Existenz der partiellen Ableitungen f_x, f_y in einem Punkt $z_0 = x_0 + i\,y_0$ kann die Differenzierbarkeit von f, d. h. die Gültigkeit einer Entwicklung $f(z) = f(z_0) + f_x(z_0)\,(x - x_0) + f_y(z_0)\,(y - y_0) + o\,(z - z_0)$ im Allgemeinen nicht gefolgert werden. Im Falle, wo f ein Homöomorphismus ist, gilt jedoch das folgende Resultat (Gehring-Lehto [1]).

Satz 3.1. *Es seien G und G' Gebiete der endlichen Ebene und $f: G \to G'$ ein Homöomorphismus, der fast überall in G endliche partielle Ableitungen besitzt. Dann ist f differenzierbar fast überall in G.*

Beweis: Es genügt offenbar zu beweisen, daß f in einem beliebigen kompakten Teil G_0 von G fast überall differenzierbar ist.

Man betrachte zuerst die Funktion F_h,

$$F_h(z) = \left|\frac{f(z + h) - f(z)}{h} - f_x(z)\right| + \left|\frac{f(z + i\,h) - f(z)}{h} - f_y(z)\right|,$$

für jeden Punkt $z \in G_0$, in dem f endliche Ableitungen f_x und f_y besitzt, und für solche reellen Zahlen h, $h \neq 0$, für welche $z + h$ und $z + i\,h$ in G sind. Für genügend kleines $|h|$ ist F_h eine fast überall in G_0 definierte Borelsche Funktion. Daraus folgt, daß auch g_n,

$$g_n(z) = \sup_{0 < h < 1/n} F_h(z)\,,$$

für ganzzahliges n von einem $n = n_0$ an Borelsch ist. Wegen der Stetigkeit von f können wir nämlich h nur die rationalen Zahlen des Intervalls $0 < h < 1/n$ durchlaufen lassen.

Aus der Annahme über die Existenz der Ableitungen folgt, daß g_n für $n \to \infty$ fast überall in G_0 gegen Null strebt. Nach dem Egoroffschen Satz (s. 1.3) existiert also zu jedem $\eta > 0$ eine abgeschlossene Menge $E \subset G_0$ mit $m\,(G_0 - E) < \eta$, so daß die Beziehungen

$$f_x(z) = \lim_{h \to 0} \frac{f(z + h) - f(z)}{h}\,, \quad f_y(z) = \lim_{h \to 0} \frac{f(z + i\,h) - f(z)}{h}$$

für $z \in E$ gleichmäßig gelten. Die Einschränkungen der Ableitungen f_x und f_y auf E sind dann stetig. Ist ε, $0 < \varepsilon < 1$, beliebig vorgegeben, so gibt es folglich ein δ derart, daß für $z_0, z \in E$ die Ungleichungen

$$|f_x(z) - f_x(z_0)| < \varepsilon\,, \quad |f_y(z) - f_y(z_0)| < \varepsilon \quad \text{für} \quad |z - z_0| < \delta \tag{3.2}$$

und

$$|F_h(z)| < \varepsilon \quad \text{für} \quad 0 < |h| < \delta \tag{3.3}$$

bestehen.

Es sei $z_0 = x_0 + i\,y_0 \in E$ ein xy-Dichtepunkt von E. Nach Hilfssatz 1.1 hat fast jeder Punkt von E diese Eigenschaft. Mit Rücksicht auf das Obige wird der Satz deshalb begründet, wenn wir beweisen, daß f in z_0 differenzierbar ist. Zu diesem Zweck wollen wir zeigen, daß f in einer Umgebung von z_0 der Ungleichung

$$|f(z) - f(z_0) - f_x(z_0)\,(x - x_0) - f_y(z_0)\,(y - y_0)| < M\,\varepsilon\,|z - z_0| \tag{3.4}$$

genügt, wo die endliche Zahl M weder von z noch von ε abhängt.

Zur Vereinfachung der Bezeichnungen nehmen wir an, daß z_0 der Nullpunkt ist, und schreiben $L(z) = f(0) + f_x(0)\,x + f_y(0)\,y$. Auf Grund der Dreiecksungleichung erhält man dann

$$\begin{aligned}|f(z) - L(z)| \leqq |f(x + i\,y) - f(x) - f_y(x)\,y| + |f(x) - f(0) - f_x(0)\,x| \\ + |f_y(x) - f_y(0)|\,|y|\,.\end{aligned}$$

Für $|z| < \delta$, $x \in E$, ergibt sich daraus, mit Berücksichtigung von (3.2) und (3.3),

$$|f(z) - L(z)| < 3\,\varepsilon\,|z|\,. \tag{3.5}$$

Analog sieht man ein, daß (3.5) auch für $|z| < \delta$, $i\,y \in E$, gilt.

Um zu beweisen, daß (3.4) (für $z_0 = 0$) auch ohne die speziellen Voraussetzungen $x \in E$ oder $i\,y \in E$ besteht, machen wir zuerst Gebrauch von unserer Annahme, daß $z = 0$ ein xy-Dichtepunkt von E ist. Daraus folgt, daß es ein Quadrat $Q = \{x + i\,y \mid |x| < d, |y| < d\}$ gibt, dessen Seitenlänge höchstens gleich δ ist und das die folgende Bedingung erfüllt: Für jedes abgeschlossene Intervall $J \subset Q$, das auf irgendeiner Koordinatenachse liegt und den Nullpunkt enthält, gilt die Beziehung

$$l\,(J \cap E) > \frac{l(J)}{1 + \varepsilon}. \tag{3.6}$$

Es sei nun $z = x + i\,y \neq 0$, ein beliebiger Punkt des Quadrats $Q_0 = \{x + i\,y \mid |x| < d/2, |y| < d/2\}$. Aus (3.6) folgt, daß jede von den offenen Strecken $((1 - \varepsilon)\,x, x)$, $(x, (1 + \varepsilon)x)$, $((1 - \varepsilon)\,i\,y, i\,y)$, $(i\,y, (1 + \varepsilon)\,i\,y)$ wenigstens einen Punkt von E enthält. Wir können also vier Punkte $x_1, x_2, i\,y_1, i\,y_2$ von E wählen, so daß die Bedingungen $x_1 < x < x_2$, $y_1 < y < y_2$, $x_2 - x_1 < 2\,\varepsilon\,|x|$, $y_2 - y_1 < 2\,\varepsilon\,|y|$ erfüllt sind. R bezeichne das offene Rechteck mit den Ecken $x_1 + i\,y_1$, $x_2 + i\,y_1$, $x_2 + i\,y_2$, $x_1 + i\,y_2$. Jeder Randpunkt $z^* = x^* + i\,y^*$ von R hat dann die Eigenschaft, daß entweder x^* oder $i\,y^*$ zu E gehört. Weil außerdem $|z^*| < \delta$ ist, besteht die Ungleichung (3.5) also überall auf dem Rand von R.

Wir machen jetzt Gebrauch von der Annahme, daß f ein Homöomorphismus ist. Daraus folgt, daß f in R das Maximumprinzip befriedigt. Der Ausdruck $|f(\zeta) - L(z)|$, als Funktion von ζ betrachtet, nimmt also sein Maximum in einem Randpunkt z^* von R an. Im Punkt z^* gilt aber (3.5), und es ergibt sich also

$$|f(z) - L(z)| \leqq |f(z^*) - L(z)| \leqq |f(z^*) - L(z^*)| + |L(z^*) - L(z)|$$
$$\leqq 3\,\varepsilon\,|z^*| + |f_x(0)|\,|x^* - x| + |f_y(0)|\,|y^* - y|\,.$$

Nach dem Obigen ist $|z^* - z| < 2\,\varepsilon\,|z| < 2\,|z|$. Ersetzt man den Nullpunkt wieder durch z_0, so erhält man die in Aussicht gestellte Beziehung (3.4) für $z - z_0 \in Q_0$ mit $M = 9 + 2\left(|f_x(z_0)| + |f_y(z_0)|\right)$, und der Satz ist bewiesen.

Bemerkung. Der obige Beweis gründet sich auf eine von Stepanoff herrührende Methode (Saks [1], S. 300—303) sowie auf die Anwendung des Maximumprinzips. Da das Maximumprinzip nicht nur für Homöomorphismen, sondern auch für alle stetigen und offenen Abbildungen besteht, gilt Satz 3.1 auch für diese Abbildungen.

3.3. Flächenderivierte und Funktionaldeterminante eines Homöomorphismus. Es sei f ein Homöomorphismus zwischen den Gebieten G und G' der endlichen Ebene; von nun an sei in diesem Paragraphen überdies vorausgesetzt, daß f orientierungserhaltend ist. Besitzt f endliche partielle Ableitungen in einem Punkt von G, so existiert dort auch die Jacobische Funktionaldeterminante

$$J = \frac{i}{2}\,(f_x \bar{f}_y - \bar{f}_x f_y) = |f_z|^2 - |f_{\bar{z}}|^2\,.$$

Diese ist für genügend reguläre Homöomorphismen bekanntlich gleich der in 2.4 definierten Flächenderivierten μ_f'. Wir werden das folgende diesbezügliche Resultat später gebrauchen:

Hilfssatz 3.2. *Der Homöomorphismus f sei im Punkt $z_0 \in G$ differenzierbar. Dann besitzt f in z_0 eine endliche Flächenderivierte, und es gilt $\mu_f'(z_0) = J(z_0)$.*

Beweis: Der Einfachheit halber nehmen wir an, daß $z_0 = 0$, $f(0) = 0$ sind. $Q \subset G$ sei ein abgeschlossenes Quadrat mit der Seitenlänge r, das den Nullpunkt enthält. Wir bezeichnen $L(z) = f_x(0)\,x + f_y(0)\,y$ und

$$\varepsilon(r) = \max_{0<|z|<2r} \left|\frac{f(z) - L(z)}{z}\right| .$$

Weil f im Nullpunkt differenzierbar ist, gilt $\varepsilon(r) \to 0$ für $r \to 0$.

Die lineare Funktion L bildet das Quadrat Q entweder auf ein Parallelogramm, eine Strecke oder einen Punkt ab. Jedenfalls gilt für den Flächeninhalt des Bildes $m(L(Q)) = r^2 J(0)$, und für den Durchmesser $d(L(Q))$ von $L(Q)$ hat man die Abschätzung $d(L(Q)) \leqq M\,r$, wo $M = 2\,(|f_x(0)| + |f_y(0)|)$ ist.

In Q ist $|f(z) - L(z)| \leqq |z|\,\varepsilon(r) < 2\,r\,\varepsilon(r)$, und jeder Randpunkt von $f(Q)$ liegt also höchstens in dieser Entfernung von dem Rand der Menge $L(Q)$. Hieraus schließt man mittels einer elementargeometrischen Betrachtung

$$r^2 J(0) - 8\,M\,r^2\,\varepsilon(r) \leqq m(f(Q)) \leqq r^2 J(0) + 8\,M\,r^2\,\varepsilon(r) + 4\,\pi\,r^2(\varepsilon(r))^2.$$

Also gilt

$$\lim_{r\to 0} \frac{m(f(Q))}{r^2} = \mu_f'(0) = J(0)\,,$$

wie behauptet wurde.

3.4. Integration der Funktionaldeterminante. Besitzt der Homöomorphismus $f: G \to G'$ fast überall in G endliche partielle Ableitungen, so ist er nach Satz 3.1 in fast allen Punkten von G differenzierbar. Nach Hilfssatz 3.2 ist dann $J(z) = \mu_f'(z)$ fast überall in G. Aus dem Lebesgueschen Satz, auf die Flächenderivierte einer topologischen Abbildung angewandt (s. 2.4), schließt man also Folgendes:

Hilfssatz 3.3. *Der Homöomorphismus $f: G \to G'$ besitze endliche partielle Ableitungen fast überall in G. Dann gilt*

$$\iint_B J\,d\sigma \leqq m(f(B))$$

für jede Borelsche Menge $B \subset G$. Gleichheit besteht für jedes B dann und nur dann, wenn f in G lokal absolut stetig ist. Dann gilt

$$\iint_A J\,d\sigma = m(f(A))$$

sogar für jede meßbare Menge $A \subset G$.

Die Umkehrung f^{-1} von f ist nach 2.1 und 2.2 dann und nur dann absolut stetig in jedem kompakten Teil von G', wenn f keine Menge von positivem Maß auf eine Nullmenge abbildet. Aus dem zweiten Teil des Hilfssatzes 3.3 erhält man also das folgende Resultat:

Hilfssatz 3.4. *Der Homöomorphismus f sei lokal absolut stetig in G und besitze endliche partielle Ableitungen fast überall in G. Die Jacobische Funktionaldeterminante J von f ist dann und nur dann fast überall in G positiv, wenn die Umkehrung $f^{-1}: G' \to G$ von f in G' lokal absolut stetig ist.*

Zum Schluß sei noch bemerkt, daß die in 2.5 aufgestellte Transformationsformel (2.4) in dem hier betrachteten Fall in der folgenden Form ausgesprochen werden kann:

Hilfssatz 3.5. *Der Homöomorphismus $f: G \to G'$ und seine Umkehrung f^{-1} seien lokal absolut stetig in G bzw. G', und f besitze endliche partielle Ableitungen fast überall in G. Dann gilt für jede in G' definierte komplexwertige Funktion g, die meßbar und entweder nichtnegativ oder integrierbar ist,*

$$\iint_A g(f(z))\, J(z)\, d\sigma = \iint_{f(A)} g\, d\sigma\,,$$

wo $A \subset G$ eine beliebige meßbare Menge ist.

§ 4. Modul einer Familie von Bogen oder Kurven

4.1. Verallgemeinerung des Modulbegriffs. Der im Kapitel I für Vierecke und Ringgebiete eingeführte Modul läßt sich in beiden Fällen mittels der Eigenschaften einer Schar von Jordanbogen bzw. Kurven charakterisieren. In der Tat kann der Modulbegriff auf beliebige Familien von Bogen oder Kurven verallgemeinert werden, wie wir jetzt zeigen werden (vgl. Ahlfors-Beurling [1], Fuglede [1]).

Wie im Kapitel I werden wir im Folgenden Punktmengen der ganzen kompakten Ebene betrachten. Alle vorkommenden Mengenfunktionen τ (Maße und Integrale) müssen deshalb auf solche Mengen erweitert werden, die den Unendlichkeitspunkt enthalten. Dies geschieht einfach so, daß wir $\tau(A) = \tau(A - \{\infty\})$ setzen. Im Falle, wo τ das Lebesguesche Flächenmaß ist, unterscheidet sich der erweiterte Maßbegriff von dem üblichen u. a. darin, daß das Maß einer Menge nicht mehr die untere Grenze der Maße ihrer offenen Überdeckungen zu sein braucht.

Ein Bogen C wird im Falle $\infty \in C$ lokal rektifizierbar genannt, wenn C mittels einer linearen konformen Abbildung in einen lokal rektifizierbaren Bogen übergeführt werden kann. Entfernt man aus einem lokal rektifizierbaren Bogen $C \ni \infty$ den Unendlichkeitspunkt, so zerfällt C in zwei lokal rektifizierbare Teilbogen, und die in § 2 entwickelten Integrationsmethoden können auf diese angewandt werden.

$\mathscr{C}$ sei eine Familie von Jordanbogen oder Kurven in der Ebene Ω. Eine nichtnegative in Ω definierte Borelsche Funktion ϱ heißt *zulässig für die Familie* $\mathscr{C}$, wenn die Beziehung

$$\int\limits_C \varrho\,|dz| \geqq 1 \tag{4.1}$$

für jedes lokal rektifizierbare $C \in \mathscr{C}$ gilt. Wir bezeichnen (vgl. I.4.2)

$$m_\varrho(\Omega) = \iint\limits_\Omega \varrho^2\,d\sigma \tag{4.2}$$

für jedes zulässige ϱ, und nennen die untere Grenze

$$M(\mathscr{C}) = \inf_\varrho m_\varrho(\Omega) \tag{4.3}$$

den *Modul der Familie* $\mathscr{C}$. Die Zahl $1/M(\mathscr{C})$ heißt die *extremale Länge* von $\mathscr{C}$.

Man bemerke, daß die Bedingung (4.1) solche Bogen und Kurven gar nicht betrifft, die nicht lokal rektifizierbar sind. Diese haben also keinen Einfluß auf den Modul von $\mathscr{C}$.

B sei eine Borelsche Menge der Ebene, so daß sämtliche Kurven $C \in \mathscr{C}$ in B liegen. Dann behält das Infimum (4.3) offenbar seinen Wert, wenn statt aller zulässigen Funktionen ϱ nur solche berücksichtigt werden, die außerhalb B verschwinden. Für Mengen B dieser Art gilt also

$$M(\mathscr{C}) = \inf_\varrho m_\varrho(B)\,. \tag{4.4}$$

4.2. Eigenschaften des verallgemeinerten Moduls. Aus der obigen Definition schließt man sofort, daß auch der verallgemeinerte Modul $M(\mathscr{C})$ *monoton* ist (vgl. I.4.6). Erstens folgt aus

$$\mathscr{C}_1 \supset \mathscr{C}_2\,,$$

daß jede für $\mathscr{C}_1$ zulässige Funktion ϱ auch für $\mathscr{C}_2$ zulässig ist. Es gilt daher

$$M(\mathscr{C}_1) \geqq M(\mathscr{C}_2)\,.$$

Zu einer allgemeineren Art von Monotonie gelangt man, wenn man Familien $\mathscr{C}_1$, $\mathscr{C}_2$ mit der folgenden Eigenschaft betrachtet: Jedem $C_2 \in \mathscr{C}_2$ entspricht ein $C_1 \in \mathscr{C}_1$, das ein Teilbogen von C_2 ist. Ist dies der Fall, so ist jede für $\mathscr{C}_1$ zulässige Funktion zulässig für $\mathscr{C}_2$, und es gilt also wieder

$$M(\mathscr{C}_1) \geqq M(\mathscr{C}_2)\,.$$

Der Modul $M(\mathscr{C})$ ist ferner *subadditiv*: Ist $\mathscr{C} = \bigcup\limits_{n=1}^{\infty} \mathscr{C}_n$, so gilt

$$M(\mathscr{C}) \leqq \sum_{n=1}^{\infty} M(\mathscr{C}_n)\,. \tag{4.5}$$

Zum Beweis bemerke man, daß (4.5) stets besteht, wenn der rechtsseitige Ausdruck unendlich ist. Anderenfalls wähle man für ein vorgegebenes $\varepsilon > 0$ und für jedes n eine für $\mathscr{C}_n$ zulässige Funktion ϱ_n, so daß

$$m_{\varrho_n}(\Omega) \leqq M(\mathscr{C}_n) + 2^{-n}\,\varepsilon\,.$$

Die Funktion $\varrho = (\sum \varrho_n^2)^{1/2}$, die offenbar Borelsch ist, ist zulässig für $\mathscr{C}$. Es gilt folglich

$$M(\mathscr{C}) \leqq m_\varrho(\Omega) = \sum_{n=1}^{\infty} m_{\varrho_n}(\Omega) \leqq \sum_{n=1}^{\infty} M(\mathscr{C}_n) + \varepsilon\,,$$

also (4.5).

Aus der ersten Monotonieeigenschaft und aus der Subadditivität folgt insbesondere, daß

$$M(\mathscr{C} \cup \mathscr{C}_0) = M(\mathscr{C}) \tag{4.6}$$

ist, falls $M(\mathscr{C}_0)$ verschwindet.

4.3. Familien vom Modul Null. Der nachstehende Satz enthält ein brauchbares Kriterium für das Verschwinden des Moduls einer Familie (vgl. Fuglede [1]).

Hilfssatz 4.1. *Notwendig und hinreichend für $M(\mathscr{C}) = 0$ ist die Existenz einer nichtnegativen über die Ebene quadratisch integrierbaren Borelschen Funktion ϱ_0, wofür*

$$\int_C \varrho_0\,|dz| = \infty$$

für jedes lokal rektifizierbare $C \in \mathscr{C}$ gilt.

Beweis: Gibt es eine Funktion ϱ_0 mit den obigen Eigenschaften, so sind alle Funktionen ϱ_0/n, $n = 1, 2, \ldots$, zulässig für $\mathscr{C}$, und es gilt

$$M(\mathscr{C}) \leqq \lim_{n\to\infty} \frac{1}{n^2} \iint_\Omega \varrho_0^2\, d\sigma = 0\,.$$

Es sei umgekehrt $M(\mathscr{C}) = 0$. Dann gibt es eine Folge $\varrho_1, \varrho_2, \ldots$ von Funktionen, die zulässig für $\mathscr{C}$ sind und für welche

$$\iint_\Omega \varrho_n^2\, d\sigma < 4^{-n}\,, \qquad n = 1, 2, \ldots\,.$$

Setzt man $\varrho_0 = \sum \varrho_n$, so ist ϱ_0 eine Borelsche Funktion, und es gilt

$$\iint_\Omega \varrho_0^2\, d\sigma = \iint_\Omega \Big(\sum_{n=1}^{\infty} 2^{-n/2}\, 2^{n/2}\, \varrho_n\Big)^2 d\sigma \leqq \iint_\Omega \sum_{n=1}^{\infty} 2^{-n} \sum_{n=1}^{\infty} 2^n \varrho_n^2\, d\sigma$$

$$= \sum_{n=1}^{\infty} 2^n \iint_\Omega \varrho_n^2\, d\sigma < \sum_{n=1}^{\infty} 2^{-n} = 1\,.$$

Weil jedes ϱ_n zulässig für $\mathscr{C}$ ist, gilt ferner

$$\int_C \varrho_0 \,|dz| = \sum_{n=1}^{\infty} \int_C \varrho_n \,|dz| = \infty$$

für jedes lokal rektifizierbare $C \in \mathscr{C}$. Der Hilfssatz ist hiermit bewiesen.

Aus diesem Hilfssatz ergibt sich: *Der Modul einer Familie $\mathscr{C}$ verschwindet, wenn alle Bogen und Kurven von $\mathscr{C}$ einen gemeinsamen Punkt z_0 besitzen.* Für einen endlichen Punkt z_0 sieht man dies ein, wenn man ϱ_0 in einer Umgebung von $z = z_0$ gleich

$$\varrho_0(z) = -\frac{1}{|z - z_0| \log |z - z_0|}$$

und sonst gleich Null setzt. Im Falle $z_0 = \infty$ wähle man

$$\varrho_0(z) = \frac{1}{1 + |z| \log |z|}.$$

Die letztere Funktion ϱ_0 dient auch zum Beweis des folgenden Resultats: *Die Familie aller nicht-rektifizierbaren Bogen und Kurven hat den Modul Null.*

4.4. Ein koordinatenfreier Konvergenzsatz. Eine Funktion f gehört zur Klasse L^p, $1 \leqq p < \infty$, in der meßbaren Menge A, falls $|f|^p$ in A integrierbar ist; wir bezeichnen dann auch $f \in L^p(A)$. Als Maß dient im Folgenden das Lebesguesche Flächenmaß.

Die Klasse $L^p(A)$ wird ein metrischer Raum, wenn man für $f, g \in L^p$ den Ausdruck

$$\|f - g\|_p = \Big(\iint_A |f - g|^p \, d\sigma\Big)^{1/p}$$

als Entfernung zwischen f und g erklärt, und solche Funktionen identifiziert, die fast überall in A übereinstimmen. Die durch diesen Entfernungsbegriff definierte Metrik heißt die *L^p-Metrik* und der Ausdruck $\|f\|_p$ die *L^p-Norm* von f.

Wir werden später den folgenden von Fuglede [1] herrührenden Satz über die Konvergenz in der L^2-Metrik benötigen.

Hilfssatz 4.2. *Es sei f_n, $n = 1, 2, \ldots$, eine Folge von Borelschen Funktionen, die in einer Borelschen Menge B zu der Klasse L^2 gehören und in der L^2-Metrik gegen eine Borelsche Funktion f konvergieren. Dann gibt es eine Teilfolge f_{n_k} der Folge f_n, wofür*

$$\lim_{k \to \infty} \int_C |f_{n_k} - f| \, |dz| = 0 \tag{4.7}$$

für alle lokal rektifizierbaren Bogen $C \subset B$ gilt mit Ausnahme einer Familie vom Modul Null.

Beweis: Wir wählen die Teilfolge f_{n_k} so, daß

$$\iint_B |f_{n_k} - f|^2 \, d\sigma < 2^{-3k} \tag{4.8}$$

ist, und setzen $|f_{n_k} - f| = g_k$. Die Familie derjenigen lokal rektifizierbaren Bogen $C \subset B$, für welche (4.7) nicht gilt, sei $\mathscr{C}_0$.

Aus $C \subset \mathscr{C}_0$ folgt, daß es beliebig große Werte von k gibt, wofür

$$\int_C g_k \, |dz| > 2^{-k}$$

ist. Schreibt man $\mathscr{C}_k = \{C \mid C \subset B, \int_C g_k \, |dz| > 2^{-k}\}$, so gilt also

$$\mathscr{C}_0 \subset \bigcup_{k \geqq n} \mathscr{C}_k \tag{4.9}$$

für jedes n.

Weil die Funktion $2^k g_k$ für $\mathscr{C}_k$ zulässig ist, folgt aus der Definition des Moduls und aus (4.8) andererseits

$$M(\mathscr{C}_k) \leqq 2^{2k} \iint_B g_k^2 \, d\sigma < 2^{-k}.$$

Da der Modul subadditiv ist, gilt also

$$M(\bigcup_{k \geqq n} \mathscr{C}_k) \leqq \sum_{k=n}^{\infty} M(\mathscr{C}_k) < 2^{-n+1}.$$

Die Behauptung $M(\mathscr{C}_0) = 0$ ergibt sich hieraus mit Rücksicht auf (4.9).

§ 5. Approximation meßbarer Funktionen

5.1. Vorbereitende Bemerkungen. Im vorliegenden Paragraphen handelt es sich um zwei Typen von Approximationssätzen. Erstens gilt es in 5.2 und 5.3, eine meßbare Funktion mit Hilfe stetiger Funktionen oder Treppenfunktionen *punktweise* zu approximieren. Beim zweiten in 5.4—5.8 behandelten Problemtypus wird die Approximation dagegen *in der L^p-Metrik* gemessen.

Als Maß dient im Folgenden das Lebesguesche Flächenmaß. Die zu approximierenden Funktionen sind definiert und meßbar in der ganzen endlichen Ebene. Dies bedeutet keine Einschränkung der Allgemeinheit, da jede in einer meßbaren Teilmenge A der endlichen Ebene meßbare (oder integrierbare) Funktion f eine meßbare (integrierbare) Erweiterung auf das Komplement von A gestattet: man teile f den Wert Null außerhalb A zu.

Es sei f eine komplexwertige endliche meßbare Funktion in der endlichen Ebene. Zunächst konstruiere man eine gegen f konvergierende Folge von meßbaren Funktionen g_n, $n = 1, 2, \ldots$, die nur endlich viele Werte annehmen, in folgender Weise: Für jedes n zerlege man das Quadrat $\{u + i v \mid -n < u \leqq n, \ -n < v \leqq n\}$ in $4 n^4$ halboffene Quadrate Q_k, $k = 1, 2, \ldots, 4 n^4$, mit der Seitenlänge $1/n$. Ist q_k die Ecke von Q_k mit dem kürzesten Nullpunktsabstand und schreibt man $f^{-1}(Q_k) = A_k$, so gilt

$$|q_k| \leqq \inf_{z \in A_k} |f(z)|, \quad \sup_{z \in A_k} |f(z) - q_k| \leqq \frac{\sqrt{2}}{n}. \tag{5.1}$$

Wir setzen nun

$$g_n = \sum_{k=1}^{4 n^4} q_k \, c_{A_k},$$

wo c_A die charakteristische Funktion von A bezeichnet. Wegen der Meßbarkeit von f ist g_n meßbar, und nach (5.1) gilt $|g_n(z)| \leqq |f(z)|$ und $\lim g_n(z) = f(z)$ für jedes z. Ist f beschränkt, so findet die Konvergenz sogar gleichmäßig statt.

5.2. Punktweise Approximation mit Hilfe stetiger Funktionen. Durch eine kleine Modifizierung der Funktionen g_n erhält man eine *stetige* Approximationsfolge f_n für f. In diesem Fall kann man allerdings nur schließen, daß f_n fast überall gegen f konvergiert. Andererseits genügt es dann natürlich vorauszusetzen, daß f nur fast überall endlich ist.

Zur Konstruktion einer stetigen Approximationsfolge betrachte man wieder eine Funktion g_n, die also in der Menge A_k, $k = 1, 2, \ldots, 4 n^4$, den konstanten Wert q_k besitzt und in $A_0 = -\bigcup A_k$ verschwindet. Jede Menge $A_k \cap D_n$, $k = 0, 1, \ldots, 4 n^4$, wo $D_n = \{z \mid |z| < n\}$ ist, enthält nach 1.2 eine kompakte Teilmenge F_k derart, daß

$$\sum_{k=0}^{4 n^4} m(A_k \cap D_n - F_k) = m\Big(D_n - \bigcup_{k=0}^{4 n^4} F_k\Big) < 2^{-n}$$

ist. Wir bezeichnen mit $d(z, F_k)$ den Abstand zwischen dem Punkt z und der Menge F_k und mit d die kleinste von den gegenseitigen Entfernungen der Mengen F_k, $k = 0, 1, 2, \ldots, 4 n^4$. Setzt man $q_0 = 0$,

$$h_k(z) = \left(1 - \frac{2\, d(z, F_k)}{d}\right) q_k, \quad k = 0, 1, \ldots, 4 n^4,$$

für $d(z, F_k) \leqq d/2$ und $h_k(z) = 0$ für $d(z, F_k) > d/2$, so ist jede Funktion h_k gleichmäßig stetig in der endlichen Ebene. Die Summe

$$f_n = \sum_{k=0}^{4 n^4} h_k$$

stimmt mit g_n in der Menge $\bigcup F_k$ überein. Sie unterscheidet sich also von g_n innerhalb D_n höchstens in einer Menge, deren Maß kleiner als 2^{-n} ist.

Da D_n mit wachsendem n die endliche Ebene ausschöpft, schließt man hieraus, daß für fast jedes z die Gleichung $f_n(z) = g_n(z)$ von einem n an gilt. Nach dem obigen ist folglich $\lim f_n(z) = f(z)$ fast überall in der endlichen Ebene, und wir haben die gesuchte Approximation von f mit Hilfe gleichmäßig stetiger Funktionen konstruiert.

Die Funktionen $|f_n|$ können in gewissen Punkten größere Werte als $|f|$ annehmen; sie können jedoch $\sup_z |f(z)|$ nicht überschreiten.

Bemerkung. Man betrachte die Einschränkung der obigen Funktion f auf eine Menge A von endlichem Maß. Nach dem in 1.3 zitierten Satz von Egoroff gibt es zu jedem $\varepsilon > 0$ eine abgeschlossene Menge $F \subset A$ mit der Eigenschaft $m(A - F) < \varepsilon$, so daß die approximierende Folge f_n in F gleichmäßig konvergiert. Da die Grenzfunktion einer gleichmäßig konvergierenden Folge von stetigen Funktionen stetig ist, haben wir somit das folgende Resultat über die Beziehung zwischen einer meßbaren und einer stetigen Funktion bewiesen.

Satz von Lusin. *Es sei f eine komplexwertige fast überall endliche meßbare Funktion in einer Menge A von endlichem Maß. Dann gibt es zu jedem $\varepsilon > 0$ eine abgeschlossene Menge $F \subset A$ mit $m(A - F) < \varepsilon$, so daß die Einschränkung von f auf F endlich und stetig ist.*

5.3. Spezielle Approximationsfolgen. Wir nennen die Menge der offenen Quadrate $Q_{hk} = \{x + iy \mid (h-1)\delta < x < h\delta,\ (k-1)\delta < y < k\delta\}$, $h, k = 0, \pm 1, \pm 2, \ldots$, ein Netz und sagen, daß das Netz dichter wird, wenn man die Zahl δ verkleinert. Eine in der endlichen Ebene definierte Funktion, die in jedem Quadrat eines Netzes einen konstanten Wert besitzt, wird *Treppenfunktion* genannt.

Es sei f wie oben eine fast überall endliche meßbare Funktion. Um f mittels Treppenfunktionen zu approximieren, betrachte man die in 5.2 konstruierte Folge f_n, die fast überall gegen f konvergiert. Da jedes f_n gleichmäßig stetig ist, kann zu jedem n ein so dichtes Netz N_n konstruiert werden, daß $|f_n(z_1) - f_n(z_2)| < 1/n$ ist, falls z_1 und z_2 in demselben Quadrat $Q_{hk} \in N_n$ liegen. Für jedes Q_{hk} bezeichnen wir mit z_{hk} den Punkt von $\overline{Q}_{hk}$, wo $|f_n|$ am kleinsten ist. Darauf setzen wir $\varphi_n(z) = f_n(z_{hk})$, falls $z \in Q_{hk}$, und $\varphi_n(z) = f_n(z)$, falls z ein Randpunkt von Q_{hk} ist. Die Funktion φ_n ist dann eine Treppenfunktion, die den Ungleichungen $|\varphi_n| \leqq |f_n|$, $|\varphi_n - f_n| \leqq 1/n$ überall in der endlichen Ebene genügt. Man schließt somit:

Für eine fast überall endliche meßbare Funktion f kann eine Folge von Treppenfunktionen φ_n mit der Eigenschaft $\sup_z |\varphi_n(z)| \leqq \sup_z |f(z)|$ konstruiert werden, so daß $f(z) = \lim_{n\to\infty} \varphi_n(z)$ fast überall gilt.

Schließlich sei bemerkt, daß eine fast überall endliche meßbare Funktion f auch mit Hilfe von Polynomen approximiert werden kann.

Zum Beweis betrachte man wieder die obige stetige Approximationsfolge f_n. Nach dem *Approximationssatz von Weierstraß* gibt es zu jedem f_n eine Polynomfolge $P_{nk}(z, \bar{z})$ derart, daß für $k \to \infty$, $P_{nk}(z, \bar{z}) \to f_n(z)$ gleichmäßig in jeder beschränkten Menge gilt. Ein solches Polynom ist z. B.

$$P_{nk}(z, \bar{z}) = \frac{1}{c_k} \iint\limits_{|\zeta| < \log k} f_n(\zeta) \left[1 - \left(\frac{|\zeta - z|}{\log k}\right)^2\right]^k d\sigma$$

mit

$$c_k = \iint\limits_{|\zeta| < \log k} \left[1 - \left(\frac{|\zeta|}{\log k}\right)^2\right]^k d\sigma = \frac{\pi \log^2 k}{k+1}.$$

Für genügend großes $k = k_n$ besteht dann für $P_{nk} = P_n$ die Ungleichung $|P_n(z) - f_n(z)| < 1/n$ im Kreis $|z| < n$. Dann gilt $\lim P_n(z) = \lim f_n(z) = f(z)$ fast überall.

Für das Folgende ist es von Bedeutung, daß die absoluten Werte der Polynome in einer beliebig vorgegebenen beschränkten Menge von einem n an nicht größer sind als das Supremum von $|f|$ in der Ebene. Wegen $|P_n(z)| - 1/n \leqq |f_n(z)| \leqq \sup |f(z)|$ für $|z| < n$ wird dies erreicht, wenn man P_n z. B. durch $(1 - 1/(n \sup |f|))\, P_n$ ersetzt.

Es sei hervorgehoben, daß wir oben absichtlich $P_n(z, \bar{z})$ statt $P_n(z)$ geschrieben haben. P_n ist nämlich ein Polynom von z und $\bar{z}$ (oder von x und y) und soll nicht mit einer analytischen Funktion von $z = x + iy$ verwechselt werden.

5.4. Regularisierung integrierbarer Funktionen. Es sei f eine meßbare Funktion, die in jedem kompakten Teil der endlichen Ebene Ω integrierbar ist. Eine solche Funktion wird *lokal integrierbar* in Ω genannt. Da f von einer Nullmenge abgesehen endlich ist, kann sie mittels der in 5.2—3 dargestellten Methoden approximiert werden. Wir wollen aber jetzt die Approximation relativ zu der L^p-Metrik studieren.

Als Vorbereitung betrachten wir außer f eine endliche stetige Funktion ϑ, die außerhalb eines Kreises verschwindet. Die durch

$$f * \vartheta(z) = \iint\limits_{\Omega} f(z - \zeta)\, \vartheta(\zeta)\, d\sigma = \iint\limits_{\Omega} f(\zeta)\, \vartheta(z - \zeta)\, d\sigma \qquad (5.2)$$

definierte Funktion $f * \vartheta$ ist dann endlich in der endlichen Ebene.

Der Faltungsprozeß (5.2) regularisiert f: *die Funktion $f * \vartheta$ ist stetig.* Dies folgt unmittelbar aus

$$f * \vartheta(z) - f * \vartheta(z_0) = \iint\limits_{\Omega} f(\zeta)\, [\vartheta(z - \zeta) - \vartheta(z_0 - \zeta)]\, d\sigma,$$

da f lokal integrierbar ist und $\vartheta(z - \zeta) - \vartheta(z_0 - \zeta)$ außerhalb eines Kreises verschwindet und für $z \to z_0$ gleichmäßig gegen Null strebt.

Ist ϑ stetig differenzierbar, so sieht man unter Anwendung des Mittelwertsatzes auf den reellen und imaginären Teil von ϑ, daß die Ausdrücke

$$\frac{\vartheta(z+h)-\vartheta(z)}{h} - \vartheta_x(z)\,,$$

wo $h \neq 0$ reell ist, für $h \to 0$ gleichmäßig gegen Null streben. Daraus folgt

$$\lim_{h\to 0} \frac{f*\vartheta(z+h) - f*\vartheta(z)}{h} - f*\vartheta_x(z)$$
$$= \lim_{h\to 0} \iint_{\Omega} f(\zeta)\left[\frac{\vartheta(z+h-\zeta)-\vartheta(z-\zeta)}{h} - \vartheta_x(z-\zeta)\right] d\sigma = 0\,.$$

Die Funktion $f*\vartheta$ besitzt also die partielle Ableitung

$$(f*\vartheta)_x = f*\vartheta_x\,, \tag{5.3}$$

die wegen der Stetigkeit von ϑ_x überall in der endlichen Ebene stetig ist. In derselben Weise zeigt man, daß die partielle Ableitung $(f*\vartheta)_y$ existiert und gleich $f*\vartheta_y$ ist.

Wir sagen, daß eine Funktion zu der *Klasse* C^n, $n = 1, 2, \ldots$, bzw. zu C^∞ gehört, falls sie n-mal bzw. unendlich oft stetig differenzierbar ist. Durch Wiederholung der obigen Schlußweise folgert man allgemein: *Aus $\vartheta \in C^n$ folgt $f*\vartheta \in C^n$.*

Der *Träger* einer Funktion ist die abgeschlossene Hülle der Menge aller Punkte z, in welchen sie von Null verschieden ist. Die Klasse der Funktionen, die in der endlichen Ebene Ω zu C^n bzw. C^∞ gehören und einen beschränkten Träger haben, wird mit C_0^n bzw. C_0^∞ bezeichnet. Besitzt f einen beschränkten Träger in Ω, so folgt aus der Definition (5.2), daß auch $f*\vartheta$ einen beschränkten Träger hat.

5.5. Ein Hilfsresultat über die Konvergenz in der L^p-Metrik. Die Bedeutung des obigen Regularisierungsverfahrens liegt darin, daß die Funktion $f*\vartheta$ für passend gewähltes ϑ zur Approximation von f in der L^p-Metrik verwendet werden kann.

Zur Vorbereitung wollen wir Folgendes beweisen:

Gehört f zu L^p in der endlichen Ebene Ω, so gilt

$$\lim_{\lambda\to 0} \iint_{\Omega} |f(z+\lambda) - f(z)|^p\, d\sigma = 0\,. \tag{5.4}$$

Beweis: Jedem vorgegebenen $\varepsilon > 0$ entspricht eine Zahl R derart, daß

$$\iint_{|z|\geqq R-1} |f|^p\, d\sigma < \frac{\varepsilon}{2^{p+2}}$$

ist. Wegen $|f(z+\lambda) - f(z)|^p \leqq 2^{p-1} (|f(z+\lambda)|^p + |f(z)|^p)$ ergibt sich dann für das Integral

$$I_\lambda(A) = \iint_A |f(z+\lambda) - f(z)|^p \, d\sigma$$

für $|\lambda| < 1$ die Abschätzung

$$I_\lambda(\{z \mid |z| \geqq R\}) < \frac{\varepsilon}{4} . \tag{5.5}$$

Das über A erstreckte Integral von $|f|^p$ ist als Funktion der Menge A absolut stetig (vgl. 2.1). Wir können also eine Zahl $\eta > 0$ wählen, so daß für jedes A mit $m(A) < \eta$ dieses Integral kleiner als $\varepsilon/2^{p+2}$ ist, und folglich

$$I_\lambda(A) < \frac{\varepsilon}{4} . \tag{5.6}$$

Der Kreis $D_{R+1} = \{z \mid |z| < R+1\}$ enthält nach dem in 5.2 bewiesenen Satz von Lusin eine abgeschlossene Teilmenge F mit $m(D_{R+1} - F) < \eta$, auf der die Einschränkung von f stetig und wegen der Kompaktheit von F sogar gleichmäßig stetig ist. Es gibt also ein δ, $0 < \delta < 1$, derart, daß

$$|f(z+\lambda) - f(z)|^p < \frac{\varepsilon}{4\, m(F)} \qquad \text{für} \qquad |\lambda| < \delta \tag{5.7}$$

ist, falls z und $z + \lambda$ zu F gehören.

Wir wollen beweisen, daß $I_\lambda(\Omega) < \varepsilon$ für $|\lambda| < \delta$ ist. Zu diesem Zweck legen wir ein beliebiges λ, $|\lambda| < \delta$, fest und betrachten die folgenden drei Mengen: $A_1 = \{z \mid z \in F,\ z+\lambda \in F\}$, $A_2 = \{z \mid z+\lambda \in D_{R+1} - F\}$, $A_3 = D_{R+1} - F$. Wegen $|\lambda| < 1$ gehört $z + \lambda$ zu D_{R+1}, falls $|z| < R$ ist. Die Menge $A_1 \cup A_2 \cup A_3$ überdeckt also den Kreis D_R, und es gilt

$$I_\lambda(\Omega) \leqq \sum_{k=1}^{3} I_\lambda(A_k) + I_\lambda(\{z \mid |z| \geqq R\}) .$$

Das letzte Glied rechts ist schon in (5.5) abgeschätzt worden. Aus (5.7) erhält man $I_\lambda(A_1) < \varepsilon/4$. Da das Maß sowohl von A_2 als auch von A_3 kleiner als η ist, gilt nach (5.6) $I_\lambda(A_k) < \varepsilon/4$ auch für $k = 2, 3$. Also ist $I_\lambda(\Omega) < \varepsilon$, und die Behauptung (5.4) ist bewiesen.

5.6. Approximation in der L^p-Metrik. Durch Anwendung des obigen Hilfsresultats (5.4) läßt sich die in Aussicht gestellte Approximation von f in der L^p-Metrik ausführen. Wir bezeichnen mit ϑ_n eine endliche nichtnegative stetige Funktion, die außerhalb des Quadrats $Q_n = \{x + iy \mid -1/n < x < 1/n,\ -1/n < y < 1/n\}$ verschwindet und die Bedingung

$$\iint_\Omega \vartheta_n \, d\sigma = 1 \tag{5.8}$$

erfüllt. Der nachstehende Hilfssatz besagt, daß die mittels der Folge $\vartheta_1, \vartheta_2, \ldots$ nach (5.2) konstruierten Funktionen $f * \vartheta_1, f * \vartheta_2, \ldots$ die Funktion f in der L^p-Metrik approximieren.

Hilfssatz 5.1. *Es sei $f \in L^p$ in der endlichen Ebene Ω. Dann ist*

$$\lim_{n\to\infty} \iint_\Omega |f - f * \vartheta_n|^p \, d\sigma = 0 . \tag{5.9}$$

Beweis: Aus

$$f(z) - f * \vartheta_n(z) = \iint_\Omega [f(z) - f(z - \zeta)] \, \vartheta_n(\zeta) \, d\sigma$$

folgt nach der Hölderschen Ungleichung[1] (oder im Falle $p = 1$ unmittelbar)

$$\begin{aligned} |f(z) - f * \vartheta_n(z)|^p &= \left| \iint_\Omega [f(z) - f(z - \zeta)] \, (\vartheta_n(\zeta))^{\frac{1}{p}} \, (\vartheta_n(\zeta))^{1 - \frac{1}{p}} \, d\sigma \right|^p \\ &\leqq \iint_\Omega |f(z) - f(z - \zeta)|^p \, \vartheta_n(\zeta) \, d\sigma . \end{aligned} \tag{5.10}$$

Hier sollen die beiden Seiten in bezug auf z integriert werden. Um den in 1.5 zitierten Fubinischen Satz auf die rechte Seite anwenden zu können, muß zuerst festgestellt werden, daß der Integrand in dem vierdimensionalen $z\zeta$-Raum in bezug auf das Lebesguesche Volumenmaß meßbar ist.

Da $f(z - \zeta)$ mittels einer Drehung des $z\zeta$-Raumes in eine Funktion von z allein übergeführt werden kann, gilt es zum Beweis zu zeigen: Ist A meßbar in bezug auf das Flächenmaß, so ist die Produktmenge $A \times \Omega = \{(z, \zeta) \mid z \in A, \zeta \in \Omega\}$ meßbar relativ zu dem vierdimensionalen Volumenmaß. Hier kann A als beschränkt angenommen werden, da es jedenfalls aus abzählbar vielen beschränkten Mengen besteht. Dann gibt es zu jedem $n = 1, 2, \ldots$ eine offene Menge $G_n \supset A$ und eine abgeschlossene Menge $F_n \subset A$, so daß $m(G_n - F_n) < 1/n$ ist. Ist Q ein beliebiges Quadrat der ζ-Ebene, so gilt $G_n \times Q \supset A \times Q \supset F_n \times Q$, wo $G_n \times Q$ und $F_n \times Q$ als Borelsche Mengen meßbar sind. Das Maß der Menge $G_n \times Q - F_n \times Q = (G_n - F_n) \times Q$ kann also mit Hilfe des Fubinischen Satzes berechnet werden, und es folgt, daß dieses Maß für $n \to \infty$ gegen Null strebt. Somit ist $A \times Q$ und folglich auch $A \times \Omega$ meßbar.

Aus (5.10) ergibt sich nun durch Anwendung des Satzes von Fubini

$$\iint_\Omega |f(z) - f * \vartheta_n(z)|^p \, d\sigma_z \leqq \iint_\Omega \left(\iint_\Omega |f(z) - f(z - \zeta)|^p \, d\sigma_z \right) \vartheta_n(\zeta) \, d\sigma_\zeta .$$

---

[1] Die Höldersche Ungleichung

$$\iint F G \, d\sigma \leqq \left(\iint F^p \, d\sigma\right)^{1/p} \left(\iint G^q \, d\sigma\right)^{1/q}$$

gilt für $F, G \geqq 0$, $p > 1$, $1/p + 1/q = 1$.

Da ϑ_n außerhalb des Quadrates Q_n verschwindet, genügt es, das äußere Integral rechts über Q_n zu erstrecken. Dann ist $|\zeta| < \sqrt{2}/n$. Weil das innere Integral nach (5.4) für $\zeta \to 0$ gegen Null strebt und ϑ_n gemäß (5.8) normiert ist, hat das ganze Doppelintegral also für $n \to \infty$ den Grenzwert Null. Der Hilfssatz ist hiermit bewiesen.

5.7. L^p-Approximation durch C_0^∞-Funktionen. Setzt man

$$\vartheta_n(z) = a_n\, e^{\frac{1}{|z|^2 - n^{-2}}} \quad \text{für} \quad |z| < \frac{1}{n}, \quad \vartheta_n(z) = 0 \quad \text{für} \quad |z| \geqq \frac{1}{n}, \tag{5.11}$$

wo a_n so gewählt werden soll, daß (5.8) besteht, so erhält man eine Folge $\vartheta_n \in C^\infty$. Nach 5.4 gehören dann auch die Funktionen $f * \vartheta_n$ zu C^∞. Eine Funktion $f \in L^p$ kann also in der L^p-Metrik durch unendlich oft differenzierbare Funktionen approximiert werden.

Es gilt sogar: *Eine Funktion $f \in L^p(\Omega)$ kann in der L^p-Metrik durch Funktionen aus der Klasse C_0^∞ approximiert werden.*

Um dies einzusehen, setze man $\varphi_k(z) = f(z)$ für $z \in D_k = \{\zeta \mid |\zeta| < k\}$, $\varphi_k(z) = 0$ für $z \in -D_k$, $k = 1, 2, \ldots$. Ist ϑ_n die durch (5.11) definierte Funktion, so gilt nach Hilfssatz 5.1

$$\iint_\Omega |\varphi_k - \varphi_k * \vartheta_n|^p \, d\sigma < k^{-p}$$

für ein genügend großes $n = n_k$. Jede approximierende Funktion $f_k = \varphi_k * \vartheta_{n_k}$ gehört zu C^∞ und verschwindet außerhalb des Kreises D_{k+1/n_k}. Zufolge der Dreiecksungleichung ist

$$\left(\iint_\Omega |f - f_k|^p \, d\sigma\right)^{1/p} \leqq \left(\iint_{-D_k} |f|^p \, d\sigma\right)^{1/p} + \frac{1}{k},$$

woraus das zu beweisende Resultat zu ersehen ist.

5.8. Punktweise Konvergenz einer L^p-Approximation. Für eine stetige Funktion $f \in L^p$ konvergiert die oben konstruierte Folge $f * \vartheta_n$ nicht nur in der L^p-Metrik sondern auch punktweise.

Hilfssatz 5.2. *Die integrierbare Funktion f sei endlich und stetig in einer offenen Menge G der endlichen Ebene. Dann gilt*

$$f(z) = \lim_{n \to \infty} f * \vartheta_n(z) \tag{5.12}$$

gleichmäßig in jeder kompakten Teilmenge F von G.

Beweis: Wir wählen außer F eine andere kompakte Menge F_0, $F \subset F_0 \subset G$, so daß F in einer positiven Entfernung d von dem Komplement von F_0 liegt.

Aus der Definition von $f * \vartheta_n$ folgt

$$|f(z) - f * \vartheta_n(z)| \leqq \iint_{Q_n} |f(z) - f(z - \zeta)| \, \vartheta_n(\zeta) \, d\sigma \,. \tag{5.13}$$

Ist $n > \sqrt{2}/d$ und gehört z zu F, so liegt der Punkt $z - \zeta$ in F_0, wenn $\zeta \in Q_n$. Da f in der kompakten Menge F_0 gleichmäßig stetig ist, folgt die Behauptung (5.12) unmittelbar aus (5.13).

§ 6. Funktionen mit verallgemeinerten L^p-Ableitungen

6.1. Definition einer Funktion mit L^p-Ableitungen. Wir führen jetzt eine Funktionsklasse ein, die in den nachfolgenden Kapiteln IV—VI mehrmals eine wichtige Rolle spielen wird.

G bezeichnet im Folgenden stets ein Gebiet der endlichen Ebene. Wir sagen, daß eine im Gebiet G definierte endliche komplexwertige Funktion f in G *verallgemeinerte L^p-Ableitungen*, $p \geqq 1$, besitzt, wenn sie die folgenden zwei Bedingungen befriedigt:

1. f ist absolut stetig auf Geraden in G (s. 3.1).

2. Die partiellen Ableitungen f_x, f_y gehören zu L^p in jedem kompakten Teil von G.

Eine Funktion mit verallgemeinerten L^1-Ableitungen wird in der Literatur auch *absolut stetig im Sinne von Tonelli* genannt.

Aus der Hölderschen Ungleichung folgt, daß eine Funktion mit verallgemeinerten L^p-Ableitungen auch L^q-Ableitungen besitzt für $q \leqq p$.

6.2. Integraltransformation für Funktionen mit L^p-Ableitungen. Wir wollen die Funktionen mit verallgemeinerten L^p-Ableitungen noch auf zwei andere Arten charakterisieren. Beide Charakterisierungen kommen später zur Anwendung, da sie wichtige Eigenschaften dieser Funktionenklasse zum Ausdruck bringen.

Zunächst wird gezeigt, daß die Funktionen mit verallgemeinerten L^p-Ableitungen als diejenigen Funktionen charakterisiert werden können, für welche eine aus der klassischen Analysis bekannte Transformationsformel zwischen Kurven- und Flächenintegralen besteht. Wir erinnern daran, daß ∂D den in bezug auf das Jordangebiet D positiv orientierten Rand von D bezeichnet (vgl. I.1.4).

Hilfssatz 6.1. *Eine in G stetige endliche Funktion f besitzt verallgemeinerte L^p-Ableitungen in G dann und nur dann, wenn es zwei Funktionen g und h gibt, die in jedem kompakten Teil von G zu L^p gehören und der folgenden Bedingung genügen: Ist R, $\overline{R} \subset G$, ein beliebiges Rechteck mit achsenparallelen Seiten, so gilt*

$$\int_{\partial R} f\, dx = -\iint_R g\, d\sigma\,, \quad \int_{\partial R} f\, dy = \iint_R h\, d\sigma\,. \tag{6.1}$$

Ist dies der Fall, so ist $f_x = h$, $f_y = g$ fast überall in G.

Beweis: Wir nehmen zuerst an, daß f in G verallgemeinerte L^p-Ableitungen besitzt. Es sei $R = \{x + iy \mid a < x < b,\ c < y < d\}$, $\overline{R} \subset G$. Da die Einschränkung von f auf die vertikale Strecke $\{x + iy \mid c \leqq y \leqq d\}$ für fast alle x, $a < x < b$, eine absolut stetige Funktion von y ist, gilt

$$\int_{\partial R} f\,dx = \int_a^b (f(x + ic) - f(x + id))\,dx = -\int_a^b dx \int_c^d f_y(x + iy)\,dy\,.$$

Hier gehört f_y zu $L^p \subset L^1$ in $\overline{R}$, und das Doppelintegral kann also unter Anwendung des Fubinischen Satzes in ein über R erstrecktes Flächenintegral transformiert werden. Man erhält so die erste Beziehung (6.1) mit $g = f_y$. Die zweite ergibt sich in analoger Weise, und die Notwendigkeit der Bedingung (6.1) ist hiermit erwiesen.

Um zu beweisen, daß sie auch hinreichend ist, gehen wir von zwei Funktionen g und h mit den obigen Eigenschaften aus. Wir betrachten wie oben ein Rechteck $R = \{x + iy \mid a < x < b,\ c < y < d\}$, $\overline{R} \subset G$. Anwendung der ersten Beziehung (6.1) auf das Rechteck $R_{xy} \subset R$ mit den Ecken $a + ic$, $x + ic$, $x + iy$, $a + iy$ ergibt dann

$$\begin{aligned}\int_a^x (f(\xi + ic) - f(\xi + iy))\,d\xi &= -\iint_{R_{xy}} g\,d\sigma \\ &= -\int_a^x d\xi \int_c^y g\,(\xi + i\eta)\,d\eta\,. \qquad (6.2)\end{aligned}$$

Es sei y_n, $n = 1, 2, \ldots$, eine auf $c < y < d$ überall dichte Folge. Deriviert man (6.2) für ein festes y_n in bezug auf x und beachtet, daß die Ableitung eines Integrals fast überall gleich dem Integranden ist, so erhält man

$$f(x + iy_n) - f(x + ic) = \int_c^{y_n} g\,(x + i\eta)\,d\eta \qquad (6.3)$$

für jedes x, $a < x < b$, mit Ausnahme einer Menge E_n vom linearen Maß Null. Gehört x nicht zu der Nullmenge $E = \bigcup E_n$, so besteht (6.3) also für jedes y_n. Da die beiden Seiten von (6.3) aber stetig von y_n abhängen, gilt

$$f(x + iy) - f(x + ic) = \int_c^y g\,(x + i\eta)\,d\eta$$

überall in R, die vertikalen Strecken $x \in E$ ausgenommen.

Als ein Integral ist f folglich eine absolut stetige Funktion von y für fast alle x, $a < x < b$. Ferner sieht man, daß $f_y(x + iy) = g\,(x + iy)$ für fast alle y gilt, falls x nicht zu E gehört. Da f_y und g in bezug auf das Flächenmaß meßbar sind, folgt aus dem Satz von

Fubini, daß $f_y(z)$ und $g(z)$ von einer Menge vom Flächenmaß Null abgesehen in R zusammenfallen.

Vertauscht man die Rollen von x und y, so sieht man wie oben, daß f in R auch auf fast allen horizontalen Strecken absolut stetig ist und die partielle Ableitung $f_x = h$ fast überall besitzt. Der Beweis ist hiermit vollendet.

6.3. Approximation von Funktionen mit L^p-Ableitungen. Eine weitere Möglichkeit die Funktionen mit verallgemeinerten L^p-Ableitungen zu charakterisieren beruht darauf, daß diese Funktionen eine besondere C^∞-Approximation zulassen. Man kann nämlich die approximierende Folge in diesem Fall so wählen, daß die Funktionen selbst punktweise und ihre Ableitungen in der L^p-Metrik konvergieren.

Hilfssatz 6.2. *Es seien f, g, h drei im Gebiet G definierte Funktionen, von denen g und h in jedem kompakten Teil von G zu L^p gehören. Ferner sei f_n, $n = 1, 2, \ldots$, eine Folge von stetig differenzierbaren Funktionen in G, so daß die folgenden Bedingungen für jede kompakte Menge $F \subset G$ gelten:*

1. $\lim\limits_{n\to\infty} (f_n - f) = 0$ *gleichmäßig in F.*

2. $$\lim_{n\to\infty} \iint_F \left|\frac{\partial f_n}{\partial x} - h\right|^p d\sigma = 0, \quad \lim_{n\to\infty} \iint_F \left|\frac{\partial f_n}{\partial y} - g\right|^p d\sigma = 0\,.$$

Dann besitzt f verallgemeinerte L^p-Ableitungen in G, und es gilt $f_x = h$, $f_y = g$ fast überall in G.

Umgekehrt, falls f in G verallgemeinerte L^p-Ableitungen besitzt, gibt es eine Folge von Funktionen $f_n \in C_0^\infty$, die den Bedingungen 1 und 2 mit $h = f_x$, $g = f_y$ genügen.

Ist der Träger von f eine kompakte Teilmenge von G, so können die Funktionen f_n so gewählt werden, daß die Bedingungen 1 und 2 mit G an Stelle von F gelten.

Beweis: Wir beweisen zunächst den ersten Teil der Behauptung. Aus Bedingung 1 schließt man, daß f stetig ist. Bezeichnet R, $\overline{R} \subset G$, ein Rechteck mit achsenparallelen Seiten, so gilt ferner

$$\int_{\partial R} f\,dx = \lim_{n\to\infty} \int_{\partial R} f_n\,dx = -\lim_{n\to\infty} \iint_R \frac{\partial f_n}{\partial y}\,d\sigma\,.$$

Aus der zweiten Gleichung der Bedingung 2 folgt auf Grund der Hölderschen Ungleichung

$$\lim_{n\to\infty} \iint_R \frac{\partial f_n}{\partial y}\,d\sigma = \iint_R g\,d\sigma\,,$$

und wir haben somit

$$\int_{\partial R} f\,dx = -\iint_R g\,d\sigma\,.$$

Auf dieselbe Weise zeigt man die Gültigkeit der Beziehung

$$\int_{\partial R} f\,dy = \iint_R h\,d\sigma\,.$$

Hilfssatz 6.1 besagt dann, daß f in G verallgemeinerte L^p-Ableitungen hat und daß $f_x = h$, $f_y = g$ fast überall in G gilt.

Zweitens nehmen wir an, daß f in G verallgemeinerte L^p-Ableitungen besitzt. Um eine Folge von C_0^∞-Funktionen mit den Eigenschaften 1 und 2 zu konstruieren, machen wir Gebrauch von dem in 5.4 eingeführten Regularisierungsverfahren.

Es genügt die Konstruktion so auszuführen, daß die Bedingungen 1 und 2 mit $h = f_x$, $g = f_y$ für ein festes $F \subset G$ erfüllt werden. Die gesuchte Approximation von f in jedem kompakten $F \subset G$ erhält man nämlich dann so, daß man G durch eine zunehmende Folge von kompakten Mengen ausschöpft, die zugehörigen Folgen von C_0^∞-Funktionen konstruiert und aus diesen die Diagonalfolge auswählt.

Es sei also $F \subset G$ eine kompakte Menge. Wir wählen eine andere kompakte Menge F_0, $F \subset F_0 \subset G$, so daß F in einer positiven Entfernung d von dem Komplement von F_0 liegt. Die durch die Vorschriften $\tilde{f}(z) = f(z)$ für $z \in F_0$, $\tilde{f}(z) = 0$ für $z \notin F_0$, definierte Funktion $\tilde{f}$ ist integrierbar in der Ebene. F_0 kann so gewählt werden, daß das Flächenmaß seines Randes verschwindet (vgl. II. 8.1). Dann gehören die Ableitungen $\tilde{f}_x$ und $\tilde{f}_y$ zu L^p in der endlichen Ebene.

Mit Hilfe der in 5.7 eingeführten Funktionen (5.11) konstruieren wir die Folge

$$f_n = \tilde{f} * \vartheta_n, \quad n = 1, 2, \ldots, \tag{6.4}$$

wo jedes f_n also zu C_0^∞ gehört. Nach Hilfssatz 5.2 gilt $\lim f_n = \tilde{f} = f$ gleichmäßig in F, und die Bedingung 1 ist somit erfüllt. Liegt der Träger von f in F, so gilt $\lim f_n = f$ gleichmäßig sogar in G.

Um die Gültigkeit der Bedingung 2 zu begründen, machen wir Gebrauch vom Hilfssatz 5.1. Da $\tilde{f}_x$ in der endlichen Ebene zu L^p gehört, erhält man

$$\lim_{n\to\infty} \iint_F |f_x - \tilde{f}_x * \vartheta_n|^p\,d\sigma = 0\,. \tag{6.5}$$

Liegt der Träger von f in F, so besteht diese Beziehung mit G an Stelle von F. Die Ableitung f_y wird in derselben Weise von $\tilde{f}_y * \vartheta_n$ approximiert.

Um den Beweis zu vollenden, soll noch gezeigt werden, daß $\tilde{f}_x * \vartheta_n = (\tilde{f} * \vartheta_n)_x$, $\tilde{f}_y * \vartheta_n = (\tilde{f} * \vartheta_n)_y$ von einem n an überall in F

gelten. Aus dem Nachstehenden geht zugleich hervor, daß diese Beziehungen überall in G bestehen, falls der Träger von f in F liegt.

Wir wählen $n > \sqrt{2}/d$ und schreiben der Kürze halber ϑ statt ϑ_n. Da $\tilde{f}_x(z-\zeta) = f_x(z-\zeta)$ ist für $z \in F$, $\zeta \in Q_n$, erhält man unter Anwendung des Fubinischen Satzes zuerst

$$\tilde{f}_x * \vartheta(z) = \iint\limits_{Q_n} f_x(z-\zeta)\, \vartheta(\zeta)\, d\sigma$$

$$= \int\limits_{-1/n}^{1/n} d\eta \int\limits_{-1/n}^{1/n} f_x\,(z-\xi-i\,\eta)\, \vartheta\,(\xi+i\,\eta)\, d\xi\,. \tag{6.6}$$

Nach Annahme ist die durch $f(z-\zeta) = \varphi(\zeta)$ definierte Funktion φ absolut stetig auf fast allen horizontalen Strecken $I_\eta = \{\zeta = \xi + i\,\eta \mid -1/n < \xi < 1/n\}$, $I_\eta \subset Q_n$. Für jeden solchen Wert von η kann das innere Integral rechts in (6.6) durch partielle Integration transformiert werden. Da ϑ in den Endpunkten von I_η verschwindet, erhält man so

$$\int\limits_{-1/n}^{1/n} f_x(z-\xi-i\,\eta)\, \vartheta\,(\xi+i\,\eta)\, d\xi = \int\limits_{-1/n}^{1/n} f(z-\xi-i\,\eta)\, \vartheta_x(\xi+i\,\eta)\, d\xi\,.$$

Weil diese Gleichung für fast alle η besteht, folgt hieraus in Verbindung mit (6.6)

$$\tilde{f}_x * \vartheta(z) = \int\limits_{-1/n}^{1/n} d\eta \int\limits_{-1/n}^{1/n} f(z-\xi-i\,\eta)\, \vartheta_x(\xi+i\,\eta)\, d\xi$$

$$= \iint\limits_{Q_n} f(z-\zeta)\, \vartheta_x(\zeta)\, d\sigma = \tilde{f} * \vartheta_x(z)\,.$$

Nach (5.3) ist aber $\tilde{f} * \vartheta_x = (\tilde{f} * \vartheta)_x$, und in F gilt folglich $\tilde{f}_x * \vartheta(z) = (\tilde{f} * \vartheta)_x\,(z)$, wie wir zeigen wollten.

In derselben Weise zeigt man, daß $\tilde{f}_y * \vartheta(z) = (\tilde{f} * \vartheta)_y\,(z)$ ist, und der Hilfssatz ist bewiesen.

6.4. Approximation in der endlichen Ebene. Wir betrachten jetzt den Spezialfall, wo $p = 2$ ist und G mit der endlichen Ebene Ω zusammenfällt. Nimmt man an, daß die partiellen Ableitungen von f nicht nur lokal quadratisch integrierbar sind sondern zu $L^2(\Omega)$ gehören, so gestattet der Hilfssatz 6.2 die folgende Ergänzung.

Hilfssatz 6.3. *Es sei f eine Funktion, die in der endlichen Ebene Ω absolut stetig auf Geraden ist und deren partielle Ableitungen zu $L^2(\Omega)$ gehören. Dann gibt es eine Folge von Funktionen f_n, $n = 1, 2, \ldots$, aus der Klasse C_0^∞, wofür die nachstehenden Bedingungen gelten:*

1. $\lim\limits_{n\to\infty} f_n(z) = f(z)$ *gleichmäßig in jeder beschränkten Menge.*

2. $\lim\limits_{n\to\infty} \iint\limits_{\Omega} |f_x - (f_n)_x|^2\, d\sigma = \lim\limits_{n\to\infty} \iint\limits_{\Omega} |f_y - (f_n)_y|^2\, d\sigma = 0\,.$

Beweis: Ist der Träger von f beschränkt, so folgt die Behauptung unmittelbar aus Hilfssatz 6.2. Zum Beweis genügt es also f im obigen Sinne durch Funktionen $\tilde{f}_n$ zu approximieren, die verallgemeinerte L^2-Ableitungen besitzen und deren Träger beschränkt sind.

Wir setzen $\tilde{f}_n(z) = \psi_n(|z|)\, f(z)$, $n = 2, 3, \ldots$, wo die Funktion ψ_n für $r \geqq 0$ stetig ist, die Werte $\psi_n(r) = 1$ für $0 \leqq r \leqq n$, $\psi_n(r) = 0$ für $r \geqq e^n$ annimmt und die Ableitung $\psi_n'(r) = c_n/(r \log r)$ für $n < r < e^n$ besitzt. Dann ist

$$\int\limits_n^{e^n} \frac{c_n}{r \log r}\, dr = -1\,, \tag{6.7}$$

woraus folgt

$$c_n = \frac{1}{\log\log n - \log n}\,. \tag{6.8}$$

Jede Funktion $\tilde{f}_n$ ist absolut stetig auf Geraden in Ω und besitzt einen beschränkten Träger. Wir behaupten, daß die obigen Bedingungen 1 und 2 für $\tilde{f}_n$ an Stelle von f_n gelten. Hieraus folgt dann auch, daß $\tilde{f}_n$ verallgemeinerte L^2-Ableitungen besitzt.

Die Gültigkeit der Bedingung 1 ist klar. Da $f_x \psi_n \to f_x$ in der L^2-Metrik, folgt die erste Beziehung 2 auf Grund der Dreiecksungleichung, wenn wir zeigen, daß

$$\lim_{n\to\infty} \iint\limits_{\Omega} |f_x \psi_n - (\tilde{f}_n)_x|^2\, d\sigma = 0 \tag{6.9}$$

ist. Die entsprechende Relation für die Ableitungen nach y läßt sich dann auf dieselbe Weise begründen.

Nun ist

$$\iint\limits_{\Omega} |f_x \psi_n - (\tilde{f}_n)_x|^2\, d\sigma \leqq \int\limits_n^{e^n} dr \int\limits_0^{2\pi} |\psi_n'(r)\, f(r\, e^{i\varphi})|^2\, r\, d\varphi$$

$$= \int\limits_n^{e^n} \frac{c_n^2}{r \log^2 r} \left(\int\limits_0^{2\pi} |f(r\, e^{i\varphi})|^2\, d\varphi \right) dr\,. \tag{6.10}$$

Ist f im Kreis $|z| \leqq r$ stetig differenzierbar, so gilt

$$|f(r\, e^{i\varphi}) - f(e^{i\varphi})|^2 = \left| \int\limits_1^r \frac{\partial f(r\, e^{i\varphi})}{\partial r}\, dr \right|^2 \leqq \int\limits_1^r \frac{dr}{r} \int\limits_1^r \left| \frac{\partial f(r\, e^{i\varphi})}{\partial r} \right|^2 r\, dr\,.$$

Folglich ist

$$\int\limits_0^{2\pi} |f(r\, e^{i\varphi}) - f(e^{i\varphi})|^2\, d\varphi \leqq \log r \iint\limits_{|z|<r} (|f_x|^2 + |f_y|^2)\, d\sigma\,.$$

Aus Hilfssatz 6.2 folgt, daß diese Ungleichung auch ohne die Differenzierbarkeitsvoraussetzung besteht. Für alle genügend großen Werte von r gilt deshalb

$$\int_0^{2\pi} |f(r\,e^{i\varphi})|^2\, d\varphi \leqq 2\,(\|f_x\|_2^2 + \|f_y\|_2^2) \log r = 2\,A \log r\,.$$

Aus (6.10) ergibt sich somit, im Hinblick auf (6.7) und (6.8), daß

$$\iint_\Omega |f_x \psi_n - (\tilde{f}_n)_x|^2\, d\sigma \leqq 2\,A\,c_n \int_n^{e^n} \frac{c_n}{r \log r}\, dr = -2\,A\,c_n = \frac{2\,A}{\log n - \log\log n}$$

von einem n an gilt. Hieraus folgt (6.9), und $\tilde{f}_n$ befriedigt also die Bedingungen 1 und 2.

6.5. Verallgemeinerte Greensche Formel. Unter Benutzung des Hilfssatzes 6.2 können wir eine Verallgemeinerung der klassischen Greenschen Formel herleiten.

Greensche Formel. *Es seien f und g Funktionen, die im Gebiet G verallgemeinerte L^p- bzw. L^q-Ableitungen besitzen mit $1/p + 1/q = 1$. Ist D, $\overline{D} \subset G$, ein Jordangebiet mit einem rektifizierbaren Rand, auf welchem g von beschränkter Variation ist, so gilt*

$$\int_{\partial D} f\, dg = \iint_D (f_x g_y - f_y g_x)\, d\sigma\,. \tag{6.11}$$

Dieselbe Beziehung besteht, wenn f verallgemeinerte L^1-Ableitungen besitzt und g zu der Klasse C^2 gehört.[1]

Beweis: Im Falle, wo f und g verallgemeinerte L^p- bzw. L^q-Ableitungen besitzen, existieren nach Hilfssatz 6.2 zwei Folgen f_n, g_n, $n = 1, 2, \ldots$, von Funktionen der Klasse C^∞, derart daß $\lim_{n\to\infty} |f_n - f| = \lim_{n\to\infty} |g_n - g| = 0$ gleichmäßig in $\overline{D}$ und

$$\lim_{n\to\infty} \iint_D \left|\frac{\partial(f_n - f)}{\partial x}\right|^p d\sigma = \lim_{n\to\infty} \iint_D \left|\frac{\partial(f_n - f)}{\partial y}\right|^p d\sigma$$
$$= \lim_{n\to\infty} \iint_D \left|\frac{\partial(g_n - g)}{\partial x}\right|^q d\sigma = \lim_{n\to\infty} \iint_D \left|\frac{\partial(g_n - g)}{\partial y}\right|^q d\sigma = 0 \tag{6.12}$$

gelten. Ist $g \in C^2$ und besitzt f verallgemeinerte L^1-Ableitungen, so wählen wir die Folge f_n wie oben ($p = 1$) und setzen $g_n = g$ für $n = 1, 2, \ldots$.

Die Gültigkeit der Greenschen Formel (6.11) für C^2-Funktionen wird hier als bekannt angenommen (siehe z. B. Apostol [1], S. 289). Da

[1] Die Forderung $g \in C^2$ kann offensichtlich durch eine viel schwächere ersetzt werden.

die approximierenden Funktionen f_n, g_n in beiden obigen Fällen zu dieser Klasse gehören, gilt also

$$\int_{\partial D} f_n\, dg_m = \iint_D \left(\frac{\partial f_n}{\partial x}\frac{\partial g_m}{\partial y} - \frac{\partial f_n}{\partial y}\frac{\partial g_m}{\partial x}\right) d\sigma \tag{6.13}$$

für jedes Paar f_n, g_m.

Wir lassen hier m zuerst gegen unendlich streben. Dann konvergiert g_m auf dem Rand von D gleichmäßig gegen g. Weil f_n, g_m und g stetig und von beschränkter Variation sind, erhalten wir durch partielle Integration

$$\lim_{m\to\infty} \int_{\partial D} f_n\, dg_m = -\lim_{m\to\infty} \int_{\partial D} g_m\, df_n = -\int_{\partial D} g\, df_n = \int_{\partial D} f_n\, dg\,. \tag{6.14}$$

Um den Grenzübergang $m \to \infty$ auch auf der rechten Seite von (6.13) auszuführen, bemerken wir zuerst, daß die Integrale

$$\iint_D \left|\frac{\partial f_n}{\partial x}\right|^p d\sigma\,, \qquad \iint_D \left|\frac{\partial f_n}{\partial y}\right|^p d\sigma$$

wegen (6.12) gleichmäßig beschränkt sind. Da nur der Fall $p > 1$ behandelt werden muß, erhalten wir unter Anwendung der Hölderschen Ungleichung

$$\left|\iint_D \left[\frac{\partial f_n}{\partial x}\left(\frac{\partial g_m}{\partial y} - \frac{\partial g}{\partial y}\right) - \frac{\partial f_n}{\partial y}\left(\frac{\partial g_m}{\partial x} - \frac{\partial g}{\partial x}\right)\right] d\sigma\right|$$

$$\leqq \left(\iint_D \left|\frac{\partial f_n}{\partial x}\right|^p d\sigma\right)^{1/p} \left(\iint_D \left|\frac{\partial (g_m - g)}{\partial y}\right|^q d\sigma\right)^{1/q}$$

$$+ \left(\iint_D \left|\frac{\partial f_n}{\partial y}\right|^p d\sigma\right)^{1/p} \left(\iint_D \left|\frac{\partial (g_m - g)}{\partial x}\right|^q d\sigma\right)^{1/q}.$$

Nach (6.12) strebt die rechtsseitige Majorante für $m \to \infty$ gegen Null. Daraus folgt in Verbindung mit (6.14), daß die Beziehung (6.13) gültig bleibt, wenn g_m durch g ersetzt wird.

Bei dem Grenzübergang $n \to \infty$ ergibt sich zuerst auf Grund der gleichmäßigen Konvergenz von f_n auf Rd D

$$\lim_{n\to\infty} \int_{\partial D} f_n\, dg = \int_{\partial D} f\, dg\,. \tag{6.15}$$

Für $p > 1$ schließt man wie oben durch Anwendung der Hölderschen Ungleichung, daß

$$\lim_{n\to\infty} \iint_D \left(\left(\frac{\partial f_n}{\partial x} - \frac{\partial f}{\partial x}\right)\frac{\partial g}{\partial y} - \left(\frac{\partial f_n}{\partial y} - \frac{\partial f}{\partial y}\right)\frac{\partial g}{\partial x}\right) d\sigma = 0 \tag{6.16}$$

ist. Für $p = 1$, $g \in C^2$, hat man

$$\left| \iint_D \left(\left(\frac{\partial f_n}{\partial x} - \frac{\partial f}{\partial x} \right) \frac{\partial g}{\partial y} - \left(\frac{\partial f_n}{\partial y} - \frac{\partial f}{\partial y} \right) \frac{\partial g}{\partial x} \right) d\sigma \right|$$

$$\leqq \max_{z \in \bar{D}} |g_y(z)| \iint_D \left| \frac{\partial (f_n - f)}{\partial x} \right| d\sigma + \max_{z \in \bar{D}} |g_x(z)| \iint_D \left| \frac{\partial (f_n - f)}{\partial y} \right| d\sigma ,$$

und man sieht, daß (6.16) auch in diesem Fall gilt.

Aus (6.15) und (6.16) erkennt man, daß in (6.13) nicht nur g_m durch g, sondern auch f_n durch f ersetzt werden kann. Die verallgemeinerte Greensche Formel ist hiermit begründet.

Beispiel: In den zwei einfachen Fällen $g(z) = z$ und $g(z) = \bar{z}$ erhält man aus der Greenschen Formel das folgende Resultat: *Hat f verallgemeinerte L^1-Ableitungen in G, so gilt*

$$\int_{\partial D} f\, dz = 2i \iint_D f_{\bar{z}}\, d\sigma , \qquad \int_{\partial D} f\, d\bar{z} = -2i \iint_D f_z\, d\sigma \qquad (6.17)$$

für jedes Jordangebiet D, $\bar{D} \subset G$, dessen Rand rektifizierbar ist.

6.6. Absolute Stetigkeit von Homöomorphismen mit L^2-Ableitungen. Unter den Funktionen mit verallgemeinerten L^p-Ableitungen ist der Fall $p = 2$ für uns der wichtigste. Es erweist sich nämlich in IV.1, daß jede quasikonforme Abbildung verallgemeinerte L^2-Ableitungen besitzt. Das folgende Resultat kann deshalb später direkt auf quasikonforme Abbildungen angewandt werden.

Satz 6.1. *Ein Homöomorphismus w des Gebietes G, der in G verallgemeinerte L^2-Ableitungen besitzt, ist lokal absolut stetig in G.*

Beweis: Ohne Einschränkung der Allgemeinheit können wir annehmen, daß w orientierungserhaltend ist.

Nach Hilfssatz 3.3 genügt die Jacobische Funktionaldeterminante J von w der Ungleichung

$$\iint_B J\, d\sigma \leqq m(w(B)) \qquad (6.18)$$

für jede Borelsche Menge $B \subset G$, wo Gleichheit für alle B dann und nur dann besteht, wenn w in G lokal absolut stetig ist. Wir zeigen zunächst, daß Gleichheit in (6.18) zutrifft, wenn B ein abgeschlossenes Rechteck R mit achsenparallelen Seiten ist.

Weil w absolut stetig auf Geraden in G ist und das Integral (6.18) stetig von B abhängt, können wir durch eventuelle Vergrößerung von R erreichen, daß w absolut stetig auf $\mathrm{Rd}\, R$ ist. Dann ist w daselbst auch von beschränkter Variation, und das w-Bild des Randes von R ist folglich rektifizierbar. Unter Anwendung der Greenschen

Formel (6.11) auf die Gebiete R und $w(R) = R'$ erhält man also

$$\int_{\partial R} u\, dv = \iint_R J\, d\sigma\,, \quad \int_{\partial R'} u\, dv = \iint_{R'} d\sigma\,,$$

wo u und v links den reellen bzw. imaginären Teil der Abbildung w bedeuten und rechts als die Koordinaten der $w = u + i\,v$-Ebene aufgefaßt werden sollen.

Nach (2.11) sind die linken Seiten der obigen Beziehungen gleich. In (6.18) besteht also Gleichheit, falls B ein Rechteck R mit achsenparallelen Seiten ist.

Dasselbe gilt dann für jedes offene $B \subset G$, denn eine offene Menge der endlichen Ebene besteht aus abzählbar vielen punktfremden halboffenen Rechtecken mit achsenparallelen Seiten.

Um die Gleichheit in (6.18) für allgemeine Borelsche Mengen B zu zeigen, brauchen offensichtlich nur Mengen B mit $\overline{B} \subset G$ betrachtet zu werden. Ist B eine solche Menge, so gibt es zu jedem $\varepsilon > 0$ eine offene Menge D_ε, $B \subset D_\varepsilon, \overline{D}_\varepsilon \subset G$, mit $m\,(D_\varepsilon - B) < \varepsilon$. Da das Integral (6.18) als Mengenfunktion lokal absolut stetig in G ist, gilt dann

$$\iint_B J\, d\sigma = \lim_{\varepsilon \to 0} \iint_{D_\varepsilon} J\, d\sigma = \lim_{\varepsilon \to 0} m\big(w(D_\varepsilon)\big) \geqq m\big(w(B)\big)\,.$$

Wegen (6.18) besteht hier Gleichheit, und der Satz 6.1 ist bewiesen.

6.7. Zusammensetzung von Funktionen mit L^p-Ableitungen. Als zweite Anwendung der Greenschen Formel beweisen wir Folgendes:

Hilfssatz 6.4. *Es seien $w = u + i\,v : G \to G'$ und seine Umkehrung $w^{-1} = x + i\,y$ Homöomorphismen, die im Gebiet G bzw. G' verallgemeinerte L^p-Ableitungen besitzen für ein $p \geqq 2$. Ferner sei f eine Funktion mit verallgemeinerten L^q-Ableitungen in G', wo $1/p + 1/q = 1$ ist. Dann hat die zusammengesetzte Funktion $f \circ w$ verallgemeinerte L^1-Ableitungen in G, und für ihre partiellen Ableitungen gilt die Kettenregel*

$$(f \circ w)_x = (f_u \circ w)\, u_x + (f_v \circ w)\, v_x\,, \quad (f \circ w)_y = (f_u \circ w)\, u_y + (f_v \circ w)\, v_y \quad (6.19)$$

fast überall in G.

Beweis: Nach Satz 6.1 sind w und w^{-1} lokal absolut stetig in G bzw. G'. Aus Satz 3.1 und Hilfssatz 3.4 folgt ferner, daß w und w^{-1} in G bzw. G' differenzierbar sind und eine positive Jacobische Funktionaldeterminante besitzen mit Ausnahme gewisser Nullmengen $E_0 \subset G$, $E_0' \subset G'$. Da ein lokal absolut stetiger Homöomorphismus Nullmengen auf Nullmengen abbildet, ist auch die Menge $E = E_0 \cup w^{-1}(E_0')$ vom Flächenmaß Null.

Falls der Punkt $\zeta \in G$ nicht zu E gehört, sind sowohl w in ζ als w^{-1} in $w(\zeta) = \zeta'$ differenzierbar. Eine einfache Rechnung zeigt, daß dann

$$u_y(\zeta) = -x_v(\zeta')\, J(\zeta)\,, \qquad v_y(\zeta) = x_u(\zeta')\, J(\zeta)\,, \tag{6.20}$$

wo J die Jacobische Funktionaldeterminante von w bezeichnet. Diese Gleichungen bestehen also fast überall in G.

Nach Begründung dieses vorbereitenden Resultats wollen wir zeigen, daß $f \circ w$ die im Hilfssatz 6.1 gegebene Bedingung (6.1) erfüllt, wodurch auch (6.19) zugleich bewiesen wird. Zu diesem Zweck fassen wir ein achsenparalleles Rechteck R, $\overline{R} \subset G$, ins Auge. Zunächst sei angenommen, daß w auf dem Rand von R absolut stetig ist. Dann ist das w-Bild des Randes von R rektifizierbar. Die Greensche Formel (6.11) kann somit auf das Funktionenpaar f und x im Gebiet $R' = w(R)$ angewandt werden. Es ergibt sich

$$\int_{\partial R} (f \circ w)\, dx = \int_{\partial R'} f\, dx = \iint_{R'} (f_u\, x_v - f_v\, x_u)\, d\sigma\,. \tag{6.21}$$

Nach Hilfssatz 3.5 gilt weiter

$$\iint_{R'} (f_u\, x_v - f_v\, x_u)\, d\sigma = \iint_{R} \big((f_u \circ w)\,(x_v \circ w) - (f_v \circ w)\,(x_u \circ w)\big)\, J\, d\sigma\,.$$

Hieraus erhält man mit Berücksichtigung der Formeln (6.20) und (6.21)

$$\int_{\partial R} (f \circ w)\, dx = -\iint_{R} \big((f_u \circ w)\, u_y + (f_v \circ w)\, v_y\big)\, d\sigma\,. \tag{6.22}$$

In derselben Weise beweist man die Gültigkeit der Formel

$$\int_{\partial R} (f \circ w)\, dy = \iint_{R} \big((f_u \circ w)\, u_x + (f_v \circ w)\, v_x\big)\, d\sigma\,. \tag{6.23}$$

Diese Beziehungen sind unter der Voraussetzung hergeleitet worden, daß w auf dem Rand von R absolut stetig ist. Da aber w der Annahme gemäß in G absolut stetig auf Geraden ist, folgt aus der Stetigkeit der Funktion f und der in (6.22) und (6.23) vorkommenden Flächenintegrale, daß die Formeln (6.22) und (6.23) für jedes achsenparallele Rechteck R, $\overline{R} \subset G$, gültig sind. Hilfssatz 6.1 ergibt dann das gewünschte Resultat, daß $f \circ w$ verallgemeinerte L^1-Ableitungen in G besitzt und daß die Beziehungen (6.19) fast überall in G gelten.

Bemerkung. Sind die Abbildungen w und w^{-1} stetig differenzierbar in G bzw. G', so folgt aus (6.19), daß $f \circ w$ in G verallgemeinerte L^q-Ableitungen hat. Diese Eigenschaft einer Funktion ist also gegenüber stetig differenzierbaren Koordinatentransformationen invariant.

6.8. Absolute Stetigkeit auf beliebigen Bogen. Aus dem Obigen folgt insbesondere, daß eine Funktion mit verallgemeinerten L^p-Ableitungen nicht nur auf fast allen horizontalen und vertikalen Strecken, sondern auch auf viel allgemeineren Bogen absolut stetig ist. Um diesen Sachverhalt in einer exakten Form auszudrücken, gebrauchen wir den in § 4 eingeführten Begriff des Moduls einer Familie von Bogen. Im Falle $p = 2$ kann man dann Folgendes beweisen (vgl. Väisälä [1]):

Satz 6.2. *Es sei f eine Funktion, die in G verallgemeinerte L^2-Ableitungen besitzt. Dann ist f absolut stetig auf allen Bogen C, $\overline{C} \subset G$, mit Ausnahme einer Familie vom Modul Null.*

Beweis: Da die Familie aller nicht-rektifizierbaren Bogen nach 4.3 den Modul Null besitzt, können wir uns auf rektifizierbare Bogen beschränken.

Es sei F eine kompakte Teilmenge von G. Nach Hilfssatz 6.2 gibt es eine Folge von Funktionen $f_n \in C^\infty$, $n = 1, 2, \ldots$, derart, daß $\lim f_n = f$ gleichmäßig in F gilt und daß die partiellen Ableitungen von f_n gegen f_x bzw. f_y in der L^2-Metrik von F konvergieren. Als Ableitungen einer stetigen Funktion sind f_x und f_y Borelsche Funktionen. Gemäß Hilfssatz 4.2 gibt es deshalb eine Teilfolge von f_n, die wieder mit f_n bezeichnet sei, so daß die Beziehungen

$$\lim_{n\to\infty} \int_C \left|\frac{\partial f_n}{\partial x} - \frac{\partial f}{\partial x}\right| |dz| = \lim_{n\to\infty} \int_C \left|\frac{\partial f_n}{\partial y} - \frac{\partial f}{\partial y}\right| |dz| = 0 \qquad (6.24)$$

für alle rektifizierbaren Bogen $C \subset F$ gelten mit Ausnahme einer Familie vom Modul Null. Wir zeigen, daß f auf jedem Bogen C, wofür (6.24) besteht, absolut stetig ist.

Es sei $\zeta = x + i y : I \to C$ eine längentreue Parameterdarstellung von C, s_1 und s_2, $s_2 > s_1$, zwei beliebige Punkte der Strecke I, und $z_1 = \zeta(s_1)$, $z_2 = \zeta(s_2)$. Betrachtet man die partiellen Ableitungen von f_n als Funktionen von s, so gilt

$$f(z_2) - f(z_1) = \lim_{n\to\infty} (f_n(z_2) - f_n(z_1)) = \lim_{n\to\infty} \int_{s_1}^{s_2} \left[\frac{\partial f_n}{\partial x} x' + \frac{\partial f_n}{\partial y} y'\right] ds\,, \qquad (6.25)$$

wo $|x'| \leqq 1$, $|y'| \leqq 1$ ist. Auf Grund der Ungleichung

$$\left|\int_{s_1}^{s_2} \left[\left(\frac{\partial f_n}{\partial x} - \frac{\partial f}{\partial x}\right) x' + \left(\frac{\partial f_n}{\partial y} - \frac{\partial f}{\partial y}\right) y'\right] ds\right| \leqq \int_C \left(\left|\frac{\partial f_n}{\partial x} - \frac{\partial f}{\partial x}\right| + \left|\frac{\partial f_n}{\partial y} - \frac{\partial f}{\partial y}\right|\right) |dz|$$

und der Limesrelationen (6.24) erhält man dann aus (6.25)

$$f(z_2) - f(z_1) = \int_{s_1}^{s_2} \left(\frac{\partial f}{\partial x} x' + \frac{\partial f}{\partial y} y'\right) ds\,.$$

Als ein Integral ist f also absolut stetig auf C.

Bisher haben wir nur Bogen C der kompakten Menge F betrachtet. Es sei nun $F_1, F_2, \ldots, \cup F_n = G$, eine Ausschöpfung von G mittels kompakter Mengen. Nach dem Obigen ist $M(\mathscr{C}_n) = 0$ für jedes n, wo $\mathscr{C}_n$ die Familie derjenigen Bogen $C \subset F_n$ bezeichnet, auf denen f nicht absolut stetig ist. Da der Modul nach 4.2 subadditiv ist, gilt

$$M(\cup \mathscr{C}_n) \leqq \sum M(\mathscr{C}_n) = 0\,,$$

und der Satz ist bewiesen.

§ 7. Hilbert-Transformation

7.1. Verallgemeinerung der Cauchyschen Integralformel. Als Anwendung der Greenschen Formel wollen wir für Funktionen mit verallgemeinerten L^1-Ableitungen eine Integraldarstellung herleiten, die im Falle einer analytischen Funktion in die Cauchysche Integralformel übergeht. Dieses Resultat ist an sich nicht tiefliegend, in derivierter Form und kombiniert mit einigen allgemeinen Eigenschaften der L^p-Räume führt es aber zu weitgehenden Folgerungen.

Es sei f eine Funktion, die im Gebiet G verallgemeinerte L^1-Ableitungen besitzt, und D, $\overline{D} \subset G$, ein Jordangebiet mit rektifizierbarem Rand. Ferner sei z ein Punkt von D, und D_r, $\overline{D}_r \subset D$, bezeichne das Kreisgebiet $\{\zeta \mid |\zeta - z| < r\}$. Die durch die Vorschriften

$$\psi(\zeta) = f(\zeta)\,(\zeta - z)^{-1} \quad \text{für} \quad \zeta \in G - D_r\,,$$

$$\psi(\zeta) = r^{-2} f(\zeta)\,(\bar\zeta - \bar z) \quad \text{für} \quad \zeta \in D_r\,,$$

definierte Funktion ψ besitzt dann verallgemeinerte L^1-Ableitungen in G. Anwendung der ersten Formel (6.17) auf ψ in den Gebieten D und D_r und Subtraktion ergibt somit

$$\int\limits_{\partial D} \frac{f(\zeta)}{\zeta - z}\,d\zeta - \int\limits_{\partial D_r} \frac{f(\zeta)}{\zeta - z}\,d\zeta = 2\,i \iint\limits_{D - D_r} \frac{f_{\bar\zeta}(\zeta)}{\zeta - z}\,d\sigma\,.$$

Wir lassen darauf r gegen Null streben. Weil f stetig ist, konvergiert das zweite Integral links gegen den Grenzwert $2\pi i f(z)$, und es folgt

$$f(z) = \frac{1}{2\pi i} \int\limits_{\partial D} \frac{f(\zeta)}{\zeta - z}\,d\zeta - \frac{1}{\pi} \lim_{r \to 0} \iint\limits_{D - D_r} \frac{f_{\bar\zeta}(\zeta)}{\zeta - z}\,d\sigma\,. \tag{7.1}$$

Hier definiert das erste Integral

$$W_D f(z) = \frac{1}{2\pi i} \int\limits_{\partial D} \frac{f(\zeta)}{\zeta - z}\,d\zeta \tag{7.2}$$

eine analytische Funktion von z in D. Für das zweite Integral schreiben wir

$$-\frac{1}{\pi}\lim_{r\to 0}\iint\limits_{D-D_r}\frac{\omega(\zeta)}{\zeta-z}\,d\sigma = -\frac{1}{\pi}\iint\limits_{D}\frac{\omega(\zeta)}{\zeta-z}\,d\sigma = T_D\,\omega(z)\,,$$

auch wenn das Integral rechts nur als Cauchyscher Hauptwert existiert. Mit dieser Bezeichnung gilt dann Folgendes:

Hilfssatz 7.1. *Eine Funktion f, die in G verallgemeinerte L^1-Ableitungen besitzt, gestattet im Gebiet D, $\overline{D}\subset G$, die Darstellung*

$$f = W_D\,f + T_D\,f_{\bar{z}}\,,$$

wo $W_D\,f$ in D analytisch ist.

Falls f auf dem Rand von D gleich Null ist, verschwindet $W_D\,f$ nach (7.2) in D, und die obige Formel reduziert sich auf die einfachere Form

$$f = T_D\,f_{\bar{z}}\,. \tag{7.3}$$

Auch in dem Spezialfall, wo D das Kreisgebiet $|\zeta| < R$ und $f(\zeta) = \bar{\zeta}$ ist, fehlt der analytische Teil von f. Dann gilt nämlich für $z \in D$

$$\int\limits_{\partial D}\frac{\bar{\zeta}\,d\zeta}{\zeta-z} = R^2\int\limits_{\partial D}\frac{d\zeta}{\zeta\,(\zeta-z)} = \frac{R^2}{z}\int\limits_{\partial D}\left(\frac{1}{\zeta-z}-\frac{1}{\zeta}\right)d\zeta = 0\,,$$

und es ergibt sich

$$\bar{z} = -\frac{1}{\pi}\iint\limits_{|\zeta|<R}\frac{d\sigma}{\zeta-z}\,. \tag{7.4}$$

7.2. Definition der Hilbert-Transformation. Die Frage nach der Differentiation der Beziehung (7.3) führt zu einer wichtigen Integraltransformation, der sogen. Hilbert-Transformation, die jetzt definiert werden soll. Wir beschränken uns zunächst auf Funktionen aus der in 5.4 eingeführten Klasse C_0^∞, deren Elemente also in der endlichen Ebene Ω unendlich oft differenzierbar sind und einen kompakten Träger besitzen. Für $\omega \in C_0^\infty$ schreiben wir

$$T\omega(z) = -\frac{1}{\pi}\iint\limits_{\Omega}\frac{\omega(\zeta)}{\zeta-z}\,d\sigma\,.$$

Für einen beliebigen festen Punkt $z_0 \in \Omega$ und für ein $\omega \in C_0^\infty$ sei eine Funktion ψ durch die Vorschrift

$$\psi(z) = T\omega(z) - \omega(z_0)\,\bar{z} \tag{7.5}$$

definiert. Wir zeigen, daß ψ im Punkt z_0 eine endliche richtungsunabhängige Ableitung $\psi'(z_0) = \psi_z(z_0)$ besitzt und daß $\psi_{\bar{z}}(z_0)$ also verschwindet. Dadurch gelangen wir zu der Hilbert-Transformation von ω und erhalten zugleich Differentiationsregeln für $T\omega$.

Auf Grund der Definition von $T\omega$ und der Beziehung (7.4) ist

$$\frac{\psi(z_0+h)-\psi(z_0)}{h} = -\frac{1}{\pi}\iint_D \frac{\omega(\zeta)-\omega(z_0)}{(\zeta-z_0-h)\,(\zeta-z_0)}\,d\sigma\,, \tag{7.6}$$

wo $D = \{\zeta \mid |\zeta| < R\}$ ein beliebiger Kreis ist, der den Träger von ω und den Punkt z_0 enthält. Wir zeigen, daß der Grenzübergang $h \to 0$ unter dem Integralzeichen ausgeführt werden kann.

Dazu bemerke man zuerst, daß es eine endliche Zahl M gibt, so daß $|\omega(\zeta) - \omega(z_0)| \leqq M\,|\zeta - z_0|$ in D ist. Also existiert das Integral

$$\iint_D \frac{|\omega(\zeta)-\omega(z_0)|}{|\zeta-z_0|^2}\,d\sigma\,,$$

und es gilt

$$\left|\iint_D \frac{\omega(\zeta)-\omega(z_0)}{(\zeta-z_0-h)\,(\zeta-z_0)}\,d\sigma - \iint_D \frac{\omega(\zeta)-\omega(z_0)}{(\zeta-z_0)^2}\,d\sigma\right|$$
$$= \left|\iint_D \frac{\omega(\zeta)-\omega(z_0)}{(\zeta-z_0)^2\,(\zeta-z_0-h)}\,h\,d\sigma\right| \leqq M\,|h| \iint_D \frac{d\sigma}{|\zeta-z_0|\;|\zeta-z_0-h|}\,. \tag{7.7}$$

Für genügend kleines $|h|$ liegen die Kreise $|\zeta - z_0| < |h|/2$ und $|\zeta - z_0 - h| < |h|/2$ in D. Außerhalb dieser Kreise ist

$$|\zeta-z_0|\;|\zeta-z_0-h| \geqq \frac{1}{3}\,|\zeta-z_0|^2\,,$$

und man erhält die Abschätzung

$$|h| \iint_D \frac{d\sigma}{|\zeta-z_0|\;|\zeta-z_0-h|} < 2 \iint_{|\zeta-z_0|<\frac{1}{2}|h|} \frac{d\sigma}{|\zeta-z_0|}$$
$$+ 2 \iint_{|\zeta-z_0-h|<\frac{1}{2}|h|} \frac{d\sigma}{|\zeta-z_0-h|} + 3\,|h| \iint_{\frac{1}{2}|h| \leqq |\zeta-z_0| < 2R} \frac{d\sigma}{|\zeta-z_0|^2}$$
$$= 4\pi\,|h| + 6\pi\,|h| \log\frac{4R}{|h|}\,.$$

Dieser Ausdruck verschwindet für $h \to 0$, und nach (7.6) und (7.7) existiert also die Ableitung

$$\psi'(z_0) = \psi_z(z_0) = -\frac{1}{\pi}\iint_D \frac{\omega(\zeta)-\omega(z_0)}{(\zeta-z_0)^2}\,d\sigma\,. \tag{7.8}$$

Hier kann das Glied $\omega(z_0)$ auch weggelassen werden. Auf Grund der zweiten Formel (6.17) gilt nämlich (vgl. 7.1)

$$2i \iint\limits_{D-D_r} \frac{d\sigma}{(\zeta - z_0)^2} = \int\limits_{\partial D} \frac{d\bar{\zeta}}{\zeta - z_0} - \int\limits_{\partial D_r} \frac{d\bar{\zeta}}{\zeta - z_0} = -R^2 \int\limits_{\partial D} \frac{d\zeta}{\zeta^2 (\zeta - z_0)} = 0$$

für jeden Kreis $D_r = \{\zeta \mid |\zeta - z_0| < r\}$, $\bar{D}_r \subset D$.

Folglich existiert der Cauchysche Hauptwert

$$S\omega(z) = -\frac{1}{\pi} \iint\limits_{\Omega} \frac{\omega(\zeta)}{(\zeta - z)^2} d\sigma . \tag{7.9}$$

Dieser lineare Operator S, der also jetzt in der Klasse C_0^∞ definiert worden ist, heißt die *Hilbert-Transformation*, und $S\omega$ wird die Hilbert-Transformierte von ω genannt.

7.3. Differentiation der Hilbert-Transformierten. Nach (7.5) und (7.8) gilt

$$(T\omega)_z = S\omega , \qquad (T\omega)_{\bar{z}} = \omega . \tag{7.10}$$

Unter Anwendung der zweiten Formel (6.17) erhält man ferner (vgl. 7.1)

$$S\omega(z) - T\omega_z(z) = \frac{1}{\pi} \iint\limits_{D} \frac{\partial}{\partial \zeta} \left(\frac{\omega(\zeta)}{\zeta - z} \right) d\sigma$$

$$= -\frac{1}{2\pi i} \int\limits_{\partial D} \frac{\omega(\zeta)}{\zeta - z} d\bar{\zeta} + \frac{1}{2\pi i} \lim_{r \to 0} \int\limits_{\partial D_r} \frac{\omega(\zeta)}{\zeta - z} d\bar{\zeta} ,$$

wo $D_r = \{\zeta \mid |\zeta - z| < r\}$ ist. Auf der rechten Seite verschwindet das erste Integral, weil ω auf Rd D verschwindet, und man erkennt sofort, daß auch das zweite Glied gleich Null ist. Folglich ist

$$S\omega = T\omega_z , \tag{7.11}$$

und aus (7.10) ergibt sich

$$(S\omega)_{\bar{z}} = \omega_z . \tag{7.12}$$

Aus (7.5) schließt man, daß $T\omega$ überall stetig ist. Nach (7.11) ist dann auch $S\omega$ stetig. Aus (7.10) läßt sich also folgern, daß $T\omega$ stetig differenzierbar ist, und (7.11) zeigt, daß $S\omega$ dieselbe Eigenschaft besitzt. Durch Wiederholung dieser Schlußweise sieht man ein, daß $T\omega$ und $S\omega$ in Ω zur Klasse C^∞ gehören. Aus (7.10) und (7.12) geht auch hervor, daß $T\omega$ und $S\omega$ außerhalb des Trägers von ω sogar analytisch sind.

7.4. L^2-Norm der Hilbert-Transformierten in der Klasse C_0^∞. Wir wollen den Definitionsbereich der Hilbert-Transformation auf die

Klasse derjenigen Funktionen ausdehnen, die in der ganzen endlichen Ebene Ω zu L^2 gehören. Zu diesem Zweck zeigen wir zuerst:

In der Klasse C_0^∞ gilt die Gleichung

$$\iint_\Omega |S\,\omega|^2\,d\sigma = \iint_\Omega |\omega|^2\,d\sigma\,. \tag{7.13}$$

Unter Benutzung der ersten von den identischen Relationen

$$\overline{(f_{\bar z})} = (\bar f)_z\,,\quad \overline{(f_z)} = (\bar f)_{\bar z} \tag{7.14}$$

erhält man zunächst aus (7.10) für jeden Kreis $D_R = \{z|\,|z| < R\}$, der den Träger von ω enthält,

$$\iint_\Omega |\omega|^2\,d\sigma = \iint_\Omega \omega\overline{(T\omega)}_z\,d\sigma = \iint_{D_R} (\omega\,\overline{T\omega})_z\,d\sigma - \iint_{D_R} \omega_z\,\overline{T\omega}\,d\sigma\,. \tag{7.15}$$

Aus (7.10) und (7.12) folgt andererseits mit Rücksicht auf die zweite Relation (7.14)

$$\begin{aligned}\iint_\Omega |S\omega|^2\,d\sigma &= \lim_{R\to\infty} \iint_{D_R} S\omega\overline{(T\omega)}_{\bar z}\,d\sigma \\ &= \lim_{R\to\infty} \left(\iint_{D_R} (S\omega\,\overline{T\omega})_{\bar z}\,d\sigma - \iint_{D_R} \omega_z\,\overline{T\omega}\,d\sigma\right).\end{aligned} \tag{7.16}$$

Durch Anwendung der Formeln (6.17) erhält man

$$\iint_{D_R} (\omega\overline{T\omega})_z\,d\sigma = -\frac{1}{2i}\int_{\partial D_R} \omega\,\overline{T\omega}\,d\bar z\,,$$

$$\iint_{D_R} (S\omega\,\overline{T\omega})_{\bar z}\,d\sigma = \frac{1}{2i}\int_{\partial D_R} S\omega\,\overline{T\omega}\,dz\,.$$

In der ersten Gleichung sind die Integrale gleich Null, weil ω auf dem Rand von D_R verschwindet. Was die Integrale in der zweiten Gleichung betrifft, ergeben sich aus der Definition von $T\omega$ und $S\omega$ für $|z| > R_0$ die Abschätzungen

$$|T\omega(z)| \leqq \frac{1}{\pi\,(|z| - R_0)}\iint_\Omega |\omega|\,d\sigma\,,\qquad |S\omega(z)| \leqq \frac{1}{\pi\,(|z| - R_0)^2}\iint_\Omega |\omega|\,d\sigma\,,$$

falls der Träger von ω in $|z| < R_0$ liegt. Also gilt

$$\lim_{R\to\infty}\iint_{D_R} (S\omega\,\overline{T\omega})_{\bar z}\,d\sigma = \frac{1}{2i}\lim_{R\to\infty}\int_{\partial D_R} S\omega\,\overline{T\omega}\,dz = 0\,.$$

Die zu beweisende Gleichung (7.13) folgt jetzt aus (7.15) und (7.16).

7.5. Vollständigkeit der L^p-Räume. Mit Hilfe der Beziehung (7.13) kann die Hilbert-Transformation S nun auf die Klasse $L^2(\Omega)$ erweitert werden. Dazu werden einige allgemeine Bemerkungen vorausgeschickt, die wir wegen späterer Anwendungen für eine beliebige Klasse L^p, $p \geqq 1$, aussprechen.

Im L^p-Raum (vgl. 4.4) heißt f_n, $n = 1, 2, \ldots$, eine Cauchysche Folge, wenn jedem $\varepsilon > 0$ ein n_ε entspricht derart, daß $\|f_m - f_n\|_p < \varepsilon$ ist für $m, n > n_\varepsilon$. Eine in L^p konvergente Folge ist natürlich eine Cauchysche Folge. Es gilt aber auch die Umkehrung: *Ist f_n eine Cauchysche Folge in L^p, so gibt es ein $f \in L^p$ derart, daß* $\lim \|f_n - f\|_p = 0$ *ist* (Munroe [1], S. 243). Diese Eigenschaft des Raumes L^p wird *Vollständigkeit* genannt.

Aus der Konvergenz einer Folge f_n in der L^p-Metrik folgt i. A. nicht, daß die Funktionen f_n punktweise konvergieren. Es gilt jedoch (Munroe [1], S. 225 u. 229): *Konvergieren die Funktionen f_n gegen f im Raum L^p, so existiert eine Teilfolge f_{n_k} der Folge f_n derart, daß*

$$\lim_{k\to\infty} f_{n_k}(z) = f(z)$$

für fast alle z gilt.

7.6. Erweiterung der Hilbert-Transformation auf L^2. Im Besitze der Beziehung (7.13) kann die Erweiterung der Hilbert-Transformation auf den Raum L^2 folgenderweise durchgeführt werden.

Es sei ω eine beliebige Funktion, die in der endlichen Ebene Ω zu L^2 gehört. Nach 5.7 gibt es eine Folge von Funktionen ω_n aus der Klasse C_0^∞ derart, daß

$$\lim_{n\to\infty} \|\omega_n - \omega\|_2 = 0$$

gilt. Nach (7.13) ist

$$\|S\,\omega_m - S\,\omega_n\|_2 = \|\omega_m - \omega_n\|_2$$

für jedes m und n. $S\,\omega_n$, $n = 1, 2, \ldots$, ist also eine Cauchysche Folge. Auf Grund der Vollständigkeit von L^2 gibt es folglich eine L^2-Funktion, die wir mit $S\,\omega$ bezeichnen, mit der Eigenschaft

$$\lim_{n\to\infty} \|S\,\omega_n - S\,\omega\|_2 = 0\,.$$

Diese als Element von L^2 eindeutig bestimmte Funktion $S\,\omega$ wird als die Hilbert-Transformierte von ω erklärt. Dadurch wird die Hilbert-Transformation S im ganzen Raum $L^2(\Omega)$ als ein linearer stetiger Operator definiert, der in der Unterklasse C_0^∞ die Integraldarstellung (7.9) gestattet.[1] Die Beziehung

$$\|S\,\omega\|_2 = \|\omega\|_2$$

gilt für jedes $\omega \in L^2(\Omega)$.

7.7. Anwendung auf Funktionen mit L^2-Ableitungen. Wir kehren jetzt auf die in 7.1 hergeleitete Formel (7.3) zurück. Es sei f eine Funktion, die in der endlichen Ebene Ω absolut stetig auf Geraden ist und deren partielle Ableitungen nicht nur lokal, sondern über ganz Ω L^2-integrierbar sind. Nach Hilfssatz 6.3 gibt es dann eine Folge von Funktionen $f_n \in C_0^\infty$, so daß

$$\lim_{n\to\infty} \|(f_n)_z - f_z\|_2 = \lim_{n\to\infty} \|(f_n)_{\bar z} - f_{\bar z}\|_2 = 0 \tag{7.17}$$

ist.

Anwendung der Formeln (7.3) und (7.10) ergibt für jedes n

$$(f_n)_z = S(f_n)_{\bar z}\,. \tag{7.18}$$

Wegen

$$\|S(f_n)_{\bar z} - S f_{\bar z}\|_2 = \|(f_n)_{\bar z} - f_{\bar z}\|_2$$

erkennt man aus (7.17), daß $S(f_n)_{\bar z} \to S f_{\bar z}$ in L^2. Gemäß 7.5 enthält f_n, $n = 1, 2, \ldots$, somit eine Teilfolge, für welche beide Glieder von (7.18) auch punktweise fast überall konvergieren, und wir haben das folgende Resultat bewiesen:

Hilfssatz 7.2. *In der endlichen Ebene Ω sei die Funktion f absolut stetig auf Geraden und besitze über Ω quadratisch integrierbare Ableitungen. Dann gilt*

$$f_z(z) = S f_{\bar z}(z)$$

fast überall.

---

[1] Über die Integraldarstellung der Hilbert-Transformierten einer beliebigen Funktion $\omega \in L^2(\Omega)$ sei Folgendes bemerkt, obschon wir uns dieser Resultate nicht bedienen werden:

Schreibt man

$$S_\varrho\,\omega(z) = -\frac{1}{\pi} \iint\limits_{|\zeta - z| > \varrho} \frac{\omega(\zeta)}{(\zeta - z)^2}\, d\sigma\,,$$

so gilt

$$\lim_{\varrho\to 0} \|S_\varrho\,\omega - S\,\omega\|_2 = 0\,.$$

(Das Resultat stammt von Beurling; einen Beweis findet man z. B. in der Arbeit [2] von Ahlfors.) Als Element von L^2 betrachtet existiert also das durch (7.9) definierte Integral als Cauchyscher Hauptwert (in bezug auf die L^2-Metrik) für jedes $\omega \in L^2(\Omega)$ und fällt mit der oben definierten Hilbert-Transformierten von ω zusammen. In der Tat konvergiert $S_\varrho\,\omega(z)$ für $\varrho \to 0$ sogar punktweise fast überall (Calderón-Zygmund [1]).

IV Analytische Charakterisierung einer quasikonformen Abbildung

Einleitung zum Kapitel IV

Die im vorigen Kapitel entwickelten Hilfsmittel werden jetzt auf quasikonforme Abbildungen angewandt. Um eine Brücke zwischen den Sätzen des Kapitels III und der Theorie der quasikonformen Abbildungen zu schlagen, wird zuerst bewiesen, daß eine quasikonforme Abbildung absolut stetig auf Geraden ist.

Im Besitze dieses Resultats kann eine Reihe wichtiger Eigenschaften quasikonformer Abbildungen als unmittelbare Folgerungen im vorigen Kapitel bewiesener allgemeinerer Ergebnisse aufgezählt werden. So folgt aus Hilfssatz III.3.1 und Satz III.3.1, daß eine quasikonforme Abbildung fast überall differenzierbar ist. Hieraus folgt in Verbindung mit Satz I.9.3, daß die Dilatationsbedingung $\max_\alpha |\partial_\alpha w| \leqq K \min_\alpha |\partial_\alpha w|$ für eine K-quasikonforme Abbildung fast überall besteht. Dieses Resultat beleuchtet in neuer Weise den Zusammenhang zwischen den allgemeinen und den klassischen regulären quasikonformen Abbildungen.

Aus der Gültigkeit der Dilatationsbedingung und aus Hilfssatz III.3.3 ergibt sich, daß eine quasikonforme Abbildung verallgemeinerte L^2-Ableitungen besitzt. Dadurch können sämtliche in III.6 bewiesenen Ergebnisse auf quasikonforme Abbildungen übertragen werden. Es folgt z. B., daß eine quasikonforme Abbildung nullmengentreu ist und fast überall eine positive Jacobische Funktionaldeterminante besitzt.

In § 2 wird das Umkehrproblem untersucht, inwiefern die obigen, in § 1 zusammengestellten Eigenschaften zur Charakterisierung einer quasikonformen Abbildung hinreichen. Mit Hilfe eines Gegenbeispiels wird zunächst gezeigt, daß die Quasikonformität eines Homöomorphismus w nicht dadurch charakterisiert werden kann, daß das lokale Verhalten von w nur fast überall vorgeschrieben wird. Aus diesem Beispiel geht auch hervor, daß von den oben erwähnten Eigenschaften neben der Dilatationsbedingung die absolute Stetigkeit auf Geraden beachtet werden muß. Eines der fundamentalsten Resultate der Theorie, die *analytische Definition*, wird folglich in gewissem Sinne unter minimalen Bedingungen begründet, wenn wir danach beweisen: Ein orientierungserhaltender Homöomorphismus w, der absolut stetig auf Geraden ist und die Dilatationsbedingung $\max_\alpha |\partial_\alpha w| \leqq K \min_\alpha |\partial_\alpha w|$ fast überall befriedigt, ist K-quasikonform.

Mit Hilfe der analytischen Definition werden in § 3 verschiedene Modifikationen der ursprünglichen geometrischen Definition gewonnen. Z. B. wird gezeigt, daß eine K-quasikonforme Abbildung w des Gebietes G der Modulbedingung $M(w(\mathscr{C})) \leqq K\, M(\mathscr{C})$ in bezug auf jede in G gelegene Kurvenschar $\mathscr{C}$ genügt.

In § 4 wird bewiesen, ebenfalls durch Anwendung der analytischen Definition, daß ein orientierungserhaltender Homöomorphismus genau dann K-quasikonform ist, wenn seine Kreisdilatation überall endlich ist und höchstens in einer Nullmenge den Wert K überschreitet.

Schließlich wird in § 5 als Vorbereitung für Kapitel V die komplexe Dilatation einer quasikonformen Abbildung w eingeführt; ihr Definitionsbereich besteht aus den regulären Punkten von w, wo sie gleich $w_{\bar{z}}/w_z$ ist. Der Eindeutigkeitssatz wird bewiesen, wonach die komplexe Dilatation eine quasikonforme Abbildung bis auf eine konforme Transformation bestimmt. Zuletzt werden die Konvergenzeigenschaften der komplexen Dilatation der quasikonformen Abbildungen w_n unter der Voraussetzung untersucht, daß die Folge w_n in kompakten Teilen des abzubildenden Gebietes gleichmäßig konvergiert.

§ 1. Analytische Eigenschaften einer quasikonformen Abbildung

1.1. Absolute Stetigkeit auf Geraden. Wir werden im vorliegenden Paragraphen eine Reihe von Sätzen darstellen, die Stetigkeits- und Differenzierbarkeitseigenschaften von quasikonformen Abbildungen betreffen. Wie in der Einleitung dieses Kapitels erwähnt wurde, folgen die meisten dieser Sätze unmittelbar aus den Ergebnissen des vorangehenden Kapitels, sobald wir bewiesen haben, daß eine quasikonforme Abbildung absolut stetig auf Geraden ist (vgl. III.3.1). Dieses Resultat rührt von Strebel [1] und Mori [2] her. Unser Beweis wird im Anschluß an Pfluger [2] ausgeführt, wobei das Resultat direkt von der Definition der absoluten Stetigkeit ausgehend durch Anwendung der Rengelschen Ungleichung gewonnen wird.

Die Definition der absoluten Stetigkeit auf Geraden in III.3.1 bezieht sich auf ein Gebiet der endlichen Ebene und auf eine endlichwertige Funktion. Hier sei die Definition folgendermaßen erweitert: Ein Homöomorphismus f heißt absolut stetig auf Geraden im Gebiet G, falls f es in $G - \{\infty\} - \{f^{-1}(\infty)\}$ nach der früheren Definition ist. Analog sagt man, f besitze verallgemeinerte L^p-Ableitungen in G, wenn dies in $G - \{\infty\} - \{f^{-1}(\infty)\}$ der Fall ist.

Hilfssatz 1.1. *Eine quasikonforme Abbildung w eines Gebietes G ist absolut stetig auf Geraden in G.*

Beweis: Es seien $R = \{x + i\,y \mid a < x < b,\, c < y < d\}$ ein Rechteck, $\overline{R} \subset G - \{f^{-1}(\infty)\}$, und I_y die horizontale Strecke $a < x < b$ mit der Ordinate y. Es gilt zu beweisen, daß w auf fast allen Strecken I_y, $c < y < d$, absolut stetig ist.

Zu diesem Zweck betrachte man das unterhalb I_y liegende Teilrechteck R_y von R und sein Bildgebiet $w(R_y)$. Der Flächeninhalt $A(y)$ von $w(R_y)$ ist eine monoton zunehmende Funktion von y und besitzt also eine endliche Ableitung für alle y, $c < y < d$, außer einer Menge vom Längenmaß Null. Wir zeigen, daß w auf I_{y_0}, $c < y_0 < d$, absolut stetig ist, falls die Ableitung $A'(y_0)$ existiert und endlich ist.

Es sei (x_k, x_k^*), $k = 1, \ldots, n$, ein beliebiges System von punktfremden offenen Teilintervallen der Strecke $a < x < b$. Um die absolute Stetigkeit von w auf I_{y_0} zu beweisen, gilt es für die Summe $\sum |w_k^* - w_k|$, wo $w_k^* = w(x_k^* + i\,y_0)$, $w_k = w(x_k + i\,y_0)$ ist, eine mit $\sum (x_k^* - x_k)$ gegen Null strebende obere Schranke zu finden.

Wir wählen zunächst eine positive Zahl δ derart, daß $y_0 + \delta < d$ ist. R_k, $k = 1, \ldots, n$, bezeichne das Viereck, das aus dem Rechteck $\{x + i\,y \mid x_k < x < x_k^*,\ y_0 < y < y_0 + \delta\}$ und aus seinen Ecken besteht. Ein achsenparalleles Rechteck als Viereck aufgefaßt habe hier, sowie stets im Folgenden, seine horizontalen Seiten als a-Seiten (vgl. I.2.3). Es gilt also

$$M(R_k) = \frac{1}{\delta}(x_k^* - x_k)\,. \tag{1.1}$$

Für den Modul des Bildes von R_k erhält man aus der Rengelschen Ungleichung (vgl. I.4.3) die Abschätzung

$$M\bigl(w(R_k)\bigr) \geqq \frac{(d_k(\delta))^2}{m\bigl(w(R_k)\bigr)}, \tag{1.2}$$

wo $d_k(\delta)$ den in der Ebene gemessenen euklidischen Abstand zwischen den b-Seiten von $w(R_k)$ bezeichnet. Diese Seiten konvergieren für $\delta \to 0$ gegen die Punkte w_k bzw. w_k^*, und es gilt folglich

$$\lim_{\delta \to 0} d_k(\delta) = |w_k^* - w_k|\,. \tag{1.3}$$

Aus (1.1) und (1.2) ergeben sich für jedes δ die Ungleichungen

$$K(x_k^* - x_k) \geqq \frac{\delta(d_k(\delta))^2}{m\bigl(w(R_k)\bigr)}, \qquad k = 1, \ldots, n\,,$$

wo K die maximale Dilatation von w bezeichnet. Addiert man diese Beziehungen, so erhält man unter Anwendung der Schwarzschen Ungleichung

$$K \sum_{k=1}^{n} (x_k^* - x_k) \geqq \delta\, \frac{\left(\sum\limits_{k=1}^{n} d_k(\delta)\right)^2}{\sum\limits_{k=1}^{n} m\bigl(w(R_k)\bigr)}\,. \tag{1.4}$$

Wir machen jetzt Gebrauch von der Annahme, daß die oben eingeführte Funktion A für $y = y_0$ eine endliche Ableitung besitzt. Wegen

$$A(y_0 + \delta) - A(y_0) \geqq \sum_{k=1}^{n} m(w(R_k))$$

folgt aus (1.4) zunächst

$$\left(\sum_{k=1}^{n} d_k(\delta)\right)^2 \leqq K \frac{A(y_0 + \delta) - A(y_0)}{\delta} \sum_{k=1}^{n} (x_k^* - x_k) .$$

Nach (1.3) geht diese Ungleichung für $\delta \to 0$ in

$$\left(\sum_{k=1}^{n} |w_k^* - w_k|\right)^2 \leqq K\, A'(y_0) \sum_{k=1}^{n} (x_k^* - x_k)$$

über, woraus die absolute Stetigkeit von w auf der Strecke I_{y_0} hervorgeht. In derselben Weise zeigt man, daß w auf fast allen in R liegenden vertikalen Strecken $c < y < d$, $x = \text{const.}$, absolut stetig ist. Der Hilfssatz 1.1 ist hiermit bewiesen.

Bemerkung. Die Forderung, daß w quasikonform sein soll, kann durch eine formal schwächere ersetzt werden. Aus dem obigen Beweis geht nämlich hervor, daß *Hilfssatz* 1.1 *für jeden Homöomorphismus w gilt, der die Dilatationsbedingung $M(R)/K \leqq M(w(R)) \leqq K\, M(R)$ für alle achsenparallelen Rechtecke R, $\overline{R} \subset G$, erfüllt.*

Andererseits sei hervorgehoben, daß eine K-quasikonforme Abbildung w von G nicht auf *allen* in G liegenden abgeschlossenen achsenparallelen Strecken absolut stetig zu sein braucht. Nach II.8.10 kann das Bild einer Strecke I_y nämlich nicht-rektifizierbar sein, und w ist dann nicht einmal von beschränkter Variation auf I_y.

1.2. Differenzierbarkeit und lokale Dilatationsbedingung. Aus dem obigen Hilfssatz 1.1 und aus Hilfssatz III.3.1 folgt, daß eine quasikonforme Abbildung w des Gebietes G fast überall in G endliche partielle Ableitungen besitzt. Nach Satz III.3.1 ist w also differenzierbar fast überall in G.

Aus diesem an sich wichtigen Resultat können weitere Schlüsse über das lokale Verhalten einer K-quasikonformen Abbildung gezogen werden. Wir erinnern an Satz I.9.3, wonach die Ungleichung $\max_\alpha |\partial_\alpha w(z)| \leqq K \min_\alpha |\partial_\alpha w(z)|$ in jedem Punkt besteht, in welchem w differenzierbar ist. Nach dem Obigen ist dies für fast jedes $z \in G$ der Fall, und man gelangt also zu dem folgenden Ergebnis.

Satz 1.1. *Eine K-quasikonforme Abbildung w des Gebietes G ist differenzierbar und genügt der Dilatationsbedingung*

$$\max_\alpha |\partial_\alpha w(z)| \leqq K \min_\alpha |\partial_\alpha w(z)| \tag{1.5}$$

in fast allen Punkten z von G.

Das charakteristische Merkmal einer *regulären* K-quasikonformen Abbildung ist das Bestehen der Ungleichung (1.5) für *alle* Punkte von G.[1] Aus dem obigen Satz geht hervor, daß die allgemeinen quasikonformen Abbildungen auch hinsichtlich ihrer lokalen Eigenschaften eine naturgemäße Verallgemeinerung der regulären bilden.

Satz 1.1 rührt von Mori [2] her. Er bewies die Differenzierbarkeit fast überall mit Hilfe des Verzerrungssatzes II.9.1 und des Rademacher-Stepanoffschen Satzes (Saks [1], S. 310—311). Wir haben es hier vorgezogen, diese Hilfsmittel durch den Satz III.3.1 zu ersetzen, der uns auch später wichtige Dienste leisten wird.

1.3. Verallgemeinerte L^2-Ableitungen einer quasikonformen Abbildung. Für die Jacobische Funktionaldeterminante der Abbildung w gilt

$$J(z) = \max_\alpha |\partial_\alpha w(z)| \min_\alpha |\partial_\alpha w(z)|$$

in jedem Punkt z, wo w differenzierbar ist. Die Ungleichung (1.5) ist also gleichbedeutend mit

$$\max_\alpha |\partial_\alpha w(z)|^2 \leqq K\, J(z)\,. \tag{1.6}$$

Hieraus folgt nach Satz 1.1, daß die partiellen Ableitungen einer K-quasikonformen Abbildung w von G den Ungleichungen

$$|w_x(z)|^2 \leqq K\, J(z)\,, \quad |w_y(z)|^2 \leqq K\, J(z) \tag{1.7}$$

fast überall in G genügen.

Aus Hilfssatz III.3.3 folgt, daß J in jedem kompakten Teil von $G - \{w^{-1}(\infty)\}$ integrierbar ist. Dasselbe gilt wegen (1.7) für die Funktionen $|w_x|^2$ und $|w_y|^2$. Da w nach Hilfssatz 1.1 absolut stetig auf Geraden in G ist, erhält man also das folgende Resultat (Bers [1]).

Satz 1.2. *Eine quasikonforme Abbildung des Gebietes G besitzt verallgemeinerte L^2-Ableitungen in G.*

Dieser Satz wird im Folgenden eine zentrale Rolle spielen, da er uns die Möglichkeit verschafft, alle in III.6 hergeleiteten Resultate auf quasikonforme Abbildungen zu übertragen.

1.4. Absolute Stetigkeit in bezug auf das Flächenmaß. Kombiniert man das obige Resultat mit dem Satz III.6.1, so ergibt sich das folgende Ergebnis (vgl. Morrey [1]).

Satz 1.3. *Eine quasikonforme Abbildung w des Gebietes G ist lokal absolut stetig in $G - \{\infty\} - \{w^{-1}(\infty)\}$.*

[1] Eine allgemeine quasikonforme Abbildung braucht natürlich nicht in allen Punkten von G differenzierbar zu sein.

Nach III.2.2 folgt aus diesem Satz: *Eine quasikonforme Abbildung von G führt jede in bezug auf das Flächenmaß meßbare Teilmenge von G in eine meßbare Menge über, wobei alle Nullmengen auf Nullmengen bezogen werden.*

Nach Hilfssatz III.3.3 gilt ferner

$$\iint_A J\, d\sigma = m(w(A)) \tag{1.8}$$

für jede meßbare Menge $A \subset G$.

Bemerkung. Aus den in II.8.10 konstruierten Beispielen geht hervor, daß eine quasikonforme Abbildung in bezug auf das *Längenmaß* nicht absolut stetig zu sein braucht. Was das Verhalten der Mengen vom Längenmaß Null bei einer quasikonformen Abbildung betrifft, haben Beurling und Ahlfors [1] gezeigt, daß eine solche Menge als Bild eine Menge von positivem Längenmaß besitzen kann. Als Beispiel dient eine quasikonforme Abbildung der Ebene, deren Einschränkung auf die reelle Achse eine reellwertige singuläre Funktion ist. Die Existenz einer Abbildung dieser Art folgt daraus, daß es singuläre Funktionen gibt, die der Randbedingung (6.11) des Satzes II.6.3 genügen.

1.5. Reguläre Punkte einer quasikonformen Abbildung. Gleichzeitig mit der Abbildung $w: G \to G'$ ist auch ihre Umkehrung $w^{-1}: G' \to G$ K-quasikonform und nach Satz 1.3 also lokal absolut stetig in $G' - \{\infty\} - \{w(\infty)\}$. Aus Hilfssatz III.3.4 folgt deshalb, daß die Jacobische Funktionaldeterminante J von w fast überall in G positiv ist.

Nach der in I.1.6 gegebenen Definition ist ein orientierungserhaltender Homöomorphismus w des Gebietes G regulär im Punkt $z \in G - \{\infty\} - \{w^{-1}(\infty)\}$, falls w in z differenzierbar und $J(z) > 0$ ist. Aus dem Obigen und aus Satz 1.1 ergibt sich also das folgende Resultat.

Satz 1.4. *Eine quasikonforme Abbildung w des Gebietes G ist regulär in fast allen Punkten von G.*

Wir erinnern an das Resultat in I.9.6, wonach in einem regulären Punkt die Bedingungen

$$\min_\alpha |\partial_\alpha w(z)| > 0\,, \quad w_z(z) \neq 0\,, \tag{1.9}$$

erfüllt sind. Die Beziehungen (1.9) gelten also fast überall in G.

Aus Satz 1.4 folgt weiter, daß der in den regulären Punkten eingeführte Dilatationsquotient D (vgl. I.9.4) fast überall in G definiert ist. In fast allen Punkten von G kann die Ungleichung (1.5) auch in der Form

$$D(z) \leqq K$$

geschrieben werden.

§ 2. Analytische Definition der Quasikonformität

2.1. Aufstellung des Umkehrproblems. Die Ergebnisse des vorigen Paragraphen zeigen, daß die in I.3.2 angegebene Definition der Quasikonformität die lokalen analytischen Eigenschaften der Abbildung weitgehend bestimmt. Umgekehrt wissen wir, daß die regulären quasikonformen Abbildungen durch Eigenschaften dieser Art charakterisiert werden können. Wir stellen uns jetzt die Aufgabe, eine ähnliche analytische Charakterisierung auch für allgemeine quasikonforme Abbildungen anzugeben.

Zu diesem Zweck nehmen wir an, daß die Dilatationsbedingung (1.5) für einen orientierungserhaltenden Homöomorphismus w fast überall in dem abzubildenden Gebiet besteht. Um diese Bedingung aufzustellen, muß man wissen, daß w faßt überall differenzierbar ist. Nach Satz 1.1 sind diese zwei Bedingungen notwendig für die Quasikonformität der Abbildung w. Dagegen sind sie nicht hinreichend, wie wir sofort zeigen werden. In der Tat geht aus dem folgenden Gegenbeispiel hervor, daß ein orientierungserhaltender Homöomorphismus, der außerhalb einer Nullmenge sogar konform ist, nicht quasikonform zu sein braucht.

2.2. Ein Gegenbeispiel. Zur Konstruktion des Beispiels betrachte man eine Cantorsche Menge $E(p_1, p_2, \ldots)$ mit Längenmaß Null sowie die zugehörige singuläre Funktion f (s. III.2.9). Durch

$$w(z) = z + i f(x)$$

wird ein Homöomorphismus w des Quadrats $Q = \{z = x + iy \mid 0 < x < 1, 0 < y < 1\}$ definiert, der die x-Koordinate jedes Punktes invariant läßt und der y-Koordinate den von y unabhängigen Zuwachs $f(x)$ zuteilt. Bezeichnen I_{nk} wie in III.2.9 die offenen Intervalle, auf denen f konstant ist, so ist die Einschränkung von w in jedem Rechteck $R_{nk} = \{x + iy \mid x \in I_{nk}, 0 < y < 1\}$ eine Parallelverschiebung. Da die Vereinigungsmenge $\bigcup R_{nk}$ fast alle Punkte von Q umfaßt, gilt also die Dilatationsbedingung (1.5) mit $K = 1$ fast überall in Q.

Trotz dieser Regularitätseigenschaften ist die Abbildung w nicht quasikonform in Q. Dies folgt aus Hilfssatz 1.1, da die singuläre Funktion f auf $\delta \leqq x \leqq 1 - \delta$, $\delta = (1 - p_1)/4$, nicht-konstant ist und die Abbildung w folglich auf keiner der Strecken $\{x + iy_0 | \delta \leqq x \leqq 1 - \delta\}$, $0 < y_0 < 1$, absolut stetig sein kann.

Wir bemerken noch, daß die Abbildung w in bezug auf das Flächenmaß nicht nur absolut stetig, sondern sogar maßtreu ist: für jede meßbare Menge $A \subset Q$ gilt $m(w(A)) = m(A)$. Auch diese Eigenschaft zusammen mit der Konformität außerhalb der in Q abgeschlossenen

Nullmenge $Q - \bigcup R_{nk}$ genügt also nicht, die Quasikonformität der Abbildung zu garantieren.

Betrachtet man insbesondere eine Cantorsche Menge $E(p_1, p_2, \ldots)$ mit $p_n = 1 - 2^{-n}$, $n = 1, 2, \ldots$, so zeigt eine einfache Rechnung, daß $\dim E = 0$ ist (vgl. III.1.7). Die obige Ausnahmemenge $Q - \bigcup R_{nk}$ ist dann so klein, daß sie nicht nur vom Flächenmaß Null, sondern sogar von der Dimension 1 ist, wie aus Hilfssatz III.1.2 hervorgeht.[1]

2.3. Analytische Definition. Aus dem obigen Beispiel geht hervor, daß die Quasikonformität eines Homöomorphismus nicht durch die in § 1 dargestellten Eigenschaften charakterisiert werden kann, ohne die absolute Stetigkeit auf Geraden (Hilfssatz 1.1) zu berücksichtigen. Besitzt der Homöomorphismus $w : G \to G'$ diese Eigenschaft, so existieren die endlichen partiellen Ableitungen w_x und w_y nach Hilfssatz III.3.1 fast überall in dem abzubildenden Gebiet G, und nach Satz III.3.1 ist w differenzierbar fast überall in G. Die Annahme, daß w absolut stetig auf Geraden in G ist, kann also mit der Dilatationsbedingung (1.5) kombiniert werden, ohne irgend etwas über die Differenzierbarkeit von w vorauszusetzen. Wir werden zeigen, daß diese Eigenschaften zur Charakterisierung der Quasikonformität hinreichen.

Obschon dieses Resultat in unserer Darstellung als Satz ausgesprochen wird, nennen wir es die *analytische Definition* der Quasikonformität. Weil nämlich auch die Umkehrung wahr ist, kann man die Aussage des Satzes ebensogut als eine neue Definition der Quasikonformität ansehen, die mit der von uns angenommenen geometrischen Definition äquivalent ist.

Analytische Definition. *Ein orientierungserhaltender Homöomorphismus w des Gebietes G erfülle die folgenden zwei Bedingungen:*

1. *w ist absolut stetig auf Geraden in G.*
2. *Die Dilatationsbedingung*

$$\max_{\alpha} |\partial_\alpha w(z)| \leqq K \min_{\alpha} |\partial_\alpha w(z)|$$

gilt fast überall in G.

Dann ist w eine K-quasikonforme Abbildung von G.

Beweis: Weil ein isolierter Punkt für quasikonforme Abbildungen hebbar ist (Satz I.8.1), bedeutet es keine Einschränkung der Allgemeinheit anzunehmen, daß G und sein durch w erzeugtes Bild G' Gebiete der endlichen Ebene sind.

Zunächst zeigen wir, daß w in G verallgemeinerte L^2-Ableitungen besitzt. Wie oben bemerkt wurde, ist ein Homöomorphismus w mit

[1] Nach Satz V.3.2 kann eine Ausnahmemenge dieser Art nicht wesentlich kleiner sein.

der Eigenschaft 1 nach Hilfssatz III.3.1 und Satz III.3.1 differenzierbar fast überall in G. Nach Hilfssatz III.3.3 ist die Jacobische Funktionaldeterminante J von w dann lokal integrierbar in G. Infolge der Bedingung 2 sind die Funktionen $|w_x|^2$ und $|w_y|^2$ fast überall in G von $K\,J$ majoriert (vgl. 1.3). Die Abbildung w besitzt also verallgemeinerte L^2-Ableitungen in G.

Um zu beweisen, daß w K-quasikonform ist, betrachten wir ein Viereck Q, $\overline{Q} \subset G$, und sein Bild $w(Q)$. Es gilt zu zeigen, daß die Moduln $M = M(Q)$ und $M' = M(w(Q))$ der Ungleichung

$$M' \leqq K\,M$$

genügen.

Es sei f_2 die kanonische Abbildung von $w(Q)$ auf das Rechteck $R_2 = \{u + i\,v \mid 0 < u < M',\ \ 0 < v < 1\}$; f_1 bezeichne die Umkehrung der kanonischen Abbildung von Q auf das Rechteck $R_1 = \{\xi + i\,\eta \mid 0 < \xi < M,\ \ 0 < \eta < 1\}$. Die zusammengesetzte Abbildung $w^* = f_2 \circ w \circ f_1$ ist ein orientierungserhaltender Homöomorphismus von R_1 auf R_2, der sich auf den Rand von R_1 topologisch erweitern läßt. Als nächster Schritt wollen wir beweisen, daß w^* in R_1 die Bedingungen 1 und 2 erfüllt.

Da w in G verallgemeinerte L^2-Ableitungen besitzt und f_1 in R_1 konform ist, können wir vom Hilfssatz III.6.4 Gebrauch machen. Daraus ergibt sich erstens, daß die Abbildung $w \circ f_1$ absolut stetig auf Geraden in R_1 ist. Ferner schließt man, daß die Gleichung

$$\partial_\alpha(w \circ f_1)\,(\zeta) = f_1'(\zeta)\;\partial_{\alpha+\beta} w(f_1(\zeta))\,,$$

wo $\beta = \arg f_1'(\zeta)$ ist, fast überall in R_1 für jede Richtung α besteht.

Aus der Konformität von f_2 folgt dann unmittelbar, daß $w^* = f_2 \circ w \circ f_1$ ebenfalls absolut stetig auf Geraden in R_1 ist und also der Bedingung 1 genügt. Ferner gilt

$$\partial_\alpha w^*(\zeta) = f_2'(w(f_1(\zeta)))\,f_1'(\zeta)\;\partial_{\alpha+\beta} w(f_1(\zeta))$$

für fast alle $\zeta \in R_1$. Da die Ableitungen f_2' und f_1' von der Richtung α unabhängig sind und w der Bedingung 2 genügt, ist diese Bedingung somit auch für w^* erfüllt.

Die in Aussicht gestellte Ungleichung $M' \leqq K\,M$ läßt sich jetzt folgenderweise begründen. Weil w^* die Bedingung 2 erfüllt, ist $|w_\xi^*|^2 \leqq K\,J^*$ fast überall in R_1, wo J^* die Jacobische Funktionaldeterminante von w^* bezeichnet. Daraus folgt mit Rücksicht auf Hilfssatz III.3.3

$$\iint_{R_1} |w_\xi^*|^2\,d\sigma \leqq K \iint_{R_1} J^*\,d\sigma \leqq K\,m(R_2) = K\,M'\,. \tag{2.1}$$

Nach dem Fubinischen Satz (s. III.1.5) ist

$$\iint_{R_1} |w^*_\xi|^2 \, d\sigma = \int_0^1 d\eta \int_0^M |w^*_\xi|^2 \, d\xi \,, \tag{2.2}$$

und nach der Schwarzschen Ungleichung

$$\int_0^M |w^*_\xi|^2 \, d\xi \geqq \frac{1}{M} \left(\int_0^M |w^*_\xi| \, d\xi \right)^2 . \tag{2.3}$$

Zur weiteren Abschätzung wird die Bedingung 1 benötigt. Wegen der Stetigkeit von w^* auch auf dem Rande von R_1 ist

$$\int_0^M |w^*_\xi(\xi + i\eta)| \, |d\xi| \geqq |w^*(M + i\eta) - w^*(i\eta)| \geqq M' \,, \tag{2.4}$$

für jedes η, für welches w^* absolut stetig ist auf jeder abgeschlossenen Teilstrecke von $I = \{\xi + i\eta \mid 0 < \xi < M\}$. Weil w^* in R_1 die Bedingung 1 erfüllt, gilt (2.4) also für fast alle η, $0 < \eta < 1$. Aus (2.1)—(2.4) folgt dann die zu beweisende Ungleichung $M' \leqq K M$.

2.4. Frühere Formen der analytischen Definition. Wie in § 1 erwähnt wurde, verdankt man Mori [2] das Resultat, daß eine K-quasikonforme Abbildung den in der obigen analytischen Definition aufgestellten Bedingungen genügt. Die ersten Umkehrungen hiervon stammen von Yûjôbô und Bers. Yûjôbô [1] bewies, daß der Homöomorphismus w K-quasikonform ist, falls er außer den Eigenschaften 1 und 2 verallgemeinerte L^1-Ableitungen in G besitzt und fast überall in G differenzierbar ist. Bers [1] ersetzte diese zusätzlichen Voraussetzungen durch die Annahme, daß w in G verallgemeinerte L^2-Ableitungen hat (vgl. auch Bers [2]). Pfluger [2] bemerkte, daß es schon genügt, die Existenz der L^1-Ableitungen anzunehmen. In der obigen Formulierung kommt die analytische Definition in der Arbeit [1] von Gehring und Lehto vor.

Das Gegenbeispiel in 2.2 zeigt, daß die Bedingungen 1 und 2 in gewissem Sinne schwächstmöglich sind. Der Nachteil dieser minimalen Bedingungen besteht aber darin, daß Bedingung 1 in einer von dem festgelegten Koordinatensystem abhängigen Form vorkommt.

§ 3. Varianten der geometrischen Definition

3.1. Quasikonformität und Modulbedingungen. In I.7.1 haben wir bewiesen, daß eine K-quasikonforme Abbildung nicht nur die Moduln der Vierecke, sondern auch die der Ringgebiete höchstens K-mal vergrößert. Da diese Moduln Spezialfälle des in III.4 eingeführten allgemeinen Modulbegriffs sind, liegt es nahe zu fragen, ob dieselbe Dilatationsbedingung für den Modul *jeder* Schar von Bogen besteht. Die

Antwort auf diese Frage ist bejahend, wie wir in diesem Paragraphen zeigen werden.

In anderer Richtung kann man nach möglichst schwachen Modulbedingungen suchen, welche die Quasikonformität des betrachteten Homöomorphismus zur Folge haben. In der Tat ist schon in I.5.3 und I.9.2 gezeigt worden, daß die Beschränktheit der Dilatation von analytischen Vierecken bzw. von kleinen Vierecken genügt, die Quasikonformität eines Homöomorphismus zu garantieren. Weitere diesbezügliche Resultate ergeben sich in den Abschnitten 3.5 und 3.6 des vorliegenden Paragraphen.

3.2. Absolute Stetigkeit auf Bogen. Wir beginnen mit dem folgenden Resultat, das zur Herleitung der oben erwähnten allgemeinen Modulbedingung angewandt wird.

Satz 3.1. *Eine quasikonforme Abbildung $w: G \to G'$ ist absolut stetig auf allen abgeschlossenen Bogen $C \subset G$ mit Ausnahme einer Familie vom Modul Null.*

Beweis: Nach Satz 1.2 besitzt w verallgemeinerte L^2-Ableitungen in G. Liegen G und G' in der endlichen Ebene, so folgt die Behauptung deshalb aus Satz III.6.2. Im Falle, wo G oder G' den Unendlichkeitspunkt enthält, wird nur die zusätzliche Bemerkung benötigt, daß die Familie aller durch einen festen Punkt gehenden Bogen nach III.4.3 den Modul Null besitzt.

Satz 3.1 enthält als Spezialfall den Hilfssatz 1.1 über die absolute Stetigkeit auf Geraden. Um dies einzusehen, betrachte man ein Rechteck $R = \{x + iy \mid a < x < b,\ c < y < d\}$, $\overline{R} \subset G$, und bezeichne mit I_y die in R liegende horizontale Strecke $a < x < b$ mit der Ordinate y. Aus Hilfssatz III.4.1 folgt dann sofort, daß eine Familie der Strecken I_y dann und nur dann vom Modul Null ist, wenn die entsprechenden y-Werte auf $c < y < d$ eine Menge vom linearen Maß Null bilden.

Es ist uns nicht bekannt, ob man für eine Schar, auf deren Bogen eine quasikonforme Abbildung nicht absolut stetig ist, eine noch genauere Abschätzung finden kann und in welcher Weise diese Ausnahmefamilie von der maximalen Dilatation abhängt.

3.3. Allgemeine Modulbedingung. Wir beweisen jetzt das oben erwähnte allgemeine Resultat über die Veränderung des Moduls einer Familie von Bogen (Väisälä [1]).

Satz 3.2. *Es seien $w: G \to G'$ eine K-quasikonforme Abbildung, $\mathscr{C}$ eine Familie von Bogen $C \subset G$ und $\mathscr{C}'$ das durch w vermittelte Bild von $\mathscr{C}$. Dann gilt*

$$M(\mathscr{C})/K \leqq M(\mathscr{C}') \leqq K\, M(\mathscr{C})\ . \tag{3.1}$$

Beweis: Da die Umkehrung von w auch K-quasikonform ist, genügt es, nur eine der obigen Ungleichungen, z. B. $M(\mathscr{C}) \leqq K\,M(\mathscr{C}')$ zu begründen.

Wegen der Monotonie und Subadditivität des Moduls kann man aus $\mathscr{C}$ eine beliebige Familie vom Modul Null fortlassen, ohne den Wert des Moduls zu ändern (vgl. die Formel (4.6) in III.4.2). Mit Rücksicht auf Satz 3.1 und auf die Monotonieeigenschaft des Moduls (III.4.2) können wir also annehmen, daß kein Bogen $C \in \mathscr{C}$ einen solchen abgeschlossenen Teilbogen enthält, auf dem w nicht absolut stetig ist. Ferner folgt aus der am Ende von III.4.3 gemachten Bemerkung, daß nur rektifizierbare Bogen $C \in \mathscr{C}$ betrachtet werden müssen. Die Bildbogen $C' \in \mathscr{C}'$ sind dann lokal rektifizierbar.

Nach Satz 1.4 gibt es eine meßbare und folglich auch eine Borelsche Menge E vom Flächenmaß Null derart, daß $G - E$ aus lauter regulären Punkten von w besteht. Die partiellen Ableitungen von w und also auch die Ableitung $\partial_\alpha w$ sind Borelsche Funktionen in $G - E$. Dasselbe gilt für die Funktion $\max_\alpha |\partial_\alpha w|$, denn wegen der Stetigkeit von $\partial_\alpha w$ in bezug auf α ist $\max_\alpha |\partial_\alpha w| = \sup_\beta |\partial_\beta w|$, wo β lauter rationale Werte durchläuft.

Es sei ϱ^* eine in der w-Ebene definierte nichtnegative Borelsche Funktion, die in bezug auf $\mathscr{C}'$ zulässig ist. Für jeden Bogen $C' \subset \mathscr{C}'$ gilt also

$$\int_{C'} \varrho^* \, |dw| \geqq 1\,. \tag{3.2}$$

Setzt man

$$\varrho(z) = \begin{cases} \varrho^*(w(z)) \max_\alpha |\partial_\alpha w(z)| & \text{für} \quad z \in G - E\,, \\ \infty & \text{für} \quad z \in E\,, \\ 0 & \text{für} \quad z \in -G\,, \end{cases}$$

so ist die Funktion ϱ nach dem Obigen ebenfalls Borelsch. Wir wollen beweisen, daß ϱ relativ zu $\mathscr{C}$ zulässig ist.

Es sei $\zeta : I \to C$ eine Parameterdarstellung von C mit der Bogenlänge s als Parameter. Die zusammengesetzte Abbildung $w \circ \zeta : I \to C'$ ist eine Parameterdarstellung von C'. Die Bogenlänge s^* von C' sei so normiert, daß sie mit s wächst. Aus der Beziehung (2.9) in III.2.7 folgt dann, daß

$$\left|\frac{d(w \circ \zeta)}{ds}\right| = \frac{ds^*}{ds} \tag{3.3}$$

fast überall auf I gilt.

Andererseits hat man für jedes $s_0 \in I$, für welches die Ableitungen (3.3) existieren und $z_0 = z(s_0)$ ein regulärer Punkt von w ist,

$$\left|\frac{d(w \circ \zeta)}{ds}\right|_{s=s_0} = \lim_{s \to s_0} \left|\frac{w(\zeta(s)) - w(\zeta(s_0))}{s - s_0}\right|$$
$$\leqq \liminf_{s \to s_0} \left|\frac{w(\zeta(s)) - w(\zeta(s_0))}{\zeta(s) - \zeta(s_0)}\right| \leqq \max_\alpha |\partial_\alpha w(z_0)| \,. \tag{3.4}$$

Da die oben definierte Funktion ϱ in jedem nichtregulären Punkt von w den Wert ∞ annimmt, gilt also nach (3.3) und (3.4)

$$\varrho(\zeta(s)) \geqq \varrho^*(w(\zeta(s))) \frac{ds^*}{ds} \tag{3.5}$$

für fast alle $s \in I$.

Die absolute Stetigkeit von w auf jedem kompakten Teil von C ist nach Definition gleichbedeutend damit, daß s^* als Funktion von s absolut stetig auf kompakten Teilen von I ist. Aus (3.5) folgt deshalb, mit Rücksicht auf die Transformationsformel (2.7) in III.2.6,

$$\int_C \varrho \, |dz| = \int_I \varrho(\zeta(s)) \, ds \geqq \int_I \varrho^*(w(\zeta(s))) \frac{ds^*}{ds} \, ds = \int_{C'} \varrho^* \, |dw| \,.$$

Nach (3.2) ist also

$$\int_C \varrho \, |dz| \geqq 1 \,,$$

d. h. ϱ ist zulässig in bezug auf $\mathscr{C}$.

Der Modul von $\mathscr{C}$ genügt folglich seiner Definition gemäß der Ungleichung

$$M(\mathscr{C}) \leqq \iint_G \varrho^2 \, d\sigma \,. \tag{3.6}$$

Nach der Definition von ϱ gilt

$$(\varrho(z))^2 = (\varrho^*(w(z)))^2 \max_\alpha |\partial_\alpha w(z)|^2 = (\varrho^*(w(z)))^2 D_w(z) \, J(z) \tag{3.7}$$

fast überall in G, wobei D_w den Dilatationsquotienten und J die Jacobische Funktionaldeterminante von w bezeichnen. In jedem regulären Punkt $z \in G$ ist $D_w(z) = D_{w^{-1}}(w(z))$. Nach Satz 1.3 und Hilfssatz III.3.5 hat man deshalb

$$\iint_G (\varrho^*(w(z)))^2 D_w(z) \, J(z) \, d\sigma = \iint_{G'} (\varrho^*)^2 D_{w^{-1}} \, d\sigma \,.$$

Aus (3.6) und (3.7) ergibt sich also

$$M(\mathscr{C}) \leqq \iint_{G'} (\varrho^*)^2 D_{w^{-1}} \, d\sigma \,. \tag{3.8}$$

Da diese Ungleichung für jedes relativ zu $\mathscr{C}'$ zulässige ϱ^* besteht, erhält man schließlich

$$M(\mathscr{C}) \leqq \inf_{\varrho^*} \iint_{G'} (\varrho^*)^2 D_{w^{-1}}\, d\sigma \leqq K \inf_{\varrho^*} \iint_{G'} (\varrho^*)^2\, d\sigma = K\, M(\mathscr{C}'),$$

also die in Aussicht gestellte Beziehung.

3.4. Konforme Invarianz des Moduls. Aus Satz 3.2 geht für $K = 1$ hervor: *Der Modul einer Bogenschar ist invariant gegenüber konformen Abbildungen.*

Daraus läßt sich schließen, daß die allgemeine Modulbedingung (3.1) die entsprechenden Modulbedingungen für Vierecke und Ringgebiete als Spezialfälle enthält. In der Tat, ist Q ein Viereck und bezeichnet $\mathscr{C}$ die Familie sämtlicher Jordanbogen, die die a-Seiten von Q innerhalb Q verbinden, so gilt

$$M(\mathscr{C}) = M(Q).$$

Falls Q ein Rechteck ist, ergibt sich dies unmittelbar aus dem Satz von Fubini und für allgemeine Vierecke dann aus der konformen Invarianz des Moduls.[1]

Entsprechend gilt für ein Ringgebiet B

$$M(\mathscr{C}') = \frac{M(B)}{2\pi}, \quad M(\mathscr{C}'') = \frac{2\pi}{M(B)},$$

wo $\mathscr{C}'$ die Familie derjenigen Jordankurven ist, welche die Komponenten $(-B)_1$ und $(-B)_2$ des Komplements von B voneinander trennen, während $\mathscr{C}''$ aus denjenigen Jordanbogen besteht, die $(-B)_1$ und $(-B)_2$ miteinander verbinden.

3.5. Charakterisierung der Quasikonformität mit Hilfe der Rechtecke. Wie wir schon oben erwähnt haben, wird die Quasikonformität eines Homöomorphismus $w: G \to G'$ schon dadurch garantiert, daß man die Gültigkeit der Dilatationsbedingung $M(w(Q)) \leqq K\, M(Q)$ für eine geeignete Unterklasse der Vierecke Q, $\overline{Q} \subset G$ annimmt. Wir wollen einige Klassen von Vierecken betrachten, die hierfür genügend umfangreich sind.

Als erstes diesbezügliches Resultat beweisen wir Folgendes:

Satz 3.3. *Genügt der orientierungserhaltende Homöomorphismus $w: G \to G'$ der Modulbedingung $M(w(R)) \leqq K\, M(R)$ für jedes Rechteck R, $\overline{R} \subset G$, so ist w eine K-quasikonforme Abbildung von G.*

Beweis: Wir zeigen, daß w die Bedingungen 1 und 2 der analytischen Definition erfüllt.

[1] Vgl. die Fußnote auf S. 22.

Am Ende von 1.1 haben wir als Ergänzung zum Hilfssatz 1.1 die Bemerkung gemacht, daß ein Homöomorphismus $w: G \to G'$ absolut stetig auf Geraden in G ist, falls er der Modulbedingung $M(R)/K \leqq M(w(R)) \leqq K\, M(R)$ für alle achsenparallelen Rechtecke genügt.[1] Bedingung 1 ist somit erfüllt. Aus Hilfssatz III.3.1 und Satz III.3.1 folgt ferner, daß w fast überall in G differenzierbar ist.

Nach der Bemerkung in I.9.5 besteht die Ungleichung

$$\max_\alpha |\partial_\alpha w(z)| \leqq K \min_\alpha |\partial_\alpha w(z)|$$

in jedem solchen Punkt von G, in dem w differenzierbar ist, vorausgesetzt, daß die Dilatation jedes Quadrats R, $\overline{R} \subset G$, höchstens gleich K ist. Auch Bedingung 2 ist somit erfüllt, und der analytischen Definition gemäß ist w folglich K-quasikonform.

Aus dem obigen Beweis geht hervor, daß Satz 3.3 noch etwas verschärft werden kann. In der Tat ist w K-quasikonform, sobald die Modulbedingung $M(R)/K \leq M(w(R)) \leq K\, M(R)$ für alle achsenparallelen Rechtecke und für alle Quadrate R, $\overline{R} \subset G$, erfüllt ist.

3.6. Modulbedingung für achsenparallele Rechtecke. Es liegt nahe zu fragen, ob die Gültigkeit der Modulbedingung nur für achsenparallele Rechtecke schon genügt, die Quasikonformität eines Homöomorphismus zu garantieren. Dies ist tatsächlich der Fall, obgleich die maximale Dilatation der Abbildung größer als die Dilatation der achsenparallelen Rechtecke sein kann (Gehring-Väisälä [1]).

Satz 3.4. *Ein orientierungserhaltender Homöomorphismus $w: G \to G'$, der die Modulbedingung $M(R)/K \leq M(w(R)) \leq K\, M(R)$ für alle achsenparallelen Rechtecke R, $\overline{R} \subset G$, befriedigt, ist $(K + \sqrt{K^2 - 1})$-quasikonform. Die Grenze ist bestmöglich.*

Beweis: Auf dieselbe Weise wie im Beweis des Satzes 3.3 schließt man, daß w in G absolut stetig auf Geraden und fast überall differenzierbar ist. Der analytischen Definition gemäß ist w also $(K + \sqrt{K^2 - 1})$-quasikonform, falls die Bedingung

$$\max_\alpha |\partial_\alpha w(z_0)| \leq (K + \sqrt{K^2 - 1}) \min_\alpha |\partial_\alpha w(z_0)|$$

in jedem Punkt $z_0 \in G$ besteht, wo w differenzierbar ist. Es empfiehlt sich hier, diese Ungleichung mittels der komplexen Ableitungen von w in der Form (vgl. I.9.4)

$$|w_z(z_0)| + |w_{\bar z}(z_0)| \leqq (K + \sqrt{K^2 - 1})\,(|w_z(z_0)| - |w_{\bar z}(z_0)|) \tag{3.9}$$

zu schreiben.

[1] Man bemerke, daß hier eine Doppelungleichung benötigt wird, weil die a-Seiten eines achsenparallelen Rechtecks definitionsgemäß horizontal sind.

Wir können uns auf den Fall $w_z(z_0) \neq 0$ beschränken, weil beide Seiten von (3.9) andernfalls verschwinden (vgl. I. 9.4). Mittels einer Parallelverschiebung der z-Ebene und einer Ähnlichkeitstransformation der w-Ebene kann man ferner die Normierungen $z_0 = w(z_0) = 0$, $w_z(z_0) = 1$ zustandebringen. Mit der Bezeichnung $w_{\bar{z}}(0) = \varkappa$ gilt dann

$$w(z) = z + \varkappa \bar{z} + o(z), \tag{3.10}$$

wo $0 \leqq |\varkappa| \leqq 1$ ist. Die zu beweisende Ungleichung (3.9) geht in

$$1 + |\varkappa| \leqq (K + \sqrt{K^2 - 1})(1 - |\varkappa|) \tag{3.11}$$

über.

R sei das achsenparallele Rechteck mit den Ecken $0, a, a + i b$, $i b$, wo $a > 0$, $b > 0$. Bezeichnet man seinen Modul a/b mit M, so gilt für den Modul des Bildvierecks $R' = w(R)$ nach Voraussetzung

$$M/K \leqq M(R') \leqq K M. \tag{3.12}$$

Auf Grund der Rengelschen Ungleichung (s. I.4.3) ist ferner

$$\frac{s_b^2}{m(R')} \leqq M(R') \leqq \frac{m(R')}{s_a^2},$$

wo s_a und s_b die in R' gemessenen Abstände der a- bzw. b-Seiten von R' sind und $m(R')$ den Flächeninhalt von R' bezeichnet. Mit Rücksicht auf (3.12) erhält man daraus die Ungleichungen

$$s_b^2 \leqq K M\, m(R'), \quad s_a^2 \leqq \frac{K}{M} m(R'). \tag{3.13}$$

Auf den vertikalen Seiten von R gilt nach (3.10)

$$w(a + i y) = a(1 + \varkappa) + i y (1 - \varkappa) + o(a + b),$$
$$w(i y) = i y (1 - \varkappa) + o(a + b).$$

Hieraus ergibt sich für s_b die Abschätzung

$$s_b \geqq a|1 + \varkappa| - b|1 - \varkappa| + o(a + b).$$

Für s_a erhält man in entsprechender Weise

$$s_a \geqq b|1 - \varkappa| - a|1 + \varkappa| + o(a + b).$$

Eine einfache Rechnung gibt ferner

$$m(R') = a b (1 - |\varkappa|^2) + o(a^2 + b^2).$$

Legt man $M = a/b$ fest und läßt a dann gegen Null streben, so liefern die obigen Abschätzungen in Verbindung mit (3.13) das folgende Resultat: Für $M|1 + \varkappa| \geqq |1 - \varkappa|$ gilt

$$\left(|1 + \varkappa| - \frac{|1 - \varkappa|}{M}\right)^2 \leqq K(1 - |\varkappa|^2),$$

und für $M\,|1+\varkappa| < |1-\varkappa|$ ist

$$(|1-\varkappa| - M\,|1+\varkappa|)^2 \leq K\,(1-|\varkappa|^2)\,.$$

Hieraus folgt zunächst, daß die Werte $\varkappa = 1$ und $\varkappa = -1$ ausgeschlossen sind. Läßt man M gegen unendlich bzw. gegen Null konvergieren, ergibt sich ferner

$$|1+\varkappa|^2 \leq K\,(1-|\varkappa|^2)\,, \qquad |1-\varkappa|^2 \leq K\,(1-|\varkappa|^2)\,.$$

Addiert man diese Ungleichungen, so erhält man $1 + |\varkappa|^2 \leq K\,(1-|\varkappa|^2)$, woraus die zu beweisende Beziehung (3.11) nach einer einfachen Rechnung folgt.

Die Abbildung w,

$$w(z) = z + i\sqrt{\frac{K-1}{K+1}}\,\bar{z}\,,$$

zeigt, daß die Grenze $K + \sqrt{K^2-1}$ bestmöglich ist.

3.7. Weitere spezielle Modulbedingungen. Bei dem Beweis des Satzes 3.4 wurde die Modulbedingung $M/K \leqq M(R') \leqq K\,M$ für große und kleine Werte von M benötigt. Das Bestehen dieser Bedingung für einen bestimmten Wert von M genügt auch nicht, die Quasikonformität der Abbildung zu garantieren. Man kann z. B. leicht einen Homöomorphismus der Ebene konstruieren, der nicht quasikonform ist, jedoch die Moduln aller achsenparallelen Quadrate invariant läßt.

Auf den Fall, wo die Dilatation *jedes* Quadrats R, $\bar{R} \subset G$, höchstens gleich K ist, lassen sich die obigen Methoden nicht anwenden. Unseres Wissens ist es eine offene Frage, ob diese Bedingung die Quasikonformität des betreffenden Homöomorphismus $w: G \to G'$ zur Folge hat. Ist die Antwort bejahend, so ist w sicher auch K-quasikonform, wie aus dem Beweis des Satzes 3.3 hervorgeht (vgl. I.9.5).

Nach Satz I.7.2 ist ein orientierungserhaltender Homöomorphismus $w: G \to G'$ quasikonform, falls er die Modulbedingung $M(w(B)) \leqq K\,M(B)$ für alle *Ringgebiete* B, $\bar{B} \subset G$, befriedigt. Auch dieser Satz kann dadurch verschärft werden, daß man statt aller Ringgebiete B nur eine Unterklasse derselben in Betracht zieht. Für diesbezügliche Resultate verweisen wir auf Gehring-Väisälä [1].

Zum Schluß sei noch das Resultat von Renggli [1] erwähnt, wonach ein orientierungserhaltender Homöomorphismus quasikonform ist, falls er jede Kurvenschar mit Modul ∞ in eine ebensolche Schar überführt.

§ 4. Charakterisierung der Quasikonformität mit Hilfe der Kreisdilatation

Neben der geometrischen und analytischen Definition gibt es die Möglichkeit, eine quasikonforme Abbildung mit Hilfe des Verhaltens der in II.9.1 eingeführten Kreisdilatation zu charakterisieren. Außer der größeren Anschaulichkeit im Vergleich zu der analytischen Definition gewinnt man dadurch auch den Vorteil, daß keine Voraussetzungen über die absolute Stetigkeit der Abbildung auf Geraden benötigt werden.

4.1. Notwendige Bedingungen für die Kreisdilatation. Es sei $w : G \to G'$ ein Homöomorphismus des Gebietes G, dessen Kreisdilatation wie früher mit H bezeichnet wird. Wir wollen für die Kreisdilatation zunächst notwendige Bedingungen aufstellen, damit w eine K-quasikonforme Abbildung ist.

Wir haben in II.9.1 bewiesen, daß $H(z)$ in jedem regulären Punkt z von w gleich dem Dilatationsquotienten $D(z)$ ist, der seinerseits nach I.9.6 die Maximaldilatation $K(G)$ von w in G nirgends überschreitet. Falls $K(G)$ endlich ist, besagt Satz 1.4, daß fast alle Punkte von G regulär sind. Es gilt also $H(z) \leqq K(G)$ fast überall in G.

Andererseits besagt Satz II.9.2, daß die Kreisdilatation für eine K-quasikonforme Abbildung in gewissen Punkten größer als K sein kann. Nach Satz II.9.1 bleibt sie jedoch stets unterhalb einer endlichen nur von K abhängigen Schranke. Mit Rücksicht auf das Obige kann dieser Satz also folgendermaßen ergänzt werden.

Satz 4.1. *Für eine K-quasikonforme Abbildung $w : G \to G'$ ist die Kreisdilatation beschränkt in G und höchstens gleich K fast überall in G.*

4.2. Hinreichende Bedingungen für die Kreisdilatation. Die Gültigkeit der Bedingung $H(z) \leqq K$ fast überall im Gebiet G für einen orientierungserhaltenden Homöomorphismus $w : G \to G'$ ist nicht hinreichend für die Quasikonformität von w. Dies geht aus dem in 2.2 konstruierten Beispiel hervor, wo ein nicht-quasikonformer Homöomorphismus die Kreisdilatation 1 fast überall im abzubildenden Gebiet besitzt. Fügt man aber die Bedingung der Beschränktheit der Kreisdilatation hinzu, so läßt sich tatsächlich beweisen, daß w eine K-quasikonforme Abbildung ist. Satz 4.1 gestattet also eine Umkehrung. Das Ergebnis kann dadurch noch etwas verschärft werden, daß man statt der Beschränktheit der Kreisdilatation nur ihre Endlichkeit überall in G voraussetzt.[1]

---

[1] In der Tat genügt es, die Endlichkeit der Kreisdilatation außerhalb einer Menge von σ-endlichem Längenmaß anzunehmen (vgl. V.3.4). Das Resultat ist von Yûjôbô [1] formuliert und von Gehring [1] nachgewiesen worden. Unser Beweis des Satzes 4.2 schließt sich an den Gehringschen an.

Satz 4.2. *Ein orientierungserhaltender Homöomorphismus $w: G \to G'$ ist K-quasikonform, falls seine Kreisdilatation in jedem Punkt von G endlich ist und die Ungleichung $H(z) \leqq K$ fast überall in G befriedigt.*

Beweis: Die folgende Beweisanordnung stützt sich auf die analytische Definition der Quasikonformität. Zunächst wird gezeigt, daß ein Homöomorphismus w, dessen Kreisdilatation die obigen Bedingungen erfüllt, absolut stetig auf Geraden in G ist. Dabei wird vorausgesetzt, daß weder G noch G' den Unendlichkeitspunkt enthält, was mit Rücksicht auf den Hebbarkeitssatz I.8.1 keine Einschränkung bedeutet.

Der Beweis erinnert an denjenigen des Hilfssatzes 1.1. Es sei wie dort $R = \{x + iy \mid a < x < b,\ c < y < d\}$, $\bar{R} \subset G$, ein achsenparalleles Rechteck und I_y die horizontale Strecke $a < x < b$ mit der Ordinate y. Bezeichnet R_y den unterhalb I_y liegenden Teil von R, so ist der Flächeninhalt $m(w(R_y)) = A(y)$ des Bildes von R_y eine monoton wachsende Funktion von y. Die endliche Ableitung $A'(y)$ existiert folglich für fast alle y, $c < y < d$.

Da $H(z) \leqq K$ fast überall in R ist, folgt aus dem Satz von Fubini, daß dieselbe Ungleichung für fast jedes y, $c < y < d$, fast überall auf I_y besteht. Es genügt also die absolute Stetigkeit von w auf I_y unter den Voraussetzungen zu beweisen, daß $A'(y)$ existiert und daß die Ungleichung $H(x + iy) \leqq K$ für fast alle x, $a < x < b$, gilt. Wir betrachten ein festes $I_{y_0} = I$ mit diesen Eigenschaften.

Es sei $F \subset I$ eine kompakte Menge. Zunächst sei vorausgesetzt, daß $H(z)$ für $z \in F$ eine feste endliche Schranke N nicht überschreitet Als erster Schritt des Beweises zeigen wir, daß das Längenmaß des Bildes $w(F) = F'$ dann eine mit $l(F)$ gegen Null strebende Majorante besitzt. Danach wird das Resultat für eine beliebige Borelsche Menge von I erweitert, woraus die absolute Stetigkeit von w auf I zu ersehen ist.

Wir bezeichnen mit $M(z, r)$ und $m(z, r)$ das Maximum bzw. das Minimum von $|w(\zeta) - w(z)|$ auf der Kreislinie $|\zeta - z| = r$. Ist die positive Zahl ε kleiner als der Abstand zwischen F und $-R$, so können wir die abgeschlossene Menge

$$F_\varepsilon = \left\{ z \mid z \in F,\quad (r \leqq \varepsilon) \Rightarrow \left(\frac{M(z, r)}{m(z, r)} \leqq N + 1 \right) \right\}$$

konstruieren. Im folgenden werden für die Zahl ε nur Werte $1/q$ mit ganzzahligem q zugelassen.

Die Mengen F_ε bilden für $\varepsilon \to 0$ eine nicht abnehmende Folge, die gegen F konvergiert, d. h. es gilt $F = \bigcup F_\varepsilon$. Für die Bilder F'_ε der F_ε ist entsprechend $\bigcup F'_\varepsilon = F'$ und folglich (vgl. III.1.2)

$$\lim_{\varepsilon \to 0} l(F'_\varepsilon) = l(F') . \tag{4.1}$$

Da F_ε kompakt ist, kann es mit endlich vielen Kreisen $D_\varepsilon(z_h) = \{\zeta \mid |\zeta - z_h| < \varepsilon\}$, $z_h \in F_\varepsilon$, $h = 1, \ldots, n_\varepsilon$, überdeckt werden. Wir können annehmen, daß diese Kreise ihre Vereinigungsmenge $D_\varepsilon = \bigcup D_\varepsilon(z_h)$ höchstens zweifach überdecken, denn unter drei Kreisen $D_\varepsilon(z_h)$ mit einem nichtleeren Durchschnitt kann einer offensichtlich immer weggelassen werden, ohne die Menge $D_\varepsilon \cap I$ zu vermindern. Weil jede von den Strecken $D_\varepsilon(z_h) \cap I$ die Länge 2ε besitzt, gilt

$$l\,(D_\varepsilon \cap I) \geqq \varepsilon\, n_\varepsilon\,. \tag{4.2}$$

Ist O, $I \supset O \supset F$, eine in I offene Menge, so gilt $D_\varepsilon \cap I \subset O$, sobald ε kleiner als die Entfernung zwischen F und $I - O$ ist. Da $l(O - F)$ beliebig klein gewählt werden kann, ist also $\limsup l\,(D_\varepsilon \cap I) \leqq l(F)$. Andererseits ist $D_\varepsilon \cap I \supset F_\varepsilon$ für jedes ε, und wegen $\lim l(F_\varepsilon) = l(F)$ erhält man somit

$$\lim_{\varepsilon \to 0} l(D_\varepsilon \cap I) = l(F)\,. \tag{4.3}$$

Was die Bilder $D'_\varepsilon(z_h)$ der Kreise $D_\varepsilon(z_h)$, $h = 1, \ldots, n_\varepsilon$, betrifft, sieht man zunächst unmittelbar ein, daß der Flächeninhalt ihrer Vereinigungsmenge mindestens $\pi \sum \big(m(z_h, \varepsilon)\big)^2/2$ ist. Weil alle Kreise $D_\varepsilon(z_h)$ in dem Rechteck $\{x + i\,y \mid a < x < b,\ y_0 - \varepsilon < y < y_0 + \varepsilon\}$ liegen, gilt also

$$2\big(A(y_0 + \varepsilon) - A(y_0 - \varepsilon)\big) \geqq \pi \sum_{h=1}^{n_\varepsilon} \big(m(z_h, \varepsilon)\big)^2\,.$$

Der Ausdruck auf der rechten Seite läßt sich weiter abschätzen. Weil die Punkte z_h zu F_ε gehören, ist $M(z_h, \varepsilon)/m(z_h, \varepsilon) \leqq N + 1$, $h = 1, \ldots, n_\varepsilon$, und man erhält

$$2\big(A(y_0 + \varepsilon) - A(y_0 - \varepsilon)\big) \geqq \frac{\pi}{(N+1)^2} \sum_{h=1}^{n_\varepsilon} \big(M(z_h, \varepsilon)\big)^2\,.$$

Unter Anwendung der Schwarzschen Ungleichung ergibt sich hieraus

$$2\,\big(A(y_0 + \varepsilon) - A(y_0 - \varepsilon)\big) \geqq \frac{\pi}{n_\varepsilon (N+1)^2} \left(\sum_{h=1}^{n_\varepsilon} M(z_h, \varepsilon) \right)^2.$$

Nach (4.2) ist also

$$l(D_\varepsilon \cap I)\, \frac{A(y_0 + \varepsilon) - A(y_0 - \varepsilon)}{2\varepsilon} \geqq \frac{\pi}{4(N+1)^2} \left(\sum_{h=1}^{n_\varepsilon} M(z_h, \varepsilon) \right)^2. \tag{4.4}$$

Läßt man ε gegen Null streben, so erhält man nach (4.3)

$$\lim_{\varepsilon \to 0}\ l(D_\varepsilon \cap I)\, \frac{A(y_0 + \varepsilon) - A(y_0 - \varepsilon)}{2\varepsilon} = l(F)\, A'(y_0)\,. \tag{4.5}$$

Um das Verhalten des rechtsseitigen Ausdrucks in (4.4) für $\varepsilon \to 0$ zu untersuchen, fassen wir zunächst ein festes ε_0 ins Auge und bemerken, daß die Menge F'_{ε_0} für $\varepsilon \leqq \varepsilon_0$ in $\bigcup_h D'_\varepsilon(z_h)$ enthalten ist. Da die Menge $D'_\varepsilon(z_h)$ innerhalb eines Kreises mit dem Radius $M(z_h, \varepsilon)$ liegt, gibt es folglich zu jedem ε, $\varepsilon_0 \geqq \varepsilon > 0$, eine Überdeckung von F'_{ε_0} mit Kreisen derart, daß die Summe der Durchmesser

$$2 \sum_{h=1}^{n_\varepsilon} M(z_h, \varepsilon)$$

beträgt. Aus der gleichmäßigen Stetigkeit von w in R folgt, daß die größte der Zahlen $M(z_h, \varepsilon)$ für $\varepsilon \to 0$ gegen Null strebt. Nach der Definition des Längenmaßes kann $l(F'_{\varepsilon_0})$ also nicht größer als

$$2 \liminf_{\varepsilon \to 0} \sum_{h=1}^{n_\varepsilon} M(z_h, \varepsilon)$$

sein. Dies ist für jedes ε_0 der Fall, und nach (4.1) gilt folglich

$$l(F') \leqq 2 \liminf_{\varepsilon \to 0} \sum_{h=1}^{n_\varepsilon} M(z_h, \varepsilon) .$$

Hieraus ergibt sich unter Berücksichtigung der Beziehungen (4.4) und (4.5) die Abschätzung

$$\left(l(F')\right)^2 \leqq \frac{16}{\pi} (N+1)^2 A'(y_0)\, l(F) . \tag{4.6}$$

Diese Ungleichung gilt also für jede kompakte Menge $F \subset I$ unter der Voraussetzung, daß $H(z) \leqq N$ für $z \in F$ ist.

Als nächster Schritt wollen wir zeigen, daß (4.6) auch für alle Borelschen Mengen von I besteht, in welchen $H(z) \leqq N$ gilt. Um eine hierfür benötigte Approximation einer Borelschen Menge durch abgeschlossene Mengen ausführen zu können, beweisen wir zuerst, daß das Bild $I' = w(I)$ von I in bezug auf das Längenmaß σ-endlich ist (vgl. III.1.2).

Weil $H(z)$ für jedes $z \in I$ endlich ist, gilt dasselbe für die obere Grenze

$$\Phi(z) = \sup_r \frac{M(z, r)}{m(z, r)} ,$$

wo r diejenigen positiven Zahlen durchläuft, für welche $z + r$ und $z - r$ zu I gehören. Ist E eine kompakte Teilstrecke von I, so ist die Menge

$$E_N = E \cap I_N, \quad I_N = \{z \mid \Phi(z) \leqq N\} ,$$

abgeschlossen. Für $z \in E_N$ ist $H(z) \leqq N$, und das Bild E'_N von E_N besitzt also nach (4.6) ein endliches Längenmaß. Da $E = \bigcup E_N$, wo

N die positiven ganzen Zahlen durchläuft, ist $E' = w(E)$ σ-endlich. Dasselbe gilt dann auch für I', weil I Vereinigungsmenge von abzählbar vielen abgeschlossenen Strecken ist.

Es sei $B \subset I$ eine Borelsche Menge, wo $H(z) \leqq N$ ist. Das Bild B' von B ist Borelsch, und da I' nach dem Obigen σ-endlich ist, gibt es gemäß III.1.2 eine Folge von abgeschlossenen Mengen $F'_k \subset B'$, $k = 1, 2, \ldots$, derart, daß $\lim l(F'_k) = l(B')$ ist. Die Urbilder $F_k = w^{-1}(F'_k)$ sind auch abgeschlossen, und (4.6) besteht also für jedes k mit $F = F_k$. Durch Grenzübergang folgt hieraus, daß (4.6) auch dann gilt, wenn F und F' durch B bzw. B' ersetzt werden.

Zum Schluß wollen wir uns noch von der Bedingung $H(z) \leqq N$ befreien. Zu diesem Zweck betrachten wir zuerst eine Borelsche Menge $B_0 \subset I$ vom Längenmaß Null und ihr Bild B'_0. In der Menge $B_0 \cap I_N$ ist $H(z) \leqq N$. Da $l\,(B_0 \cap I_N) = 0$ ist, verschwindet also auch das Längenmaß des Bildes $(B_0 \cap I_N)'$. Wegen $B'_0 = \bigcup\,(B_0 \cap I_N)'$ ist somit $l(B'_0) = 0$.

Da $H(z) \leqq K$ für fast alle $z \in I$ ist, gibt es eine Borelsche Menge $B_0 \subset I$ vom Längenmaß Null derart, daß $H(z)$ in $I - B_0$ die Grenze K nicht überschreitet. Für ihr Bild B'_0 gilt nach dem Obigen $l(B'_0) = 0$. Ist $B \subset I$ eine beliebige Borelsche Menge, so gilt für das Bild also $l(B') = l((B - B_0)')$. In $B - B_0$ ist aber $H(z) \leqq K$, und aus (4.6) ergibt sich folglich

$$(l(B'))^2 \leqq \frac{16}{\pi}(K+1)^2 A'(y_0)\, l(B)\,.$$

Weil diese Ungleichung für jede Borelsche Menge $B \subset I$ und deren Bild B' besteht, ist der Homöomorphismus w nach der Definition in III.2.2 absolut stetig auf I. In derselben Weise beweist man, daß w auf fast allen vertikalen in R liegenden Strecken $c < y < d$, $x = \text{const.}$, absolut stetig ist.

Die Bedingung 1 der analytischen Definition ist also erfüllt. Was die Bedingung 2 betrifft, bemerken wir wieder, daß w nach Hilfssatz III.3.1 und Satz III.3.1 fast überall in G differenzierbar ist. Es sei z ein Punkt, wo dies der Fall ist und wo überdies $H(z) \leqq K$ ist. Wir können zwei Fälle unterscheiden je nachdem z ein regulärer Punkt von w ist oder $\min |\partial_\alpha w(z)|$ verschwindet. Im ersteren Fall folgt aus dem in 4.1 Gesagten, daß $D(z) = H(z) \leqq K$ ist. Im letzteren Fall ist $m(z, r) = o(r)$. Wegen $H(z) \leqq K$ ist dann auch $M(z, r) = o(r)$, was bedeutet, daß $\partial_\alpha w(z)$ für jedes α verschwindet. Die Dilatationsbedingung $\max_\alpha |\partial_\alpha w(z)| \leqq K \min_\alpha |\partial_\alpha w(z)|$ ist also in diesem Fall trivialerweise befriedigt. Auch die Bedingung 2 der analytischen Definition ist folglich erfüllt, und w ist also K-quasikonform.

Bemerkung. Die im obigen benutzte Methode zum Beweis der Quasikonformität des betrachteten Homöomorphismus läßt sich nach geeigneten Modifikationen auf weitere Probleme anwenden. Z. B. kann dadurch die Frage nach der Charakterisierung einer quasikonformen Abbildung mit Hilfe der *Winkelverzerrung* untersucht werden; wir verweisen hier auf Arbeiten von Agard-Gehring [1] und Taari [1].

Durch kleine Veränderung des obigen Beweises kann man ferner zeigen, daß die Klasse der Abbildungen, die in der Monographie von Volkovyskij [1] K-quasikonform mit einem Charakteristikenpaar genannt werden, eine Unterklasse der hier betrachteten K-quasikonformen Abbildungen bildet.

§ 5. Komplexe Dilatation

5.1. Definition der komplexen Dilatation. Der vorliegende Paragraph dient als Vorbereitung für das nächstfolgende Kapitel V, wo die Frage nach der Existenz einer quasikonformen Abbildung mit vorgeschriebener Dilatation in Angriff genommen wird. Zur Formulierung dieses Problems empfiehlt es sich, ein neues Dilatationsmaß einzuführen, das nicht nur die Größe des Dilatationsquotienten, sondern auch die Richtung der maximalen Dehnung der Abbildung ausdrückt.

Es seien $w : G \to G'$ eine K-quasikonforme Abbildung und $z \in G$ ein endlicher Punkt, in welchem w differenzierbar ist. Aus

$$\partial_\alpha w(z) = w_z(z) + w_{\bar{z}}(z)\, e^{-2i\alpha} \tag{5.1}$$

folgt nach einfacher Berechnung, daß die Dilatationsbedingung (1.5) auch in der Form

$$|w_{\bar{z}}(z)| \leqq \frac{K-1}{K+1}\, |w_z(z)| \tag{5.2}$$

geschrieben werden kann. Ist z ein regulärer Punkt, so ist hier $w_z(z) \neq 0$ (vgl. 1.5).

Die Beziehung (5.2) gibt Anlaß, den Quotienten

$$\varkappa(z) = \frac{w_{\bar{z}}(z)}{w_z(z)} \tag{5.3}$$

einzuführen, der folglich in jedem endlichen regulären Punkt z, $w(z) \neq \infty$, (nach Satz 1.4 also fast überall in G) existiert. Wir nennen die durch (5.3) fast überall in G definierte Funktion $\varkappa$ die *komplexe Dilatation* der Abbildung w. Als Quotient zweier Ableitungen einer stetigen Funktion ist $\varkappa$ eine Borelsche Funktion.

Die komplexe Dilatation gestattet eine einfache geometrische Interpretation. Zunächst sieht man aus der Gleichung (5.1), daß $|\partial_\alpha w(z)|$ sein Maximum $|w_z(z)|\,(1 + |\varkappa(z)|)$ für

$$\alpha = \alpha_M(z) = \frac{1}{2} \arg \varkappa(z)$$

annimmt. Aus der Definition des Dilatationsquotienten folgt ferner

$$D(z) = \frac{1 + |\varkappa(z)|}{1 - |\varkappa(z)|}. \tag{5.4}$$

Durch $\varkappa(z)$ *wird also* $D(z)$ *und im Falle* $\varkappa(z) \neq 0$ *auch die Richtung* $\alpha_M(z)$ *der maximalen Dehnung bestimmt,* die letztere bis auf ein ganzes Vielfaches von π. Umgekehrt bestimmen $D(z)$ und $\alpha_M(z)$ die komplexe Dilatation $\varkappa(z)$ eindeutig.

Nach (5.4) (oder (5.2)) gilt

$$|\varkappa(z)| = \frac{D(z) - 1}{D(z) + 1} \leqq \frac{K - 1}{K + 1} \tag{5.5}$$

in jedem endlichen regulären Punkt z, $w(z) \neq \infty$.

Da $\varkappa(z) = 0$ gleichbedeutend mit $D(z) = 1$ ist, verschwindet die komplexe Dilatation einer konformen Abbildung identisch. Nimmt man umgekehrt an, daß die komplexe Dilatation der quasikonformen Abbildung $w: G \to G'$ fast überall in G verschwindet, so ist w nach der analytischen Definition 1-quasikonform und infolge des Satzes I.5.1 also konform.

5.2. Transformationsformeln für die komplexe Dilatation. Neben der quasikonformen Abbildung $w: G \to G'$ betrachte man eine quasikonforme Abbildung f des Gebietes G' sowie die zusammengesetzte Abbildung $f \circ w$. Die entsprechenden komplexen Dilatationen seien mit $\varkappa_w$, $\varkappa_f$ und $\varkappa_{f \circ w}$ bezeichnet. Vorausgesetzt, daß z und $w(z)$ endliche reguläre Punkte von w bzw. f sind und $f(w(z))$ endlich ist, erhält man nach formaler Rechnung

$$\varkappa_{f \circ w}(z) = \frac{\varkappa_w(z) + \varkappa_f(w(z))\, e^{-2i \arg w_z(z)}}{1 + \overline{\varkappa_w(z)}\, \varkappa_f(w(z))\, e^{-2i \arg w_{\bar{z}}(z)}}. \tag{5.6}$$

Die Menge der nichtregulären Punkte von f in G' hat nach Satz 1.4 das Flächenmaß Null. Dasselbe gilt für ihre Urbildmenge in G, denn die Umkehrung w^{-1} von w ist als quasikonforme Abbildung nach Satz 1.3 nullmengentreu. Da fast alle Punkte von G auch reguläre Punkte von w sind, gilt die Beziehung (5.6) fast überall in G.

Die Abbildung f ist nach 5.1 dann und nur dann konform, wenn $\varkappa_f$ fast überall in G' verschwindet. Da w und w^{-1} nullmengentreu sind, ist diese Bedingung gleichbedeutend damit, daß $\varkappa_f(w(z)) = 0$ für fast alle $z \in G$ ist. Nach (5.6) ist f also dann und nur dann konform, wenn

$$\varkappa_{f \circ w}(z) = \varkappa_w(z) \tag{5.7}$$

fast überall in G ist.[1] Dieses Ergebnis kann auch in folgender Form ausgesprochen werden:

[1] Man bemerke, daß die Konformität von f aus (5.7) nur unter der Annahme folgt, daß f quasikonform ist.

Eindeutigkeitssatz. *Es sei $w : G \to G'$ eine quasikonforme Abbildung mit der komplexen Dilatation $\varkappa$. Die Gesamtheit derjenigen quasikonformen Abbildungen von G, deren komplexe Ableitung fast überall in G mit $\varkappa$ übereinstimmt, besteht dann aus der Familie $\{f \circ w\}$, wo f eine beliebige konforme Abbildung von G' ist.*

Ist die Abbildung w in (5.6) konform, so erweist sich $\varkappa_f$ i. A. als nicht invariant. Es gilt dann

$$\varkappa_{f \circ w}(z) = \varkappa_f(w(z))\, e^{-2i \arg w'(z)} . \tag{5.8}$$

Wählt man schließlich in (5.6) als f die inverse Abbildung w^{-1} von w, so ist $\varkappa_{f \circ w} = 0$, und man erhält

$$\varkappa_{w^{-1}}(w(z)) = -\varkappa_w(z)\, e^{2i \arg w_z(z)} . \tag{5.9}$$

5.3. Beltramische Differentialgleichung. Die Definition

$$w_{\bar{z}} = \varkappa\, w_z \tag{5.10}$$

der komplexen Dilatation der quasikonformen Abbildung w kann als eine Differentialgleichung interpretiert werden. Eine Gleichung vom Typus (5.10) heißt eine *Beltramische* Gleichung. Falls w konform ist und $\varkappa$ also gleich Null, reduziert sich (5.10) auf die Cauchy-Riemannsche Gleichung $w_{\bar{z}} = 0$.

Es sei nun $\varkappa$ eine im Gebiet G definierte meßbare Funktion mit $\sup_z |\varkappa(z)| < 1$. Im Allgemeinen besteht (5.10) dann für keine Funktion w in jedem Punkt von G. Wir wollen deshalb präzisieren, was unter einer Lösung von (5.10) verstanden wird.

Eine Funktion w heißt eine *verallgemeinerte Lösung* von (5.10) in G, falls w in G absolut stetig auf Geraden ist und falls die infolgedessen fast überall existierenden Ableitungen w_z, $w_{\bar{z}}$ der Gleichung (5.10) fast überall in G genügen. Entsprechend wird w eine *verallgemeinerte L^p-Lösung* in G genannt, falls w in G verallgemeinerte L^p-Ableitungen besitzt und (5.10) fast überall in G gilt.

Man bemerke, daß eine Veränderung der Werte von $\varkappa$ in einer Nullmenge keinen Einfluß auf die verallgemeinerten Lösungen von (5.10) hat. Die Funktion $\varkappa$ braucht also nur fast überall in G definiert zu sein.

Nach 5.1 und Satz 1.2 ist jede K-quasikonforme Abbildung von G eine verallgemeinerte L^2-Lösung einer Beltramischen Gleichung (5.10), wo $\varkappa$ die komplexe Dilatation der Abbildung ist. Dann gilt also

$$|\varkappa(z)| \leq \frac{K-1}{K+1} \tag{5.11}$$

in jedem Punkt, in welchem $\varkappa(z)$ definiert ist.

Umgekehrt ist jede homöomorphe verallgemeinerte Lösung von (5.10) K-quasikonform, falls $\varkappa$ der Ungleichung (5.11) genügt. Da die Bedingungen 1 und 2 der analytischen Definition dann offensichtlich erfüllt sind, braucht man nur zu zeigen, daß w orientierungserhaltend ist. Jedenfalls ist w also entweder K-quasikonform oder die Zusammensetzung einer Spiegelung und einer K-quasikonformen Abbildung. Nach Satz 1.4 ist die Jacobische Funktionaldeterminante J von w deshalb von Null verschieden fast überall in G. Andererseits folgt aus

$$J(z) = |w_z(z)|^2 - |w_{\bar{z}}(z)|^2 = |w_z(z)|^2 \left(1 - |\varkappa(z)|^2\right),$$

unter Beachtung von (5.11), daß fast überall $J(z) \geqq 0$ ist. Also ist $J(z) > 0$ für fast jedes z, und da w fast überall differenzierbar ist, folgt aus dem in I.1.6 Gesagten, daß w orientierungserhaltend ist.

Satz 5.1. *Eine K-quasikonforme Abbildung w des Gebietes G ist eine verallgemeinerte L^2-Lösung derjenigen Beltramischen Gleichung* (5.10) *in G, wo $\varkappa$ die komplexe Dilatation von w ist.*

Ist umgekehrt $\varkappa$ eine meßbare, die Bedingung (5.11) *erfüllende Funktion in G, so ist jede homöomorphe verallgemeinerte Lösung von* (5.10) *in G eine K-quasikonforme Abbildung von G mit der komplexen Dilatation $\varkappa(z)$ für fast jedes $z \in G$.*

Die Aussagen dieses Satzes sind im wesentlichen in der analytischen Definition der Quasikonformität und in den Sätzen von § 1 enthalten. Im Besitze dieser Resultate ist die Charakterisierung der quasikonformen Abbildungen als homöomorphe Lösungen Beltramischer Gleichungen also mehr von formaler Art. Diese Gleichungen können aber auf Integralgleichungen zurückgeführt werden, wodurch sich neue Methoden zur Untersuchung von quasikonformen Abbildungen ergeben (s. V.5).

5.4. Gute Approximation einer quasikonformen Abbildung. Die Einführung der komplexen Dilatation ermöglicht es, die in II.5 für quasikonforme Abbildungen bewiesenen Konvergenzsätze dadurch zu ergänzen, daß auch die Konvergenz der Dilatationen berücksichtigt wird. Der Rest des gegenwärtigen Paragraphen ist der Untersuchung diesbezüglicher Probleme gewidmet.

Es sei w_n, $n = 1, 2, \ldots$, eine Folge von K-quasikonformen Abbildungen des Gebietes G. Die komplexe Dilatation von w_n werde mit $\varkappa_n$ bezeichnet. Wir sagen, daß die Folge w_n eine *gute Approximation* der quasikonformen Abbildung w von G mit der komplexen Dilatation $\varkappa$ ist, wenn die folgenden zwei Bedingungen erfüllt sind:

1. $\lim\limits_{n \to \infty} w_n(z) = w(z)$ gleichmäßig in jedem kompakten Teil von G.
2. $\lim\limits_{n \to \infty} \varkappa_n(z) = \varkappa(z)$ fast überall in G.

Enthält G den Unendlichkeitspunkt oder den Punkt $w^{-1}(\infty)$, so wird die Konvergenz in Bedingung 1 in bezug auf die sphärische Metrik erklärt.

Wir wollen die Bedeutung der Bedingung 2 durch einige Bemerkungen erläutern. Aus der Bedingung 1 allein folgt auf Grund des Satzes I.5.2, daß

$$\liminf_{n\to\infty} \left(\sup_{z\in G} |\varkappa_n(z)|\right) \geqq \sup_{z\in G} |\varkappa(z)|$$

ist. Im Falle, wo die Abbildungen w_n konform sind und jedes $\varkappa_n$ also identisch verschwindet, ist somit auch $\varkappa = 0$, und die Bedingung 2 folgt aus der Bedingung 1. Im allgemeinen Fall gestattet die gleichmäßige Konvergenz der Folge w_n gegen w dagegen keineswegs den Schluß, daß die komplexen Dilatationen $\varkappa_n$ fast überall gegen $\varkappa$ konvergieren. In der Tat zeigt das folgende Beispiel, daß die lokalen Verzerrungseigenschaften der Abbildungen w_n völlig verschieden von denjenigen der Grenzabbildung w sein können:

Es gibt zu jedem ε, $0 < \varepsilon < 1$, eine Folge von quasikonformen Abbildungen w_n des Quadrats $R = \{x + iy \mid 0 < x < 1,\ 0 < y < 1\}$ mit den folgenden Eigenschaften:

$$\lim_{n\to\infty} w_n(z) = z \quad \textit{gleichmäßig in } R,$$

$$|\varkappa_n(z)| = 1 - \varepsilon \quad \textit{fast überall in } R \textit{ für jedes } n.$$

Zum Beweis teile man R in n^2 Quadrate $R_{hk} = \{x + iy \mid (h-1)/n < x < h/n,\ (k-1)/n < y < k/n\}$, $h, k = 1, \ldots, n$ ein. In jedem R_{hk} sei eine quasikonforme Selbstabbildung f_{hk} folgendermaßen konstruiert: Man führt R_{hk} zuerst durch eine konforme Abbildung φ auf den Einheitskreis $|\zeta| < 1$ über, so daß der Mittelpunkt z_{hk} von R_{hk} in den Nullpunkt gerät. Darauf bildet man den Einheitskreis vermöge der Funktion t,

$$t(\zeta) = \zeta\, |\zeta|^{2/\varepsilon - 2},$$

$(2/\varepsilon - 1)$-quasikonform auf sich selbst ab und kehrt schließlich durch die inverse Abbildung φ^{-1} von φ auf R_{hk} zurück. Die komplexe Dilatation der zusammengesetzten Abbildung $f_{hk} = \varphi^{-1} \circ t \circ \varphi$ hat in R_{hk} den Betrag $1 - \varepsilon$ mit Ausnahme des Mittelpunktes z_{hk}. Diese Abbildung läßt sich zu einem Homöomorphismus von $\overline{R}_{hk}$ auf sich selbst erweitern und läßt dann jeden Randpunkt von $\overline{R}_{hk}$ invariant.

Durch die Vorschrift $w_n(z) = f_{hk}(z)$ für $z \in R_{hk}$ wird also ein Homöomorphismus w_n von R auf sich selbst definiert. Aus Satz I.8.3 über die Hebbarkeit eines analytischen Bogens folgt, daß w_n quasikonform ist mit der maximalen Dilatation $2/\varepsilon - 1$. Weil w_n jedes

R_{hk} auf sich selbst abbildet, ist $|w_n(z) - z| \leq \sqrt{2}/n$ in jedem Punkt $z \in R$. Führt man die obige Konstruktion für jedes $n = 1, 2, \ldots$ aus, so besitzt die Folge w_n, $n = 1, 2, \ldots$, also die geforderten Eigenschaften.

Da die Grenzabbildung überall in R die komplexe Dilatation Null besitzt, ist die Folge w_n keine gute Approximation. Man bemerke, daß dies der Fall ist, obschon die absoluten Beträge $|\varkappa_n(z)|$ fast überall in R konvergieren.

5.5. Schwache Konvergenz der Ableitungen. Um zu untersuchen, unter welchen Bedingungen eine Folge von quasikonformen Abbildungen eine gute Approximation ihrer Grenzabbildung ist, führen wir zuerst einige Hilfsbetrachtungen aus.

Es sei f_n, $n = 1, 2, \ldots$, eine Folge von Funktionen, die im Gebiet G lokal integrierbar sind. Wir sagen, daß die Folge f_n *schwach* gegen die in G lokal integrierbare Funktion f konvergiert, wenn

$$\lim_{n \to \infty} \iint_R (f_n - f)\, d\sigma = 0 \tag{5.12}$$

für jedes achsenparallele Rechteck R, $\overline{R} \subset G$, ist.

Wir wollen jetzt beweisen, daß die gleichmäßige Konvergenz einer Folge von quasikonformen Abbildungen die schwache Konvergenz ihrer Ableitungen mit sich bringt (Bers [1]). Aus dem in 5.4 aufgestellten Beispiel geht hervor, daß die Ableitungen nicht fast überall zu konvergieren brauchen.

Hilfssatz 5.1. *Es sei w_n, $n = 1, 2, \ldots$, eine Folge von K-quasikonformen Abbildungen des Gebietes G, die in jedem kompakten Teil von G gleichmäßig gegen die endliche Funktion w konvergiert. Dann konvergieren die Ableitungen $(w_n)_z$ und $(w_n)_{\bar z}$ schwach gegen w_z bzw. $w_{\bar z}$.*

Beweis: Aus Satz II.5.3 folgt, daß die Grenzfunktion w entweder eine quasikonforme Abbildung oder eine Konstante ist. Sowohl w als auch alle Abbildungen w_n besitzen also nach Satz 1.2 verallgemeinerte L^2-Ableitungen.

Aus den in III.6.5 aufgestellten Formeln (6.17) erhält man für ein beliebiges achsenparalleles Rechteck R, $\overline{R} \subset G$,

$$\iint_R ((w_n)_z - w_z)\, d\sigma = \frac{i}{2} \int_{\partial R} (w_n - w)\, d\bar z\,,$$

$$\iint_R ((w_n)_{\bar z} - w_{\bar z})\, d\sigma = \frac{1}{2i} \int_{\partial R} (w_n - w)\, dz\,.$$

Da w_n auf dem Rand von R gleichmäßig gegen w strebt, konvergieren die obigen Integrale gegen Null, wie behauptet wurde.

Als Ergänzung dieses Resultats werden wir in V.5.6 beweisen, daß bei einer gut approximierenden Folge die Ableitungen in der L^2-Metrik gegen die entsprechenden Ableitungen der Grenzfunktion konvergieren.

5.6. Ein Kriterium für gute Approximation. Wir betrachten wieder den Fall, wo die Folge der K-quasikonformen Abbildungen w_n in kompakten Teilen von G gleichmäßig gegen eine quasikonforme Abbildung w konvergiert. Das in 5.4 konstruierte Beispiel zeigt, daß der Betrag $|\varkappa_n(z)|$ dann für fast jedes $z \in G$ gegen einen Grenzwert konvergieren kann, der größer als $|\varkappa(z)|$ ist. Entsprechendes gilt für den Dilatationsquotienten $D_n(z) = (1 + |\varkappa_n(z)|)/(1 - |\varkappa_n(z)|)$ der Abbildungen w_n. Konvergiert aber auch das Argument der komplexen Dilatation $\varkappa_n$ fast überall in G, so können wir beweisen, daß w_n eine gute Approximation von w ist im Sinne der in 5.4 gegebenen Definition (Bers [1]).

Satz 5.2. *Es sei w_n, $n = 1, 2, \ldots$, eine Folge von K-quasikonformen Abbildungen eines Gebietes G, die gegen die quasikonforme Abbildung w mit der komplexen Dilatation $\varkappa$ in jedem kompakten Teil von G gleichmäßig konvergiert. Besitzen die komplexen Dilatationen $\varkappa_n(z)$ von w_n für fast jedes $z \in G$ einen Grenzwert $\varkappa_\infty(z)$, so ist w_n eine gute Approximation von w, d. h. es gilt $\varkappa_\infty(z) = \varkappa(z)$ fast überall in G.*

Beweis: Wir können annehmen, daß G und seine Bilder $w_n(G)$ endliche Gebiete sind. Weil $w_{\bar z} - \varkappa\, w_z = 0$ und $w_z \neq 0$ fast überall in G ist, gilt es die Gültigkeit der Beziehung

$$\zeta(z) = w_{\bar z}(z) - \varkappa_\infty(z)\, w_z(z) = 0$$

für fast jedes $z \in G$ zu beweisen. Wir schreiben

$$\begin{aligned}\zeta = {} & [w_{\bar z} - (w_n)_{\bar z}] + [(w_n)_{\bar z} - \varkappa_n (w_n)_z] \\ & + [\varkappa_n (w_n)_z - \varkappa_\infty (w_n)_z] + [\varkappa_\infty (w_n)_z - \varkappa_\infty\, w_z]\,,\end{aligned}$$

und integrieren ζ über ein beliebiges achsenparalleles Rechteck R, $\overline{R} \subset G$. Weil der zweite Klammerausdruck fast überall in G verschwindet, erhält man

$$\iint_R \zeta\, d\sigma = I_{1,n} + I_{2,n} + I_{3,n} \tag{5.13}$$

mit

$$I_{1,n} = \iint_R \left(w_{\bar z} - (w_n)_{\bar z}\right) d\sigma\,,$$

$$I_{2,n} = \iint_R (\varkappa_n - \varkappa_\infty)\, (w_n)_z\, d\sigma\,,$$

$$I_{3,n} = \iint_R \varkappa_\infty\left((w_n)_z - w_z\right) d\sigma\,.$$

Nach Hilfssatz 5.1 ist

$$\lim_{n\to\infty} I_{1,n} = 0\,. \tag{5.14}$$

Aus der Schwarzschen Ungleichung und der Dilatationsbedingung (1.6) folgt weiter

$$|I_{2,n}|^2 \leqq \iint_R |\varkappa_n - \varkappa_\infty|^2\, d\sigma \iint_R |(w_n)_z|^2\, d\sigma \leqq K\, m(w_n(R)) \iint_R |\varkappa_n - \varkappa_\infty|^2\, d\sigma\,. \tag{5.15}$$

Da w in G endlich ist und w_n in R gleichmäßig gegen w konvergiert, ist $m(w_n(R))$ gleichmäßig beschränkt. Weil das Integral rechts in (5.15) nach dem Lebesgueschen Konvergenzsatz (s. III.1.5) für $n \to \infty$ gegen Null strebt, gilt also

$$\lim_{n\to\infty} I_{2,n} = 0\,. \tag{5.16}$$

Zur Abschätzung des letzten Integrals in (5.13) erinnern wir an die in III.5.3 gezeigte Möglichkeit, die Funktion $\varkappa_\infty$ durch gleichmäßig beschränkte Treppenfunktionen φ_k zu approximieren, die einen jeden von ihren endlich vielen Werten in einem achsenparallelen Quadrat annehmen und fast überall in R gegen $\varkappa_\infty$ konvergieren. Wir schreiben

$$I_{3,n} = \iint_R (\varkappa_\infty - \varphi_k)\,\big((w_n)_z - w_z\big)\, d\sigma + \iint_R \varphi_k\big((w_n)_z - w_z\big)\, d\sigma\,. \tag{5.17}$$

Nochmalige Anwendung der Schwarzschen Ungleichung und des Lebesgueschen Konvergenzsatzes zeigt, daß es zu jedem $\varepsilon > 0$ eine solche ganze Zahl $k_0 > 0$ gibt, daß das erste Integral rechts in (5.17) für $k = k_0$ und für jedes n dem Betrag nach kleiner als ε ist. Andererseits schließt man unter Anwendung des Hilfssatzes 5.1 auf die endlich vielen Quadrate, wo die Treppenfunktion φ_{k_0} einen konstanten Wert besitzt, daß

$$\lim_{n\to\infty} \iint_R \varphi_{k_0}\big((w_n)_z - w_z\big)\, d\sigma = 0$$

ist. Auch $I_{3,n}$ strebt also für $n \to \infty$ gegen Null, und (5.13), (5.14) und (5.16) ergeben

$$\iint_R \zeta\, d\sigma = 0\,. \tag{5.18}$$

Hieraus folgt, daß ζ fast überall in G verschwindet. Um dies zu beweisen, bemerken wir zuerst, daß jede offene Menge $O \subset G$ in der Form $(\bigcup R_h) \cup E_0$ darstellbar ist, wo die Mengen R_h, $h = 1, 2, \ldots$, achsenparallele punktfremde Rechtecke sind und E_0 eine Nullmenge ist. Nach (5.18) verschwindet also das über O erstreckte Integral von ζ. Ist A, $\overline{A} \subset G$, eine beliebige meßbare Menge, so können wir eine abnehmende Folge von offenen Mengen O_k, $A \subset O_k$, $\overline{O}_k \subset G$, $k = 1, 2, \ldots$, konstruieren derart, daß $\lim m(O_k - A) = 0$ ist (s. III.1.2). Da das betrachtete Lebesguesche Integral als Mengenfunktion lokal absolut stetig in G ist, gilt also

$$\iint_A \zeta \, d\sigma = 0 \tag{5.19}$$

für jede meßbare Menge $A, \bar{A} \subset G$.

Der reelle Teil von ζ sei ξ. Die Menge $E = \{z \mid z \in G, \ \xi(z) \neq 0\}$ ist die Vereinigung der Mengen $E_k = \{z \mid z \in G, \ \xi(z) > 1/k\}$, $E_{-k} = \{z \mid z \in G, \xi(z) < -1/k\}$, $k = 1, 2, \ldots$. Da jede von diesen Mengen nach (5.19) das Flächenmaß Null besitzt, ist also $m(E) = 0$, und ξ verschwindet fast überall in G. In derselben Weise zeigt man, daß der imaginäre Teil von ζ fast überall verschwindet. Der Satz 5.2 ist hiermit bewiesen.

V Quasikonforme Abbildungen mit vorgeschriebener komplexer Dilatation

Einleitung zum Kapitel V

Als Maß für die lokale Verzerrung unter einer quasikonformen Abbildung haben wir im vorigen Kapitel die komplexe Dilatation eingeführt. Diese ist eine Borelsche Funktion, deren Definitionsbereich aus den regulären Punkten der Abbildung, d. h. aus fast allen Punkten des abzubildenden Gebietes, besteht und deren Betrag unter einer Schranke kleiner als Eins liegt.

Wir wollen jetzt den folgenden für die Theorie der quasikonformen Abbildungen fundamentalen *Existenzsatz* beweisen: Ist $\varkappa$ eine im Gebiet G meßbare Funktion mit $\sup_z |\varkappa(z)| < 1$, so gibt es stets eine quasikonforme Abbildung von G, deren komplexe Dilatation fast überall in G mit $\varkappa$ zusammenfällt. Nach dem in IV.5 bewiesenen Eindeutigkeitssatz ist eine solche Abbildung bis auf eine konforme Transformation eindeutig bestimmt.

Der Existenzsatz wird in § 1 durch eine Methode bewiesen, die auf dem in II.7 bewiesenen funktionentheoretischen Verheftungssatz beruht. Am Ende von § 1 wird auf einige andere Beweisanordnungen kurz hingewiesen.

In den nächstfolgenden §§ 2—5 kommt der Existenzsatz zu wiederholter Anwendung. Zuerst werden in § 2 die gegenseitigen Beziehungen zwischen den früher eingeführten Dilatationsmassen, der lokalen Maximaldilatation, dem Dilatationsquotienten und der Kreisdilatation systematisch untersucht.

In § 3 werden drei Hebbarkeitsprobleme ausführlich behandelt. Solche von uns mehrmals benutzten Resultate wie die Hebbarkeit eines Punktes (Satz I.8.1) und die Invarianz der Maximaldilatation beim Entfernen eines analytischen Bogens (Satz I.8.3) erweisen sich als Spezialfälle allgemeinerer Sätze.

In § 4 wird gezeigt, daß jede quasikonforme Abbildung durch reguläre und sogar reell-analytische quasikonforme Abbildungen gut approximiert werden kann. Dadurch gewinnt man eine Charakterisierung der quasikonformen Abbildungen als nicht-konstante Grenzfunktionen der regulären quasikonformen Abbildungen.

In § 5 wird die in III.7 eingeführte Hilbert-Transformation auf die Untersuchung der Ableitungen einer quasikonformen Abbildung angewandt. Einige frühere diesbezügliche Resultate können dadurch ergänzt und verschärft werden.

Die zwei letzten Paragraphen 6 und 7 sind dem Problemkreis gewidmet, von den Eigenschaften der komplexen Dilatation Schlüsse über das Verhalten der zugehörigen Abbildung zu ziehen. Vor allem wird untersucht, unter welchen Bedingungen die Abbildung in einem gegebenen Punkt regulär ist. Derartige Fragen können von verschiedenen Seiten her angegriffen werden; unsere Beweisanordnungen gründen sich wesentlich auf Modulabschätzungen mit Hilfe der Methode der extremalen Längen.

§ 1. Existenzsatz

1.1. Aufstellung des Existenzproblems. Wir stellen uns jetzt die Aufgabe, eine quasikonforme Abbildung mit vorgegebenen lokalen Dilatationseigenschaften zu konstruieren. Mit Rücksicht auf die Definition der Quasikonformität wäre es natürlich, etwa F oder D dabei als Dilatationsmaß zu wählen. Da es sich aber erweist, daß sogar die komplexe Dilatation fast überall vorgeschrieben werden kann, werden wir den Existenzsatz in dieser Formulierung beweisen.

Wir wollen sofort auf einige Einschränkungen aufmerksam machen, die für die Lösbarkeit unseres Problems notwendig sind. Erstens kann man nicht fordern, daß die komplexe Dilatation in jedem Punkt, wo sie definiert ist, einen vorgegebenen Wert besitzt. Dies folgt z. B. aus der in IV.5.1 festgestellten Tatsache, daß eine quasikonforme Abbildung konform ist, falls ihre komplexe Dilatation fast überall verschwindet. Zweitens wissen wir, daß die komplexe Dilatation eine Borelsche Funktion ist. Da sie aber nur fast überall mit der vorgegebenen Funktion übereinstimmt, genügt es vorauszusetzen, daß diese in bezug auf das Lebesguesche Flächenmaß meßbar ist. Unser Problem lautet also sachgemäß formuliert wie folgt:

In einem Gebiet G sei eine meßbare Funktion $\varkappa$ mit

$$\sup_{z \in G} |\varkappa(z)| < 1$$

beliebig vorgegeben. Es gilt eine quasikonforme Abbildung von G zu konstruieren, deren komplexe Dilatation für fast alle $z \in G$ gleich $\varkappa(z)$ ist.

Wir bemerken, daß das Problem sofort auf den Fall zurückgeführt werden kann, wo G die ganze Ebene ist. Man braucht nur jede in einem beliebigen Gebiet G definierte meßbare Funktion $\varkappa$ durch die Vorschriften $\varkappa^*(z) = \varkappa(z)$ für $z \in G$, $\varkappa^*(z) = 0$ für $z \notin G$, zu einer in der Ebene meßbaren Funktion $\varkappa^*$ zu erweitern. Kann das Problem dann für $\varkappa^*$ gelöst werden, so besitzt die Einschränkung der Lösung auf G für fast jedes z die komplexe Dilatation $\varkappa(z)$.

1.2. Lösung eines Verheftungsproblems. Wir betrachten zuerst den Spezialfall, wo $\varkappa$ eine Treppenfunktion ist (s. III.5.3). Es sei N das von den Quadraten $Q_{hk} = \{x + i\,y \mid (h-1)\,\delta < x < h\,\delta,\ (k-1)\,\delta < y < k\,\delta\}$, $h, k = 0, \pm 1, \pm 2, \ldots$, gebildete Netz; $\varkappa$ bezeichne eine zugehörige Treppenfunktion mit $\sup_z |\varkappa(z)| < 1$, die also in jedem Quadrat Q_{hk} einen konstanten Wert $\varkappa_{hk}$ annimmt. Da die komplexe Dilatation der gesuchten Abbildung nur fast überall mit $\varkappa$ übereinstimmen soll, sind die Werte von $\varkappa$ auf den Seiten der Quadrate und im Unendlichkeitspunkt belanglos; wir können dort z. B. $\varkappa(z) = 0$ setzen.

Für jedes einzelne Quadrat Q_{hk} kann unser Problem unmittelbar gelöst werden; z. B. besitzt die durch den Ausdruck

$$\eta_{hk}(z) = z + \varkappa_{hk}\,\bar{z} \tag{1.1}$$

definierte affine Abbildung η_{hk} in Q_{hk} die verlangte komplexe Dilatation. Wir wollen die gesuchte quasikonforme Abbildung der Ebene von den Funktionen (1.1) ausgehend schrittweise konstruieren, indem wir die endliche Ebene mit Gebieten ausschöpfen, die aus mehreren aneinandergefügten Quadraten Q_{hk} bestehen. Zu diesem Zweck muß man zunächst das folgende *Verheftungsproblem* lösen:

Es seien R_1 und R_2 zwei kongruente punktfremde Rechtecke, die die offene Strecke A als gemeinsame Seite besitzen. Sei ferner w_i, $i = 1, 2$, eine quasikonforme Abbildung von R_i mit der (nicht notwendig konstanten) komplexen Dilatation $\varkappa_i$. Es gilt eine quasikonforme Abbildung des Rechtecks $R = R_1 \cup A \cup R_2$ zu konstruieren, deren komplexe Dilatation für fast alle $z \in R_i$ gleich $\varkappa_i(z)$ ist, $i = 1, 2$.

Nach IV.5.2 hat jede Abbildung $f \circ w_i$, wo f konform ist, dieselbe komplexe Dilatation wie w_i. Es bedeutet deshalb keine Einschränkung anzunehmen, daß $w_1(R_1) = H_1$ und $w_2(R_2) = H_2$ die obere bzw. untere Halbebene ist. Die Abbildungen w_1 und w_2 können dann auf $\overline{R_1}$ bzw.

$\bar{R}_2$ topologisch erweitert werden. Mit Hilfe geeigneter konformer Selbstabbildungen von H_1 bzw. H_2 erreicht man ferner, daß w_1 und w_2 die Strecke A auf dasselbe Intervall I der reellen Achse abbilden und daß die Punkte $w_1^{-1}(\infty)$ und $w_2^{-1}(\infty)$ in bezug auf A symmetrisch gelegen sind.

Stimmen die Abbildungen w_1 und w_2 auf der Strecke A überein, so ist das Verheftungsproblem gelöst. Die durch die Vorschriften $w(z) = w_1(z)$ für $z \in R_1 \cup A$, $w(z) = w_2(z)$ für $z \in R_2$ definierte Abbildung w ist nämlich dann ein Homöomorphismus von R auf das Gebiet $H_1 \cup I \cup H_2$, und aus dem Hebbarkeitssatz I.8.3 folgt, daß w quasikonform ist.

Im allgemeinen Fall, wo w_1 und w_2 auf A nicht notwendig zusammenfallen, werden wir zwei konforme Abbildungen f_1 und f_2 konstruieren, die H_1 und H_2 auf punktfremde Jordangebiete beziehen derart, daß die zusammengesetzten Abbildungen $f_1 \circ w_1$ und $f_2 \circ w_2$ dieselben Randwerte auf A besitzen. Setzt man dann $w(z) = f_1(w_1(z))$ für $z \in R_1 \cup A$, $w(z) = f_2(w_2(z))$ für $z \in R_2$, so ist die hierdurch definierte Abbildung w in R ein Homöomorphismus. In derselben Weise wie oben schließt man, daß w quasikonform ist. Da $f_i \circ w_i$, $i = 1, 2$, dieselbe komplexe Dilatation wie w_i besitzt, ist das Verheftungsproblem damit gelöst.

Um die noch offene Frage nach der Existenz der konformen Hilfsabbildungen f_1 und f_2 zu lösen, bemerken wir zuerst, daß die obige Randbedingung $f_1 \circ w_1 = f_2 \circ w_2$ auf A gültig ist, falls f_1 und f_2 für jedes $x \in I$ der Gleichung

$$f_1(x) = f_2\big(w_2(w_1^{-1}(x))\big)$$

genügen. Der durch $\varphi(x) = w_2(w_1^{-1}(x))$ definierte Homöomorphismus φ der Strecke I auf sich selbst ist quasisymmetrisch (s. II.7.1). Dies sieht man ein, wenn man die quasikonforme Abbildung w_2 durch Spiegelung auf das mit R_2 relativ zu A symmetrische Rechteck R_1 erweitert. Die zusammengesetzte Abbildung $w_2 \circ w_1^{-1}$ ist dann definiert in der oberen Halbebene und bezieht diese quasikonform auf sich selbst, so daß der Unendlichkeitspunkt fest bleibt. Die Randfunktion der Abbildung $w_2 \circ w_1^{-1}$, die auf I mit φ übereinstimmt, ist also quasisymmetrisch. Die Existenz der gesuchten konformen Abbildungen f_1 und f_2 folgt somit aus dem in II.7.5 bewiesenen Verheftungssatz, und das obige Verheftungsproblem ist gelöst.

1.3. Beweis des Existenzsatzes. Unter Benutzung der Lösbarkeit des obigen Verheftungsproblems kann eine quasikonforme Abbildung mit vorgegebener komplexer Dilatation wie folgt konstruiert werden.

Wir betrachten wieder das in 1.2 eingeführte Netz N und die zugehörige Treppenfunktion $\varkappa$. Aus den Quadraten $Q_{hk} \in N$ und aus ihren Seiten kann man offensichtlich eine Folge von Rechtecken R_n, $n = 1, 2, \ldots$ konstruieren, welche die folgenden Eigenschaften besitzen:

1. R_1 ist eines von den Quadraten Q_{hk}.
2. R_n, $n = 2, 3, \ldots$, besteht aus R_{n-1}, aus einem mit R_{n-1} kongruenten Rechteck und aus ihrer gemeinsamen Seite.
3. $\bigcup_{n=1}^{\infty} R_n$ ist die endliche Ebene.

Von den affinen Abbildungen (1.1) ausgehend können wir dann durch wiederholte Lösung des Verheftungsproblems eine Folge von quasikonformen Abbildungen $w_n : R_n \to R'_n$ konstruieren derart, daß die komplexe Dilatation von w_n fast überall in R_n mit $\varkappa$ übereinstimmt. Die Abbildungen w_n können mit Hilfe linearer Transformationen so normiert werden, daß sie den Wert ∞ nicht annehmen und von einem n an die Punkte 0 und 1 als Fixpunkte besitzen.

Nach Satz II.5.1 ist die Familie $\{w_n \mid n \geqq m\}$ dann in R_m normal. Wir können folglich für jedes R_m eine Teilfolge $w_{m,n}$, $n = 1, 2, \ldots$, der Folge w_n auswählen, die in R_m in bezug auf die sphärische Metrik gleichmäßig konvergiert. Diese Folgen können überdies so gewählt werden, daß $w_{m+1,n}$ Teilfolge von $w_{m,n}$ ist, $m = 1, 2, \ldots$. Die Diagonalfolge $w_{1,1}, w_{2,2}, \ldots$ konvergiert dann gleichmäßig in jedem beschränkten Gebiet. Aus der obigen Normierung der Abbildungen folgt mit Rücksicht auf die Resultate von II.5, daß $\lim w_{n,n} = w$ eine quasikonforme Selbstabbildung der endlichen Ebene ist. Nach Satz IV.5.2 stimmt die komplexe Dilatation von w fast überall in der Ebene mit $\varkappa$ überein. Das in 1.1 aufgestellte Existenzproblem ist hiermit in dem Fall gelöst, wo $\varkappa$ eine Treppenfunktion ist.

Hieraus ergibt sich leicht eine Lösung auch in dem allgemeinen Fall, wo $\varkappa$ eine beliebige meßbare Funktion mit $\sup_z |\varkappa(z)| < 1$ ist. Nach III.5.3 kann $\varkappa$ durch eine Folge von Treppenfunktionen $\varkappa_n$, $\sup_z |\varkappa_n(z)| \leqq \sup_z |\varkappa(z)|$, approximiert werden, die fast überall in der Ebene gegen $\varkappa$ konvergieren. Wir konstruieren in obiger Weise zu jedem $\varkappa_n$ eine quasikonforme Selbstabbildung W_n der endlichen Ebene, deren komplexe Dilatation fast überall mit $\varkappa_n$ übereinstimmt und die gemäß $W_n(0) = 0$, $W_n(1) = 1$ normiert ist. Aus der Folge W_n, $n = 1, 2, \ldots$, läßt sich dann eine gleichmäßig konvergente Teilfolge auswählen, deren Grenzfunktion W eine quasikonforme Abbildung der endlichen Ebene ist, die durch die Vorschrift $W(\infty) = \infty$ auf die ganze Ebene erweitert werden kann. Nach Satz IV.5.2 ist die komplexe Dilatation von W fast überall gleich $\varkappa$.

Wir haben hiermit das in Aussicht gestellte fundamentale Resultat über die Existenz einer quasikonformen Abbildung mit vorgeschriebener komplexer Dilatation vollständig begründet.

Existenzsatz. *Es sei G ein beliebiges Gebiet und $\varkappa$ irgendeine in G meßbare Funktion mit*

$$\sup_{z \in G} |\varkappa(z)| < 1 .$$

Dann gibt es eine quasikonforme Abbildung w von G, deren komplexe Dilatation fast überall in G gleich $\varkappa$ ist.

Man bemerke, daß die Gesamtheit derjenigen quasikonformen Abbildungen von G, die fast überall die komplexe Dilatation $\varkappa$ besitzen, nach dem in IV.5.2 bewiesenen Eindeutigkeitssatz aus der Familie $\{f \circ w\}$ besteht, wo f die konformen Abbildungen des Gebietes $w(G)$ durchläuft.

Nach der Bemerkung in I.8.1 fallen die konformen und quasikonformen Äquivalenzklassen für einfach zusammenhängende Gebiete zusammen. Unter Beachtung des Riemannschen Abbildungssatzes ergibt sich aus dem Existenzsatz unmittelbar der nachstehende

Abbildungssatz. *Es seien G und G' konform äquivalente einfach zusammenhängende Gebiete und $\varkappa$ eine in G meßbare Funktion mit* $\sup_z |\varkappa(z)| < 1$. *Dann gibt es eine quasikonforme Abbildung $w : G \to G'$, deren komplexe Dilatation fast überall in G mit $\varkappa$ übereinstimmt. Diese Abbildung ist bis auf eine konforme Selbstabbildung von G' eindeutig bestimmt.*

1.4. Andere Beweisanordnungen zum Existenzsatz. Die obige Beweisidee gleicht einer von Lavrentieff [1] angewandten. Hier sei auch auf einige andere Methoden hingewiesen.

Zunächst sei nochmals betont, daß man recht einschränkende Annahmen über die vorgegebene meßbare Funktion $\varkappa$ mit $\sup |\varkappa| < 1$ machen darf. Nach Satz IV.5.2 genügt es in der Tat eine Funktionsklasse zu betrachten, deren Funktionen jede beschränkte meßbare Funktion fast überall approximieren (vgl. III.5.2—3). Oben haben wir ja diese Freiheit so ausgenützt, daß $\varkappa$ zuerst als Treppenfunktion gewählt wurde.

Zweitens sei hervorgehoben, daß man für die Gleichung $w_{\bar{z}} = \varkappa\, w_z$ mit genügend regulärem $\varkappa$ relativ leicht *lokal* homöomorphe Lösungen findet. Die ersten solchen Lösungen dürften von Lichtenstein herrühren. Im Falle, wo $\varkappa$ ein Polynom ist, wird die Existenz einer im Kleinen homöomorphen Lösung durch direkte Berechnung in 4.2 gezeigt im Zusammenhang mit einem anderen Problem. Auch durch Anwendung der in III.7 eingeführten Integraltransformationen gelangt man zu solchen lokalen Lösungen (s. § 5, wo diesbezügliche Fragen näher diskutiert werden).

Der Übergang von lokalen Homöomorphismen zu einer globalen homöomorphen Lösung kann auf verschiedene Weisen durchgeführt werden. Das klassische Verfahren beruht auf der Lösbarkeit der Randwertaufgabe für den reellen Teil der Lösung (s. Morrey [1], wo auch Hinweise auf die ältere Literatur zu finden sind).

Eine andere Methode gründet sich auf die Anwendung der Uniformisierungstheorie. Die Ebene sei durch Kreisscheiben U_i, $i = 1, 2, \ldots, n$, überdeckt, so daß in jedem U_i eine homöomorphe Lösung der Gleichung $w_{\bar z} = \varkappa w_z$ konstruiert werden kann. Nach dem Eindeutigkeitssatz sind diese Lösungen in gemeinsamen Teilen der betreffenden Kreise konforme Abbildungen voneinander. Durch diese konformen Nachbarrelationen wird das System der Bilder der Kreise U_i eine Riemannsche Fläche. Nach dem Uniformisierungssatz kann diese schlicht und konform auf die Ebene bezogen werden, wodurch der Existenzsatz gewonnen wird.

Dieser Beweis ist in dem Sinne weniger direkt als der in 1.1—1.3 angegebene, daß die Uniformisierungstheorie dabei herangezogen werden muß. Für den Uniformisierungssatz kann allerdings ein Beweis gegeben werden, der der Begründung des von uns benutzten Verheftungssatzes ähnlich ist.

Auch von den oben erwähnten Integraltransformationen ausgehend gewinnt man nicht nur lokale, sondern sogar im Großen homöomorphe Lösungen. Diese Beweisanordnung ist von Bojarski [1] in endgültige Form gebracht worden (vgl. 5.7).

§ 2. Lokale Dilatationsmaße

2.1. Zusammenhang zwischen D, F und H. Der oben bewiesene Existenzsatz und die Ergebnisse des Kapitels IV erlauben uns, die lokalen Dilatationsmaße D, F und H einer erneuten Diskussion zu unterwerfen. Unsere bisherigen diesbezüglichen Resultate sind in I.9 und II.9 enthalten; wir haben dort gezeigt, daß für eine quasikonforme Abbildung

$$F(z) \geqq D(z) = H(z) \tag{2.1}$$

in jedem regulären Punkt z gilt, während $H(z)$ in einem nichtregulären Punkt größer als $F(z)$ sein kann.

Es sei w eine quasikonforme Abbildung des Gebietes G. Da fast alle Punkte von G nach Satz IV.1.4 regulär in bezug auf w sind, gilt (2.1) für die Dilatation von w fast überall in G. Wir werden im Folgenden sehen, daß diese Beziehungen noch verschärft werden können.

Ist U ein Teilgebiet von G, so ist die maximale Dilatation $K(U)$ von w in U nach Hilfssatz I.9.1 gleich der oberen Grenze von $F(z)$ in U. Weil $D(z)$ in jedem regulären Punkt, also überall wo es definiert ist, höchstens gleich $F(z)$ ist, gilt also $K(U) \geqq \sup_z D(z)$ für $z \in U$.

Andererseits folgt aus der analytischen Definition, daß die Einschränkung von w auf U K-quasikonform ist mit $K = \sup_z D(z)$. $K(U)$ kann also diese Schranke nicht überschreiten, und es gilt

$$K(U) = \sup_{z \in U} D(z) .$$

Mit Berücksichtigung der Definition von $F(z)$ folgt hieraus

$$F(z_0) = \inf_{U,\, z_0 \in U} \bigl(\sup_{z \in U} D(z)\bigr) \tag{2.2}$$

für jedes $z_0 \in G$.

Man erhält also das folgende Resultat:

F ist die kleinste nach oben halbstetige Majorante von D.

In (2.2) durchläuft z nur die in U liegenden regulären Punkte von w. Man kann aber außer den nichtregulären Punkten noch eine beliebige Nullmenge unbeachtet lassen, ohne daß die obere Grenze von $D(z)$ sich verkleinert. Dies folgt aus der analytischen Definition, wonach die Einschränkung von w auf U K-quasikonform ist, sobald $D(z) \leqq K$ fast überall in U gilt. Bezeichnet man also wie üblich

$$\operatorname{sup\,ess}_{z \in U} D(z) = \inf_{E,\, m(E)=0} \bigl(\sup_{z \in U-E} D(z)\bigr), \quad \limsup_{z \to z_0} \operatorname{ess} D(z) = \inf_{U, z_0 \in U} \bigl(\operatorname{sup\,ess}_{z \in U} D(z)\bigr),$$

so ist

$$K(U) = \operatorname{sup\,ess}_{z \in U} D(z)$$

und

$$F(z_0) = \limsup_{z \to z_0} \operatorname{ess} D(z) \tag{2.3}$$

für jedes $z_0 \in G$. Auf Grund der Halbstetigkeit von F ist auch

$$F(z_0) = \limsup_{z \to z_0} F(z) = \limsup_{z \to z_0} \operatorname{ess} F(z) . \tag{2.4}$$

Was das Dilatationsmaß $H(z)$ betrifft, stimmt dieses fast überall in G mit $D(z)$ überein (s. (2.1)), und es gilt also

$$\limsup_{z \to z_0} \operatorname{ess} H(z) = \limsup_{z \to z_0} \operatorname{ess} D(z)$$

für jedes $z_0 \in G$. Verbindet man diese Beziehung mit (2.2—4), so ergibt sich aus dem Obigen als Zusammenfassung das folgende Ergebnis.

Satz 2.1. *Zwischen den lokalen Dilatationsmaßen D, K und H einer quasikonformen Abbildung* $w: G \to G'$ *bestehen die Beziehungen*

$$F(z_0) = \limsup_{z \to z_0} F(z) = \limsup_{z \to z_0} \operatorname{ess} F(z) = \limsup_{z \to z_0} D(z)$$

$$= \limsup_{z \to z_0} \operatorname{ess} D(z) = \limsup_{z \to z_0} \operatorname{ess} H(z) \,.$$

für jedes $z_0 \in G$.

2.2. Existenzsatz für die lokale Maximaldilatation. Der im vorigen Paragraphen für die komplexe Dilatation bewiesene Existenzsatz legt die Frage nahe, inwieweit auch die reellen Dilatationsmaße D, F und H vorgeschrieben werden können. Für den Dilatationsquotienten ist diese Frage wegen $D(z) = \big(1 + |\varkappa(z)|\big)/\big(1 - |\varkappa(z)|\big)$ durch den Existenzsatz schon gelöst worden, und da $H(z) = D(z)$ in allen regulären Punkten ist, kann auch die Kreisdilatation H fast überall in dem abzubildenden Gebiet vorgeschrieben werden. Mit Hilfe des Satzes 2.1 können wir einen entsprechenden Existenzsatz auch für F beweisen.

Satz 2.2. *Es sei* Φ *eine im Gebiet G definierte reelle beschränkte nach oben halbstetige Funktion mit* $\inf \Phi(z) \geqq 1$. *Dann gibt es eine quasikonforme Abbildung w von G, deren lokale Maximaldilatation* $F(z)$ *für fast jedes z in G mit* $\Phi(z)$ *übereinstimmt und in keinem Punkt diese überschreitet.*

Beweis: Nach dem in § 1 bewiesenen Existenzsatz gibt es eine quasikonforme Abbildung w von G mit dem Dilatationsquotienten $D(z) = \Phi(z)$ fast überall in G. Für die lokale Maximaldilatation von w gilt dann $F(z) \geqq \Phi(z)$ fast überall in G.

Aus Satz 2.1 folgt andererseits

$$F(z) = \limsup_{\zeta \to z} \operatorname{ess} D(\zeta) = \limsup_{\zeta \to z} \operatorname{ess} \Phi(\zeta) \leqq \limsup_{\zeta \to z} \Phi(\zeta) \,.$$

Da Φ nach oben halbstetig ist, gilt also $F(z) \leqq \Phi(z)$ in jedem Punkt von G. Die Abbildung w besitzt somit die verlangten Eigenschaften.

Es gibt natürlich viele verschiedene quasikonforme Abbildungen mit derselben lokalen Maximaldilatation. Wir werden sofort zeigen, daß nicht einmal der Dilatationsquotient D durch F bestimmt wird.

2.3. Beispiel, wo $F(z)$ fast überall größer als $D(z)$ ist. Aus dem Satz 2.1 kann keineswegs der Schluß gezogen werden, daß $F(z)$ fast überall mit $D(z)$ übereinstimmt. Wir können vielmehr ein Beispiel konstruieren, wo $F(z)$ fast überall größer als $D(z)$ ist und sich in einer Menge von positivem Maß beliebig viel von dieser unterscheidet.

Satz 2.3. *Es seien G ein Gebiet und* ε *und M zwei beliebig vorgegebene endliche positive Zahlen. Dann gibt es eine quasikonforme*

Abbildung w von G, für welche $F(z) > D(z)$ fast überall in G und $F(z) = D(z) + M$ mit Ausnahme einer Menge vom Flächenmaß $\leqq \varepsilon$ gilt.

Beweis: E sei die Menge derjenigen Punkte von G, deren Koordinaten rationale Zahlen sind. Als eine abzählbare Menge hat E das Flächenmaß Null. Man kann also eine abnehmende Folge von offenen Mengen G_k, $E \subset G_k$, $k = 1, 2, \ldots$, konstruieren mit den Eigenschaften $G_1 = G$, $m(G_2) \leqq \varepsilon$ und $\lim m(G_k) = 0$.

Wir setzen $D^*(z) = 1 + M\,(1 - 1/k)$ für $z \in G_k - G_{k+1}$, $k = 1, 2, \ldots$, wodurch $D^*(z)$ für fast alle $z \in G$ definiert wird. Nach dem Existenzsatz gibt es dann eine quasikonforme Abbildung w von G, deren Dilatationsquotient $D(z)$ für fast jedes $z \in G$ gleich $D^*(z)$ ist. Wir wollen die lokale Maximaldilatation von w mit Hilfe des Satzes 2.1 bestimmen.

Es sei U ein beliebiges Teilgebiet von G. Da U Punkte von E enthält, ist $G_k \cap U$ für jedes $k = 1, 2, \ldots$ eine nichtleere offene Menge, deren Flächenmaß also positiv ist. In G_k ist $D^*(z) \geqq 1 + M\,(1 - 1/k)$ fast überall, und es gilt folglich

$$\sup_{z \in U} \operatorname{ess} D(z) = M + 1 .$$

Hieraus folgt nach Satz 2.1, daß $F(z) = M + 1$ in jedem Punkt z von G ist. Also gilt $F(z) > D(z)$ für fast jedes $z \in G$. In der Menge $G - G_2$ ist fast überall $D(z) = 1$ und folglich $F(z) - D(z) = M$. Da $m(G_2) \leqq \varepsilon$ ist, erfüllt die Abbildung w also alle Bedingungen des Satzes 2.3.

Aus dem Obigen geht hervor, daß zwei quasikonforme Abbildungen mit derselben lokalen Maximaldilatation F ganz verschiedenartiges Verhalten aufweisen können. Als Beispiel dienen die im obigen Satz konstruierte Abbildung w und eine affine Abbildung mit $F(z) = D(z) = M + 1$.

Bemerkung. Weil $D(z) = H(z)$ fast überall in G ist, gilt Satz 2.3 auch, wenn $D(z)$ durch $H(z)$ ersetzt wird. Hingegen zeigt ein Resultat von Gehring ([1], S. 25), daß die Ungleichung $F(z) > H(z)$ nicht in *jedem* Punkt von G bestehen kann.

Andererseits hat Gehring [1] eine quasikonforme Abbildung konstruiert, *für welche $H(z) > F(z)$ in einer Menge von der Hausdorffschen Dimension 2 gilt.* Da $H(z) \leqq F(z)$ in jedem regulären Punkt ist, folgt daraus insbesondere: *Die Menge der nichtregulären Punkte einer quasikonformen Abbildung kann die Hausdorffsche Dimension 2 besitzen.* Daß diese Menge andererseits stets vom Flächenmaß Null ist, ist schon mehrmals erwähnt worden.

§ 3. Hebbare Punktmengen

3.1. Drei Hebbarkeitsprobleme. In I.8 und II.8 haben wir verschiedene Erweiterungsprobleme für quasikonforme Abbildungen untersucht. An diese schließt sich eine Gruppe von Fragen an, die wir Hebbarkeitsprobleme nennen.

Es seien G ein Gebiet und E eine in G liegende Punktmenge. Wir betrachten für jedes feste K, $1 \leqq K < \infty$, die folgenden drei Klassen von Abbildungen:

1. *Klasse* $\mathfrak{W}_1$, die aus allen quasikonformen Abbildungen von G besteht, deren lokale Maximaldilatation der Bedingung

$$\sup_{z \in G - E} F(z) \leqq K \tag{3.1}$$

genügt.

2. *Klasse* $\mathfrak{W}_2$, die aus allen orientierungserhaltenden Homöomorphismen von G mit der Eigenschaft (3.1) besteht.

3. *Klasse* $\mathfrak{W}_3$, die nur in dem Fall definiert ist, wo $G - E$ ein Gebiet ist; sie besteht dann aus allen K-quasikonformen Abbildungen von $G - E$.

Nach Definition heißt die Menge E *hebbar* in bezug auf die Klasse $\mathfrak{W}_1$ bzw. $\mathfrak{W}_2$, wenn alle Abbildungen der betreffenden Klasse K-quasikonform im ganzen Gebiet G sind. Entsprechend sagen wir, E sei hebbar in bezug auf die Klasse $\mathfrak{W}_3$, wenn jede Abbildung dieser Klasse zu einer K-quasikonformen Abbildung von G erweitert werden kann.

Ist $G - E$ ein Gebiet, so handelt es sich in jedem obigen Fall um Erweiterungen einer K-quasikonformen Abbildung von $G - E$ auf E. Die Hebbarkeit von E bedeutet dann im Falle der Klasse $\mathfrak{W}_1$, daß jede quasikonforme Erweiterung K-quasikonform ist, im Falle von $\mathfrak{W}_2$, daß jede topologische Erweiterung K-quasikonform ist, und im Falle von $\mathfrak{W}_3$, daß eine K-quasikonforme Erweiterung existiert.

Man bemerke, daß Hebbarkeit in bezug auf die Klasse $\mathfrak{W}_1$ oder $\mathfrak{W}_2$ eine monotone Eigenschaft von E ist, d. h. alle Teilmengen einer hebbaren Menge sind hebbar. Es wird sich in 3.5 erweisen, daß dasselbe für die Hebbarkeit in bezug auf $\mathfrak{W}_3$ gilt; aus der obigen Definition ist dies nicht ganz unmittelbar zu ersehen.

Von den in I.8 bewiesenen Resultaten besagt Satz I.8.1, daß eine aus einem einzigen Punkt bestehende Menge hebbar in bezug auf $\mathfrak{W}_3$ ist, und Satz I.8.3 drückt die Hebbarkeit eines analytischen Bogens in bezug auf $\mathfrak{W}_2$ aus. Im Folgenden wird die Frage nach der Hebbarkeit einer Menge in bezug auf die Klassen $\mathfrak{W}_1$, $\mathfrak{W}_2$, $\mathfrak{W}_3$ systematisch untersucht[1]; dabei werden auch die obigen Resultate von I.8 verschärft.

Bemerkung. Um eine Analogie zwischen den obigen Hebbarkeitsproblemen zu erreichen, sollte die Hebbarkeit von E in bezug auf die Klasse $\mathfrak{W}_i$, $i = 1, 2$, folgendermaßen erklärt werden: E ist hebbar relativ zu $\mathfrak{W}_i$, wenn jeder Abbildung $w \in \mathfrak{W}_i$ eine K-quasikonforme

[1] Für ein viertes naheverwandtes Problem s. Renggli [1].

Abbildung von G entspricht, deren Einschränkung in $G - E$ mit w übereinstimmt.

Besitzt E keine inneren Punkte, so fallen die zwei Definitionen der Hebbarkeit zusammen. Dann wird nämlich ein Homöomorphismus von G durch seine Einschränkung in $G - E$ eindeutig bestimmt. Anderenfalls kann man nur schließen, daß eine Menge, die hebbar im Sinne der ersteren Definition ist, auch die Bedingung der letzteren erfüllt. Die Umkehrung hiervon gilt nicht; z. B. ist eine Menge E, die das ganze Gebiet G mit Ausnahme eines einzigen Punktes enthält, hebbar nach der letzteren Definition, während sie es nach der ersteren nicht ist.

Aus diesem Beispiel geht auch hervor, daß Hebbarkeit im Sinne der letzteren Definition keine monotone Eigenschaft der Menge ist. Man kann sich zwar von diesem Nachteil befreien, wenn man gewisse Mengen E ausschließt. Da solche Einschränkungen aber zusätzliche Schwierigkeiten mit sich bringen würden, haben wir die erstere Definition vorgezogen.

3.2. Unabhängigkeit der Hebbarkeit von der Maximaldilatation. Wir haben die Abhängigkeit der Klassen $\mathfrak{W}_1$, $\mathfrak{W}_2$, $\mathfrak{W}_3$ von der Zahl K bisher nicht hervorgehoben. Der Grund hierzu ist die Tatsache, daß K keinen Einfluß auf die oben aufgestellten Hebbarkeitsprobleme hat: ist eine Menge hebbar in bezug auf $\mathfrak{W}_i$ für einen Wert von K, so ist sie es für jedes K. Diese Behauptung, auf welche wir noch später zurückkommen werden, wird durch den folgenden Hilfssatz teilweise begründet.

Hilfssatz 3.1. *Es sei $E \subset G$ eine Menge, die für $K = 1$ hebbar relativ zu einer der Klassen $\mathfrak{W}_1$, $\mathfrak{W}_2$, $\mathfrak{W}_3$ ist. Dann besitzt E keine inneren Punkte und ist hebbar in bezug auf die betreffende Klasse für jedes K.*

Beweis: Besitzt E innere Punkte, so wähle man ein Kreisgebiet D, $\overline{D} \subset E$, und bilde das Komplement von $\overline{D}$ auf ein Jordangebiet mit einer nichtanalytischen quasikonformen Randkurve konform ab (s. II.8). Nach Satz II.8.3 kann diese konforme Abbildung zu einer quasikonformen Abbildung w der ganzen Ebene erweitert werden. Auf dem Rand von D kann w aber nicht konform sein. E ist also für $K = 1$ nicht-hebbar in bezug auf die Klassen $\mathfrak{W}_1$ und $\mathfrak{W}_2$. Liegt der Fall der Klasse $\mathfrak{W}_3$ vor, so ist $G - E$ definitionsgemäß ein Gebiet. Aus der Eindeutigkeit der analytischen Fortsetzung folgt dann, daß eine konforme Abbildung von G in $G - E$ nicht mit w übereinstimmen kann, weil beide Abbildungen dann auf dem Rand von D dieselben Werte besitzen würden und w (Rd D) eine nichtanalytische Jordankurve ist. E ist also für $K = 1$ auch in bezug auf $\mathfrak{W}_3$ nichthebbar, und der erste Teil des Hilfssatzes ist begründet.

Um den zweiten Teil zu beweisen, nehmen wir an, daß E für $K = 1$ hebbar in bezug auf eine der Klassen $\mathcal{W}_i$, $i = 1, 2, 3$, ist. Es sei w eine Abbildung, die für ein $K > 1$ zu der fraglichen Klasse gehört. Es gilt zu beweisen, daß w entweder eine K-quasikonforme Abbildung von G ist oder, im Fall der Klasse $\mathcal{W}_3$, zu einer Abbildung dieser Art erweitert werden kann.

Im Fall $\mathcal{W}_3$ ist die Menge E nach Voraussetzung abgeschlossen in G. Diese Annahme bedeutet aber keine Einschränkung auch in den übrigen Fällen. Aus der Halbstetigkeit der lokalen Maximaldilatation folgt nämlich, daß die Menge $E_\varepsilon = \{z \mid F(z) \geqq K + \varepsilon\}$ für jedes $\varepsilon > 0$ in G abgeschlossen ist. Als Teilmenge von E ist auch E_ε für $K = 1$ hebbar. Gilt die Behauptung mit E_ε und $K + \varepsilon$ an Stelle von E bzw. K, so ist $F(z) \leqq K + \varepsilon$ in jedem Punkt von G, und es genügt also, dieses für jedes $\varepsilon > 0$ zu beweisen.

Die Menge E kann somit als abgeschlossen in G angenommen werden. Die Abbildung w ist dann in jeder Komponente der offenen Menge $G - E$ quasikonform und folglich nullmengentreu (s. IV.1.4). Bezeichnet $\varkappa$ die komplexe Dilatation von w, so kann man also durch die Vorschriften

$$\begin{aligned} \varkappa^*(w(z)) &= -\varkappa(z)\, e^{2i \arg w_z(z)} && \text{für} \quad z \in G - E, \\ \varkappa^*(\zeta) &= 0 && \text{für} \quad \zeta \notin w(G - E), \end{aligned}$$

fast überall in der Ebene eine meßbare Funktion $\varkappa^*$ definieren. Nach dem Existenzsatz gibt es dann eine K-quasikonforme Abbildung w^* der ganzen Ebene, deren komplexe Dilatation fast überall gleich $\varkappa^*$ ist.

Die zusammengesetzte Abbildung $f = w^* \circ w$ ist definiert in demselben Gebiet wie w und besitzt nach der Gleichung (5.6) in IV.5.2 die komplexe Dilatation Null fast überall in $G - E$. Da diese Menge offen ist, folgt aus Satz 2.1, daß die lokale Maximaldilatation von f überall in $G - E$ gleich Eins ist. Weil E nach Voraussetzung für $K = 1$ hebbar ist, gibt es also eine konforme Abbildung $\tilde{f}$ von G, deren Einschränkung in $G - E$ mit f übereinstimmt.

Die Abbildung $(w^*)^{-1} \circ \tilde{f}$ ist dann K-quasikonform in G und stimmt in $G - E$ mit w überein. In den Fällen $w \in \mathcal{W}_i$, $i = 1, 2$, ist $w = (w^*)^{-1} \circ \tilde{f}$ überall in G, da E keine inneren Punkte enthält. Der Hilfssatz ist hiermit bewiesen.

3.3. Hebbarkeit einer Menge in bezug auf die Klasse $\mathcal{W}_1$. Für die Klasse $\mathcal{W}_1$ wird das Hebbarkeitsproblem durch den folgenden Satz gelöst.

Satz 3.1. *Es seien G ein Gebiet und E eine Punktmenge in G. Dann gilt die Gleichheit*

$$\sup_{z \in G} F(z) = \sup_{z \in G - E} F(z)$$

für die lokale Maximaldilatation jeder quasikonformen Abbildung von G genau dann, wenn jede kompakte Teilmenge von E das Flächenmaß Null besitzt.

Beweis: Die Bedingung ist notwendig. Denn nehmen wir an, $E_0 \subset E$ sei eine kompakte Menge mit $m(E_0) > 0$. Für jedes $K \geqq 1$ ist die durch die Vorschriften $F(z) = K + 1$ für $z \in E_0$, $F(z) = K$ für $z \in G - E_0$ definierte Funktion F nach oben halbstetig. Nach Satz 2.2 gibt es also eine quasikonforme Abbildung von G, deren lokale Maximaldilatation fast überall in E_0 den Wert $K + 1$ besitzt und in keinem Punkt von $G - E$ größer als K ist.

Zum Beweis, daß die Bedingung hinreichend ist, sei zweitens angenommen, daß jede kompakte Teilmenge von E eine Nullmenge ist. Dann ist es auch jede in G abgeschlossene Teilmenge von E, weil G durch eine Folge von kompakten Mengen ausgeschöpft werden kann.

Es sei w eine quasikonforme Abbildung von G, deren lokale Maximaldilatation in $G - E$ die obere Grenze K besitzt. Um zu beweisen, daß $F(z) \leqq K$ überall in G ist, bezeichnen wir wieder mit E_ε, $\varepsilon > 0$, die Menge derjenigen Punkte z, wo $F(z) \geqq K + \varepsilon$ ist. Diese Menge ist abgeschlossen in G, und wegen $E_\varepsilon \subset E$ ist also $m(E_\varepsilon) = 0$. Folglich gilt $F(z) < K + \varepsilon$ fast überall in G. Nach Satz 2.1 ist dann aber $F(z) \leqq K + \varepsilon$ in jedem Punkt von G, und da $\varepsilon > 0$ beliebig war, ist $F(z) \leqq K$ in G.

Aus Satz 3.1 geht hervor, daß die Hebbarkeit einer Menge in bezug auf die Klasse $\mathscr{W}_1$ von K unabhängig ist (vgl. 3.2).

3.4. Hebbarkeit einer Menge in bezug auf die Klasse $\mathscr{W}_2$. Wir gehen jetzt zur Untersuchung der Abbildungsklasse $\mathscr{W}_2$ über. Im Gegensatz zu dem Obigen ist es in diesem Fall nicht möglich, eine notwendige und hinreichende Bedingung für die Hebbarkeit von E mit Hilfe Hausdorffscher Maßbestimmungen anzugeben (vgl. 3.7).

Da die Klasse $\mathscr{W}_1$ eine Unterklasse von $\mathscr{W}_2$ ist, ist die im Satz 3.1 gegebene Bedingung *notwendig* auch für die Hebbarkeit einer Menge in bezug auf die Klasse $\mathscr{W}_2$. Der folgende Satz, der den Satz I.8.3 als Spezialfall enthält, ergibt eine *hinreichende* Bedingung (Strebel [1]; diese Arbeit enthält auch Resultate über die Hebbarkeit einer Menge in bezug auf die Klassen $\mathscr{W}_1$ und $\mathscr{W}_3$.)

Satz 3.2. *Besitzt jede kompakte Teilmenge der Menge $E \subset G$ ein σ-endliches Längenmaß, so gilt*

$$\sup_{z \in G} F(z) = \sup_{z \in G - E} F(z)$$

für jeden orientierungserhaltenden Homöomorphismus des Gebietes G.

Beweis: Wir können annehmen, daß w ein orientierungserhaltender Homöomorphismus von G ist, dessen lokale Maximaldilatation in $G - E$ eine endliche obere Grenze K besitzt. Zum Beweis, daß w in G K-quasikonform ist, wird von der analytischen Definition Gebrauch gemacht. Wir zeigen zunächst, daß w absolut stetig auf Geraden in G ist.

Es sei $R = \{x + iy \mid a < x < b,\ c < y < d\}$, $\overline{R} \subset G - w^{-1}(\infty)$, ein achsenparalleles Rechteck. Wir wählen ein beliebiges $\varepsilon > 0$ und bezeichnen wieder die in G abgeschlossene Menge $\{z \mid F(z) \geqq K + \varepsilon\}$ mit E_ε. Da diese Menge in E enthalten ist, besitzt die kompakte Menge $E_\varepsilon \cap \overline{R}$ nach Voraussetzung ein σ-endliches Längenmaß.

Es sei N_k dasjenige Netz (s. III.5.3), dessen Quadrate die Seitenlänge 2^{-k} besitzen. Für jedes $k = 1, 2, \ldots$ wähle man aus N_k diejenigen Quadrate, deren abgeschlossene Hüllen in $R - E_\varepsilon$ liegen und die in keinem früher gewählten Quadrat enthalten sind. Die Vereinigung der so ausgewählten Quadrate Q_h, $h = 1, 2, \ldots$, überdeckt dann das Rechteck R mit Ausnahme einer Menge E_0, die aus $R \cap E_\varepsilon$ und aus den Seiten der Quadrate Q_h besteht. Die Menge E_0 besitzt also auch ein σ-endliches Längenmaß, und ihr Flächenmaß verschwindet.

Wir fassen ein beliebiges von den Quadraten Q_h ins Auge und bezeichnen mit $I_h(y)$ diejenige offene horizontale Strecke mit der Ordinate y, welche die vertikalen Seiten von Q_h miteinander verbindet. Da die Abbildung w in jeder Komponente der offenen Menge $E - \overline{R}_\varepsilon$ quasikonform ist, und $\overline{Q}_h$ in $R - E_\varepsilon$ liegt, besagt der Hilfssatz IV.1.1, daß w auf fast allen Strecken $I_h(y)$ absolut stetig ist. Bezeichnet A_h die Menge derjenigen Werte von y, für welche die horizontale Gerade mit der Ordinate y das Quadrat Q_h schneidet, w aber auf $I_h(y)$ nicht absolut stetig ist, so besitzt A_h also das Längenmaß Null.

Wir betrachten hiernach die horizontalen Strecken $I(y) = \{x + iy \mid a < x < b\}$, $c < y < d$. Um die absolute Stetigkeit von w auf fast jedem $I(y)$ zu beweisen, werden drei vorbereitende Resultate benötigt. Erstens folgt aus dem Obigen, daß w für $y \notin \bigcup A_h$, also für fast jedes y, $c < y < d$, auf allen (nichtleeren) Strecken $I(y) \cap Q_h = I_h(y)$ absolut stetig ist.

Nach Hilfssatz III.1.3 hat eine Menge von endlichem Längenmaß auf fast allen horizontalen Strecken $I(y)$ höchstens endlich viele Punkte. Da das Längenmaß von $E_0 = R - \bigcup Q_h$ σ-endlich ist, stellen wir also zweitens fest, daß die Menge $E_0 \cap I(y) = I(y) - \bigcup \overline{I}_h(y)$ abzählbar ist für fast jedes y, $c < y < d$.

Zur Erlangung des dritten Hilfsresultats betrachte man wieder die Einschränkung von w auf ein beliebiges Quadrat Q_h. Da sie dort $(K + \varepsilon)$-quasikonform ist, gilt $(|w_z(z)| + |w_{\bar{z}}(z)|)^2 \leqq (K + \varepsilon)\, J(z)$ für fast jedes $z \in Q_h$. Nach Hilfssatz III.3.3 ist also

$$\iint_{Q_h} (|w_z| + |w_{\bar{z}}|)^2 \, d\sigma \leqq (K + \varepsilon) \, m(w(Q_h))$$

für jedes $h = 1, 2, \ldots$. Addiert man hier in bezug auf h und beachtet, daß $m(R - \bigcup Q_h) = m(E_0) = 0$ ist, so folgt

$$\iint_R (|w_z| + |w_{\bar{z}}|)^2 \, d\sigma \leqq (K + \varepsilon) \, m(w(R)) \, .$$

Da $w(R)$ ein beschränktes Gebiet ist, besagt der Satz von Fubini (III.1.5), daß $(|w_z| + |w_{\bar{z}}|)^2$ und folglich auch $|w_x| = |w_z + w_{\bar{z}}|$ auf fast allen Strecken $I(y)$, $c < y < d$, integrierbar in bezug auf das Längenmaß sind.

Aus den obigen Resultaten folgt zusammenfassend, daß für fast jedes y, $c < y < d$, die Strecke $I(y) = I$ die folgenden drei Eigenschaften besitzt: 1°. I besteht aus der abzählbaren Menge $E_0 \cap I = I_0$ und aus einer Folge von Strecken I_h, $h = 1, 2, \ldots$. 2°. w ist absolut stetig auf jedem I_h, $h = 1, 2, \ldots$. 3°. Das über I erstreckte Integral $\int |w_x| \, dx$ ist endlich.

Wir wollen beweisen, daß w unter diesen Bedingungen auf I absolut stetig ist. Da w ein Homöomorphismus ist, genügt es nach III.2.1—2 zu zeigen, daß w jede Menge $A \subset I$ vom Längenmaß Null auf eine Menge vom Längenmaß Null abbildet und daß $l(w(I))$ endlich ist.

Was die letztere Bedingung betrifft, folgt aus 2°, daß die Länge des Bildes von I_h für jedes $h = 1, 2, \ldots$ gleich

$$l(w(I_h)) = \int_{I_h} |w_x| \, |dx|$$

ist (s. III.2.6—7). Da I_0 und $w(I_0)$ abzählbar und folglich vom Längenmaß Null sind, gilt also nach 3°

$$l(w(I)) = \sum_h \int_{I_h} |w_x| \, |dx| = \int_I |w_x| \, |dx| < \infty \, .$$

Ist $A \subset I$ eine Menge mit $l(A) = 0$, so folgt aus 2°, daß $l(w(I_h \cap A)) = 0$ für jedes $h = 1, 2, \ldots$ ist. Da $w(I_0 \cap A)$ abzählbar ist, verschwindet $l(w(A))$, und die absolute Stetigkeit von w auf I ist hiermit bewiesen.

In derselben Weise beweist man, daß w auf fast allen in R liegenden vertikalen Strecken absolut stetig ist. Die erste Bedingung der analytischen Definition ist also für w erfüllt.

Die Gültigkeit der zweiten Bedingung der analytischen Definition ist jetzt leicht zu verifizieren. In jedem Punkt z der offenen Menge $G - E_\varepsilon$ ist $F(z) < K + \varepsilon$, d. h. w ist $(K + \varepsilon)$-quasikonform in jeder Komponente von $G - E_\varepsilon$. Nach Satz IV.1.1 ist somit

$$\max_\alpha |\partial_\alpha w(z)| \leqq (K + \varepsilon) \min_\alpha |\partial_\alpha w(z)|$$

für fast alle $z \in G - E_\varepsilon$. Weil jede kompakte Teilmenge von E nach Voraussetzung ein σ-endliches Längenmaß besitzt, ist $m(E_\varepsilon) = 0$, und diese Ungleichung gilt also fast überall in G. Nach der analytischen Definition ist w folglich $(K + \varepsilon)$-quasikonform in G. Da $\varepsilon > 0$ beliebig war, ist der Satz hiermit bewiesen.

Wir bemerken noch, daß die Hebbarkeit einer Menge $E \subset G$ auch in bezug auf die hier betrachtete Klasse $\mathscr{W}_2$ von der Zahl K unabhängig ist. Um dies einzusehen, betrachte man eine Menge E, die für ein $K > 1$ relativ zu $\mathscr{W}_2$ hebbar ist. Dann ist jeder orientierungserhaltende Homöomorphismus w von G mit $F(z) = 1$ für $z \in G - E$ eine K-quasikonforme Abbildung von G. Weil E aber auch in bezug auf $\mathscr{W}_1$ hebbar ist, und zwar unabhängig von K, ist w tatsächlich konform in G. E ist also hebbar in bezug auf $\mathscr{W}_2$ für $K = 1$, und nach Hilfssatz 3.1 somit für jedes K.

3.5. Hebbarkeit einer Menge in bezug auf die Klasse $\mathscr{W}_3$. Zur Behandlung des Hebbarkeitsproblems für die Klasse $\mathscr{W}_3$ werden einige speziellere Resultate aus der Funktionentheorie benötigt. Unter Anwendung solcher Hilfsmittel können wir zunächst zeigen, daß jede in bezug auf die Klasse $\mathscr{W}_3$ hebbare Menge das Flächenmaß Null besitzt. Dies folgt aus dem nachstehenden etwas schärferen Resultat.

Hilfssatz 3.2. *Es sei E eine Teilmenge des Gebietes G derart, daß $G - E$ ein Gebiet ist. Falls das Flächenmaß von E positiv ist, gibt es eine konforme Abbildung von $G - E$, die keine in G quasikonforme Erweiterung gestattet.*

Beweis: Nach einem funktionentheoretischen Satz (Koebe [1]) kann jedes Gebiet auf ein solches Schlitzgebiet konform abgebildet werden, dessen Komplement das Flächenmaß Null besitzt. Es sei f eine derartige konforme Abbildung von $G - E$. Könnte f zu einer quasikonformen Abbildung von G erweitert werden, so würde diese die Menge E in eine Menge vom Flächenmaß Null überführen. Dies steht aber in Widerspruch mit der Nullmengentreue einer quasikonformen Abbildung (s. IV.1.4), und der Hilfssatz ist bewiesen.

Ist $m(E) = 0$, so kann E keine inneren Punkte besitzen, und eine quasikonforme Abbildung von $G - E$ kann in höchstens einer Weise auf E erweitert werden. Da dies nach Hilfssatz 3.2 für jede in bezug auf $\mathscr{W}_3$ hebbare Menge E gilt, ist eine solche Menge hebbar auch in bezug auf die Klassen $\mathscr{W}_1$ und $\mathscr{W}_2$. Aus demselben Grund ist jede Teilmenge einer in bezug auf $\mathscr{W}_3$ hebbaren Menge hebbar.

Jede konforme Abbildung von $G - E$ kann also höchstens dann zu einer quasikonformen Abbildung von G erweitert werden, wenn $m(E) = 0$ ist. Existiert eine solche Erweiterung, so ist sie nach Satz 3.1 konform, und E ist also für $K = 1$ hebbar in bezug auf die Klasse $\mathscr{W}_3$.

Nach Hilfssatz 3.1 gilt dasselbe für jedes K, und wir sind also zu dem folgenden Ergebnis gelangt (vgl. Pesin [1]):

Satz 3.3. *Es seien G ein Gebiet und E eine Teilmenge von G derart, daß $G - E$ ein Gebiet ist. Besitzt jede konforme Abbildung von $G - E$ eine in G quasikonforme Erweiterung, so kann jede K-quasikonforme Abbildung von $G - E$ zu einer K-quasikonformen Abbildung von G erweitert werden.*

Aus diesem Satz folgt, daß auch die hier betrachtete dritte Art von Hebbarkeit von der Zahl K nicht abhängt. Ist E nämlich für ein $K = K_0$ hebbar, so besitzen insbesondere alle konformen Abbildungen von $G - E$ eine K_0-quasikonforme (in der Tat konforme) Erweiterung in G. Nach Satz 3.3 ist E dann hebbar für jedes K.

3.6. Ein funktionentheoretisches Hebbarkeitsproblem. Da das Hebbarkeitsproblem für die Klasse $\mathscr{W}_3$ von K unabhängig ist, geht es also auf das folgende rein funktionentheoretische Problem zurück: Unter welchen Bedingungen kann jede konforme Abbildung von $G - E$ zu einer konformen Abbildung von G erweitert werden?

Wir beschränken uns im Folgenden auf den Fall, wo die Menge E kompakt ist. Weil $G - E$ ein Gebiet ist, ist auch $- E$ dann ein Gebiet. $G - E$ liegt nämlich in einer Komponente von $- E$, und da der Rand jeder Komponente von $- E$ in E enthalten ist, kann $- E$ nur eine Komponente besitzen.[1]

Man sagt, daß E zu der Nullklasse O_{AD} gehört, falls es keine in $- E$ definierte nichtkonstante analytische Funktion f gibt mit

$$\iint_{-E} |f'|^2 \, d\sigma < \infty .$$

Die Bedeutung der Klasse O_{AD} für unser Hebbarkeitsproblem geht aus dem folgenden funktionentheoretischen Äquivalenzsatz hervor: (Sario [1], Ahlfors-Beurling [1]):

E gehört zu der Nullklasse O_{AD} dann und nur dann, wenn jede konforme Abbildung von $G - E$ zu einer konformen Abbildung von G erweitert werden kann.

Nach diesem Satz ist die Hebbarkeit von E in bezug auf $\mathscr{W}_3$ also gleichbedeutend mit $E \in O_{AD}$, vorausgesetzt, daß E und G die obigen Bedingungen erfüllen.

Die Nullklasse O_{AD} ist in der funktionentheoretischen Literatur eingehend behandelt worden; siehe z. B. die oben erwähnte Arbeit Ahlfors-Beurling [1], wo weitere Hinweise gegeben sind. Von den dort bewiesenen Resultaten sei hier nur erwähnt, daß *jede Menge E vom Längenmaß Null zu O_{AD} gehört.*

---

[1] Umgekehrt folgt aus Hilfssatz I.1.3 direkt: Ist E eine kompakte Teilmenge des Gebietes G und ist $- E$ ein Gebiet, so ist auch $G - E$ ein Gebiet.

3.7. Beispiele von hebbaren und nicht-hebbaren Mengen. Nach Satz 3.1 können die in bezug auf die Klasse $\mathfrak{W}_1$ hebbaren Mengen in Hausdorffscher Maßbestimmung charakterisiert werden. Dies ist hingegen nicht der Fall für die Klassen $\mathfrak{W}_2$ und $\mathfrak{W}_3$. Durch einige Beispiele wollen wir jetzt die Genauigkeit der oben für diese Klassen gewonnenen notwendigen oder hinreichenden Hebbarkeitsbedingungen prüfen.

Nach Satz 3.2 ist eine Menge E hebbar in bezug auf die Klasse $\mathfrak{W}_2$, wenn die kompakten Teilmengen von E von σ-endlichem Längenmaß sind. Diese hinreichende Bedingung kann nicht viel verbessert werden. In IV.2.2 haben wir nämlich einen nicht-quasikonformen Homöomorphismus eines Quadrats konstruiert mit der Eigenschaft $F(z) = 1$ außerhalb einer Menge von der Dimension 1. Aus diesem Beispiel geht somit hervor: *Es gibt Mengen von der Dimension* 1, *die nicht hebbar in bezug auf die Klasse $\mathfrak{W}_2$ sind.*

Nach 3.6 ist eine kompakte Menge vom Längenmaß Null[1] hebbar in bezug auf die Klasse $\mathfrak{W}_3$. Auch diese hinreichende Bedingung läßt sich nicht viel verschärfen: *Es gibt Mengen von endlichem Längenmaß, die nicht hebbar in bezug auf die Klasse $\mathfrak{W}_3$ sind.* Als Beispiel dient eine Strecke.

Andererseits haben wir in 3.4 und 3.5 gesehen, daß das Flächenmaß einer in bezug auf $\mathfrak{W}_2$ und $\mathfrak{W}_3$ hebbaren Menge verschwindet. Was die Genauigkeit dieser notwendigen Bedingung betrifft, sei auf ein Resultat von Sario [1] hingewiesen. Er hat bewiesen, daß das Cartesische Produkt E zweier kongruenter auf der x- bzw. y-Achse liegender Cantorscher Mengen $E_x = E_x(p_1, p_2, \ldots)$ und $E_y = E_y(p_1, p_2, \ldots)$ zu O_{AD} gehört (und nach 3.6 also für $\mathfrak{W}_3$ hebbar ist), falls $l(E_x) = 0$ ist. Wählt man $p_n = (n+1)^{-1}$, so zeigt eine einfache Berechnung, daß $l(E_x)$ verschwindet. Andererseits läßt sich durch Anwendung des Hilfssatzes III.1.2 folgern, daß $\dim E = 2$ ist. Weil die für $\mathfrak{W}_3$ hebbaren Mengen auch relativ zu $\mathfrak{W}_2$ hebbar sind, schließt man somit: *Es gibt Mengen von der Dimension* 2, *die hebbar in bezug auf die Klassen $\mathfrak{W}_2$ und $\mathfrak{W}_3$ sind.*

§ 4. Approximation einer quasikonformen Abbildung

4.1. Approximation durch Abbildungen mit vorgegebener komplexer Dilatation. Der Beweis des Existenzsatzes in § 1 beruht wesentlich auf einer guten Approximation (s. IV.5.4) der gesuchten Abbildung durch Abbildungen, deren komplexe Dilatationen Treppenfunktionen sind. Mit Hilfe des Existenzsatzes kann dieses Approximationsverfahren verallgemeinert werden, wie jetzt gezeigt wird (vgl. Bers [1]).

[1] Man bemerke, daß das Komplement einer kompakten Menge vom Längenmaß Null zusammenhängend ist.

Satz 4.1. *Es sei $w : G \to G'$ eine quasikonforme Abbildung mit der komplexen Dilatation $\varkappa$. Ferner sei $\varkappa_n$, $n = 1, 2, \ldots$, eine Folge von meßbaren Funktionen in G mit $\sup_z |\varkappa_n(z)| \leqq k < 1$, die fast überall in G gegen $\varkappa$ konvergieren. Dann gibt es in jedem Gebiet D, $\overline{D} \subset G$, eine Folge von quasikonformen Abbildungen w_{n_ν}, $\nu = 1, 2, \ldots$, mit den folgenden zwei Eigenschaften:*

1. *Die Abbildungen w_{n_ν} liefern eine gute Approximation von w in D.*

2. *Die komplexe Dilatation von w_{n_ν} stimmt fast überall in D mit $\varkappa_{n_\nu}$ überein, wo $\varkappa_{n_\nu}$, $\nu = 1, 2, \ldots$, eine Teilfolge der Folge $\varkappa_n$ ist.*

Beweis: Durch Anwendung des Satzes II.8.1 konstruieren wir zunächst eine quasikonforme Abbildung w^* der Ebene, die in D mit w zusammenfällt. Die komplexe Dilatation von w^* sei $\varkappa^*$.

Nach dem Existenzsatz gibt es zu jedem $n = 1, 2, \ldots$ eine quasikonforme Abbildung w_n^* der Ebene, deren komplexe Dilatation fast überall in D mit $\varkappa_n$, in $-D$ mit $\varkappa^*$ übereinstimmt. Da die Abbildungen w_n^* bis auf eine lineare Transformation bestimmt sind, können wir $w_n^*(z_h) = w^*(z_h)$ für drei feste Punkte z_h, $h = 1, 2, 3$, setzen. Aus Satz II.5.1 folgt dann, daß die Familie der Abbildungen w_n^* normal ist. Wir können also eine Teilfolge $w_{n_\nu}^*$, $\nu = 1, 2, \ldots$, auswählen, die in der Ebene gleichmäßig (in bezug auf die sphärische Metrik) gegen eine Grenzfunktion w_0^* konvergiert. Aus Satz II.5.3 folgt, daß w_0^* eine quasikonforme Abbildung der Ebene ist.

Die komplexen Dilatationen der Abbildungen $w_{n_\nu}^*$ konvergieren fast überall in der Ebene gegen die komplexe Dilatation $\varkappa^*$ von w^*. Nach Satz IV.5.2 stimmt die komplexe Dilatation von w_0^* also fast überall mit $\varkappa^*$ überein. Da w^* und w_0^* in den Punkten z_1, z_2, z_3 dieselben Werte besitzen, folgt aus dem Eindeutigkeitssatz, daß $w^* = w_0^*$ ist. Setzt man w_{n_ν} gleich der Einschränkung von $w_{n_\nu}^*$ auf D, so erhält man also eine Folge, die die Bedingungen 1 und 2 des zu beweisenden Satzes erfüllt.

Bemerkung. Ist G einfach zusammenhängend, so können wir im obigen Satz D durch G ersetzen. Nach dem Abbildungssatz in 1.3 gibt es nämlich in diesem Fall zu jedem n eine quasikonforme Abbildung $w_n : G \to G'$, deren komplexe Dilatation fast überall in G mit $\varkappa_n$ übereinstimmt. Werden diese Abbildungen geeignet normiert, so folgt aus den Ergebnissen von II.5, daß man unter ihnen eine Teilfolge auswählen kann, die in jedem kompakten Teil von G gleichmäßig gegen w konvergiert. Die so konstruierte Folge ist dann eine gute Approximation von w in G.

Falls G nicht einfach zusammenhängend ist, gibt es möglicherweise keine quasikonforme Abbildung von G auf G' mit der komplexen Dilatation $\varkappa_n$ fast überall in G. Es scheint uns eine schwierigere Frage zu sein, zu entscheiden, ob Satz 4.1 auch dann für $D = G$ gilt. Jedenfalls können wir von einer Gebietsfolge $D_1 \subset D_2 \subset \ldots, \bar{D}_i \subset G$, $\lim D_i = G$, ausgehend mit Hilfe des Satzes 4.1 eine in kompakten Teilen von G gleichmäßig gegen w konvergierende Folge von quasikonformen Abbildungen w_{n_i}, $i = 1, 2, \ldots$, der Ebene konstruieren derart, daß w_{n_i} fast überall in D_i die komplexe Dilatation $\varkappa_{n_i}$ besitzt. Diese Folge ist aber i. A. keine gute Approximation von w in G. Die Maximaldilatationen von w_{n_i} in G brauchen nämlich unterhalb keiner gemeinsamen endlichen Schranke zu liegen.

4.2. Abbildungen, deren komplexe Dilatation ein Polynom ist. Die Bedeutung des Satzes 4.1 liegt in der Möglichkeit, die Funktionen $\varkappa_n$ so zu wählen, daß die zugehörigen approximierenden Abbildungen w_n weitgehende Regularitätseigenschaften aufweisen. Dabei ist der Gedanke nahe, die vorgegebene meßbare Funktion $\varkappa$ durch möglichst glatte Funktionen $\varkappa_n$, nämlich durch Polynome, zu approximieren (vgl. III.5.3). Dann läßt sich tatsächlich beweisen, daß die zugehörigen Abbildungen w_n nicht nur regulär (s. I.3.3), sondern sogar *reell-analytisch* sind.

Nach Definition ist eine Funktion reell-analytisch in einem Gebiet G der endlichen z-Ebene, wenn sie in einer Umgebung eines jeden Punktes von G als eine absolut konvergente Potenzreihe von z und $\bar{z}$ dargestellt werden kann. Eine in G reell-analytische Funktion gehört zur Klasse C^∞ in G.

Hilfssatz 4.1. *Eine endliche quasikonforme Abbildung w, deren komplexe Dilatation fast überall in dem endlichen Gebiet G mit einem Polynom P von z und $\bar{z}$ übereinstimmt, ist regulär und reell-analytisch in G.*

Beweis: Es gilt zu beweisen, daß w in einer Umgebung eines beliebigen Punktes $z_0 \in G$ eine Reihenentwicklung der behaupteten Art hat und daß die Funktionaldeterminante J von w in z_0 nicht verschwindet. Aus dem Eindeutigkeitssatz folgt, daß wir statt w eine beliebige in einer Umgebung von z_0 definierte quasikonforme Abbildung $\hat{w}$ betrachten können, deren komplexe Dilatation dort gleich P ist. Dann ist nämlich $w = f \circ \hat{w}$, wo f in einer Umgebung von $\hat{w}(z_0)$ konform ist, und die Abbildungen w und $\hat{w}$ besitzen also gleichzeitig die behaupteten Eigenschaften.

Eine Abbildung $\hat{w}$ obiger Art läßt sich direkt mit Hilfe einer Potenzreihe konstruieren. Wir schreiben

$$P(z) = \sum_{m,n=0}^{N} a_{mn} (z - z_0)^m (\bar{z} - \bar{z}_0)^n \tag{4.1}$$

und machen den Ansatz

$$\hat{w}(z) = \sum_{h,k=0}^{\infty} c_{hk} (z - z_0)^h (\bar{z} - \bar{z}_0)^k . \tag{4.2}$$

Die Koeffizienten c_{hk} sollen hier so bestimmt werden, daß $\hat{w}$ der Beltramischen Differentialgleichung

$$\hat{w}_{\bar{z}}(z) = P(z)\, \hat{w}_z(z) \tag{4.3}$$

in jedem Punkt z genügt, in dessen Umgebung die Reihe (4.2) absolut konvergiert.

Dies geschieht mit Hilfe einer direkten Berechnung. Im Folgenden wird $c_{hk} = 0$ bzw. $a_{mn} = 0$ gesetzt, falls h oder k negativ ist bzw. a_{mn} nicht in (4.1) vorkommt.

Deriviert man (4.2) gliedweise in bezug auf z und $\bar{z}$ und setzt die gewonnenen Ausdrücke in (4.3), so erhält man die Gleichungen

$$k\, c_{hk} = \sum_{m,n=0}^{N} (h + 1 - m)\, a_{mn}\, c_{h+1-m,\, k-1-n} \, . \tag{4.4}$$

Diese gehen für $k = 0$ in die Form $0 = 0$ über. Die Koeffizienten c_{h0} können also beliebig gewählt werden. Wir setzen als Anfangsbedingung $c_{h0} = 0$ für $h \neq 1$ und $c_{10} = 1$. Alle anderen Koeffizienten c_{hk} werden dann durch (4.4) rekursiv bestimmt.

Um die Konvergenz der Reihe (4.2) zu untersuchen, zeigen wir zunächst, daß

$$c_{hk} = 0 \qquad \text{für} \qquad h > k\,N + 1 \tag{4.5}$$

ist. Für $k = 0$ folgt dieses aus der Anfangsbedingung. Für $k = 1$ liefert (4.4) $c_{h1} = a_{h0}$, und es ist also $c_{h1} = 0$ für $h > N$. Der allgemeine Fall läßt sich durch Induktion begründen: Vorausgesetzt, daß (4.5) für $k < k_0$ gilt, setze man $k = k_0$, $h = h_0 > k_0 N + 1$ in (4.4) ein. Dann ist wegen $0 \leqq m, n \leqq N$

$$h_0 + 1 - m > k_0 N + 2 - m > (k_0 - 1 - n)\, N + 1 \, ,$$

und alle Koeffizienten $c_{h_0+1-m,\, k_0-1-n}$ verschwinden. Also besteht (4.5) auch für $k = k_0$.

Zur Herleitung einer oberen Abschätzung für $|c_{hk}|$ bezeichnen wir $A = \max |a_{mn}|$. Für $k = 0$ haben wir $|c_{h0}| \leqq 1$ auf Grund der Anfangsbedingungen, und für $k = 1$ gilt $|c_{h1}| \leqq A$, da $c_{h1} = a_{h0}$ ist. Für $k > 1$ erhält man aus (4.4)

$$|c_{hk}| \leqq A\, \frac{h+1}{k} \sum_{m,n=0}^{N} |c_{h+1-m,\, k-1-n}| \, .$$

Wegen (4.5) können wir annehmen, daß $h \leqq k N + 1$ ist. Dann ist $(h+1)/k \leqq N + 2/k \leqq N + 1$, und folglich

$$|c_{hk}| \leqq A\,(N+1) \sum_{m,n=0}^{N} |c_{h+1-m,\,k-1-n}| \,. \tag{4.6}$$

Aus (4.6) ergibt sich

$$|c_{h2}| \leqq A\,(N+1) \sum_{m=0}^{N} \left(|c_{h+1-m,\,0}| + |c_{h+1-m,\,1}|\right)$$
$$\leqq A\,(A+1)\,(N+1)^2 \leqq \left(A\,(N+1)^2 + 1\right)^2.$$

Setzt man $\alpha = A\,(N+1)^2 + 1$, so gilt also für $k = 0, 1, 2$,

$$|c_{hk}| \leqq \alpha^k \,. \tag{4.7}$$

Durch Induktion sieht man leicht ein, daß diese Ungleichung für jedes k besteht.

Es gilt also

$$|c_{hk}\,(z - z_0)^h\,(\bar{z} - \bar{z}_0)^k| \leqq \alpha^k\,|z - z_0|^{h+k},$$

woraus zu ersehen ist, daß die Reihe (4.2) in der Kreisscheibe $|z - z_0| < 1/\alpha$ absolut konvergiert. Aus (4.4) folgt ferner, daß sie dort der Gleichung (4.3) genügt.

Für die Funktionaldeterminante von $\hat{w}$ gilt im Punkt z_0

$$J(z_0) = |\hat{w}_z(z_0)|^2 - |\hat{w}_{\bar{z}}(z_0)|^2 = |c_{10}|^2 - |c_{01}|^2 = 1 - |a_{00}|^2 = 1 - |P(z_0)|^2.$$

Wegen $|P(z_0)| < 1$ ist folglich $J(z_0) > 0$. Also ist $\hat{w}$ eine reguläre quasikonforme Abbildung in einer Umgebung von z_0.

4.3. Quasikonforme Abbildung als Limes von regulären Abbildungen. Es seien G und G' Gebiete der endlichen Ebene und $w: G \to G'$ eine K-quasikonforme Abbildung mit der komplexen Dilatation $\varkappa$. Dann ist $|\varkappa| \leqq (K-1)/(K+1) = k < 1$. In jedem Gebiet $D, \bar{D} \subset G$, können wir nach III.5.3 eine Folge von Polynomen P_n, $n = 1, 2, \ldots$, von z und $\bar{z}$ konstruieren mit den Eigenschaften $|P_n(z)| \leqq k$ für $z \in D$ und

$$\lim_{n\to\infty} P_n(z) = \varkappa(z)$$

fast überall in D.

Nach Satz 4.1 gibt es in D eine gute Approximation w_{n_ν}, $\nu = 1, 2, \ldots$, von w derart, daß die komplexe Dilatation eines jeden w_{n_ν} fast überall in D mit dem Polynom P_{n_ν} übereinstimmt. Aus Hilfssatz 4.1 folgt, daß jedes w_{n_ν} eine reguläre reell-analytische quasikonforme Abbildung von D ist, die also für jedes $z \in D$ die komplexe Dilatation $P_{n_\nu}(z)$ besitzt. Wegen $|P_{n_\nu}| \leqq k$ ist w_{n_ν} K-quasikonform. Wir schließen somit:

Jede endliche K-quasikonforme Abbildung von G ist lokal Limes von regulären reell-analytischen K-quasikonformen Abbildungen.

Umgekehrt folgt aus Satz II.5.3, daß eine in G definierte Funktion, die in jedem Gebiet D, $\overline{D} \subset G$, durch eine Folge von K-quasikonformen Abbildungen gleichmäßig approximiert werden kann, entweder eine K-quasikonforme Abbildung von G oder konstant ist. Wir haben also die folgende neue Charakterisierung der Quasikonformität erhalten, die den Zusammenhang zwischen den regulären und allgemeinen quasikonformen Abbildungen nochmals hervortreten läßt.

Satz 4.2. *Eine im endlichen Gebiet G definierte endliche nichtkonstante Funktion ist genau dann eine K-quasikonforme Abbildung von G, wenn es in jedem Gebiet D, $\overline{D} \subset G$, eine gute Approximation von w gibt durch reguläre K-quasikonforme Abbildungen.*

§ 5. Anwendung der Hilbert-Transformation auf quasikonforme Abbildungen

5.1. Zurückführung der Beltramischen Gleichung auf eine Integralgleichung. Wir wollen jetzt das lokale Verhalten der Ableitungen einer endlichen K-quasikonformen Abbildung $w: G \to G'$ unter Zuhilfenahme der in III.7 eingeführten Hilbert-Transformation untersuchen. Um Hilfssatz III.7.2 anwenden zu können, ersetzen wir w zunächst durch eine K-quasikonforme Abbildung $\tilde{w}$ der Ebene, die in einem vorgegebenen beschränkten Gebiet $D \subset G$ von w konform abhängt.

Unter Benutzung des Existenzsatzes wird die Abbildung $\tilde{w}$ folgenderweise definiert: Die komplexe Dilatation $\varkappa$ von $\tilde{w}$ falle fast überall in D mit derjenigen von w zusammen und sei außerhalb D gleich Null. Nach dem Eindeutigkeitssatz ist $\tilde{w}$ bis auf eine lineare Transformation der Ebene eindeutig bestimmt und außerhalb $\overline{D}$ konform. Durch geeignete Normierung erreicht man also, daß $\tilde{w}$ in einer Umgebung des Unendlichkeitspunktes eine Entwicklung

$$\tilde{w}(z) = z + \sum_{n=1}^{\infty} a_n z^{-n} \tag{5.1}$$

besitzt.

In D gilt gemäß dem Eindeutigkeitssatz

$$\tilde{w} = \varphi \circ w, \tag{5.2}$$

wo φ eine konforme Abbildung von $w(D)$ ist. Aus dem lokalen Verhalten der Ableitungen von $\tilde{w}$ in D lassen sich deshalb Schlüsse betreffend die Ableitungen von w ziehen.

Infolge der Normierung (5.1) genügt die durch $f(z) = \tilde{w}(z) - z$ erklärte Funktion f den Bedingungen des Hilfssatzes III.7.2: f ist absolut stetig auf Geraden in der Ebene und hat L^2-integrierbare Ableitungen f_z und $f_{\bar{z}}$. Wegen $f_z = \tilde{w}_z - 1$, $f_{\bar{z}} = \tilde{w}_{\bar{z}}$ gilt nach Hilfssatz III.7.2 somit

$$\tilde{w}_z = 1 + S\,\tilde{w}_{\bar{z}} \tag{5.3}$$

fast überall in der Ebene. Andererseits befriedigt $\tilde{w}$ als quasikonforme Abbildung mit der komplexen Dilatation $\varkappa$ die Beltramische Gleichung $\tilde{w}_{\bar{z}} = \varkappa\,\tilde{w}_z$ fast überall. Kombiniert man dies mit (5.3), so ergibt sich, daß $\tilde{w}_{\bar{z}}$ fast überall der Beziehung

$$\tilde{w}_{\bar{z}} = \varkappa + \varkappa\,S\,\tilde{w}_{\bar{z}}$$

genügt.

5.2. Lösung der Integralgleichung. Wir sind so zu der singulären Integralgleichung

$$\omega = \varkappa + \varkappa\,S\,\omega \tag{5.4}$$

geführt, wo $\varkappa$ eine in der endlichen Ebene Ω meßbare Funktion ist mit kompaktem Träger und mit der Eigenschaft

$$\sup_{z \in \Omega} |\varkappa(z)| = k < 1 .$$

Unter einer Lösung dieser Gleichung wird eine solche Funktion ω aus der Klasse $L^2(\Omega)$ verstanden, die (5.4) fast überall in Ω befriedigt.

Die Lösung der Gleichung (5.4) *ist bis auf ihre Werte in einer Nullmenge eindeutig bestimmt.* Sind nämlich ω_1 und ω_2 zwei Lösungen, so genügt die Differenz $\psi = \omega_1 - \omega_2$ der Gleichung $\psi = \varkappa\,S\,\psi$ fast überall. Also ist

$$\|\psi\|_2 \leqq k\,\|S\,\psi\|_2 .$$

Nach III.7.4 u. 6 gilt aber $\|\psi\|_2 = \|S\,\psi\|_2$ für jede Funktion $\psi \in L^2(\Omega)$. Wegen $k < 1$ ist also $\|\psi\|_2 = 0$ und folglich $\omega_1 = \omega_2$ fast überall in Ω.

Die Lösung der Integralgleichung (5.4) kann durch Iteration in folgender Weise gewonnen werden. Wir setzen

$$S_0\,\varkappa = 1 , \qquad S_i\,\varkappa = S\,(\varkappa\,S_{i-1}\,\varkappa) , \qquad i = 1, 2, \ldots ,$$

und

$$\omega_n = \sum_{i=0}^{n} \varkappa\,S_i\,\varkappa , \qquad n = 0, 1, 2, \ldots . \tag{5.5}$$

Dann ist

$$S\,\omega_{n-1} = \sum_{i=1}^{n} S_i\,\varkappa ,$$

und folglich

$$\omega_n = \varkappa + \varkappa\,S\,\omega_{n-1} , \qquad n = 1, 2, \ldots . \tag{5.6}$$

Die Konvergenz der Folge ω_n kann mit Hilfe der Beziehung $\|\omega\|_2 = \|S\,\omega\|_2$, bewiesen werden. Daraus folgt nämlich zuerst

$$\|S_i\,\varkappa\|_2 = \|\varkappa\, S_{i-1}\,\varkappa\|_2 \leqq k\,\|S_{i-1}\,\varkappa\|_2 .$$

Da diese Ungleichung für jedes $i = 2, 3, \ldots$ besteht, ergibt sich also

$$\|S_i\,\varkappa\|_2 \leqq k^{i-1}\,\|\varkappa\|_2 \leqq k^i\,C\,, \tag{5.7}$$

wo C^2 gleich dem Flächenmaß des Trägers von $\varkappa$ ist.

Aus (5.5) und (5.7) erhält man für $n > m$

$$\|\omega_n - \omega_m\|_2 \leqq k \sum_{i=m+1}^{n} \|S_i\,\varkappa\|_2 \leqq C \sum_{i=m+1}^{n} k^{i+1} \leqq C\,\frac{k^{m+2}}{1-k}\,.$$

Da der Raum $L^2(\Omega)$ vollständig ist (s. III.7.5), gibt es also eine Funktion ω aus $L^2(\Omega)$ mit der Eigenschaft

$$\lim_{n\to\infty} \|\omega - \omega_n\|_2 = 0\,.$$

Wegen $\|S(\omega - \omega_n)\|_2 = \|\omega - \omega_n\|_2$ ist dann auch $\lim \|S\omega - S\omega_n\|_2 = 0$. Nach III.7.5 können wir somit eine Teilfolge ω_{n_i} wählen derart, daß die Beziehungen

$$\lim_{i\to\infty} \omega_{n_i}(z) = \omega(z)\,, \qquad \lim_{i\to\infty} S\,\omega_{n_i}(z) = S\,\omega(z)$$

für fast alle z gelten. Aus (5.6) folgt, daß ω eine Lösung der Integralgleichung (5.4) ist.

5.3. L^p-Integrierbarkeit der Lösung der Integralgleichung. Bei der obigen Iterationsmethode zur Lösung der Gleichung (5.4) haben wir Gebrauch gemacht von der Tatsache, daß die Hilbert-Transformation die L^2-Norm invariant läßt. Wesentlich für das Gelingen der Iteration ist aber nur, daß die Hilbert-Transformation die Norm nicht zu viel vergrößert. Nun gilt das folgende Resultat, das wir hier ohne Beweis erwähnen (Calderón-Zygmund [1]; eine Vereinfachung der Beweisanordnung verdankt man Vekua [1], S. 55—61):

Die Hilbert-Transformation ist beschränkt in jedem Raum $L^p(\Omega)$, $p > 1$. Anders ausgedrückt bedeutet dies, daß die Zahl

$$\|S\|_p = \sup_{\|f\|_p=1} \|S\,f\|_p\,,$$

die *L^p-Norm der Hilbert-Transformation*, für jedes $p > 1$ endlich ist.

Nach dem Rieszschen Konvexitätssatz (siehe z. B. Dunford-Schwartz [1], S. 525 oder Zygmund [1], S. 95) ist $\log(\|S\|_p)$ eine konvexe Funktion von $1/p$, die für $p > 2$ mit p zunimmt und für $p \to \infty$ ins Unendliche wächst. Aus der Konvexität folgt insbesondere, daß $\|S\|_p$ von p stetig abhängt. Nach III.7.6 ist $\|S\|_2 = 1$. Calderón und

Zygmund [1] haben außerdem gezeigt, daß

$$\|S\|_p/p < M < \infty \tag{5.8}$$

für $p \to \infty$ gilt.

Aus 5.2 folgt (Bojarski [1]):

Hilfssatz 5.1. *Die Lösung der Integralgleichung* (5.4) *gehört zur Klasse $L^p(\Omega)$ für jedes p, wofür $\|S\|_p < 1/k$ ist.*

Beweis: Mit den in 5.2 benutzten Bezeichnungen ist

$$\|S_i\,\varkappa\|_p = \|S(\varkappa\, S_{i-1}\,\varkappa)\|_p \leqq k\,\|S\|_p\,\|S_{i-1}\,\varkappa\|_p\,, \qquad i = 2, 3, \ldots,$$

und folglich

$$\|S_i\,\varkappa\|_p \leqq (k\,\|S\|_p)^i\, C^{2/p}\,.$$

Hieraus ergibt sich für $n > m$

$$\|\omega_n - \omega_m\|_p \leqq k\,C^{2/p} \sum_{i=m+1}^{n} (k\,\|S\|_p)^i\,.$$

Für $k\|S\|_p < 1$ ist ω_n also eine Cauchysche Folge in L^p. Da L^p vollständig ist (s. III.7.5), ist die Lösung von (5.4) dann das Grenzelement dieser Folge in der L^p-Metrik und gehört somit zu L^p.

5.4. Integrierbarkeit der Ableitungen einer quasikonformen Abbildung. Wir kehren zurück zu der vorgegebenen endlichen K-quasikonformen Abbildung w des Gebietes G und der zugeordneten K-quasikonformen Abbildung $\tilde{w}$ der Ebene. In 5.1 zeigten wir, daß $\tilde{w}_{\bar{z}}$ der Integralgleichung (5.4) genügt mit $\sup|\varkappa(z)| = k \leqq (K-1)/(K+1)$. Aus Hilfssatz 5.1 folgt also, daß $\tilde{w}_{\bar{z}} \in L^p$ für jedes p mit $\|S\|_p < (K+1)/(K-1)$ gilt. Auf Grund von (5.3) gehört $\tilde{w}_z$ lokal zu denselben Klassen L^p. Beachtet man schließlich die Beziehung (5.2), so erkennt man, daß auch die Ableitungen von w in G lokal zu diesen L^p-Klassen gehören.

Es sei $p(K)$ die obere Grenze der Zahlen p, wofür alle K-quasikonformen Abbildungen verallgemeinerte L^p-Ableitungen besitzen. Nach Satz IV.1.2 ist $p(K) \geqq 2$. Aus dem Obigen erhält man jetzt für $p(K)$ die untere Abschätzung

$$\|S\|_{p(K)} \geqq \frac{K+1}{K-1}\,.$$

Wegen $\|S\|_2 = 1$ ist also $p(K) > 2$ für jedes K.

Andererseits zeigt die durch

$$w(z) = z\,|z|^{1/K-1} \tag{5.9}$$

definierte K-quasikonforme Abbildung w, wenn man das Verhalten ihrer Ableitungen in der Nähe von $z = 0$ betrachtet, daß $p(K)$ höchstens gleich $2K/(K-1)$ sein kann.

Zusammenfassend erhält man also die folgende Ergänzung und Verschärfung zum Satz IV.1.2.

Satz 5.1. *Eine K-quasikonforme Abbildung besitzt verallgemeinerte L^p-Ableitungen für jeden Wert $p < p(K)$, wo $p(K)$ die Ungleichungen*

$$||S||_{p(K)} \geqq \frac{K+1}{K-1}, \quad 2 < p(K) \leqq \frac{2K}{K-1} \tag{5.10}$$

befriedigt.

Obschon der Wert von $||S||_p$ für $p > 2$ nicht bekannt ist und die untere Abschätzung von $p(K)$ in (5.10) demzufolge implizit ist, gestattet (5.10) gewisse weitere Schlüsse über $p(K)$. Berücksichtigung der letzten Doppelungleichung in (5.10) zeigt, daß

$$\lim_{K\to\infty} p(K) = 2$$

ist. Im Satz IV.1.2, der sich auf eine beliebige quasikonforme Abbildung bezieht, kann der Exponent $p = 2$ also durch keinen größeren ersetzt werden.

Aus der ersten Ungleichung (5.10) und der Abschätzung (5.8) schließt man weiter

$$\lim_{K\to 1} p(K) = \infty .$$

Insbesondere geht die Konvergenz gegen den Grenzwert ∞ so vor sich, daß $(K-1)\,p(K)$ in der Nähe von $K = 1$ zwischen zwei endlichen positiven Schranken liegt.

Es ist eine interessante offene Frage, den genauen Wert von $p(K)$ zu bestimmen. Hier sei die Vermutung ausgesprochen, daß die obere Abschätzung in (5.10) tatsächlich als Gleichheit gilt, d. h. daß $p(K) = 2K/(K-1)$ ist.

5.5. Flächenmaß der Punktmengen unter quasikonformen Abbildungen. Unter Benutzung des Satzes 5.1 gewinnt man die folgende Verschärfung des Satzes IV.1.3, wonach eine endliche quasikonforme Abbildung in bezug auf das Flächenmaß lokal absolut stetig ist (Bojarski [2]).

Satz 5.2. *Es seien w eine K-quasikonforme Abbildung eines Gebietes G und F eine kompakte Menge in $G - \{\infty\} - \{w^{-1}(\infty)\}$. Zu jedem $\delta < 1 - 2/p(K)$ gibt es dann eine endliche Zahl C, so daß*

$$m(w(E)) \leqq C(m(E))^{\delta} \tag{5.11}$$

für jede meßbare Menge $E \subset F$ gilt.

Beweis: Nach IV.1.4 ist

$$m(w(E)) = \iint_E J\, d\sigma .$$

Aus w_z, $w_{\bar z} \in L^p$ folgt $J = |w_z|^2 - |w_{\bar z}|^2 \in L^{p/2}$. Anwendung der Hölderschen Ungleichung für ein beliebiges p, $2 < p < p(K)$, liefert also

$$m(w(E)) \leqq \Big(\iint_E J^{p/2}\, d\sigma\Big)^{2/p} \big(m(E)\big)^{\delta}$$

mit $\delta = 1 - 2/p$, woraus (5.11) folgt.

Auch hier kennt man nicht die obere Grenze $\delta(K)$ der Werte von δ, wofür (5.11) stets besteht. Jedenfalls ist $\delta(K) \leqq 1/K$, wie das Beispiel (5.9) zeigt.[1]

5.6. L^p-Konvergenz der Ableitungen. Konvergiert eine Folge von K-quasikonformen Abbildungen w_n des endlichen Gebietes G gleichmäßig in jedem kompakten Teil von G gegen die endliche Funktion w, so konvergieren die Ableitungen von w_n nach Hilfssatz IV.5.1 schwach gegen die entsprechenden Ableitungen von w. Wir können dieses Resultat jetzt ergänzen, indem wir zeigen, daß bei guter Approximation die Konvergenz im folgenden stärkeren Sinne vor sich geht.

Satz 5.3. *Es sei w_n eine Folge von endlichen K-quasikonformen Abbildungen eines endlichen Gebietes G, die die quasikonforme Abbildung w in G gut approximieren. Dann konvergieren die Ableitungen $(w_n)_z$ und $(w_n)_{\bar z}$ in der L^p-Metrik eines jeden kompakten Teiles F von G für ein $p > 2$ gegen die Ableitungen w_z bzw. $w_{\bar z}$.*

Beweis: Es bedeutet keine Einschränkung anzunehmen, daß F eine abgeschlossene Kreisscheibe sei. D bezeichne ein Kreisgebiet mit $F \subset D$, $\bar D \subset G$. Wie in 5.1 ordnen wir den vorgegebenen Abbildungen w_n und w die Abbildungen $\tilde w_n$ und $\tilde w$ der Ebene zu. In D haben $\tilde w_n$ und $\tilde w$ also dieselbe komplexe Dilatation wie w_n bzw. w, außerhalb $\bar D$ sind sie konform, und im Unendlichen besitzen sie eine Entwicklung von der Form (5.1).

Nach Hilfssatz III.7.2 gilt für die Funktion $\psi_n = \tilde w - \tilde w_n$

$$(\psi_n)_z = S(\psi_n)_{\bar z} \tag{5.12}$$

fast überall in D. Bezeichnen $\varkappa_n$ und $\varkappa$ die komplexen Dilatationen von $\tilde w_n$ bzw. $\tilde w$, so ist andererseits

$$\varkappa_n(\psi_n)_z = \varkappa\, \tilde w_z - \varkappa_n(\tilde w_n)_z + \varkappa_n\, \tilde w_z - \varkappa\, \tilde w_z = (\psi_n)_{\bar z} + (\varkappa_n - \varkappa)\, \tilde w_z$$

fast überall. Bis auf eine Nullmenge gilt also

$$(\psi_n)_{\bar z} = \varkappa_n\, S(\psi_n)_{\bar z} + (\varkappa - \varkappa_n)\, \tilde w_z\,,$$

[1] Andererseits ist $\delta(K) \geqq 1/K^{2/\alpha}$ mit $\alpha = \liminf_{K\to 1} (K-1)\, p(K)$ (Lehto [2]); nach 5.4 ist $0 < \alpha \leqq 2$.

und folglich

$$\|(\psi_n)_{\bar z}\|_p \leqq k\,\|S\|_p\,\|(\psi_n)_{\bar z}\|_p + \|(\varkappa - \varkappa_n)\,\tilde w_z\|_p \tag{5.13}$$

mit $k = (K-1)/(K+1)$.

Wir legen jetzt p fest, und zwar so, daß die Bedingungen $p > 2$, $k\,\|S\|_p < 1$, gleichzeitig erfüllt sind; nach 5.3 ist dies möglich. Beachtet man, daß $|\varkappa - \varkappa_n|$ in $-\bar D$ verschwindet und in D kleiner als 2 ist, so folgt aus (5.13)

$$\|(\psi_n)_{\bar z}\|_p \leqq \frac{\|(\varkappa - \varkappa_n)\,\tilde w_z\|_p}{1 - k\,\|S\|_p} < \frac{2}{1 - k\,\|S\|_p}\left(\iint_D |\tilde w_z|^p\,d\sigma\right)^{1/p}. \tag{5.14}$$

Die rechte Seite ist beschränkt, weil $\tilde w_z$ nach Satz 5.1 lokal zu L^p gehört. Für $n \to \infty$ strebt $\varkappa_n$ fast überall gegen $\varkappa$, und nach dem Lebesgueschen Konvergenzsatz (III.1.5) ist also $\lim \|(\varkappa - \varkappa_n)\,\tilde w_z\|_p = 0$. Aus (5.14) folgt dann

$$\lim_{n\to\infty} \|(\psi_n)_{\bar z}\|_p = \lim_{n\to\infty} \|\tilde w_{\bar z} - (\tilde w_n)_{\bar z}\|_p = 0\,. \tag{5.15}$$

Wegen (5.12) ist auch $\lim \|\tilde w_z - (\tilde w_n)_z\|_p = 0$.

Die Ableitung $(\psi_n)_{\bar z}$ verschwindet außerhalb $\bar D$, und infolge der Normierung (5.1) erhält man aus Hilfssatz III.7.1 durch Grenzübergang

$$\psi_n(z) = T_D(\psi_n)_{\bar z}\,(z)$$

für jedes endliche z. Daraus ergibt sich durch Anwendung der Hölderschen Ungleichung

$$|\psi_n(z)| \leqq \frac{1}{\pi}\left(\iint_D \frac{d\sigma}{|\zeta - z|^q}\right)^{1/q} \|(\psi_n)_{\bar z}\|_p$$

wo $q = p/(p-1) < 2$ ist. Unter Beachtung von (5.15) schließt man hieraus, daß $\psi_n = \tilde w - \tilde w_n$ für $n \to \infty$ in der Ebene gleichmäßig gegen Null strebt. Daraus folgt, daß $\tilde w_n^{-1}$ in $\tilde w(D)$ gleichmäßig gegen $\tilde w^{-1}$ konvergiert.

In D ist $w_n = f_n \circ \tilde w_n$, $w = f \circ w$, wo f_n und f konforme Abbildungen von $\tilde w_n(D)$ bzw. $\tilde w(D)$ sind. Da $\tilde w_n$ in D gleichmäßig gegen $\tilde w$ konvergiert, gilt $\tilde w(F) \subset \tilde w_n(D)$ von einem n an. Die Umkehrungen $\tilde w_n^{-1}$ bilden für diese Werte von n eine Umgebung $U \subset \tilde w(D)$ von $\tilde w(F)$ in D ab. Weil w_n nach Voraussetzung in D gleichmäßig gegen w konvergiert, gilt also $\lim f_n = f$ gleichmäßig in U. Auch die Ableitungen f_n' konvergieren dann gleichmäßig in einer Umgebung $V \subset U$ von $\tilde w(F)$, und da $\tilde w_n(F)$ von einem n an zu V gehört, gilt

$$\lim f_n'(\tilde w_n(z)) = f'(\tilde w(z)) \tag{5.16}$$

gleichmäßig in F.

Aus

$$w_{\bar z}(z) - (w_n)_{\bar z}(z) = f_n'(\tilde w_n(z))\,(\tilde w_{\bar z}(z) - (\tilde w_n)_{\bar z}(z)) + (f'(\tilde w(z)) - f_n'(\tilde w_n(z)))\,\tilde w_{\bar z}(z)$$

ergibt sich

$$\Big(\iint_F |w_{\bar z} - (w_n)_{\bar z}|^p \,d\sigma\Big)^{1/p} \leqq \max_{z \in F} |f_n'(\tilde w_n(z))|\; \|\tilde w_{\bar z} - (\tilde w_n)_{\bar z}\|_p$$
$$+ \Big(\iint_F |(f'(\tilde w(z)) - f_n'(\tilde w_n(z)))\,\tilde w_{\bar z}(z)|^p \,d\sigma\Big)^{1/p}.$$

Aus (5.16) und (5.15) folgt, daß das erste Glied rechts gegen Null strebt für $n \to \infty$. Unter Anwendung des Lebesgueschen Konvergenzsatzes sieht man ein, daß dasselbe auch für das zweite Glied gilt.

Auf dieselbe Weise zeigt man, daß $(w_n)_z$ in der L^p-Metrik von F gegen w_z konvergiert, und der Satz ist bewiesen.

Ist w_n eine gute Approximation von w in G, so gibt es also eine Teilfolge w_{n_ν}, wofür die Ableitungen fast überall in G gegen die entsprechenden Ableitungen der Grenzabbildung w konvergieren.

5.7. Darstellung einer Abbildung mit vorgeschriebener komplexer Dilatation. Es sei $\varkappa$ eine in der Ebene meßbare Funktion mit beschränktem Träger und mit der Eigenschaft $\sup_z |\varkappa(z)| < 1$. Nach dem Existenzsatz gibt es dann eine quasikonforme Abbildung w der Ebene, deren komplexe Dilatation fast überall mit $\varkappa$ zusammenfällt. Weil w in einer Umgebung des Unendlichkeitspunktes konform ist, gestattet es eine Normierung von der Form (5.1).

Anwendung des Hilfssatzes III.7.1 auf die durch $\psi(z) = w(z) - z$ definierte Funktion ψ liefert dann $\psi = T\psi_{\bar z}$.[1] Mit anderen Worten, es gilt für jedes z

$$w(z) = z + T\omega(z)\,, \tag{5.17}$$

wo $\omega = w_{\bar z}$ nach 5.1 und 5.2 als Lösung der Integralgleichung (5.4) konstruiert werden kann. Die Formel (5.17) liefert also eine *Darstellung* für eine quasikonforme Abbildung mit der komplexen Dilatation $\varkappa$ fast überall.

Ohne vom Existenzsatz Gebrauch zu machen, kann man andererseits von der Integralgleichung (5.4) ausgehend den in (5.17) rechts vorkommenden Ausdruck konstruieren. Es ist dann möglich, direkt zu zeigen, daß die durch (5.17) definierte Funktion ein quasikonformer Homöomorphismus der Ebene ist, dessen komplexe Dilatation für fast jedes z gleich $\varkappa(z)$ ist (Bojarski [1]; einen detaillierten Nachweis findet man in Vekua [1], S. 68—85). Dadurch wird also ein neuer Beweis für den Existenzsatz gewonnen (vgl. 1.4).

[1] Wie für C_0^∞-Funktionen können wir offensichtlich auch hier den Operator T (statt T_D) anwenden (vgl. III. 7.2).

§ 6. Konformität im Punkt

6.1. Aufstellung des Problems. In 4.2 kam schon die Aufgabe vor, die Regularität einer quasikonformen Abbildung aus den Eigenschaften ihrer komplexen Dilatation zu schließen. Dieses Problem wird im vorliegenden und im nächstfolgenden Paragraphen eingehender untersucht. Wir betrachten anfangs die folgende Situation:

Es sei $\varkappa$ eine meßbare Funktion mit $\sup_z |\varkappa(z)| < 1$ im Gebiet G. Nach dem Existenzsatz gibt es dann eine quasikonforme Abbildung w von G, deren komplexe Dilatation fast überall in G mit $\varkappa$ übereinstimmt. Wir fassen einen Punkt $z_0 \in G$ ins Auge und suchen nach hinreichenden Bedingungen für die Funktion $\varkappa$, damit die Abbildung w in z_0 regulär sei.

Aus dem Eindeutigkeitssatz folgt, daß die Regularität von w in z_0 von der Funktion, $\varkappa$, und zwar nur von deren Werten in einer beliebig kleinen Umgebung von z_0, abhängt: zwei quasikonforme Abbildungen, deren komplexe Dilatationen fast überall in einer Umgebung von z_0 übereinstimmen, sind gleichzeitig regulär oder nichtregulär in z_0. Unser Problem ist folglich sinnvoll.

Es bedeutet keine Einschränkung anzunehmen, daß z_0 im Nullpunkt liegt. Mit Hilfe einer affinen Abbildung kann unser Problem ferner so normiert werden, daß die Abbildung w, falls sie im Nullpunkt regulär ist, eine Entwicklung der Form

$$w(z) = w_z(0)\, z + o(|z|)\,, \qquad w_z(0) \neq 0\,, \tag{6.1}$$

besitzt.

Besteht (6.1), so strebt $w(z)/z$ für $z \to 0$ gegen den eindeutigen, von 0 und ∞ verschiedenen Grenzwert $w_z(0)$. Wir sagen, daß die Abbildung w dann *im Punkt* $z = 0$ *konform* ist. Allgemein heißt ein Homöomorphismus w einer Umgebung des Punktes $z_0 \neq \infty$ konform in z_0, falls der eindeutige Grenzwert $\lim\, (w(z) - w(z_0))/(z - z_0)$ existiert und von 0 und ∞ verschieden ist.

Im vorliegenden Paragraphen gilt es, Bedingungen für $\varkappa$ zu suchen, unter denen die zugehörige Abbildung w des Gebietes G im Nullpunkt konform ist.

6.2. Beispiele. Nach Hilfssatz 4.1 ist w wenigstens dann konform in $z = 0$, wenn $\varkappa$ ein Polynom mit $\varkappa(0) = 0$ ist. Es ist nicht schwierig einzusehen, daß diese Bedingung durch wesentlich schwächere ersetzt werden kann. Es würde z. B. genügen anzunehmen, daß $\varkappa$ differenzierbar ist und im Nullpunkt verschwindet. Um zu einer noch schwächeren Bedingung zu gelangen, betrachte man das folgende Beispiel.

Es sei w,

$$w(z) = f(|z|)\, e^{i \arg z} = f\left(\sqrt{z\bar{z}}\right) \sqrt{\frac{z}{\bar{z}}}\,, \tag{6.2}$$

eine Selbstabbildung des Einheitskreises, wo f eine nichtnegative mit $|z|$ echt zunehmende Funktion ist, die für $|z| = 0$ verschwindet und für $|z| = 1$ den Wert 1 annimmt. Besitzt f auf dem offenen Intervall $(0, 1)$ eine stetige positive Ableitung, so ist w eine in jedem Punkt reguläre C^1-Abbildung des punktierten Einheitskreises $0 < |z| < 1$. Für die komplexe Dilatation von w erhält man den Ausdruck

$$\varkappa(z) = \frac{z^2}{|z|^2} \frac{f'(|z|)\,|z| - f(|z|)}{f'(|z|)\,|z| + f(|z|)}.$$

Da dieser etwas kompliziert ist, empfiehlt es sich hier statt $\varkappa$ den Dilatationsquotienten $D = (1 + |\varkappa|)/(1 - |\varkappa|)$ zu betrachten. Angenommen, daß $f(|z|)/|z|$ mit $|z|$ nicht abnimmt, gilt

$$D(z) = |z| \frac{f'(|z|)}{f(|z|)}.$$

Hieraus ergibt sich

$$\frac{w(z)}{z} = \frac{f(|z|)}{|z|} = e^{-\int\limits_{|z|}^{1} \frac{D(r)-1}{r}\,dr} \tag{6.3}$$

Man sieht somit, daß w im Nullpunkt dann und nur dann konform ist, wenn das Integral

$$\int\limits_0^1 \frac{D(r)-1}{r}\,dr \tag{6.4}$$

einen endlichen Wert besitzt.

Das Integral (6.4) kann natürlich unendlich sein dessenungeachtet, daß $D(z) - 1$ und also auch $\varkappa(z)$ für $z \to 0$ gegen Null streben. Als Beispiel dient die Abbildung w,

$$w(z) = \frac{z}{1 - \log|z|},$$

mit dem Dilatationsquotienten

$$D(z) = 1 + \frac{1}{1 - \log|z|}.$$

Diese Abbildung ist in $z = 0$ nicht konform, denn es gilt

$$\lim_{z \to 0} \frac{w(z)}{z} = 0.$$

Umgekehrt ist es leicht einzusehen, daß es quasikonforme Abbildungen gibt, die im Nullpunkt konform sind, obschon ihre Maximaldilatation in jeder Umgebung dieses Punktes beliebig viel von 1 abweicht. Man kann nämlich eine für $0 < r < 1$ stetige nichtnegative Funktion Φ wählen, so daß lim sup $\Phi(r)$ für $r \to 0$ beliebig groß ist und das Integral

$$\int_0^1 \frac{\Phi(r)}{r} dr$$

jedoch einen endlichen Wert besitzt. Setzt man dann $D(r) - 1 = \Phi(r)$ in (6.3) ein, so erhält man eine Abbildung w mit den verlangten Eigenschaften.

Für eine allgemeine quasikonforme Abbildung des Gebietes G entspricht das über einen Kreis $U = \{z \mid |z| < R\}$ erstreckte Integral

$$\int_0^R \int_0^{2\pi} \frac{D(r e^{i\varphi}) - 1}{r} dr\, d\varphi = \iint_U \frac{D(z) - 1}{|z|^2} d\sigma \tag{6.5}$$

dem Integral (6.4). Wir werden nachweisen, daß die Konvergenz dieses Integrals die Konformität der zugehörigen quasikonformen Abbildung im Nullpunkt zur Folge hat.

Wegen $D(z) - 1 = 2|\varkappa(z)|/(1 - |\varkappa(z)|)$ ist die Endlichkeit des Integrals (6.5) gleichbedeutend mit

$$\iint_U \frac{|\varkappa(z)|}{|z|^2} d\sigma < \infty .$$

6.3. Modulabschätzungen mit Hilfe der Mittelwerte von D. Um zu beweisen, daß die Konformität im Nullpunkt aus der Konvergenz des Integrals (6.5) folgt, wollen wir zunächst einige Abschätzungen für die Dilatationen von Vierecken und Ringgebieten mit Hilfe gewisser Mittelwerte von D herleiten.

Es sei $w : G \to G'$ eine quasikonforme Abbildung mit dem Dilatationsquotienten D. $\mathscr{C}$ bezeichne eine Familie von Bogen oder Kurven $C \subset G$ und $\mathscr{C}'$ die Schar der Bildbogen bzw. Bildkurven $w(C) \subset G'$. Durch Anwendung der Formel (3.8) in IV.3.3 auf die Umkehrung von w erhält man

$$M(\mathscr{C}') \leqq \iint_G D \varrho^2 d\sigma \tag{6.6}$$

für jedes für $\mathscr{C}$ zulässige ϱ.

Als erste Anwendung von (6.6) betrachte man ein Rechteck $Q = \{x + iy \mid a < x < b, c < y < d\}$, $\overline{Q} \subset G$, mit horizontalen a-Seiten. Setzt man $\varrho(z) = 1/(d - c)$ für $z \in Q$, $\varrho(z) = 0$ für $z \notin Q$, so ist ϱ zulässig in bezug auf die Familie der Bogen C, die die a-Seiten von Q innerhalb Q verbinden. Mit Rücksicht auf IV.3.4 ergibt sich aus (6.6) also

$$M(w(Q)) \leqq \frac{1}{(d-c)^2} \iint_Q D(z)\, d\sigma .$$

Diese Abschätzung kann wegen $M(Q) = (b - a)/(d - c)$ in der Form

$$\frac{M(w(Q))}{M(Q)} \leqq \frac{1}{m(Q)} \iint\limits_Q D(z)\, d\sigma \tag{6.7}$$

geschrieben werden, wo $m(Q)$ den Flächeninhalt von Q bezeichnet. Vertauscht man die Rollen der a- und b-Seiten, so erhält man dieselbe obere Schranke für $M(Q)/M(w(Q))$.

Im Falle eines Kreisringes $B = \{z \mid r < |z| < R\}$, $\overline{B} \subset G$, setzen wir $\varrho(z) = 1/(2\pi |z|)$ für $z \in B$, $\varrho(z) = 0$ für $z \notin B$. Dann ist ϱ zulässig in bezug auf die Familie der Kurven $C \subset B$, welche die Randkomponenten von B voneinander trennen (vgl. I.6.3). Mit Berücksichtigung von IV.3.4 folgt also aus (6.6)

$$M(w(B)) \leqq \frac{1}{2\pi} \iint\limits_B \frac{D(z)}{|z|^2}\, d\sigma .$$

Wegen

$$M(B) = \frac{1}{2\pi} \iint\limits_B \frac{d\sigma}{|z|^2}$$

gilt folglich

$$M(w(B)) - M(B) \leqq \frac{1}{2\pi} \iint\limits_B \frac{D(z) - 1}{|z|^2}\, d\sigma . \tag{6.8}$$

Setzt man im Falle $M(B) < \infty$ dagegen $\varrho(z) = 1/(|z| \log(R/r)) = 1/(|z|\, M(B))$ für $z \in B$, so ist ϱ zulässig für die Familie der Bogen, die die Randkomponenten von B verbinden. Nach (6.6) und IV. 3.4 ist

$$\frac{1}{M(w(B))} \leqq \frac{1}{2\pi\, (M(B))^2} \iint\limits_B \frac{D(z)}{|z|^2}\, d\sigma ,$$

und also

$$\frac{M(B)}{M(w(B))} \leqq \frac{1}{2\pi\, M(B)} \iint\limits_B \frac{D(z)}{|z|^2}\, d\sigma = 1 + \frac{1}{2\pi\, M(B)} \iint\limits_B \frac{D(z) - 1}{|z|^2}\, d\sigma .$$

Daraus ergibt sich, in Verbindung mit (6.8),

$$|M(w(B)) - M(B)| \leqq \frac{1}{2\pi} \iint\limits_B \frac{D(z) - 1}{|z|^2}\, d\sigma . \tag{6.9}$$

6.4. Konvergenz des absoluten Betrages. Wir sind jetzt imstande zu beweisen, daß die Konformität im Nullpunkt aus der Endlichkeit des Integrals (6.5) folgt. Der Beweis zerfällt in zwei Teile: wir zeigen erstens, daß $|w(z)/z|$ für $z \to 0$ gegen einen von 0 und ∞ verschiedenen Grenzwert strebt, und zweitens, daß auch $\lim \arg (w(z)/z)$ existiert.

Für quasikonforme Abbildungen, die mit Ausnahme von $z = 0$ regulär sind, rührt das erste Resultat von Teichmüller [1] und Wittich [1] her, während das letztere zum ersten Mal in einer Arbeit von Belinskij [1] vorkommt.

Mit Rücksicht auf Satz II.8.1 bedeutet es keine Einschränkung anzunehmen, daß G die ganze Ebene ist. Ferner kann die Abbildung durch $w(\infty) = \infty$ normiert werden.

Hilfssatz 6.1. *Es sei w eine K-quasikonforme Abbildung der Ebene mit $w(0) = 0$, $w(\infty) = \infty$, und*

$$I(r) = \frac{1}{2\pi} \iint\limits_{|z|<r} \frac{D(z)-1}{|z|^2} d\sigma < \infty \quad \textit{für} \quad r < \infty . \tag{6.10}$$

Dann existiert eine Konstante c,

$$\min_{|z|=1} |w(z)|\, e^{-I(1)} \leqq c \leqq \max_{|z|=1} |w(z)|\, e^{I(1)} , \tag{6.11}$$

mit der Eigenschaft

$$\left| \left| \frac{w(z)}{z} \right| - c \right| \leqq c\, \varepsilon(|z|) , \tag{6.12}$$

wo die Funktion ε nur von K und I abhängt und $\lim\limits_{|z|\to 0} \varepsilon(|z|) = 0$ *ist.*

Beweis: Wir schreiben

$$\min_{|z|=r} |w(z)| = m(r) , \quad \max_{|z|=r} |w(z)| = \psi(r)\, m(r) .$$

Nach der Formel (9.1) in II.9.2 gilt $\psi(r) \leqq e^{\pi K}$ für jedes r. Wir zeigen zunächst, daß $\psi(r)$ für $r \to 0$ gegen 1 strebt.

Es sei r_h, $h = 0, 1, 2, \ldots, r_0 = 1$, eine abnehmende, gegen 0 konvergierende Zahlenfolge mit der Eigenschaft

$$\psi(r_{h+1})\, m(r_{h+1}) \leqq m(r_h) \tag{6.13}$$

für jedes h. Diese Ungleichung besteht, sobald $r_{h+1} \leqq e^{-\pi K} r_h$ ist, wie die Anwendung der Formel (9.1) von II.9.2 auf die Umkehrung von w zeigt. Für gegebenes K kann die Folge r_h also unabhängig von der Abbildung w gewählt werden.

Es sei $B_h = \{z \mid r_{h+1} < |z| < r_h\}$ und B_h' sein Bild, $h = 0, 1, \ldots$. Um den Modul von B_h' abzuschätzen, betrachte man eine analytische Kurve $C' \subset B_h'$, welche die Randkomponenten von B_h' voneinander trennt. Dann ist

$$\int\limits_{C'} \frac{|dw|}{|w|} \geqq \left| \int\limits_{C'} \frac{d|w|}{|w|} + i \int\limits_{C'} |d \arg w| \right| \geqq \left(4\pi^2 + \left(\int\limits_{C'} \frac{|d|w||}{|w|} \right)^2 \right)^{1/2} . \tag{6.14}$$

C' hat jedenfalls Punkte im Kreisring $\psi(r_{h+1})\, m(r_{h+1}) \leqq |w| \leqq m(r_h)$ (Abb. 12). Falls C' den Kreis $|w| = (\psi(r_{h+1}))^{2/3} m(r_{h+1})$ oder $|w| = (\psi(r_h))^{1/3} m(r_h)$ trifft, gilt deshalb

$$\int\limits_{C'} \frac{|d|w||}{|w|} \geqq \frac{2}{3} \log \psi(r_j) \tag{6.15}$$

mit $j = h + 1$ im ersten und $j = h$ im zweiten Falle.

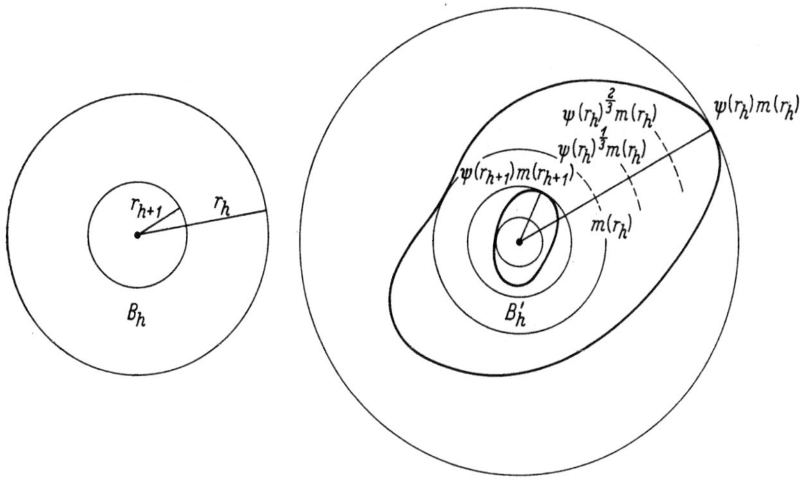

Abb. 12

Wir definieren eine nichtnegative Funktion ϱ' durch die Vorschriften

$$\varrho'(w) = \begin{cases} \dfrac{a_h}{2\pi |w|} & \text{für} \quad (\psi(r_h))^{1/3}\, m(r_h) \leqq |w| \leqq (\psi(r_h))^{2/3}\, m(r_h)\,, \\ \dfrac{1}{2\pi |w|} & \text{für} \quad (\psi(r_{h+1}))^{2/3}\, m(r_{h+1}) < |w| < (\psi(r_h))^{1/3}\, m(r_h) \\ & \text{oder} \quad (\psi(1))^{2/3}\, m(1) < |w|\,, \end{cases}$$

$h = 0, 1, 2, \ldots$, wo

$$a_h = \left(1 + \left(\frac{\log \psi(r_h)}{3\pi}\right)^2\right)^{-1/2}$$

ist.

Aus (6.14) und (6.15) erhält man

$$\int_{C'} \varrho' \, |dw| \geqq 1\,.$$

Daraus folgt nach Satz I.6.1

$$M(B'_h) \leqq 2\pi \iint_{B'_h} (\varrho')^2 \, d\sigma\,, \quad h = 0, 1, 2, \ldots.$$

Addition in bezug auf h ergibt somit

$$\sum_{h=n}^{N} M(B'_h) \leqq 2\pi \iint_{\cup B'_h} (\varrho')^2 d\sigma \leqq \int_{m(r_{N+1})}^{\psi(r_n)\, m(r_n)} \frac{d|w|}{|w|} - \sum_{h=n+1}^{N} \int_{(\psi(r_h))^{1/3}\, m(r_h)}^{(\psi(r_h))^{2/3}\, m(r_h)} \frac{1 - a_h^2}{|w|}\, d|w|$$

$$= \log \frac{\psi(r_n)\, m(r_n)}{m(r_{N+1})} - \sum_{h=n+1}^{N} \frac{(\log \psi(r_h))^3}{27\pi^2 + 3(\log \psi(r_h))^2}\,.$$

Andererseits gilt nach (6.9), da $M(B_h) = \log (r_h/r_{h+1})$ ist,

$$M(B_h') \geqq \log \frac{r_h}{r_{h+1}} - I(r_h) + I(r_{h+1}) \, .$$

Wegen $27\pi^2 + 3 \, (\log \psi(r_h))^2 \leqq 3\,\pi^2 \, (9 + K^2)$ ist also, wenn wir $3\,\pi^2 \, (9 + K^2) = 1/C$ schreiben,

$$C \sum_{h=n+1}^{N} (\log \psi(r_h))^3 \leqq \log \psi(r_n) + \log \frac{m(r_n)}{m(r_{N+1})} - \log \frac{r_n}{r_{N+1}}$$
$$+ I(r_n) - I(r_{N+1}) \, . \qquad (6.16)$$

Zur weiteren Abschätzung der rechten Seite betrachten wir den Kreisring $B = \{z \mid r_n > |z| > r_{N+1}\}$ und sein Bild B'. Aus

$$M(B) = \log \frac{r_n}{r_{N+1}} \, , \quad \log \frac{m(r_n)}{\psi(r_{N+1}) \, m(r_{N+1})} \leqq M(B') \leqq \log \frac{\psi(r_n) \, m(r_n)}{m(r_{N+1})}$$

und aus (6.9) ergibt sich

$$-\log \psi(r_n) - I(r_n) + I(r_{N+1}) \leqq \log \frac{m(r_n)}{m(r_{N+1})} - \log \frac{r_n}{r_{N+1}}$$
$$\leqq \log \psi(r_{N+1}) + I(r_n) - I(r_{N+1}) \, . \qquad (6.17)$$

In Verbindung mit (6.16) liefert die rechtsseitige Ungleichung

$$C \sum_{h=n+1}^{N} (\log \psi(r_h))^3 \leqq \log \psi(r_n) + \log \psi(r_{N+1}) + 2\, I(r_n) - 2\, I(r_{N+1}) \, . \qquad (6.18)$$

Wegen $\psi(r) \leqq e^{\pi K}$ folgt daraus erstens

$$C \sum_{h=1}^{\infty} (\log \psi(r_h))^3 \leqq 2\,\pi K + 2\, I(1) \, . \qquad (6.19)$$

Die Reihe auf der linken Seite ist also konvergent, und somit

$$\lim_{h \to \infty} \log \psi(r_h) = 0 \, . \qquad (6.20)$$

Für $N \to \infty$ ergibt sich aus (6.18) daher

$$C \sum_{h=n+1}^{\infty} (\log \psi(r_h))^3 \leqq \log \psi(r_n) + 2\, I(r_n) \, .$$

Diese Ungleichung besteht für jede Folge r_h, die der Beziehung (6.13) genügt. Für ein festgelegtes r_n kann als r_{n+1} also jede Zahl $\leqq e^{-\pi K} r_n$ gewählt werden. Für $r \leqq e^{-\pi K} \, r_n$ gilt somit

$$C (\log \psi(r))^3 \leqq \log \psi(r_n) + 2\, I(r_n) \, . \qquad (6.21)$$

Laut (6.20) und (6.10) folgt daraus

$$\lim_{r \to 0} \psi(r) = 1 \, .$$

Um noch zu zeigen, daß die Geschwindigkeit der Konvergenz gegen den Grenzwert 1 hier nur von K und I abhängt, konstruiere man zunächst die von der Abbildung w unabhängige zulässige Folge $r_0 = 1$, $r_h = e^{-\pi K} r_{h-1}$, $h = 1, 2, \ldots$. Aus (6.19) folgt, daß die Ungleichung

$$C(\log \psi(r_h))^3 \leqq \frac{2\pi K + 2I(1)}{n}$$

für mindestens ein $h, h = n+1, \ldots, 2n$, besteht. Aus (6.21) sieht man dann, daß $\log \psi(r)$ unterhalb einer nur von K und I abhängigen Grenze $\varepsilon_1(r)$ liegt, die für $r \to 0$ gegen Null strebt.

Es gilt also $\log\left(|w(z)|/m(|z|)\right) < \varepsilon_1(|z|)$. Um den Beweis zu vollenden, genügt es folglich die Gültigkeit von (6.12) zu begründen, wenn $|w(z)/z|$ durch $m(|z|)/|z|$ ersetzt wird.

Wir betrachten zwei Zahlen r, r_1, $0 < r_1 < r \leqq 1$. Ist $\psi(r_1)\, m(r_1) \leqq m(r)$, so können wir in (6.17) $r_n = r$, $r_{N+1} = r_1$ einsetzen. Es ergibt sich dann

$$-\log\psi(r) - I(r) + I(r_1) \leqq \log\frac{m(r)}{r} - \log\frac{m(r_1)}{r_1} \leqq \log\psi(r_1) + I(r) - I(r_1). \tag{6.22}$$

Hieraus folgt, daß

$$\limsup_{r\to 0} \log\frac{m(r)}{r} = \log c$$

endlich ist. Läßt man r_1 gegen Null streben, so daß $\log\left(m(r_1)/r_1\right)$ sich dem Grenzwert $\log c$ nähert, so erhält man aus (6.22)

$$-\log\psi(r) - I(r) \leqq \log\frac{m(r)}{r} - \log c \leqq I(r)$$

oder

$$\frac{c}{\psi(r)}\, e^{-I(r)} \leqq \frac{m(r)}{r} \leqq c\, e^{I(r)}\,. \tag{6.23}$$

Folglich ist

$$\left|\frac{m(r)}{r} - c\right| \leqq c\,(\psi(r)\, e^{I(r)} - 1)\,.$$

Die Behauptung (6.12) ist hiermit begründet. Setzt man in (6.23) $r = 1$ ein, so sieht man, daß c der Bedingung (6.11) genügt. Hilfssatz 6.1 ist also bewiesen.

6.5. Übergang zu der logarithmischen Ebene. Es gilt noch zu zeigen, daß $\arg\left(w(z)/z\right)$ für $z \to 0$ gegen einen Grenzwert strebt. Zur Vereinfachung einiger Teile des Beweises empfiehlt es sich, $\log w$ als Funktion von $\log z$ zu betrachten. Wir wollen den Übergang zu diesen neuen Variablen sofort ausführen, weil dadurch ein Zweig sowohl von

$\arg z$ als auch von $\arg w$ festgelegt wird, was für die genaue Formulierung der oben gestellten Grenzwertaufgabe angebracht ist.

Man bildet zunächst die aufgeschlitzte Ebene $G_0 = \{z \mid 0 < \arg z < 2\pi\}$ durch einen Zweig des Logarithmus auf den Streifen $S = \{\zeta = \xi + i\eta \mid 0 < \eta < 2\pi\}$ konform ab. Das Bildgebiet $w(G_0)$ von G_0 wird ebenfalls durch den Logarithmus in ein Gebiet S' übergeführt. Die zusammengesetzte Abbildung $f: S \to S'$, $f(\zeta) = \log w(e^\zeta)$, ist dann K-quasikonform und läßt sich folglich auf die Randgeraden von S stetig erweitern.

Eine Strecke $\xi = \xi_0$, $0 \leqq \eta \leqq 2\pi$ wird durch die Exponentialfunktion auf den Kreis $|z| = e^{\xi_0}$ bezogen. Da w orientierungserhaltend ist, erhält $f(\zeta) = \log|w(e^\zeta)| + i \arg w(e^\zeta)$ also den Zuwachs $2\pi i$, wenn η von 0 bis 2π wächst. Wir können deshalb durch die Vorschrift

$$f(\zeta + 2n\pi i) = f(\zeta) + 2n\pi i, \quad n = 0, \pm 1, \ldots, \tag{6.24}$$

$f = u + iv$ auf die endliche Ebene als eine stetige Funktion erweitern, so daß $v(\zeta)$ mit einem Zweig von $\arg w(e^\zeta)$ übereinstimmt. Man sieht leicht ein, daß f ein Homöomorphismus der Ebene ist, und da f sich lokal aus einer K-quasikonformen und zwei konformen Abbildungen zusammensetzt, ist f K-quasikonform. In den Punkten $\log z + 2n\pi i$, $n = 0, \pm 1, \ldots$, hat der Dilatationsquotient D von f denselben Wert wie der Dilatationsquotient von w im Punkt z, vorausgesetzt, daß w in z regulär ist.

Durch diesen Übergang zu den logarithmischen Ebenen haben wir auch einen Zweig von $\arg z$ und $\arg w$ als Funktion von ζ festgelegt. Im folgenden werden unter den Bezeichnungen $\eta = \arg z$, $v = \arg w$ immer diese Zweige der betreffenden Funktionen verstanden. Man bemerke, daß $\arg(w/z)$ dann für $z \neq 0, \infty$ eindeutig von z abhängt.

Hier sei noch eine Bemerkung gemacht über die gleichmäßige Hölderstetigkeit der Familie $\mathcal{F}$, die aus allen K-quasikonformen Abbildungen der Ebene mit der Eigenschaft (6.24) besteht. Für jedes $f \in \mathcal{F}$ enthält das von f erzeugte Bild des Streifens $T = \{\xi + i\eta \mid 0 < \eta < 4\pi\}$ keine abgeschlossene vertikale Strecke von der Länge 4π. Nach Satz II.4.1 ist $\mathcal{F}$ deshalb gleichgradig stetig in T. Aus Satz II.4.3 folgt dann, daß $\mathcal{F}$ in jedem Punkt ζ_0 von T Hölderstetig ist. Da f und $f - f(\zeta_0)$ gleichzeitig zu $\mathcal{F}$ gehören, ist $\mathcal{F}$ Hölderstetig auch in bezug auf die euklidische Metrik. Dasselbe gilt in jedem endlichen Punkt, der ja einen mod $2\pi i$ äquivalenten Punkt in T hat.

Es gibt also zu jedem endlichen Punkt ζ_0 zwei positive Zahlen C und d, so daß

$$|f(\zeta) - f(\zeta_0)| \leqq C\,|\zeta - \zeta_0|^{1/K} \tag{6.25}$$

für $f \in \mathcal{F}$ und $|\zeta - \zeta_0| \leqq d$ gilt. Da die Familie $\mathcal{F}$ bei einer Parallelverschiebung der ζ-Ebene unverändert bleibt, besteht (6.25) für feste, nur von K abhängige Zahlen C, d unabhängig von der Wahl des Punktes ζ_0.

6.6. Konvergenz des Arguments. Der zu beweisende Hilfssatz lautet wie folgt:

Hilfssatz 6.2. *Unter den Bedingungen des Hilfssatzes 6.1 strebt* $\arg w(z) - \arg z$ *für* $z \to 0$ *gegen einen Grenzwert* α. *Die Geschwindigkeit der Annäherung hängt von* K *und* I, *sonst aber nicht von der Abbildung* w *ab.*

Beweis: Wir gehen auf die in 6.5 erklärte Weise in die logarithmischen Ebenen über. Die Voraussetzung (6.10) lautet dann, wenn wir jetzt I statt $2\pi I$ schreiben,

$$I(e^x) = \int_{-\infty}^{x} \int_{0}^{2\pi} \big(D(\zeta) - 1\big)\, d\xi\, d\eta < \infty$$

für $x < \infty$, wo D der Dilatationsquotient der Abbildung $f = u + i v$ ist. Es gilt zu beweisen, daß $v(\xi + i\eta) - \eta$ für $\xi \to -\infty$ gegen einen Grenzwert α strebt, und zwar so, daß $|v(\xi + i\eta) - \eta - \alpha|$ unterhalb einer nur von K, I und ξ abhängigen Schranke $\varepsilon(\xi)$ liegt mit $\varepsilon(\xi) \to 0$ für $\xi \to -\infty$.

Nach Hilfssatz 6.1 gilt

$$|u(\xi + i\eta) - u(\xi' + i\eta') - (\xi - \xi')| < \varepsilon_1(x) \qquad (6.26)$$

für jedes Paar von Punkten $\xi + i\eta$, $\xi' + i\eta'$ mit $\xi, \xi' \leqq x$, wo ε_1 eine positive, monotone, nur von K und I abhängige Funktion von x ist, die für $x \to -\infty$ gegen Null strebt. Wir beschränken uns im folgenden auf so kleine Werte von x, daß sowohl $\varepsilon_1(x)$ als $I(e^x)$ unterhalb der Schranke $\min(1, d^2)$ liegt, wo d die zu der Verzerrungsformel (6.25) gehörende Konstante ist.

Wir setzen

$$\eta_1 - \eta_2 = \beta\,, \qquad v(\xi + i\eta_1) - v(\xi + i\eta_2) = b(\xi)\,.$$

Es wird gezeigt, daß $b(\xi)$ für $\xi \to -\infty$ gegen β strebt. Zunächst wird angenommen, daß $\eta_2 < \eta_1$ ist.

Wir betrachten ein achsenparalleles Rechteck $Q_x = \{\xi + i\eta \,|\, x - \varepsilon_2(x) < \xi < x, \eta_2 < \eta < \eta_1\}$, wo $\varepsilon_2(x)$ die größere der Zahlen $\sqrt{\varepsilon_1(x)}$ und $\sqrt{I(e^x)}$ ist. Der Modul von Q_x ist $\varepsilon_2(x)/\beta$. Um den Modul des Bildes $Q'_x = f(Q_x)$ abzuschätzen, bemerken wir, daß die b-Seiten von Q'_x wegen (6.26) durch einen vertikalen Streifen S'_x der Breite $\varepsilon_2(x) - \varepsilon_1(x)$ voneinander getrennt werden können. Bezeichnet ϱ diejenige Funktion, die in der Menge $Q'_x \cap S'_x$ den konstanten Wert $1/\big(\varepsilon_2(x) - \varepsilon_1(x)\big)$ besitzt und außerhalb dieser Menge verschwindet, so gilt also $l_\varrho(C) \geqq 1$

für jeden rektifizierbaren Bogen $C \subset Q'_x$, der die b-Seiten von Q'_x verbindet. Aus IV.3.4 ergibt sich folglich

$$\frac{1}{M(Q'_x)} \leqq \iint_{Q'_x} \varrho^2 \, d\sigma = \frac{m\,(Q'_x \cap S'_x)}{(\varepsilon_2(x) - \varepsilon_1(x))^2} . \tag{6.27}$$

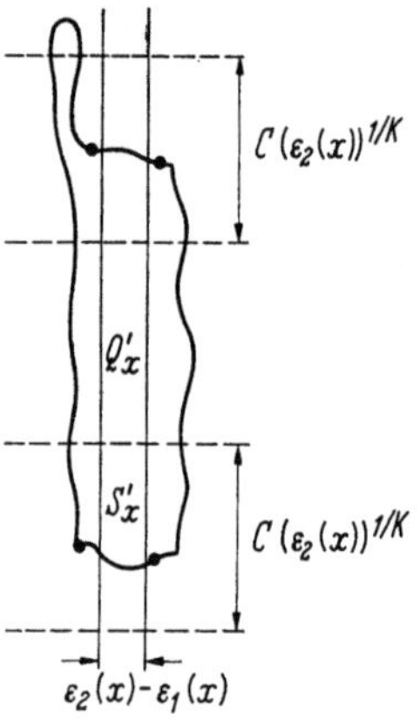

Abb. 13

Was die a-Seiten von Q'_x betrifft, folgt aus (6.25), daß sie innerhalb je eines horizontalen Streifens von der Breite $C(\varepsilon_2(x))^{1/K}$ liegen (Abb. 13). Die maximale Höhe der Menge $Q'_x \cap S'_x$ ist also nicht größer als $|b(x)| + 2\,C(\varepsilon_2(x))^{1/K}$, und ihr Flächeninhalt beträgt höchstens $(\varepsilon_2(x) - \varepsilon_1(x))\,(|b(x)| + 2\,C(\varepsilon_2(x))^{1/K})$. Mit Rücksicht auf (6.27) folgt hieraus

$$M(Q'_x) \geqq \frac{\varepsilon_2(x) - \varepsilon_1(x)}{|b(x)| + 2\,C(\varepsilon_2(x))^{1/K}} . \tag{6.28}$$

Für $\beta \leqq 4\pi$ gilt andererseits nach (6.7) und (6.24)

$$M(Q'_x) \leqq M(Q_x) + \frac{2\,M(Q_x)}{m(Q_x)} I(e^x) = \frac{\varepsilon_2(x)}{\beta} + \frac{2\,I(e^x)}{\beta^2} .$$

Es ergibt sich also

$$|b(x)| + 2\,C\,(\varepsilon_2(x))^{1/K} \geqq \frac{\varepsilon_2(x) - \varepsilon_1(x)}{\dfrac{\varepsilon_2(x)}{\beta} + \dfrac{2\,I(e^x)}{\beta^2}} \geqq \beta - \frac{\varepsilon_1(x)\,\beta}{\varepsilon_2(x)} - \frac{2\,I(e^x)}{\varepsilon_2(x)} .$$

Beachtet man noch, daß $\varepsilon_2(x) = \max\left(\sqrt{\varepsilon_1(x)}, \sqrt{I(e^x)}\right)$ und $\beta \leqq 4\pi$ ist, so erhält man

$$|b(x)| \geqq \beta - 2\,C(\varepsilon_2(x))^{1/K} - 4\pi\sqrt{\varepsilon_1(x)} - 2\sqrt{I(e^x)} = \beta - \varepsilon_3(x) , \tag{6.29}$$

wo $\varepsilon_3(x)$ nur von K und I abhängt und für $x \to -\infty$ monoton gegen Null strebt. Im Folgenden sei x so klein, daß $\varepsilon_3(x) < 2\pi$ ist.

Die Ungleichung (6.29) besteht für jedes Zahlenpaar η_1 und η_2, vorausgesetzt, daß $\eta_1 - \eta_2 = \beta$ zwischen 0 und 4π liegt. Für festes x ist $b(x)$ eine stetige Funktion von η_1 und η_2, die wegen (6.29) also für alle Wertepaare η_1, η_2, $\varepsilon_3(x) < \eta_1 - \eta_2 \leqq 4\pi$, dasselbe Vorzeichen besitzt. Nach (6.24) ist aber $b(x) = 2\pi$ für $\beta = 2\pi$, und (6.29) geht folglich in

$$b(x) \geqq \beta - \varepsilon_3(x) \tag{6.30}$$

über. Aus (6.24) folgt ferner, daß (6.30) nicht nur für $\varepsilon_3(x) < \beta \leqq 4\pi$ sondern für jedes β besteht.

Um für $b(x)$ eine Abschätzung nach oben zu gewinnen, braucht man nur η_1 und η_2 miteinander zu vertauschen. Dann gehen $b(x)$ und β in $-b(x)$ bzw. $-\beta$ über, und es ergibt sich schließlich

$$|b(x) - \beta| = |v\,(x + i\,\eta_1) - v\,(x + i\,\eta_2) - (\eta_1 - \eta_2)| \leqq \varepsilon_3(x) . \tag{6.31}$$

Um den Beweis zu vollenden, legen wir zwei Zahlen x und x_1, $x_1 < x$, fest, und betrachten den Ausdruck

$$v\,(x + i\,\eta) - \eta - \bigl(v\,(x_1 + i\,\eta_1) - \eta_1\bigr) = \delta(\eta, \eta_1) = \delta \qquad (6.32)$$

als Funktion von η und η_1. Aus (6.31) folgt zunächst

$$\sup \delta(\eta, \eta_1) - \inf \delta(\eta, \eta_1) \leqq 2\,\varepsilon_3(x)\,. \qquad (6.33)$$

Verschwindet δ für ein Zahlenpaar η, η_1, so ist also $|\delta| \leqq 2\,\varepsilon_3(x)$. Anderenfalls nimmt δ nur positive oder nur negative Werte an. Wir nehmen zuerst an, daß $\delta > 0$ ist.

Wir betrachten das Parallelogramm $G = \{\xi + i\,\eta \mid x_1 < \xi < x,\ \xi < \eta < \xi + 2\pi\}$ und sein Bildgebiet $G' = f(G)$ (Abb. 14). Der Flächeninhalt von G' läßt sich unter Beachtung von (6.24) und (6.26) mit Hilfe des Fubinischen Satzes abschätzen; es ergibt sich

$$m(G') \leqq 2\pi\,\bigl(x - x_1 + \varepsilon_1(x)\bigr)\,. \qquad (6.34)$$

Um eine Abschätzung für δ zu finden, überdecken wir das Parallelogramm G mit parallelen Strecken $L_y = \{\xi + i\,\eta \mid x_1 < \xi < x,\ \eta = \xi + y\}$, $0 < y < 2\pi$. Nach Hilfssatz IV.1.1 ist f absolut stetig auf L_y für fast jedes y, und aus Satz IV.1.4 folgt, daß f in fast jedem Punkt von L_y regulär ist bis auf eine Nullmenge von y-Werten. Wir betrachten solche Strecken L_y, die zu keiner der obigen Nullmengen gehören, und bezeichnen der Kürze halber mit $\Lambda(y)$ die Länge des Bildbogens $L'_y = f(L_y)$. Dann gilt

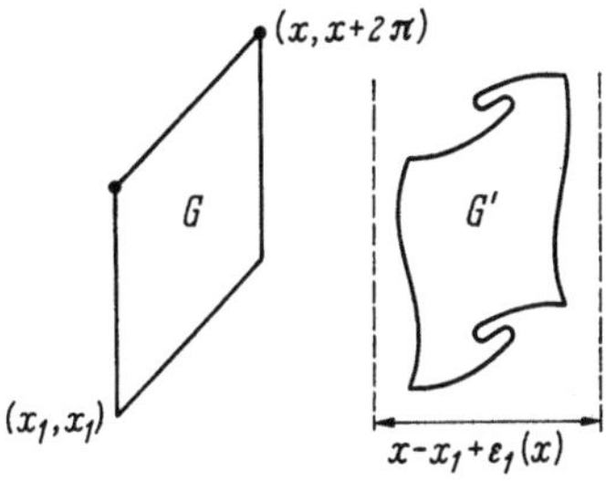

Abb. 14

$$\int_0^{2\pi} \Lambda(y)\,dy \leqq \sqrt{2}\int_0^{2\pi}\Bigl(\int_{L_y} (\max_\alpha |\partial_\alpha f(\zeta)|)\,d\xi\Bigr)\,dy$$

$$= \sqrt{2}\int_0^{2\pi}\Bigl(\int_{L_y} \sqrt{D(\zeta)\,J(\zeta)}\,d\xi\Bigr)\,dy\,,$$

wo $J(\zeta)$ die Funktionaldeterminante von f im Punkt $\zeta = \xi + i\,\eta$ ist. Durch Anwendung des Fubinischen Satzes erhält man weiter

$$\int_0^{2\pi} \Lambda(y)\,dy \leqq \sqrt{2}\iint_G \sqrt{D(\zeta)\,J(\zeta)}\,d\sigma\,,$$

und aus der Schwarzschen Ungleichung und (6.24) folgt dann

$$\int_0^{2\pi} \Lambda(y)\,dy \leqq \Bigl(2\iint_G D(\zeta)\,d\sigma \iint_G J(\zeta)\,d\sigma\Bigr)^{1/2}$$

$$\leqq \Bigl(2(I(e^x)\iint_G J(\zeta)\,d\sigma + \iint_G d\sigma \iint_G J(\zeta)\,d\sigma)\Bigr)^{1/2}.$$

Hier ist

$$\iint_G J(\zeta)\, d\sigma = m(G') , \quad \iint_G d\sigma = m(G) = 2\pi (x - x_1) .$$

Wegen (6.34) gilt also

$$\int_0^{2\pi} \Lambda(y)\, dy \leqq 2\pi \left(2 (x - x_1 + \varepsilon_1(x))\left(x - x_1 + \frac{I(e^x)}{2\pi}\right)\right)^{1/2}$$

$$= \sqrt{2}\, 2\pi (x - x_1) + \varepsilon_4(x) , \qquad (6.35)$$

wo $\varepsilon_4(x) \to 0$ für $x \to -\infty$.

Um für $\Lambda(y)$ eine Abschätzung nach unten zu finden, erinnern wir daran, daß $\Lambda(y)$ die Länge des Bogens L'_y ist, der die Punkte $f(x_1 + i(x_1 + y))$ und $f(x + i(x + y))$ miteinander verbindet. Nach (6.26) und (6.32) hat man deshalb für $x - x_1 > \varepsilon_1(x)$

$$\Lambda(y) \geqq \left((x - x_1 - \varepsilon_1(x))^2 + (x - x_1 + \inf \delta)^2\right)^{1/2}$$

$$\geqq \sqrt{2}\, (x - x_1 - \varepsilon_1(x)) + \frac{\inf \delta}{\sqrt{2}} .$$

Für $x - x \leqq \varepsilon_1(x)$ ist

$$\Lambda(y) \geqq \inf \delta .$$

Setzt man diese Abschätzungen in (6.35) ein, so sieht man, daß

$$\inf \delta \leqq 2\varepsilon_1(x) + \frac{\varepsilon_4(x)}{\sqrt{2}\pi}$$

in beiden Fällen ist. Mit Rücksicht auf (6.33) gilt also

$$\delta \leqq 2\varepsilon_1(x) + 2\varepsilon_3(x) + \frac{\varepsilon_4(x)}{\sqrt{2}\pi} = \varepsilon_5(x) . \qquad (6.36)$$

Diese Beziehung ist unter der Voraussetzung $\delta > 0$ hergeleitet worden. Für $\delta < 0$ ersetzt man das Parallelogramm G durch $G = \{\xi + i\eta \mid x_1 < \xi < x, -\xi < \eta < -\xi + 2\pi\}$ und führt den Beweis sonst wie oben durch.

Man erhält so auch für $-\delta$ die obere Schranke (6.36). Nimmt δ sowohl positive als negative Werte an, so konstatierten wir schon oben (vgl. (6.33)), daß dann $|\delta| \leqq 2\varepsilon_3(x)$ ist. In allen Fällen besteht also die Ungleichung

$$|\delta| = |(v(x + i\eta) - \eta) - (v(x_1 + i\eta_1) - \eta_1)| \leqq \varepsilon_5(x)$$

für $x_1 \leqq x$.

Hieraus folgt, daß $v(x + i\eta) - \eta$ für $x \to -\infty$ gegen einen Grenzwert α strebt und zwar so, daß

$$|v(x + i\eta) - \eta - \alpha| \leqq \varepsilon_5(x)$$

für jedes endliche η gilt. Hilfssatz 6.2 ist hiermit bewiesen.

6.7. Zusammenfassung der Resultate. Aus den Hilfssätzen 6.1 und 6.2 ergibt sich leicht das in Aussicht gestellte Resultat über die Konformität einer quasikonformen Abbildung in einem Punkt. Aus der für beliebige komplexe Zahlen $z_1 = r_1 e^{i\varphi_1}$, $z_2 = r_2 e^{i\varphi_2}$ bestehenden Ungleichung $|z_1 - z_2| \leqq |r_1 - r_2| + r_2 |\varphi_1 - \varphi_2|$ folgt nämlich, daß $w(z)/z - c e^{i\alpha}$ für $z \to 0$ den Grenzwert Null besitzt, falls $|w|/|z|$ und $\arg(w/z)$ gegen $c \neq 0, \infty$ bzw. α streben. Nach Definition ist w dann konform im Nullpunkt. Aus der Entwicklung

$$w(z) = c e^{i\alpha} z + o(z)$$

sieht man, daß w in $z = 0$ die komplexen Ableitungen $w_z(0) = c e^{i\alpha}$, $w_{\bar{z}}(0) = 0$ besitzt.

Satz 6.1. *Es sei w eine K-quasikonforme Selbstabbildung der endlichen Ebene mit $w(0) = 0$ und*

$$I(r) = \frac{1}{2\pi} \iint\limits_{|z|<r} \frac{D(z) - 1}{|z|^2} d\sigma < \infty \quad \textit{für} \quad r < \infty .$$

Dann ist w konform im Nullpunkt, und es gilt

$$\left| \frac{w(z)}{z} - w_z(0) \right| < |w_z(0)| \, \varepsilon(|z|) , \qquad \lim_{|z| \to 0} \varepsilon(|z|) = 0 ,$$

wo ε nur von K und I, sonst aber nicht von der Abbildung w abhängt. Für die Ableitung $w_z(0)$ gilt

$$\min_{|z|=1} |w(z)| \, e^{-I(1)} \leqq |w_z(0)| \leqq \max_{|z|=1} |w(z)| \, e^{I(1)} . \tag{6.37}$$

Bemerkungen. Aus den obigen Beweisen geht hervor, daß es zu jeder vorgegebenen positiven Funktion Δ mit $\Delta(r) \to 0$ für $r \to 0$ ein ε gibt, so daß jede K-quasikonforme Abbildung mit $I(r) \leqq \Delta(r)$ den Bedingungen des Satzes 6.1 für dieses ε genügt. Diese Bemerkung über die monotone Abhängigkeit der Funktion ε von I wird in § 7 benötigt.

Zweitens bemerken wir, daß die rechtsseitige Ungleichung (6.37) unter Anwendung des Koebeschen Viertelsatzes (vgl. II.1.3) verschärft werden kann, falls $\max |w(z)|$ viel größer als $\min |w(z)|$ für $|z| = 1$ ist. Die Einschränkung von w auf den Einheitskreis D kann nämlich in der Form $w = f \circ \hat{w}$ geschrieben werden, wo $\hat{w}$, $\hat{w}(0) = 0$, eine quasikonforme Selbstabbildung von D ist und f dieses Gebiet konform auf $w(D)$ abbildet. Nach dem Koebeschen Satz ist dann

$$|f'(0)| \leqq 4 \min_{|z|=1} |w(z)| . \tag{6.38}$$

Die Abbildung $\hat{w}$ besitzt denselben Dilatationsquotienten wie w, und nach (6.37) gilt also $|\hat{w}_z(0)| \leqq e^{I(1)}$. Für $|w_z(0)| = |f'(0)| \, |\hat{w}_z(0)|$

ergibt sich aus (6.38) daher die Abschätzung

$$|w_z(0)| \leqq 4 \min_{|z|=1} |w(z)| \, e^{I(1)}.$$

Für weitere diesbezügliche Verallgemeinerungen des Koebeschen Viertelsatzes verweisen wir auf Pfluger [1] und Juve [1].

§ 7. Regularität einer Abbildung mit vorgegebener komplexer Dilatation

7.1. Komplexe Dilatation und reguläre Punkte. Nachdem wir in § 6 eine hinreichende Bedingung für die lokale Konformität gefunden haben, kann die allgemeinere Frage nach der Regularität einer quasikonformen Abbildung in einem Punkt jetzt unschwer behandelt werden. Wir betrachten im folgenden nur endliche Punkte; von dieser Einschränkung kann man sich natürlich mittels linearer konformer Hilfsabbildungen befreien.

Im Gegensatz zu der lokalen Konformität kann die Regularität einer quasikonformen Abbildung in einem Punkt z_0 nicht aus dem Verhalten ihres Dilatationsquotienten $D(z)$ für $z \neq z_0$ geschlossen werden. Wir müssen deshalb von einer Abbildung mit vorgegebener komplexer Dilatation ausgehen. In 6.2 haben wir bemerkt, daß die Konformitätsbedingung im Satz 6.1 gleichbedeutend mit der Konvergenz des Integrals

$$\iint\limits_{|z|<r} \frac{|\varkappa(z)|}{|z|^2} \, d\sigma$$

ist. Diese Bedingung läßt sich nun folgendermaßen verallgemeinern:

Satz 7.1. *G und G' seien Gebiete der endlichen Ebene und $w : G \to G'$ eine quasikonforme Abbildung, deren komplexe Dilatation fast überall in G mit der Funktion $\varkappa$, $|\varkappa| \leqq k < 1$, übereinstimmt. Für einen Punkt $z_0 \in G$ existiere eine Zahl $\varkappa_0$, so daß*

$$\iint\limits_{|z-z_0|<r} \frac{|\varkappa(z)-\varkappa_0|}{|z-z_0|^2} \, d\sigma < \infty \tag{7.1}$$

für ein $r > 0$ gilt. Dann ist w regulär im Punkt z_0 und hat die komplexe Dilatation $\varkappa_0$ in z_0.

Beweis: Nach Satz II.8.1 kann die Einschränkung von w auf eine Umgebung von z_0 zu einer quasikonformen Abbildung der Ebene erweitert werden. Durch eine lineare Transformation erreicht man, daß die Unendlichkeitspunkte dabei einander entsprechen. Es bedeutet also keine Einschränkung von vornherein anzunehmen, daß G und G' endliche Ebenen sind.

Um Satz 6.1 anwenden zu können, konstruieren wir die Hilfsabbildung f,

$$f(\zeta) = w\,(z_0 + \zeta - \varkappa_0\,\bar{\zeta}) - w(z_0)\,, \tag{7.2}$$

wo $\varkappa_0$ die in (7.1) vorkommende Zahl ist. Wir behaupten, daß f im Nullpunkt konform ist.

Nach (7.1) ist $|\varkappa_0| \leqq k < 1$ und f somit quasikonform. Wegen $f(0) = 0$ genügt es nach Satz 6.1 also zu zeigen, daß

$$\iint\limits_{|\zeta| < r} \frac{|\varkappa_f(\zeta)|}{|\zeta|^2}\, d\sigma < \infty \tag{7.3}$$

für ein $r > 0$ besteht, wo $\varkappa_f$ die komplexe Dilatation von f bezeichnet.

Zum Beweis von (7.3) sei die Transformationsformel (5.6) in IV.5.2 zur Berechnung von $\varkappa_f$ angewandt. Mit

$$z = z_0 + \zeta - \varkappa_0\,\bar{\zeta} \tag{7.4}$$

folgt daraus

$$|\varkappa_f(\zeta)| = \left|\frac{\varkappa(z) - \varkappa_0}{1 - \bar{\varkappa}_0\,\varkappa(z)}\right| \leqq \frac{|\varkappa(z) - \varkappa_0|}{1 - k^2}$$

fast überall. Da die Funktionaldeterminante der durch (7.4) definierten affinen Abbildung gleich $1 - |\varkappa_0|^2$ ist, erhält man also

$$\iint\limits_{|\zeta| < r} \frac{|\varkappa_f(\zeta)|}{|\zeta|^2}\, d\sigma \leqq \frac{1}{(1 - k^2)^2} \iint\limits_{|\zeta(z)| < r} \frac{|\varkappa(z) - \varkappa_0|}{|\zeta(z)|^2}\, d\sigma\,,$$

wo nach (7.4)

$$\zeta(z) = \frac{z - z_0 + \varkappa_0\,(\bar{z} - \bar{z}_0)}{1 - |\varkappa_0|^2} \tag{7.5}$$

ist. Beachtet man noch, daß

$$|\zeta(z)| \geqq \frac{|z - z_0|}{1 + |\varkappa_0|} \geqq \frac{|z - z_0|}{1 + k}$$

ist, so wird schließlich

$$\iint\limits_{|\zeta| < r} \frac{|\varkappa_f(\zeta)|}{|\zeta|^2}\, d\sigma \leqq \frac{1}{(1 - k)^2} \iint\limits_{|z - z_0| < (1+k)\,r} \frac{|\varkappa(z) - \varkappa_0|}{|z - z_0|^2}\, d\sigma\,. \tag{7.6}$$

Aus (7.1) folgt also (7.3). Nach Satz 6.1 gilt somit

$$f(\zeta) = f_\zeta(0)\,\zeta + o(\zeta)\,. \tag{7.7}$$

Mit Rücksicht auf (7.2), (7.4) und (7.5) ist dies gleichbedeutend mit

$$w(z) = w(z_0) + \frac{f_\zeta(0)}{1 - |\varkappa_0|^2}\,(z - z_0) + \frac{\varkappa_0\, f_\zeta(0)}{1 - |\varkappa_0|^2}\,(\bar{z} - \bar{z}_0) + o\,(z - z_0)\,. \tag{7.8}$$

Hieraus sieht man, daß die Abbildung w die behaupteten Eigenschaften besitzt: sie ist regulär in z_0 und hat in diesem Punkt die komplexe Dilatation $\varkappa_0$.

7.2. Stetige Differenzierbarkeit. Wir wollen jetzt untersuchen, wann eine quasikonforme Abbildung w mit vorgegebener komplexer Dilatation in einem Gebiet G regulär ist. Nach Definition wird hierfür verlangt, daß die Abbildung in jedem Punkt von G regulär ist und stetige partielle Ableitungen in G besitzt. Die letztere Eigenschaft folgt nicht aus der ersteren, und man benötigt tatsächlich eine stärkere Bedingung als die Gültigkeit von (7.1) für jedes $z_0 \in G$ (vgl. 6.2).

Die stetige Differenzierbarkeit von w in G folgt aber, wenn wir dem in (7.1) vorkommenden Integral die zusätzliche Forderung auferlegen, daß es in jeder kompakten Menge $F \subset G$ gleichmäßig konvergent ist. Wir verlangen also, daß jedem $\varepsilon > 0$ ein $\delta > 0$ zugeordnet werden kann, so daß

$$\iint\limits_{|z-z_0|<\delta} \frac{|\varkappa(z) - \varkappa(z_0)|}{|z - z_0|^2}\, d\sigma < \varepsilon$$

für jedes $z_0 \in F$ gilt, wo $\varkappa(z_0)$ nach Satz 7.1 die komplexe Dilatation von w in z_0 sein muß.

Wie vorher beschränken wir uns im Folgenden auf Gebiete der endlichen Ebene.

Satz 7.2. *Es sei $\varkappa$ eine im Gebiet G meßbare Funktion, $|\varkappa| \leqq k < 1$, so daß das Integral*

$$\iint \frac{|\varkappa(z) - \varkappa(z_0)|}{|z - z_0|^2}\, d\sigma_z$$

in jedem kompakten Teil von G gleichmäßig konvergiert. Dann ist jede quasikonforme Abbildung $w: G \to G'$, deren komplexe Dilatation fast überall in G mit $\varkappa$ übereinstimmt, eine reguläre quasikonforme Abbildung von G und hat die komplexe Dilatation $\varkappa(z)$ für jedes $z \in G$.

Beweis: Wie beim Beweis des Satzes 7.1 können wir w zu einer quasikonformen Abbildung der Ebene erweitern und diese durch $w(\infty) = \infty$ normieren. Wir fassen ein Gebiet U, $\overline{U} \subset G$, ins Auge und zeigen, daß die Ableitungen w_z und $w_{\bar z}$ in U stetig sind.

Es sei z_0 ein beliebiger Punkt von U. Für $\varkappa_0 = \varkappa(z_0)$ gilt dann (7.8). Vergleich mit der äquivalenten Beziehung (7.7) und Anwendung des Satzes 6.1 ergibt für das Restglied in (7.8) die Abschätzung

$$\begin{aligned} |o(z - z_0)| &\leqq |f_\zeta(0)\,\zeta|\,\varepsilon(|\zeta|) \leqq |\zeta|\,\varepsilon(|\zeta|) \max_{|\zeta|=1} |f(\zeta)|\, e^{I(1)} \\ &\leqq \frac{|z - z_0|}{1-k}\,\varepsilon\left(\frac{|z - z_0|}{1-k}\right) \max_{|z-z_0|=1+k} |w(z) - w(z_0)|\, e^{I(1)}\,. \end{aligned} \tag{7.9}$$

Hier hat ε die im Satz 6.1 aufgezählten Eigenschaften und muß überdies so gewählt werden, daß $\varepsilon(|\zeta|)$ mit $|\zeta|$ zunimmt; I hat dieselbe Bedeutung (in bezug auf f) wie im Satz 6.1.

Weil die maximale Dilatation der Abbildung f höchstens $(1+k)^2/(1-k)^2$ beträgt, ist

$$D_f(\zeta) - 1 = 2\frac{|\varkappa_f(\zeta)|}{1-|\varkappa_f(\zeta)|} \leqq 2\frac{1+k^2}{(1-k)^2}|\varkappa_f(\zeta)|\,.$$

Daraus folgt mit Rücksicht auf (7.6)

$$I(r) \leqq \frac{1+k^2}{\pi(1-k)^4}\iint\limits_{|z-z_0|<(1+k)r}\frac{|\varkappa(z)-\varkappa(z_0)|}{|z-z_0|^2}\,d\sigma = \Delta(r)\,.$$

Hier hängt $\Delta(r)$ von z_0 ab, ist aber nach Voraussetzung gleichmäßig beschränkt für $z_0 \in U$ und $r \leqq 1$. Für $r \to 0$ strebt $\Delta(r)$ gleichmäßig gegen Null. In (7.9) ist also erstens $e^{I(1)}$ gleichmäßig beschränkt. Nach der ersten Bemerkung am Ende von 6.7 hängt ε nur von k und Δ ab, und $|w(z)-w(z_0)|$ ist gleichmäßig beschränkt für $z_0 \in U$, $|z-z_0| \leqq 1+k$. Also gilt (7.8) in der Form

$$\begin{aligned}|w(z) - w(z_0) - w_z(z_0)\,(z-z_0) - w_{\bar z}(z_0)\,(\bar z - \bar z_0)\,|& \\ < |z-z_0|\,\varepsilon_1\,(|z-z_0|)\,,& \qquad (7.10)\end{aligned}$$

wo $\varepsilon_1\,(|z-z_0|) \to 0$ für $|z-z_0| \to 0$ und ε_1 für alle Punkte $z_0 \in U$ dieselbe Funktion von $|z-z_0|$ ist.

Für reelles $z - z_0 = h$ folgt aus (7.10)

$$\left|\frac{w\,(z_0+h)-w(z_0)}{h} - w_x(z_0)\right| < \varepsilon_1(|h|)\,.$$

Also ist w_x als gleichmäßiger Limes stetiger Funktionen stetig in U. Auf dieselbe Weise zeigt man die Stetigkeit von w_y, und der Satz ist bewiesen.

Neben den in § 6 erwähnten Ergebnissen von Teichmüller, Wittich und Belinskij hat Šabat [1] mit den Aussagen der Sätze 7.1 und 7.2 verwandte Resultate erzielt; s. auch Volkovyskij [1]. In der obigen Formulierung findet man diese Sätze in Lehto [1]. Bojarski [2] hat die Regularität im Punkt z_0 durch Anwendung der Darstellungsformel (5.17) in 5.7 bewiesen, indem er die Annahme (7.1) durch die Forderung

$$\iint\limits_{|z-z_0|<r}\left|\frac{\varkappa(z)-\varkappa_0}{z-z_0}\right|^p d\sigma < \infty\,,\quad p>2\,, \qquad (7.11)$$

ersetzt. Dieses Ergebnis ist im Satz 7.1 enthalten: Die Höldersche Ungleichung besagt, daß (7.1) aus der Gültigkeit von (7.11) folgt, während das Beispiel $|\varkappa(z)| = |z|^{1-2/p}$, $z_0 = \varkappa_0 = 0$, zeigt, daß die Umkehrung nicht wahr ist.

7.3. Genauigkeit der Bedingungen. Einfache Beispiele zeigen, daß die in den Sätzen 7.1 und 7.2 angegebenen Regularitätskriterien nicht bestmöglich sind. In der Tat braucht das Integral in (7.1) nicht endlich zu sein, obschon die Abbildung w nicht nur im Punkt z_0, sondern im ganzen Gebiet G regulär ist.

Um dies einzusehen, wähle man als Gebiet G das Quadrat $\left\{x + i\,y \,\middle|\, -\frac{1}{2} < x < \frac{1}{2},\ -\frac{1}{2} < y < \frac{1}{2}\right\}$ und definiere die Abbildung w durch die Vorschrift

$$w(x + i\,y) = x + i\left(y - \int\limits_0^y \frac{dt}{\log|t|}\right).$$

Diese Abbildung ist regulär in G und hat die komplexe Dilatation

$$\varkappa\,(x + i\,y) = \frac{1}{2\log|y| - 1}.$$

Eine leichte Berechnung zeigt, daß das Integral

$$\int\limits_{-1/2}^{1/2}\int\limits_{-1/2}^{1/2} \frac{|\varkappa\,(x + i\,y)|}{x^2 + y^2}\,dx\,dy$$

unendlich ist.

Es ist zu erwarten, daß keine notwendige Regularitätsbedingung mit Hilfe des Betrages $|\varkappa(z) - \varkappa(z_0)|$ allein ausgedrückt werden kann, ohne das Verhalten des Arguments von $\varkappa(z) - \varkappa(z_0)$ zu berücksichtigen. Reich und Walczak [1] haben tatsächlich gezeigt, daß es zu jeder auf $0 < r < 1$ definierten meßbaren Funktion g, $0 \leqq g(r) \leqq k < 1$, eine quasikonforme Selbstabbildung des Einheitskreises gibt, die im Nullpunkt konform ist und deren komplexe Dilatation für fast alle z, $|z| < 1$, den absoluten Wert $g(|z|)$ hat.[1] Ein Beispiel hierfür kann auf folgende Weise konstruiert werden.

Wir gehen in die $\zeta = \xi + i\,\eta = \log z$-Ebene über und bezeichnen

$$h(\xi) = \frac{2\,g(e^{\xi})}{\sqrt{1 - (g(e^{\xi}))^2}}. \tag{7.12}$$

Zuerst wird eine Funktion h^* von ξ folgendermaßen definiert: Ist das Integral

$$\int\limits_{-\infty}^{0} h\,d\xi$$

[1] Reich und Walczak [1] haben auch eine Verfeinerung der Bedingung (7.1) angegeben, wo das Verhalten des Arguments von $\varkappa$ beachtet wird.

endlich, so setzen wir $h^* = h$. Anderenfalls gibt es eine abnehmende Folge von Zahlen $\xi_0 = 0, \xi_1, \xi_2, \ldots$ derart, daß

$$\int_{\xi_n}^{\xi_{n-1}} h \, d\xi = \frac{1}{n}, \qquad n = 1, 2, \ldots .$$

Wir setzen dann $h^*(\xi) = h(\xi)$ für $\xi_{2n+1} < \xi \leqq \xi_{2n}$ und $h^*(\xi) = -h(\xi)$ für $\xi_{2n+2} < \xi \leqq \xi_{2n+1}$, $n = 0, 1, \ldots$.

Die Funktion ψ,

$$\psi(\xi) = \int_0^{\xi} h^* \, d\xi ,$$

strebt in beiden Fällen für $\xi \to -\infty$ gegen einen endlichen Grenzwert α. Als Integral ist ψ absolut stetig auf jeder kompakten Teilstrecke der Halbgeraden $\xi < 0$ und besitzt für fast alle ξ die Ableitung

$$\psi'(\xi) = h^*(\xi) .$$

Wir definieren jetzt eine Selbstabbildung f der linken Halbebene durch die Vorschrift

$$f(\xi + i\eta) = \xi + i(\eta + \psi(\xi)) .$$

Diese Abbildung ist absolut stetig auf Geraden, und für ihre Ableitungen bestehen für fast alle $\zeta = \xi + i\eta$ die Gleichungen

$$f_\zeta(\zeta) = 1 + \frac{i}{2} h^*(\xi) , \qquad f_{\bar\zeta}(\zeta) = \frac{i}{2} h^*(\xi) .$$

Da $|h^*(\xi)| = h(\xi)$ beschränkt ist, ist f also quasikonform. Nach (7.12) gilt für den Betrag der komplexen Dilatation von f

$$\left|\frac{f_{\bar\zeta}(\zeta)}{f_\zeta(\zeta)}\right| = \frac{h(\xi)}{\sqrt{4 + (h(\xi))^2}} = g(e^{\xi})$$

für fast alle ζ.

Zum Schluß kehren wir zu der $z = e^{\zeta}$-Ebene zurück. Der Abbildung f entspricht die Selbstabbildung w,

$$w(z) = e^{f(\log z)} = z \, e^{i\psi(\log |z|)} ,$$

des Einheitskreises. Diese besitzt die geforderten Eigenschaften: ihre komplexe Dilatation hat für fast alle z, $|z| < 1$, den absoluten Betrag $g(|z|)$, und für $z \to 0$ konvergiert $w(z)/z$ gegen den Grenzwert $e^{i\alpha}$.

VI Quasikonforme Funktionen

Einleitung zum Kapitel VI

In den bisherigen Kapiteln haben wir quasikonforme Homöomorphismen zwischen ebenen Gebieten betrachtet. Wir wollen jetzt den Begriff der Quasikonformität auf Abbildungen ebener Gebiete ausdehnen, die nicht notwendig eineindeutig sind.

Die wohl einfachste Möglichkeit zu einer solchen Verallgemeinerung, wobei die wesentlichen Züge der Theorie der quasikonformen Homöomorphismen erhalten bleiben, besteht darin, einen quasikonformen Homöomorphismus mit einer analytischen Funktion zusammenzusetzen. Weil wir Abbildungen in die ganze Ebene betrachten, werden bei den analytischen Funktionen hierbei Pole zugelassen.

Wir führen die folgende Definition ein, die durch die im vorliegenden Kapitel zu beweisenden Resultate weitere Rechtfertigung gewinnen wird.

Definition. *Eine Funktion f heißt quasikonform im Gebiet G, falls sie eine Darstellung*

$$f = \varphi \circ w$$

gestattet, wo $w : G \to G'$ ein quasikonformer Homöomorphismus ist und φ eine in G' nicht-konstante analytische Funktion. Die Funktion f wird K-quasikonform genannt, falls w K-quasikonform ist.

Eine im Gebiet G K-quasikonforme Funktion $f = \varphi \circ w$ hat offenbar die folgenden Eigenschaften, die in Analogie mit der früher benutzten Sprechweise *geometrisch* genannt werden: Sie ist lokal homöomorph in G bis auf Punkte, die durch w auf die Nullstellen der Ableitung φ' oder auf die mehrfachen Pole von φ bezogen werden, d. h. mit möglicher Ausnahme von isolierten Punkten. Überdies gilt für jedes Viereck $Q, \overline{Q} \subset G$, die Modulrelation $M(f(Q)) \leqq K\, M(Q)$, vorausgesetzt, daß $\overline{Q}$ durch f topologisch abgebildet wird.

Die nachstehenden *analytischen* Eigenschaften einer K-quasikonformen Funktion f sind ebenso unmittelbare Folgen der Definition: f hat verallgemeinerte L^2-Ableitungen (oder sogar L^p-Ableitungen für jedes $p < p(K)$; vgl. V.5.4), und die Dilatationsbedingung $\max_\alpha |\partial_\alpha f(z)| \leqq K \min_\alpha |\partial_\alpha f(z)|$ besteht fast überall. Mit anderen Worten, f ist eine verallgemeinerte L^p-Lösung einer Beltramischen Gleichung $f_{\bar z} = \varkappa f_z$ mit $|\varkappa| \leqq (K-1)/(K+1)$, $p < p(K)$.

Das vorliegende Kapitel wird dem Problemkreis gewidmet, welche geometrischen und analytischen Eigenschaften zur Charakterisierung einer quasikonformen Funktion hinreichend sind. Geometrische Bedingungen werden in § 1 und analytische in § 2 untersucht.

Mit Rücksicht auf die Definition einer quasikonformen Funktion ist es einleuchtend, daß viele von den Sätzen der Kapitel I, II, IV und V entweder als solche oder nach geeigneten Modifikationen auf quasikonforme Funktionen übertragen werden können. Auf solche Verallgemeinerungen wird in diesem Kapitel nicht eingegangen.

§ 1. Geometrische Charakterisierung einer quasikonformen Funktion

1.1. Quasikonformität und Modulbedingungen. Nach der in der Einleitung gegebenen Definition ist eine im Gebiet G quasikonforme Funktion stetig und mit möglicher Ausnahme von isolierten Punkten lokal homöomorph in G. Man betrachte umgekehrt eine in G stetige Funktion, die bis auf isolierte Punkte in G lokal homöomorph ist. Ist die Einschränkung von f auf ein Gebiet $U \subset G$ ein orientierungserhaltender Homöomorphismus, so sieht man sofort ein, daß f in jedem Teilgebiet von G, wo es homöomorph ist, die Orientierung erhält.

Wir beweisen jetzt, daß die in der Einleitung erwähnten geometrischen Eigenschaften K-quasikonformer Funktionen diese Funktionen tatsächlich charakterisieren.

Satz 1.1. *Es sei f eine stetige*[1] *Abbildung eines Gebietes G, die bis auf eine aus isolierten Punkten bestehende Menge $E \subset G$ lokal homöomorph und orientierungserhaltend ist. Gilt für jedes Viereck $Q, \overline{Q} \subset G$, das durch f topologisch auf ein Viereck Q' abgebildet wird, die Modulbedingung*

$$M(Q') \leqq K\, M(Q)\,, \tag{1.1}$$

so ist f K-quasikonform in G.

Beweis: Jeder Punkt $z \in G - E$ besitzt nach Voraussetzung eine Umgebung U, die durch f topologisch und wegen (1.1) K-quasikonform auf $f(U)$ abgebildet wird. Die komplexe Dilatation von f ist also definiert fast überall in U.

Es sei $\varkappa$ eine Funktion, die in $G - E$ mit der komplexen Dilatation von f in jedem Punkt übereinstimmt, wo diese definiert ist, und sonst in G verschwindet. Dadurch wird $\varkappa$ in G als eine meßbare Funktion definiert mit der Eigenschaft

$$|\varkappa(z)| \leqq \frac{K-1}{K+1}$$

für jedes $z \in G$.

Nach dem Existenzsatz gibt es einen K-quasikonformen Homöomorphismus w von G, dessen komplexe Dilatation für fast jedes $z \in G$ gleich $\varkappa(z)$ ist. Die zusammengesetzte Abbildung $\varphi = f \circ w^{-1}$ ist lokal

[1] Man beachte, daß die Stetigkeit sich hier auf die sphärische Metrik bezieht.

homöomorph in $w(G - E)$. Aus dem Eindeutigkeitssatz (IV.5.2) folgt, daß jeder Punkt von $w(G - E)$ eine Umgebung besitzt, die durch φ konform abgebildet wird. Da φ aber in ganz $w(G)$ stetig ist und $w(E)$ aus lauter isolierten Punkten besteht, ist φ analytisch im ganzen Gebiet $w(G)$. Die Funktion $f = \varphi \circ w$ ist somit K-quasikonform in G.

1.2. Innere Abbildungen. Die im obigen Satz 1.1 der stetigen Abbildung f auferlegte topologische Bedingung, bis auf isolierte Punkte lokal homöomorph zu sein, läßt sich in einer anderen, in nicht-trivialer Weise äquivalenten Form ausdrücken. Zu diesem Zweck wollen wir den Begriff einer inneren Abbildung einführen.

Eine Abbildung f des Gebietes G in das Gebiet G' heißt *offen*, wenn sie jede offene Menge von G in eine offene Menge von G' überführt. Ist f stetig und offen, so gilt für jede Menge A

$$f^{-1}(\overline{A}) = \overline{f^{-1}(A)} \cap G. \tag{1.2}$$

Die Abbildung f heißt *leicht*, wenn jede Komponente des Urbildes eines jeden Punktes $f(z)$, $z \in G$, aus einem einzigen Punkt besteht. Ist f stetig, offen und leicht, so wird es eine *innere Abbildung* von G genannt.

Nicht-konstante analytische Funktionen liefern Beispiele von inneren Abbildungen. Nach einem Satz von Stoilow [1] läßt sich umgekehrt eine innere Abbildung f von G stets in der Form $f = \varphi \circ w$ darstellen, wo w ein Homöomorphismus von G und φ eine in $w(G)$ analytische Funktion ist.

Insbesondere ist also eine innere Abbildung des Gebietes G lokal homöomorph in G mit möglicher Ausnahme von isolierten Punkten. Im Satz 1.1 können wir deshalb die Worte „stetige, bis auf eine aus isolierten Punkten bestehende Menge $E \subset G$ lokal homöomorphe" durch das Wort „innere" ersetzen.

Wir wollen diese äquivalente Fassung des Satzes 1.1 ohne Hinweis auf den Stoilowschen Satz vollständig begründen. Im Folgenden wird daher das für unsere Zwecke hinreichende Teilresultat des Stoilowschen Satzes direkt bewiesen, daß eine innere Abbildung bis auf isolierte Punkte lokal homöomorph ist. Dem Beweis schicken wir drei Hilfssätze über offene, leichte bzw. innere Abbildungen voraus.

1.3. Ein Hilfssatz über offene Abbildungen. Die folgende Eigenschaft einer offenen Abbildung kommt bei unserem nachstehenden Beweis mehrmals zur Anwendung.

Hilfssatz 1.1. *Es seien f eine stetige und offene Abbildung eines Gebietes G, D ein Teilgebiet von $f(G)$ und A, $\overline{A} \subset G$, eine Komponente von $f^{-1}(D)$. Dann ist $f(A) = D$.*

Beweis: Da kein Randpunkt von A wegen der Stetigkeit von f auf einen Punkt von D abgebildet werden kann, ist

$$f(A) = f(\bar{A}) \cap D .$$

Weil f eine offene Abbildung ist, ist $f(A)$ als Bild der offenen Menge A offen. Andererseits ist $f(\bar{A})$ als stetiges Bild der kompakten Menge $\bar{A}$ abgeschlossen. Die Menge $f(A)$ ist also sowohl offen als abgeschlossen in D. Weil D zusammenhängend ist, folgt daraus die Behauptung $f(A) = D$.

1.4. Ein Hilfssatz über leichte Abbildungen. Die von uns benötigte Eigenschaft leichter Abbildungen lautet wie folgt:

Hilfssatz 1.2. *Es seien f eine stetige und leichte Abbildung eines Gebietes G, z_0 ein Punkt von G und U eine Umgebung von z_0 mit $\bar{U} \subset G$. Dann gibt es eine Umgebung V von $w_0 = f(z_0)$, so daß die den Punkt z_0 enthaltende Komponente der Menge $f^{-1}(\bar{V})$ in U liegt.*

Beweis: Es bedeutet keine Einschränkung anzunehmen, daß U ein Kreis ist. Es seien V_n, $n = 1, 2, \ldots$, Kreisgebiete mit Mittelpunkt w_0 und Radius r_n, $r_1 > r_2 > \ldots$, $\lim r_n = 0$. Wir zeigen, daß die z_0-Komponente A_n der Menge $f^{-1}(V_n)$ von einem n an in U enthalten ist. Daraus folgt die Behauptung, weil die z_0-Komponente von $f^{-1}(\bar{V}_{n+1})$ eine abgeschlossene Teilmenge von A_n ist.

Wir machen die Antithese, daß A_n für keinen Wert von n in U liegt, und leiten daraus einen Widerspruch ab. Zuerst sieht man ein, daß für die z_0-Komponente B_n von $A_n \cap U$ die Beziehung

$$\bar{B}_n \cap \operatorname{Rd} U \neq \emptyset \tag{1.3}$$

gilt. Sonst ist nämlich $\bar{B}_n \subset U$, und also $\bar{B}_n \cap A_n = \bar{B}_n \cap (A_n \cap U)$. Da B_n als Komponente von $A_n \cap U$ in dieser Menge abgeschlossen ist, hat man folglich $B_n = \bar{B}_n \cap A_n$. B_n ist somit nicht nur offen, sondern auch abgeschlossen in A_n. Weil A_n zusammenhängend ist, ist dies unmöglich, und (1.3) folgt.

Wir machen jetzt Gebrauch von dem folgenden wohlbekannten Resultat über kompakte Mengen (Newman [1], S. 47 u. 81): *Der Durchschnitt einer abnehmenden Folge von nicht-leeren (bzw. zusammenhängenden) kompakten Mengen ist nicht-leer (bzw. zusammenhängend).*

Daraus schließt man zunächst, da $\bar{B}_n$ als abgeschlossene Hülle einer zusammenhängenden Menge zusammenhängend ist, daß $B = \bigcap \bar{B}_n$ zusammenhängend ist. Weiter folgt aus $B \cap \operatorname{Rd} U = \bigcap (\bar{B}_n \cap \operatorname{Rd} U)$ nach (1.3), daß $B \cap \operatorname{Rd} U$ nicht leer ist. Andererseits ist $f(B) \subset \bar{V}_n$ für jedes n, und also $f(B) = \{w_0\}$. B liegt somit in der z_0-Komponente von

$f^{-1}(w_0)$, die infolgedessen Punkte von Rd U enthält. Dies widerspricht jedoch der Annahme, daß f leicht ist, d. h. daß die z_0-Komponente von $f^{-1}(w_0)$ aus dem Punkt z_0 allein besteht.

1.5. Ein Hilfssatz über innere Abbildungen. Als Vorbereitung sei noch das folgende Resultat über innere Abbildungen bewiesen.

Hilfssatz 1.3. *Es seien f eine innere Abbildung eines einfach zusammenhängenden Gebietes G, dessen Bild nicht die ganze Ebene ist, und V, $\overline{V} \subset f(G)$, ein Kreis. D_1 und D_2 seien Kreise mit $\overline{D}_1$, $\overline{D}_2 \subset V$ und $\overline{D}_1 \cap \overline{D}_2 = \emptyset$, und $w \in V$ ein Punkt außerhalb $\overline{D}_1 \cup \overline{D}_2$. Ist A eine Komponente von $f^{-1}(V)$ mit $\overline{A} \subset G$, so haben die Mengen $f^{-1}(w)$, $f^{-1}(D_1)$ und $f^{-1}(D_2)$ je eine endliche positive Anzahl n, n_1 bzw. n_2 von Komponenten in A, und es gilt $n \leqq n_1 n_2$.*

Beweis: Zunächst bemerken wir, daß die Formulierung des Hilfssatzes sinnvoll ist. Die Komponenten des Urbildes jeder Menge $E \subset V$ liegen nämlich entweder ganz in A oder ganz außerhalb A. Man bemerke auch, daß für ein kompaktes $E \subset V$ die Menge $f^{-1}(E) \cap A$ kompakt ist.

Man wähle einen beliebigen Punkt $w_1 \in D_1$. Weil die Menge $A \cap f^{-1}(w_1)$ kompakt ist, wird sie von einer endlichen Anzahl der Komponenten von $f^{-1}(D_1)$ überdeckt. Da aber jede in A liegende Komponente von $f^{-1}(D_1)$ nach Hilfssatz 1.1 auf das ganze D_1 abgebildet wird, besteht diese endliche Überdeckung aus allen in A liegenden Komponenten von $f^{-1}(D_1)$. Die Zahl n_1 ist folglich endlich, und auf dieselbe Weise beweist man, daß auch n_2 endlich ist.

Aus Hilfssatz 1.1 folgt, daß n_1 und n_2 positiv sind. Wir machen die Antithese $n > n_1 n_2$. Darauf wähle man $n_1 n_2 + 1$ Punkte z_i aus der Menge $f^{-1}(w) \cap A$ und überdecke sie mit Kreisen U_i, deren abgeschlossene Hüllen in A liegen und zueinander punktfremd sind. Nach Hilfssatz 1.2 gibt es einen Kreis D_3, $\overline{D}_3 \subset V$, mit Mittelpunkt w, so daß die z_i-Komponente von $f^{-1}(\overline{D}_3)$ in U_i, $i = 1, 2, \ldots, n_1 n_2 + 1$, enthalten ist. Die Anzahl n_3 der Komponenten A_{3k} von $f^{-1}(\overline{D}_3) \cap A$ ist also mindestens $n_1 n_2 + 1$. Andererseits schließt man wie oben, daß $f^{-1}(D_3) \cap A$ und nach (1.2) auch $f^{-1}(\overline{D}_3) \cap A$ nur endlich viele Komponenten besitzen.

Nötigenfalls erweitern wir darauf die Gebiete D_1 und D_2, so daß sie beide den Kreis D_3 treffen, und zwar soll die Erweiterung so geschehen, daß $\overline{D}_1 \subset V$ und $\overline{D}_2 \subset V$ punktfremd und das Komplement von $\overline{D}_1 \cup \overline{D}_2 \cup \overline{D}_3$ zusammenhängend bleiben. Wir verzichten also jetzt auf die Annahme, daß die Gebiete D_1 und D_2 Kreise sind; sie wurde nur gemacht, um die Möglichkeit der obigen Erweiterung zu garantieren. Aus Hilfssatz 1.1 folgt, daß die Anzahl der Komponenten von $f^{-1}(D_h) \cap A$,

$h = 1, 2$, nach der Erweiterung höchstens gleich n_h ist. Dasselbe gilt wegen (1.2) für die Komponenten A_{hk}, $h = 1, 2$, der Mengen $f^{-1}(\overline{D}_h) \cap A$.

Weil $D_1 \cap D_3$ und $D_2 \cap D_3$ nicht leer sind, hat jedes A_{3k} nach Hilfssatz 1.1 gemeinsame Punkte mit wenigstens einem A_{1i} und einem A_{2j}. Da die Anzahl der Paare (A_{1i}, A_{2j}) höchstens gleich $n_1 n_2$ ist, gibt es ein Paar A_{1p}, A_{2q}, das von zwei Komponenten A_{3r} und A_{3s} getroffen

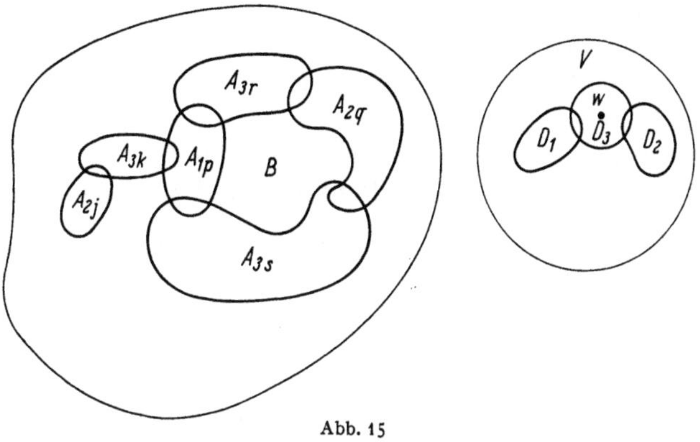

Abb. 15

wird (Abb. 15). Wir können jetzt Hilfssatz I.1.2′ folgenderweise anwenden: Wir setzen $F_1 = A_{1p} \cup A_{3r}$, $F_2 = A_{2q} \cup A_{3s}$, und wählen als Mengen F_ν, $\nu = 3, 4, \ldots$, die übrig gebliebenen A_{ik}. Dann sind die Bedingungen des Hilfssatzes I.1.2′ erfüllt, und es folgt, daß das Komplement von $F = \bigcup A_{ik} = f^{-1}(\bigcup \overline{D}_i) \cap A$ nicht zusammenhängend ist.

Weil G einfach zusammenhängend ist, gehört $-G$ zu einer Komponente von $-F$. Eine Komponente B von $-F$ liegt also in G. Ist z^* ein Randpunkt des Gebietes B, so gilt $z^* \in F$, weil z^* sonst eine zum Komplement von F gehörende Umgebung hätte. Dann ist also $f(z^*) \in \bigcup \overline{D}_i$, und somit $f(B) - \bigcup \overline{D}_i = f(\overline{B}) - \bigcup \overline{D}_i$. Die Menge $f(B) - \bigcup \overline{D}_i$ ist folglich sowohl offen als abgeschlossen im Komplement von $\bigcup \overline{D}_i$. Da dieses Komplement zusammenhängend ist und $f(G)$ nicht die ganze Ebene umfaßt, folgt hieraus $f(B) - \bigcup \overline{D}_i = \emptyset$. Es gilt somit $f(B) \subset \bigcup \overline{D}_i$. Weil $f(A - F) \cap (\bigcup \overline{D}_i) = \emptyset$ ist, muß also $B \cap (A - F) = B \cap A$ leer sein.

Die kompakte Menge F liegt in A. Andererseits gehört der Rand von B zu F, und es folgt, daß $B \cap A \neq \emptyset$. Wir sind so zu einem Widerspruch geführt, und der Hilfssatz ist bewiesen.

1.6. Lokales Verhalten von inneren Abbildungen. Das in Aussicht gestellte Resultat über innere Abbildungen läßt sich jetzt leicht begründen.

Satz 1.2. *Eine innere Abbildung f eines Gebietes G ist lokal homöomorph in G mit möglicher Ausnahme von isolierten Punkten.*

Beweis: Es sei $z_0 \in G$ beliebig vorgegeben, und $w_0 = f(z_0)$. Aus den Hilfssätzen 1.2 und 1.3 folgt zunächst, daß die Punkte von $f^{-1}(w_0)$ in G keinen Häufungspunkt besitzen. Der Punkt z_0 kann deshalb mit einem Kreis U, $\overline{U} \subset G$, überdeckt werden, der keine anderen Punkte von $f^{-1}(w_0)$ enthält. U sei so klein gewählt, daß $f(U)$ nicht die ganze Ebene ist. Nach Hilfssatz 1.2 gibt es einen Kreis $V \subset f(U)$ mit Mittelpunkt w_0, so daß die abgeschlossene Hülle der z_0-Komponente A von $f^{-1}(V)$ in U liegt.

Es seien w_1 und w_2 zwei andere Punkte in V, und n_1 und n_2 die Anzahl ihrer Urbilder in A. Die Punkte w_0 und w_1 seien mit Kreisen D_0 und D_1 überdeckt, so daß $\overline{D}_0, \overline{D}_1 \subset V$, $\overline{D}_0 \cap \overline{D}_1 = \emptyset$ und $w_2 \notin \overline{D}_0 \cup \overline{D}_1$. Gemäß Hilfssatz 1.1 besitzt $f^{-1}(D_0)$ genau eine Komponente in A, und die Anzahl der Komponenten von $f^{-1}(D_1)$ in A ist höchstens gleich n_1.

Da U einfach zusammenhängend ist, kann Hilfssatz 1.3 auf die Einschränkung von f in U angewandt werden, und es gilt also $n_2 \leqq 1 \cdot n_1 = n_1$. Durch Vertauschung der Rollen von w_1 und w_2 schließt man ebenso, daß $n_1 \leqq n_2$ ist. Mit möglicher Ausnahme des Punktes w_0, der in A genau ein Urbild besitzt, haben also alle Punkte von V dieselbe endliche Anzahl ($= n$) von Urbildern in A.

Ist $n = 1$, so ist die Abbildung $f: A \to V$ also homöomorph. Falls dagegen $n > 1$ ist, kann die Abbildung in keiner Umgebung von z_0 eineindeutig sein. Wir zeigen, daß jeder Punkt $z_1 \neq z_0$ von A dann eine Umgebung besitzt, wo f homöomorph ist. Der Punkt z_0 ist somit in diesem Fall der einzige in A liegende Ausnahmepunkt.

Wir betrachten die in A liegenden Urbilder $z_1, z_2, \ldots, z_n$ von $f(z_1)$, die wir mit punktfremden in A liegenden Kreisen U_i, $i = 1, 2, \ldots, n$, überdecken. Nach Hilfssatz 1.2 gibt es einen Kreis V_1 mit Mittelpunkt in $w = f(z_1)$, so daß die z_i-Komponente von $f^{-1}(V_1)$ in U_i liegt für jedes $i = 1, 2, \ldots, n$. Nach Hilfssatz 1.1 hat $f^{-1}(V_1)$ dann genau n Komponenten in A, die alle auf V_1 abgebildet werden. Hätte nun ein Punkt von V_1 mehr als ein Urbild in irgendeiner von diesen n Komponenten, so würde er in A mindestens $n + 1$ Urbilder besitzen. Dieser Widerspruch zeigt, daß die Abbildung der z_1-Komponente von $f^{-1}(V_1)$ auf V_1 homöomorph ist, und der Satz ist bewiesen.

1.7. Äquivalente Fassungen der geometrischen Charakterisierung. Im Besitze des Satzes 1.2 ist es möglich zu definieren, wann eine innere Abbildung orientierungserhaltend ist (vgl. Bemerkung im Anfang von 1.1). Aus Satz 1.2 erhält man dann die folgende schon in 1.2 erwähnte Modifikation des Satzes 1.1.

Satz 1.1′. *Es sei f eine orientierungserhaltende innere Abbildung des Gebietes G. Gilt für jedes Viereck $Q, \overline{Q} \subset G$, das durch f topologisch auf ein Viereck Q' abgebildet wird, die Modulbedingung $M(Q') \leqq K\, M(Q)$, so ist f K-quasikonform in G.*

Unter den Voraussetzungen des Satzes 1.1 oder 1.1′ gestattet das Gebiet G eine Darstellung

$$G = E \cup \left(\bigcup_{i=1}^{\infty} U_i \right),$$

wo E aus isolierten Punkten besteht, die Mengen U_i Gebiete sind und die Einschränkung von f auf U_i, $i = 1, 2, \ldots$, ein orientierungserhaltender Homöomorphismus von U_i ist. Aus dem Beweis des Satzes 1.1 ergibt sich, daß die Sätze 1.1 und 1.1′ gültig bleiben, wenn die für Vierecke aufgestellte Modulbedingung (1.1) durch irgendeine solche Bedingung ersetzt wird, welche die K-Quasikonformität von f in jedem U_i garantiert. Z. B. können wir (1.1) durch eine entsprechende Bedingung für analytische Vierecke, Ringgebiete oder Rechtecke ersetzen, wie aus den Sätzen I.5.3, I.7.2 bzw. IV.3.3 hervorgeht. Weiter ist es nach Satz I.9.1 möglich, statt (1.1)

$$\sup_{z \in G - E} F(z) \leqq K$$

vorauszusetzen, oder nach Satz IV.4.2 die Gültigkeit der Beziehungen $H(z) \leqq K$ fast überall in $G - E$, $H(z) < \infty$ in $G - E$, anzunehmen.

§ 2. Analytische Charakterisierung einer quasikonformen Funktion

2.1. L^1-Lösungen der Cauchy-Riemannschen Gleichung. Das Aufstellen der analytischen Bedingungen, welche die Quasikonformität der betrachteten Funktion implizieren, wird in zwei Schritten durchgeführt. Zunächst wird der einfachste Spezialfall einer 1-quasikonformen, d. h. einer analytischen Funktion untersucht. Der allgemeine Fall kann dann durch Anwendung des Existenzsatzes darauf zurückgeführt werden.

Weil die Resultate des Kapitels III, die hier zur Anwendung kommen, nur für endliche Gebiete und endliche Funktionen ausgesprochen worden sind, beschränken wir uns im Folgenden auf diesen Fall. Dies bedeutet insbesondere, daß alle vorkommenden analytischen Funktionen keine Pole besitzen.

Satz 2.1. *Es sei f eine verallgemeinerte L^1-Lösung der Cauchy-Riemannschen Gleichung in einem Gebiet G. Dann ist f analytisch in G.*

Beweis: Es sei $D, \bar{D} \subset G$, ein Jordangebiet mit rektifizierbarem Rand. Nach der Beziehung (6.17) in III.6.5 gilt

$$\int_{\partial D} f\,dz = 2\,i \iint_D f_{\bar{z}}\,d\sigma\,.$$

Wegen $f_{\bar{z}}(z) = 0$ für fast jedes $z \in G$ ist also

$$\int_{\partial D} f\,dz = 0\,.$$

Nach dem Satz von Morera (siehe z. B. Behnke-Sommer [1], S. 124) ist f somit analytisch in G.

Dieser Satz ist naheverwandt mit dem Eindeutigkeitssatz, wonach eine homöomorphe verallgemeinerte Lösung der Cauchy-Riemannschen Gleichung eine konforme Abbildung ist. Weil hier auf die Annahme über die Eineindeutigkeit verzichtet worden ist, hat man die zusätzliche Voraussetzung über die lokale Integrierbarkeit der Ableitungen hinzufügen müssen.

2.2. L^p-Lösungen Beltramischer Gleichungen. Es sei $p(K)$ der in V.5.4 definierte Grenzexponent für K-quasikonforme Abbildungen, und $q(K)$ seine durch die Beziehung $1/p(K) + 1/q(K) = 1$ definierte konjugierte Zahl. Wir erinnern daran, daß $p(1) = \infty$ ist und $p(K)$ für $K \to \infty$ abnehmend gegen 2 strebt und daß also $q(K)$ monoton von 1 bis 2 zunimmt, wenn K von 1 ins Unendliche wächst.

Für allgemeine quasikonforme Funktionen kann Satz 2.1 wie folgt verallgemeinert werden.

Satz 2.2. *In einem Gebiet G sei f eine nicht-konstante verallgemeinerte L^q-Lösung einer Beltramischen Gleichung*

$$f_{\bar{z}} = \varkappa f_z\,, \tag{2.1}$$

wo $\varkappa$ eine in G meßbare Funktion mit $|\varkappa(z)| \leqq (K-1)/(K+1)$ ist und $q > q(K)$. Dann ist f eine K-quasikonforme Funktion in G.

Beweis: Nach dem Existenzsatz gibt es einen K-quasikonformen Homöomorphismus w von G, dessen komplexe Dilatation für fast jedes $z \in G$ gleich $\varkappa(z)$ ist. Wir wollen zeigen, daß die Funktion $\varphi = f \circ w^{-1}$ im Gebiet $w(G)$ analytisch ist, wodurch der Satz bewiesen wird.

Nach Voraussetzung besitzt f verallgemeinerte L^q-Ableitungen für ein $q > q(K)$. Andererseits haben w und w^{-1} als K-quasikonforme Abbildungen verallgemeinerte L^p-Ableitungen für jedes $p < p(K)$. Wir legen p so fest, daß $1/p + 1/q = 1$ ist, und wenden Hilfssatz III.6.4 auf die zusammengesetzte Funktion $\varphi = f \circ w^{-1}$ an. Es folgt, daß φ in $w(G)$ verallgemeinerte L^1-Ableitungen besitzt.

Die erste Bedingung des obigen Satzes 2.1 ist mithin erfüllt. Für den Erweis der Analytizität von φ gilt es also noch zu zeigen, daß

$\varphi_{\bar{\zeta}}(\zeta) = 0$ für fast jedes $\zeta \in w(G)$ ist. Durch Anwendung der komplexen Version der Kettenregelformeln (6.19) in III.6.7 erhält man zunächst

$$\varphi_{\bar{\zeta}}(\zeta) = f_z(z)\, w^{-1}_{\bar{\zeta}}(\zeta) + f_{\bar{z}}(z)\, \overline{(w^{-1})_{\zeta}}(\zeta) = f_z(z)\, w^{-1}_{\bar{\zeta}}(\zeta) + f_{\bar{z}}(z)\, \overline{w^{-1}_{\zeta}(\zeta)} \quad (2.2)$$

für fast alle $\zeta \in w(G)$, mit $z = w^{-1}(\zeta)$.

Da $w^{-1}_{\zeta}(\zeta)$ nach IV.1.5 fast überall in $w(G)$ von Null verschieden ist, erhält man aus (2.2)

$$\varphi_{\bar{\zeta}}(\zeta) = f_z(z)\, \overline{w^{-1}_{\zeta}(\zeta)} \left(\varkappa_{w^{-1}}(\zeta) \frac{w^{-1}_{\zeta}(\zeta)}{\overline{w^{-1}_{\zeta}(\zeta)}} + \varkappa(z) \right)$$

für fast alle $\zeta \in w(G)$, wo $\varkappa_{w^{-1}}$ die komplexe Dilatation von w^{-1} bezeichnet. Nach der Formel (5.9) in IV.5.2 ist somit

$$\varphi_{\bar{\zeta}}(\zeta) = f_z(z)\, \overline{w^{-1}_{\zeta}(\zeta)} \left(-\varkappa_w(z) + \varkappa(z) \right) \quad (2.3)$$

für fast jedes ζ. Nun fällt die komplexe Dilatation $\varkappa_w$ von w fast überall in G mit $\varkappa$ zusammen. Dann ist auch $\varkappa_w(w^{-1}(\zeta)) = \varkappa(w^{-1}(\zeta))$ für fast jedes $\zeta \in w(G)$. Aus (2.3) sieht man somit, daß $\varphi_{\bar{\zeta}}(\zeta) = 0$ fast überall in $w(G)$ gilt.

Nach Satz 2.1 ist φ also analytisch in $w(G)$. Wegen $f = \varphi \circ w$ ist f somit K-quasikonform, wie behauptet wurde.

Bemerkung. Wie oben bemerkt wurde, ist $q(K) < 2$ für jedes K. Satz 2.2 gilt also unter der Annahme, daß f eine verallgemeinerte L^2-Lösung der Beltramischen Gleichung (2.1) ist. Der Beweis wird dann einfacher: Ohne die in V.5 entwickelten Resultate heranzuziehen, schließt man die Existenz der verallgemeinerten L^1-Ableitungen von $f \circ w^{-1}$ durch Anwendung des Hilfssatzes III.6.4 dann daraus, daß eine quasikonforme Abbildung verallgemeinerte L^2-Ableitungen hat.

2.3. Äquivalente Fassungen der analytischen Charakterisierung. Mit Rücksicht auf den Zusammenhang zwischen dem Bestehen der Beltramischen Gleichung (2.1) und der Gültigkeit der Dilatationsbedingung (1.6) in IV.1.3 sieht man sofort ein, daß Satz 2.2 auch in der folgenden äquivalenten Fassung ausgesprochen werden kann:

Es sei f eine nicht-konstante Funktion mit verallgemeinerten L^q-Ableitungen, $q > q(K)$, in einem Gebiet G, für welche die Ungleichung

$$\max_{\alpha} |\partial_\alpha f(z)|^2 \leqq K\, J(z)$$

fast überall in G gilt. Dann ist f eine K-quasikonforme Funktion in G.

Eine K-quasikonforme Funktion $f = \varphi \circ w$ hat natürlich verallgemeinerte L^p-Ableitungen für jedes $p < p(K)$. Aus Satz 2.2 folgt deshalb:

Die Funktion f sei eine verallgemeinerte L^p-Lösung der Beltramischen Gleichung $f_{\bar{z}} = \varkappa f_z$, $|\varkappa(z)| \leqq (K-1)/(K+1)$, für ein $p > q(K)$. Dann ist f eine verallgemeinerte L^p-Lösung für jedes $p < p(K)$.

Dieser Satz liefert natürlich um so mehr Information, je näher K dem Wert 1 liegt; es gilt ja $q(1) = 1$, $p(1) = \infty$, $q(K) \to 2$, $p(K) \to 2$ für $K \to \infty$.

Die hier angegebenen analytischen Charakterisierungen einer K-quasikonformen Funktion sind in dem Sinne implizit, daß der genaue Wert von $p(K)$ nicht bekannt ist. Überdies wissen wir nicht, wie viel a priori Integrierbarkeit der Ableitungen in den Sätzen 2.1 und 2.2 wirklich vorausgesetzt werden muß.

Literaturverzeichnis

AGARD, S. B., and F. W. GEHRING: [1] Angles and quasiconformal mappings. Proc. London Math. Soc. 3 14 A, 1—21 (1965).

AHLFORS, L.: [1] On quasiconformal mappings. J. Analyse Math. 3, 1—58 u. 207—208 (1954). — [2] Conformality with respect to Riemannian metrics. Ann. Acad. Sci. Fenn. A I **206** (1955). — [3] Quasiconformal reflections. Acta Math. **109**, 291—301 (1963).

AHLFORS, L., and A. BEURLING: [1] Conformal invariants and function-theoretic null-sets. Acta Math. **83**, 101—129 (1950).

APOSTOL, T. M.: [1] Mathematical Analysis. Reading, Mass.: Addison-Wesley 1957.

BEHNKE, H., und F. SOMMER: [1] Theorie der analytischen Funktionen einer komplexen Veränderlichen. Berlin-Göttingen-Heidelberg: Springer 1962.

BELINSKIJ, P. P. (П. П. Белинский): [1] Поведение квазиконформного отображения в изолированной точке. Докл. Акад. Наук СССР **91**, 709—710 (1953).

BERS, L.: [1] On a theorem of Mori and the definition of quasiconformality. Trans. Amer. Math. Soc. **84**, 78—84 (1957). — [2] The equivalence of two definitions of quasiconformal mappings. Comment. Math. Helv. **37**, 148—154 (1962).

BEURLING, A., and L. AHLFORS: [1] The boundary correspondence under quasiconformal mappings. Acta Math. **96**, 125—142 (1956).

BOJARSKI, B. V. (Б. В. Боярский): [1] Гомеоморфные решения систем Бельтрами. Докл. Акад. Наук СССР **102**, 661—664 (1955). — [2] Обобщенные решения системы дифференциальных уравнений первого порядка эллиптического типа с разрывными коэффицентами. Мат. Сб. **43** (85), 451—503 (1957).

CALDERÓN, A. P., and A. ZYGMUND: [1] On the existence of certain singular integrals. Acta Math. **88**, 85—139 (1952).

DUNFORD, N., and J. T. SCHWARTZ: [1] Linear operators. Part I. New York: Interscience 1958.

FUGLEDE, B.: [1] Extremal length and functional completion. Acta Math. **98**, 171—219 (1957).

GEHRING, F. W.: [1] The definitions and exceptional sets for quasiconformal mappings. Ann. Acad. Sci. Fenn. A I **281** (1960).

GEHRING, F. W., and O. LEHTO: [1] On the total differentiability of functions of a complex variable. Ann. Acad. Sci. Fenn. A I **272** (1959).

GEHRING, F. W., and J. VÄISÄLÄ: [1] On the geometric definition for quasiconformal mappings. Comment. Math. Helv. **36**, 19—32 (1962).

GOLUSIN, G. M.: [1] Geometrische Funktionentheorie. Berlin: Deutscher Verlag der Wissenschaften 1957.

GROSS, W.: [1] Über das Flächenmaß von Punktmengen. Monatsh. Math. **29**, 145—176 (1918).

GRÖTZSCH, H.: [1] Über einige Extremalprobleme der konformen Abbildung. Ber. Verh. Sächs. Akad. Wiss. Leipzig **80**, 367—376 (1928). — [2] Über die Verzerrung bei schlichten nichtkonformen Abbildungen und über eine damit zusammenhängende Erweiterung des Picardschen Satzes. Ber. Verh. Sächs. Akad. Wiss. Leipzig **80**, 503—507 (1928).

HERSCH, J.: [1] Longueurs extrémales et théorie des fonctions. Comment. Math. Helv. **29**, 301—337 (1955).

HERSCH, J., et A. PFLUGER: [1] Généralisation du lemme de Schwarz et du principe de la mesure harmonique pour les fonctions pseudo-analytiques. C. R. Acad. Sci. Paris **234**, 43—45 (1952).

JUVE, Y.: [1] Über gewisse Verzerrungseigenschaften konformer und quasikonformer Abbildungen. Ann. Acad. Sci. Fenn. A I **174** (1954).

KELINGOS, J. A.: [1] Contributions to the theory of quasiconformal mappings. University of Michigan dissertation 1963.

KOEBE, P.: [1] Zur konformen Abbildung unendlich-vielfach zusammenhängender schlichter Bereiche auf Schlitzbereiche. Nachr. Ges. Wiss. Göttingen, 60—71 (1918).

KÜNZI, H. P.: [1] Quasikonforme Abbildungen. Berlin-Göttingen-Heidelberg: Springer 1960.

LAVRENTIEFF, M. A.: [1] Sur une classe de représentations continues. Rec. Math. **48**, 407—423 (1935). — (М. А. Лаврентьев): [2] Основная теорема теории квази-конформных отображений плоских областей. Изв. Акад. Наук СССР. Сер. Мат. **12**, 513—554 (1948).

LEHTO, O.: [1] On the differentiability of quasiconformal mappings with prescribed complex dilatation. Ann. Acad. Sci. Fenn. A I **275** (1960). — [2] Remarks on the integrability of the derivatives of quasiconformal mappings. Ann. Acad. Sci. Fenn. A I **371** (1965).

LEHTO, O., and K. I. VIRTANEN: [1] On the existence of quasiconformal mappings with prescribed complex dilatation. Ann. Acad. Sci. Fenn. A I **274** (1960).

LEHTO, O., K. I. VIRTANEN and J. VÄISÄLÄ: [1] Contributions to the distortion theory of quasiconformal mappings. Ann. Acad. Sci. Fenn. A I **273** (1959).

MARSTRAND, J. M.: [1] The dimension of Cartesian product sets. Proc. Cambridge Philos. Soc. **50**, 198—202 (1954).

MORI, A.: [1] On an absolute constant in the theory of quasiconformal mappings. J. Math. Soc. Japan **8**, 156—166 (1956). — [2] On quasi-conformality and pseudo-analyticity. Trans. Amer. Math. Soc. **84**, 56—77 (1957).

MORREY, C. B.: [1] On the solution of quasilinear elliptic partial differential equations. Trans. Amer. Math. Soc. **43**, 126—166 (1938).

MUNROE, M. E.: [1] Introduction to measure and integration. Cambridge, Mass.: Addison-Wesley 1953.

NEWMAN, M. A.: [1] Elements of the topology of plane sets of points. Cambridge University Press 1961.

PESIN, I. N. (И. Н. Песин): [1] Метрические свойства Q-квазиконформных отображений. Мат. Сб. **40** (82), 281—295 (1956).

PFLUGER, A.: [1] Quasikonforme Abbildungen und logarithmische Kapazität. Ann. Inst. Fourier Grenoble **2**, 69—80 (1951). — [2] Über die Äquivalenz der geometrischen und der analytischen Definition quasikonformer Abbildungen. Comment. Math. Helv. **33**, 23—33 (1959). — [3] Über die Konstruktion Riemannscher Flächen durch Verheftung. J. Indian Math. Soc. **24**, 401—412 (1961).

REICH, E.: [1] On a characterization of quasiconformal mappings. Comment. Math. Helv. **37**, 44—48 (1962).

REICH, E., and H. WALCZAK: [1] On the behavior of quasiconformal mappings at a point. Erscheint in Trans. Amer. Math. Soc..

RENGGLI, H.: [1] Quasiconformal mappings and extremal lengths. Amer. J. Math. **86**, 63—69 (1964).

Šabat, B. V. (Б. В. Шабат): [1] Об обобщенных решениях одной системы уравнений в частных производных. Мат. Сб. **17** (59), 193–210 (1945).

Saks, S.: [1] Theory of the integral. Warsaw 1937.

Sario, L.: [1] Über Riemannsche Flächen mit hebbarem Rand. Ann. Acad. Sci. Fenn. A I **50** (1948).

Schiffer, M.: [1] On the modulus of doubly-connected domains. Quart. J. Math. Oxford Ser. **17**, 197–213 (1946).

Springer, G.: [1] Fredholm eigenvalues and quasiconformal mapping. Acta Math. **111**, 121–142 (1964).

Stoïlow, S.: [1] Leçons sur les principes topologiques de la théorie des fonctions analytiques. Paris: Gauthier-Villars 1938.

Strebel, K.: [1] On the maximal dilation of quasiconformal mappings. Proc. Amer. Math. Soc. **6**, 903–909 (1955).

Taari, O.: [1] Charakterisierung der Quasikonformität mit Hilfe der Winkelverzerrung. Erscheint in Ann. Acad. Sci. Fenn. A I.

Teichmüller, O.: [1] Untersuchungen über konforme und quasikonforme Abbildung. Deutsche Mathematik **3**, 621–678 (1938). — [2] Extremale quasikonforme Abbildungen und quadratische Differentiale. Abh. Preuß. Akad. Wiss. **22**, 1–197 (1940).

Tienari, M.: [1] Fortsetzung einer quasikonformen Abbildung über einen Jordanbogen. Ann. Acad. Sci. Fenn. A I **321** (1962).

Väisälä, J.: [1] On quasiconformal mappings in space. Ann. Acad. Sci. Fenn. A I **298** (1961). — [2] Remarks on a paper of Tienari concerning quasiconformal continuation. Ann. Acad. Sci. Fenn. A I **324** (1962).

Vekua, I. N.: [1] Verallgemeinerte analytische Funktionen. Berlin: Akademie-Verlag 1963.

Volkovyskij, L. I. (Л. И. Волковыский): [1] Квазиконформные отображения. Львов: Издательство Львовского Университета 1954.

Wittich, H.: [1] Zum Beweis eines Satzes über quasikonforme Abbildungen. Math. Z. **51**, 278–288 (1948).

Yûjôbô, Z.: [1] On absolutely continuous functions of two or more variables in the Tonelli sense and quasiconformal mappings in the A. Mori sense. Comment. Math. Univ. St. Paul **4**, 67–92 (1955).

Zygmund, A.: [1] Trigonometric series. Vol. II. Cambridge University Press 1959.

Namen- und Sachverzeichnis

MIX
Papier aus verantwortungsvollen Quellen
Paper from responsible sources
FSC® C105338

If you have any concerns about our products,
you can contact us on
ProductSafety@springernature.com

In case Publisher is established outside the EU,
the EU authorized representative is:
Springer Nature Customer Service Center GmbH
Europaplatz 3, 69115 Heidelberg, Germany

Printed by Libri Plureos GmbH
in Hamburg, Germany